EUL VERLAG

Demografischer Wandel und Innovationsfähigkeit in der IT-Branche – Anforderungen an ein strategisches Human Resource Management

Inauguraldissertation zur Erlangung des akademischen Grades eines Doktors der Wirtschaftswissenschaften der Universität Mannheim

Vorgelegt von

Dipl.-Kffr. Heidrun Kleefeld

Mannheim

Dekan der Fakultät für Betriebswirtschaftslehre der Universität Mannheim:

Dr. Jürgen M. Schneider

Referent:

Prof. Dr. Walter A. Oechsler

Koreferent:

Prof. Dr. Armin Heinzl

Tag der mündlichen Prüfung: 09. März 2011

Reihe: Personal, Organisation und Arbeitsbeziehungen · Band 51
Herausgegeben von Prof. Dr. Fred G. Becker, Bielefeld, und Prof. Dr. Walter A. Oechsler, Mannheim

Dr. Heidrun Kleefeld

Demografischer Wandel und Innovationsfähigkeit in der IT-Branche

Anforderungen an ein strategisches Human Resource Management

Mit einem Geleitwort von Prof. Dr. Walter A. Oechsler, Universität Mannheim

EUL VERLAG

Bibliografische Information der Deutschen Nationalbibliothek

Die Deutsche Nationalbibliothek verzeichnet diese Publikation in der Deutschen Nationalbibliografie; detaillierte bibliografische Daten sind im Internet über <http://dnb.d-nb.de> abrufbar.

Dissertation, Universität Mannheim, 2011

ISBN 978-3-8441-0045-7
1. Auflage Juni 2011

JOSEF EUL VERLAG GmbH
Brandsberg 6
53797 Lohmar
Tel.: 0 22 05 / 90 10 6-6
Fax: 0 22 05 / 90 10 6-88
E-Mail: info@eul-verlag.de
http://www.eul-verlag.de

Bei der Herstellung unserer Bücher möchten wir die Umwelt schonen. Dieses Buch ist daher auf säurefreiem, 100% chlorfrei gebleichtem, alterungsbeständigem Papier nach DIN 6738 gedruckt.

Geleitwort

Der demographische Wandel mit den Problemen der Schrumpfung und Alterung der Bevölkerung wird sich nach 2020 auf den Arbeitsmarkt vor allem in Deutschland auswirken. Obwohl es länderspezifische Unterschiede in den Auswirkungen geben wird, ist die IT-Branche, die eine globale Branche darstellt, auf jeden Fall betroffen. Die IT-Branche ist innovationsgetrieben. Sie ist gekennzeichnet durch relativ junge Belegschaften. In diesem Zusammenhang stellt sich die Frage, wie sich der demographische Wandel vor allem über Schrumpfung und Alterung auf die Innovationsfähigkeit der IT-Branche auswirken wird. Damit wird eine äußerst wichtige Problemstellung aufgegriffen.

Als konzeptioneller Rahmen der Arbeit wird der strategische Human Resource Management Ansatz der Michigan-School gewählt, der eine kontingenztheoretische Basis hat. Damit lassen sich Zusammenhänge zwischen kulturellen (demographischer Wandel), ökonomischen (Globalisierung) und politisch-rechtlichen Einflüssen auf die strategische Positionierung von Unternehmen abbilden. Theoretisch unterfüttert wird dieser konzeptionelle Ansatz durch die Erklärungsansätze des Resource Based View und der Dynamic Capabilities. Diese Ansätze ermöglichen die Analyse interner Ressourcen zur Innovationsfähigkeit. Damit wird ein umfassendes Erklärungsmodell für das Innovationsgeschehen in Unternehmen entwickelt, das dann hinsichtlich seiner einzelnen Komponenten erläutert wird. In diesem Zusammenhang werden die vorhandenen Untersuchungen zum Einfluss der externen Faktoren und zu den internen Wirkungsmechanismen auf die Innovationsfähigkeit anhand einer Literaturanalyse aufgearbeitet.

Die aus den einzelnen Komponenten des theoretischen Modells abgeleiteten Erkenntnisse werden dann systematisch in Interviewleitfäden umgesetzt, um Expertenmeinungen zu den gefundenen Erkenntnissen zu erhalten. Die empirische Erhebung besteht aus einer qualitativen Fallstudie. Befragt wurden insgesamt zwölf Experten, davon sechs HR-Business-Partner mit globaler Verantwortung und sechs Verantwortliche aus HR-Funktionsbereichen. Dadurch erhält man eine zweifache Perspektive, nämlich die Sichtweise derjenigen, die direkt das Innovationsgeschehen unterstützen und derjenigen, die im Personalbereich für die Teilfunktion von der Personalplanung bis zur Personalentwicklung verantwortlich sind. Die Interviews werden ergänzt durch Dokumentenanalysen, die vor allem zur Identifikation der jeweiligen strategischen Positionierung dienen.

Die Einschätzung von HR-Experten aus Innovationsbereichen und aus den Funktionsbereichen lassen klar erkennen, dass die Auswirkungen des demographischen Wandels auf die Innovationsfähigkeit gerade mit Blick auf Alterung und Schrumpfung der Bevölkerung als nicht gravierend angesehen werden. Das Unternehmen im Fallbeispiel hat eine sehr starke Arbeitgeberattraktivität und ist in der Lage, global zu rekrutieren, was Engpässe in Deutschland durchaus kompensieren kann. Allerdings zeigen sich Defizite im Rahmen des Human Resource Instrumentariums wie z. B. hinsichtlich der Laufbahnentwicklung, für das vorzeitige Ausscheiden oder für die Entgeltsysteme. Schließlich werden auf dieser Basis Gestaltungsempfehlungen für den Human Resource Bereich gegeben, die sowohl strategische Aspekte als auch Anforderungen an das Portfolio des Human Resource Management Instrumentariums umfassen. Damit wird ein theoretisch und empirisch fundierter Beitrag für den Erhalt der Innovationsfähigkeit für ein Unternehmen der IT-Branche im demographischen Wandel geleistet.

Mannheim, im Mai 2011 Walter A. Oechsler

Vorwort

Dieses Vorwort wurde schon hunderte Male geschrieben - gedanklich. Immer wieder begegnete ich Menschen, denen ich an dieser Stelle auf alle Fälle danken wollte - für ihre hilfreichen Beiträge zu meinem Buch. Der Platz hier ist jedoch beschränkt. So möchte ich mich an dieser Stelle bei einigen Personen bedanken, die mir bei der Erstellung dieser Doktorarbeit besonders hilfreich und wichtig waren.

Mein besonderer Dank gilt meinem Doktorvater Herrn Prof. Dr. Walter A. Oechsler, an dessen Lehrstuhl ich zwei Jahre tätig war und der im Anschluss daran die Betreuung dieser Doktorarbeit übernahm. Ohne seine geduldige Begleitung und seine stets konstruktiven Rückmeldungen wäre die Arbeit so nicht entstanden. Danken möchte ich außerdem Herrn Prof. Dr. Armin Heinzl, der freundlicherweise das Zweitgutachten der Arbeit übernahm. Dankbar bin ich auch für das Stipendium des Hochschul- und Wissenschafts-programms der Universität Mannheim, das mir gerade in der Anfangsphase der Doktorarbeit finanzielle Unterstützung und Zugang zu einem wissenschaftlichen Netzwerk bot.

Auch möchte ich meinen Dank gegenüber den Mitarbeitern der SAP AG ausdrücken, die mich in meiner Zeit als Doktorandin und auch darüber hinaus freundlich unterstützten. Besonderer Dank gilt Dr. Gabriel Wiskemann, der wesentlicher „Starthelfer“ und konstruktiver Begleiter gleichermaßen war. Danken möchte ich auch Jörg Staff, der mit großer Zuverlässigkeit mein Vorhaben förderte. Den vielen Kolleginnen und Kollegen, die durch ihre Bereitschaft zum Interview und durch wertvolle Gespräche zum empirischen Teil dieser Arbeit beitrugen, gilt außerdem mein Dank.

Die Fertigstellung der Doktorarbeit war mir letztlich nur möglich, weil meine Familie und Freunde mir Rückhalt gaben. Für die geduldige Rücksichtnahme, für aufmunternde Gespräche und bereichernde Aktivitäten möchte ich mich vor allem bei unseren Freunden bedanken, die trotz der manchmal raren Zeit, die Freundschaft aufrechterhielten. Darüber bin ich besonders glücklich.

Meinen Eltern danke ich für die Gelassenheit, die sie mir mitgaben und das Durchhaltevermögen, das sie mich lehrten. Und auch für die wohltuenden Rückzugsmöglichkeiten in „heißen Phasen“, die ich in den letzten Jahren immer wieder genießen durfte.

Meinen Kindern Luca und Marlene verdanke ich, dass sie mir mit ihrer fröhlichen und unbekümmerten Art halfen, meine Balance zu wahren. Die Zeit mit ihnen zu genießen – unerlässlich für das Fertigstellen dieser Arbeit. Last not least danke ich meinem Mann Alfons, meinem besten Freund, ohne dessen Inspiration ich diese Arbeit nie angefangen und ohne den ich diese Arbeit nie beendet hätte. Ihnen widme ich diese Arbeit.

Mannheim, im Mai 2011

Inhaltsverzeichnis

Abbildungsverzeichnis

Tabellenverzeichnis

Abkürzungsverzeichnis

AFG	Arbeitsförderungsgesetz
AFRG	Arbeitsförderungs-Reformgesetz
AGG	Allgemeines Gleichbehandlungsgesetz
AltTZG	Altersteilzeitgesetz
APJ	Asia, Pacific, Japan
Aufl.	Auflage
BITKOM	Berufsverband Informationswirtschaft, Telekommunikation und neue Medien e. V.
BMBF	Bundesministerium für Bildung und Forschung
BMWi	Bundesministerium für Wirtschaft und Technologie
bzw.	beziehungsweise
COO	Chief Operations Officer
CoP	Community of Practice
CSR	Corporate Social Responsibility
DDN	Demographie-Netzwerk e.V.
DGFP	Deutsche Gesellschaft für Personalführung
Diss.	Dissertation
DIWA-IT	Demografischer Wandel und Prävention in der IT-Branche
ebd.	ebenda
EBTP	Europäisches Unternehmenstestpanel
EMEA	Europe, Middle East, Africa
et al.	et alii (und andere)
etc.	et cetera (und so weiter)
EU	Europäische Union
F&E	Forschung und Entwicklung
FK	Führungskräfte
ggf.	gegebenenfalls
HR	Human Resource
HR BP	Human Resources Business Partner
HR CoE	Human Resources Center of Excellence
HRM	Human Resource Management
Hrsg.	Herausgeber
IAB	Institut für Arbeitsmarkt- und Berufsforschung

i.d.R.	in der Regel
IKT	Informations- und Kommunikationstechnik
ILO	International Labour Organization
INQA	Initiative Neue Qualität der Arbeit
IP	Intellectual Property
ISF	Institut für sozialwissenschaftliche Forschung e. V., München
IT	Informationstechnologie
ITK	Informations- und Kommunikationstechnologie
iwd	Institut der deutschen Wirtschaft
M&A	Mergers and Acquisition
MEA	Mannheim Research Institute for the Economics of Aging
Mio.	Millionen
OECD	Organization of Economic Co-Operation and Development
o. g.	oben genannt
O. V.	Ohne Verfasser
RBV	Resource Based View
RVAGAnpG	Gesetz zur Anpassung der Regelaltersgrenze an die demografische Entwicklung und zur Stärkung der Finanzierungsgrundlagen der gesetzlichen Rentenversicherung (RV-Altersgrenzenanpassungsgesetz) vom 20.04.2007
SDN	SAP Developer Netzwerk
SGB III	Drittes Buch des Sozialgesetzbuchs
Sp.	Spalte
SUFAW	Projekt „Beratung von Software-entwickelnden Unternehmen zu Folgen altersstrukturellen Wandels“
UN	United Nations
Univ.	Universität
URL	Uniform Resource Locator
Vgl.	Vergleiche
WANE	Workforce Ageing in the New Economy
WHO	World Health Organization
www	world wide web
ZEW	Zentrum für Europäische Wirtschaftsforschung, Mannheim
ZfO	Zeitschrift Führung und Organisation

1. Einführung: Demografie und Innovation

1.1 Problemstellung – Wirkung des demografischen Wandels in Unternehmen

Unternehmen in Deutschland werden im Zuge des demografischen Wandels mit einer zunehmenden Alterung der Erwerbsbevölkerung im Inland konfrontiert. Haben in den letzten Jahren fortschreitende Internationalisierung der Geschäftstätigkeit und Globalisierung der Märkte die Unternehmen veranlasst, ihre bisherige strategische und unternehmenspolitische Ausrichtung zu überprüfen,[1] so wird zukünftig auch der demografische Wandel die strategischen Entscheidungsprozesse von Unternehmen beeinflussen.[2]

Der Begriff „Demografischer Wandel" bezeichnet dabei eine Entwicklung, die im Kern das Altern der Bevölkerung mit der Perspektive ihrer Schrumpfung beschreibt.[3] Dabei vollzieht sich die Alterung der Bevölkerung weltweit,[4] während sich die Geburtenentwicklung in einzelnen Regionen und Ländern sehr unterschiedlich darstellt. Aus dieser Sicht ist Alterung ein globales, während Schrumpfung ein lokales Phänomen ist. Europa hat bereits heute die älteste Bevölkerung weltweit und wird diesen „Vorsprung" auch in Zukunft wahren. Die Bevölkerungsentwicklung wird dabei von der Entwicklung der Geburten- und Sterbeziffern sowie vom so genannten Wanderungssaldo[5] bestimmt.

Aus ökonomischer Sicht ist der demografische Wandel interessant im Hinblick auf seine Folgen. So ist die **Wirkung des demografischen Wandels** und somit die Frage nach den Chancen und Risiken dieser Entwicklung abhängig von der Perspektive.

Im Fokus der öffentlichen Diskussion stehen dabei nach wie vor die Folgen für die sozialen Sicherungssysteme wie Kranken- und Rentenversicherung; die Konsequenzen auf die Realität des einzelnen Unternehmens finden hingegen noch relativ wenig Beachtung in

---

1 Vgl. Ridder/Conrad/Schirmer/Bruns (2001), S. 11f., Rosenstiel/Gasteiger (2005), S. 353ff.

2 Vgl. Eckardstein (2004), S. 128ff.

3 Vgl. Tivig/Hetze (2007), S. 4.

4 Vgl. Tivig/Hetze (2007), S. 11f. Laut UN Prognosen wird das mittlere Alter der Bevölkerung weltweit ansteigen.

5 Der Wanderungssaldo (auch Wanderungsbilanz) ist eine der Messgrößen der Demografie und bezeichnet die Differenz zwischen Zu- und Abwanderung in einem festgelegten Zeitraum und einem bestimmten Gebiet von außen bzw. nach außen (Vgl. Statistisches Bundesamt (2009)).

der öffentlichen Diskussion.[6] Und das, obwohl sich bereits Strukturveränderungen in der Altersstruktur der Erwerbstätigen abzeichnen.

Stieg die Anzahl der zur Verfügung stehenden Erwerbspersonen in Deutschland noch bis zum Jahre 2010 an,[7] wird sie ab dem Jahr 2020 deutlich zurückgehen. Als Erwerbspersonen werden hier vom statistischen Bundesamt derzeit Personen im Alter von 20 bis 65 Jahre betrachtet. Ihre Anzahl wird von derzeit ca. 50 Mio. auf ca. 42 bis 43 Mio. im Jahr 2030 zurückgehen.[8] Gleichzeitig vollziehen sich bereits seit dem Jahr 2000 spürbare Strukturveränderungen in der Alterszusammensetzung der Erwerbstätigen. Erstmals gab es 2005 unter den Erwerbstätigen mehr über 50-Jährige als unter 30-Jährige.[9] Zurzeit gehören etwa 20% der Menschen im erwerbsfähigen Alter zur jüngeren Gruppe der 20- bis 30-Jährigen, 49% zur mittleren Altersgruppe der 30- bis 49-Jährigen und ca. 31% zur Gruppe der älteren Erwerbstätigen von 50 bis 65 Jahren. Während die Gruppe der Jungen zahlenmäßig schrumpfen wird, bleibt ihr Anteil an allen Personen im Erwerbsalter fast konstant. Die Anteile der beiden anderen Gruppen werden sich jedoch weiter verschieben.[10] So wird erstmals 2017 das Erwerbspersonenpotenzial in Deutschland mit jeweils 40% genauso viele 30- bis 49-Jährige wie 50- bis 65-Jährige umfassen.[11] Anschließend, wenn die stark besetzten Jahrgänge der 1960er Jahre das Rentenalter erreichen, verschiebt sich der Altersaufbau geringfügig zugunsten der mittleren Altersgruppe bei gleichzeitig starkem Sinken der Gesamtzahl. In jedem Fall wird das Erwerbspersonenpotenzial in Deutschland zukünftig zu einem erheblich Teil aus Menschen bestehen, die älter sind als 50 Jahre.[12]

Neben den demografischen Veränderungen sind die politischen und kulturellen Umgebungsparameter in zunehmendem Maße durch Veränderungen im rechtlichen Rahmen (hier insbesondere im Bereich des Arbeitsmarktes und der Sozialgesetzgebung) geprägt.[13] Darüber hinaus sind grundlegende Veränderungen in der Erwerbsarbeit zu beobachten, wie z. B. das Verhältnis von Kern- und Randbelegschaften, veränderte

6 Vgl. Börsch-Supan et al. (2009), Eckardstein (2003), S. 20, Weimer/Mendius/Kistler (2001), S. 30f.

7 Vgl. Buck/Kistler/Mendius (2002) S. 16ff., Behrend (2001), S. 32.

8 Vgl. Statistisches Bundesamt (2009), S.17.

9 Vgl. Buck (2003), S. 7, Buck/Schletz (2001a), S. 26, Rössel/Schäfer/Wahse (1999), S.29. Experten sind sich darüber einig, dass diese demographischen Entwicklungen auch nicht durch Zuwanderung aufgehalten werden können (Vgl. hierzu Buck (2003), S. 5, Buck/Kistler/Mendius (2002), S. 18f.).

10 Vgl. Statistisches Bundesamt (2009), S.18ff.

11 Zum Begriff des Erwerbspersonenpotenzials und zu Einflussgrößen auf das Arbeitsangebot vgl. Oechsler (2006), S. 211ff.

12 Vgl. ebenda.

13 Vgl. Oechsler, W. A. (2000a), S. 43f., Buck/Kistler/Mendius (2002), S. 27f., Badura/Schellschmidt/Vetter (2003), Behrend (2002b).

Erwerbsbiographien und eine zunehmende Entgrenzung der Arbeit[14]. Diese nehmen durch die globale Diffusion und Verfügbarkeit von Wissen[15] und den sich dadurch verstärkenden Trend zu immer komplexeren Netzwerken weiter zu.[16] Insbesondere externe Netzwerkstrukturen[17] sowie die Notwendigkeit, das sich rasant entwickelnde Wissen effizient zu managen, zwingen Unternehmen im Rahmen der Aufrechterhaltung ihrer Wettbewerbsfähigkeit zu einer an diesen Strukturen ausgerichteten Organisations- und Informationsstruktur (flache Hierarchien, Projektstrukturen).[18] Zusätzlich sind auch die individuellen Arbeitsverhältnisse bzw. die Erwerbsverläufe der Beschäftigten mehr und mehr von diesen Veränderungen betroffen, was sich in einer Zunahme von prekären Beschäftigungsverhältnissen widerspiegelt.[19]

Unstrittig ist darüber hinaus auch, dass in globalisierten, hoch kompetitiven Märkten wirtschaftliches Überleben und wirtschaftlicher Erfolg nur mit Innovationen erreichbar sind.[20] So lässt sich empirisch nachweisen, dass in den vergangenen Jahren viele nicht-innovierende Unternehmen aus dem Marktgeschehen ausgeschieden sind.[21] Die Fähigkeit zur Innovation ist gerade für technologieorientierte Unternehmen in dynamischen, stark wachsenden Märkten mithin der wichtigste Erfolgsfaktor.[22] Als Schlüsselbranche für die weitere gesellschaftliche Entwicklung und die wirtschaftliche Wettbewerbsfähigkeit in Deutschland wird i.d.R. die IT-Branche genannt.[23] Das dort vorherrschende Innovationsmilieu gilt im Vergleich zu traditionellen Industriezweigen, wie z. B. dem Maschinenbau in Deutschland, als stark „jugendorientiert". So war in der Softwareentwicklung Innovation bislang weitgehend technikgetrieben (unter relativ später Einbeziehung von Kunden), was

14 Vgl. Giarini/Liedtke (1998), Sattelberger (1996), Oechsler (2000d), Beck (1998); zum Wandel in der Beschäftigtenstruktur und neuen Beschäftigungstypen in der IT-Industrie vgl. Boes/Baukrowitz (2002), S. 61ff.

15 Vgl. Probst/Deussen/Eppler/Raub (2000).

16 Vgl. Probst/Raub/Romhardt (2003), Oechsler (2000c), Picot/Reichwald/Wigand (2003).

17 Vgl. Grunwald/Kieser (2004), Picot/Reichwald/Wigand (2003).

18 Vgl. zu allgemeinen Entwicklungen Oechsler (2000d) und Probst/Raub/Romhardt (2003); Boes/Baukrowitz stellen ein differenziertes Bild der in der IT-Branche vorzufindenden Unternehmensstrukturen dar (vgl. Boes/Baukrowitz (2002), S. 91ff.).

19 Vgl. Brewster/Mayne/Tregaskis (1997), S. 88, Oechsler (2000b).

20 Vgl. Mirow/Linz (2000), S. 249f., ferner Hülskamp/Krey (2006), S. 99ff.

21 Vgl. BMBF (2005).

22 Vgl. ZEW (2008), S. 1.

23 Vgl. Boes/Baukrowitz (2002), S. 11, Bullinger/Zinser (1998), S. 3f.

dort den „Anfänger“ bzw. den jungen Mitarbeiter[24] als „innovative Sozialfigur“ erscheinen lässt.[25]

Der globale Wettbewerb führt auch für das Innovationsgeschehen in der IT-Branche zu veränderten Trends. Der erhöhte Kostendruck erzeugt die Notwendigkeit einer effizienteren Projektabwicklung auch in der Innovationstätigkeit.[26] Auf Unternehmensseite heißt dies zum einen eine drastische Verringerung der Entwicklungszeiten und zum anderen eine wachsende Kundenorientierung. Der zeitliche Anteil der reinen Programmierarbeit wird abnehmen, die Beratung des Kunden zunehmen. *„Eine verbesserte Dokumentation sowie die Einführung von Qualitätsstandards und der Zertifizierung der Softwareentwicklung weisen in dieselbe Richtung.“* [27] Auch in der Softwareentwicklung wird Innovation zukünftig weniger technikzentriert ablaufen.[28] Die Diskussion mit dem Kunden und das Bemühen um Qualitätssicherung und erhöhte Funktionalität für den Kunden bei geringen Kosten bestimmen zunehmend den Markt. Dadurch wird evident, dass das Erfahrungswissen aus vorhergehenden Projekten beim Kunden und die Fähigkeit, Marktchancen und –risiken neuer Produkte abzuwägen, an Bedeutung gewinnen werden. Die Bereitschaft und die Fähigkeit, Kundenanforderungen kooperativ aufzunehmen und in innovative Prozesse und Produkte umzusetzen, erfordern zunehmend Überblick, Erfahrung und ausgeprägte Kommunikationsfähigkeiten.

Vor diesem gesellschaftlichen und ökonomischen Hintergrund werfen sich folgende Fragen auf: Wie ist es angesichts alternder Belegschaften um die Innovationsfähigkeit der Unternehmen bestellt bzw. wovon wird die Innovationsfähigkeit der Unternehmen grundsätzlich beeinflusst?[29] Stellt Altern in einer jungen Branche wie der Informationstechnologiebranche überhaupt ein Problem dar[30] und ab welchem Alter ist ein Mitarbeiter ein „älterer“?[31]

Die wissenschaftliche Literatur ist sich weitgehend einig darüber, dass Innovationsfähigkeit *„[...] weder nur in der Persönlichkeitsstruktur der Menschen angelegt ist, noch durch*

[24] Personen- und Funktionsbezeichnungen in diesem Text gelten jeweils in männlicher und weiblicher Form.

[25] Vgl. Reindl (2000), S. 196.

[26] Vgl. Rammer (2002), S. 1.

[27] Lünstroth (2001), S. 12.

[28] Vom Technology Push zum Market Pull vgl. Kühn/Jenner (2000), S. 104 und 109ff.

[29] Vgl. hierzu die konzeptionellen Überlegungen im Kapitel 2.

[30] Vgl. Lawo (2000), S. 212ff.

[31] Vgl. Nienhüser (2002), S.65, Naegele/Frerichs (2004), Berndes/Kornwachs/Lünstroth (2002), Frerichs (1998), Menges (2000). Nach einer Definition der OECD werden Mitarbeiter dann als ältere Mitarbeiter bezeichnet, wenn Sie sich in der zweiten Hälfte ihres Erwerbslebens befinden. D. h. für die meisten eine Grenze etwa ab dem 40. Lebensjahr. Dabei ist jedoch zu bedenken, dass diese Grenze je nach Anforderungen und anderen Einflussfaktoren erheblich nach oben oder unten abweichen kann.

eine bestimmte Ausprägung des Arbeitssystems (d. h. der Arbeitsorganisation, der Führung, der Unternehmenskultur etc.) mehr oder weniger zwangsläufig hervorgebracht wird.“ [32] Vielmehr lässt sich oftmals erst im Nachhinein (bzw. nach der Bewertung des Markterfolgs) endgültig sagen, ob eine herbeigeführte Veränderung wirklich den Namen Innovation[33] verdient oder nicht. Innovationsprozesse sind somit hoch komplexe Vorgänge mit ungewissem Ausgang, die nicht nach einem bestimmten Algorithmus geplant und gesteuert werden können.[34] Die Innovationsbereitschaft und -fähigkeit von Mitarbeitern ist damit nicht automatisch gegeben, sondern die zu gestaltenden Arbeitsbedingungen fördern oder hemmen innovatives Denken und Handeln im Unternehmen.[35] Innovationen entstehen folglich im Zusammenspiel zwischen Menschen und deren Kompetenzen und einer Arbeitsumgebung, die Innovationen fördert oder zumindest zulässt.[36] Für die Innovationsfähigkeit der Organisation heißt dies, dass intern sowohl individuelle arbeitnehmerspezifische Faktoren, als auch Team- und Organisationsstrukturen eine Rolle spielen.[37] Dabei geht die gerontologische Forschung grundsätzlich davon aus, dass Alter und Innovationsfähigkeit sich nicht widersprechen.[38]

1.2 Zielsetzung der Arbeit

Globale Alterung und lokale Schrumpfung der Erwerbsbevölkerung sind absehbare Entwicklungen, die Unternehmen unterschiedlich stark betreffen werden. Obwohl die Innovationsfähigkeit von Organisationen nicht grundsätzlich durch alternde Belegschaften gefährdet ist, lassen die bisherigen Umfeld- und Arbeitsbedingungen in der IT-Branche eine Beteiligung älterer Arbeitnehmer an Innovationsprozessen eher zur Ausnahme werden. Die Branche verfügt heute in nur geringem Maße über Erfahrungen, wie sich im Erwerbs-

[32] Buck/Kistler/Mendius (2002), S. 61.

[33] Dabei umfasst der Begriff der Innovation nicht nur Produkt- und Prozessinnovation, sondern beinhaltet auch Neuerungen im sozialen und organisatorischen Bereich. Eine umfassende Definition des Innovationsbegriffs im Unternehmenskontext wurde von der OECD im Oslo-Manual vorgelegt (vgl. OECD und Eurostat 1997). Die ersten Arbeiten zur Innovation basieren auf Schumpeter 1911 (vgl. Hipp (2000), S. 10ff.). Darüber hinaus vgl. Rammer (2002) zum Innovationsverhalten von Unternehmen; zum Innovationsmanagement vgl. Hauschildt (2004), Wahren (2004), Harryson (2000); zum Innovationsprozess vgl. Milling/Maier (1996) S. 17-22; zu Innovation und demographischem Wandel vgl. Jasper (2002), S. 26ff., Wolff/Spieß/Mohr (2001), S. 84ff., Sinn (2005), S. 65. Zur ausführlichen Darstellung im Rahmen dieser Arbeit vgl. Kapitel 2.2.

[34] Vgl. Mirow/Linz (2000), S. 254.

[35] Vgl. Thom/Etienne (2000), S. 269ff.

[36] Vgl. Ilmarinen (2000).

[37] Vgl. Lünstroth (2001), S. 5ff., ausführlich Berndes/Kornwachs/Lünstroth (2002), außerdem Wahren (2004), Hauschildt (2004), Gerpott (2005), Hülskamp/Röhl (2006).

[38] Vgl. Naegele (2000), S. 23ff., Wolff (2000), S. 33f. und die Ausführungen in Kapitel 3 dieser Arbeit.

verlauf veränderte Kompetenzen für Innovationsprozesse nutzen lassen. Wenig untersucht ist bislang auch der Zusammenhang zwischen den aktuell vorherrschenden Beschäftigungsbedingungen und dem Erhalt der individuellen aber auch der organisationalen Fähigkeit zur Innovation vor dem Hintergrund alternder Belegschaften. Auch die Frage nach den optimalen Bedingungen des Zusammenwirkens verschiedener Alterskohorten für die Innovationsfähigkeit lässt sich nicht aus bestehenden Untersuchungen beantworten.[39]

Ziel der vorliegenden Arbeit ist es daher, in einer technologie- und wissensintensiven Branche Wirkungszusammenhänge zwischen demografischem Wandel und Innovationsfähigkeit von Unternehmen zu erklären. Aufbauend auf theoretischen Annahmen und praktischen Erkenntnissen einer Fallstudie sollen Gestaltungsempfehlungen für ein strategisches Human Resource Management erarbeitet werden, welches die Innovationsfähigkeit von Organisationen vor dem Hintergrund demografischer Veränderungen nachhaltig unterstützt und fördert.

Bisher liegen aus unterschiedlichen Forschungsrichtungen Erkenntnisse jeweils zu Teilaspekten des Themengebiets vor. Eine systematische Integration von Arbeiten zu demografischem Wandel, Human Resource Management und Innovationsfähigkeit existiert bislang nicht. Die vorliegende Arbeit soll deshalb einen Beitrag leisten, bislang nebeneinander bestehende Forschungsergebnisse zu integrieren und ein Beziehungsgeflecht zu entwickeln, das die Zusammenhänge zwischen den genannten Bereichen nachvollziehbar und erklärbar macht. Im Rahmen der Arbeit werden keine Hypothesen erarbeitet, die im Rahmen einer empirischen Erhebung getestet werden. Ziel ist es vielmehr, Relationen zwischen den o. g. Bereichen zu erkunden, mögliche Wirkungszusammenhänge zu erklären und ein vertieftes Verständnis für diese zu schaffen, so dass die Erarbeitung von überprüfbaren Hypothesen in weiteren Forschungsarbeiten vorgenommen werden kann.

1.3 Forschungsmethodische Basis

Die vorliegende Arbeit hat aufgrund ihrer Fragestellung einen eindeutig explorativen Charakter. Im Sinne der Einordnung in theoretische Forschungskonzepte leistet die Arbeit keinen Beitrag bei der Überprüfung bestehender Theorien (in Form von Hypothesen), sondern trägt vielmehr zu einer erklärungsbasierten Theoriebildung bei.[40]

---

[39] Vgl. Kleefeld (2008b), S. 103ff.

[40] Vgl. Snow/Thomas (1994), Köhne (2004), S. 21ff., Heinrich/Heinzl/Riedl (2011), S. 100ff.

Grundsätzlich lassen sich zwei Arten von Ansätzen in der empirischen Sozialforschung unterscheiden: die qualitative und die quantitative Sozialforschung.[41] Beide Arten setzen unterschiedliche Arten von Datenerhebungs- und Datenanalyseverfahren ein, was jedoch nicht den einzigen Unterschied darstellt. Während in der qualitativen Sozialforschung verbale bzw. nicht-numerische Daten interpretativ verarbeitet werden, analysiert die quantitative Forschung Messwerte mit statistischen Verfahren.[42] Ziel der quantitativen Forschung ist es, Hypothesen zu überprüfen bzw. Beziehungen zwischen Variablen aufzudecken und zu erklären.[43] Die qualitative Sozialforschung hat die Einzelfallbetrachtung als Ausgangspunkt, um ganzheitliche komplexe Fragestellungen zu verstehen.[44]

Da die Forschungsfrage in der Dissertation problem- und handlungsorientiert gestellt wird und die integrative Sicht eines nicht einfach zu beobachtenden Phänomens vorliegt, erscheint der qualitative Ansatz für die Arbeit angemessen.[45]

So urteilen auch *Reindl et al.* hinsichtlich des Forschungsgegenstands wie folgt:

> *„Die drei Forschungsgegenstände Innovation, Belegschaftsstrukturen und Altern im Betrieb in ihren wechselseitigen Bezügen können nicht als objektive Artefakte betrachtet werden. Sie sind Resultate betrieblichen Handelns. Die Betriebe erhalten Subjektcharakter, die die Art und Weise des Zusammenwirkens von Produktinnovation und Altern oder von Belegschaftsstrukturen und Altern beeinflussen und dadurch auch gestalten können. [...] Das setzte eine Vorgehensweise [...] voraus, mit der sich die Forscher dem Forschungsgegenstand mit größtmöglicher Offenheit nähern konnten, da viele betriebliche und personenbezogene Einflussfaktoren noch gar nicht bekannt waren.“* [46]

Subjektivität und Komplexität des Forschungsgegenstandes legen mithin die Durchführung einer Fallstudie nahe. Diese ist weniger eine Erhebungsmethode, sondern zählt zu den qualitativen Forschungsansätzen bzw. Forschungsstrategien.[47] Die Fallstudie umfasst

---

41 Vgl. Atteslander (2003), Bortz/Döring (2002), Schnell/Hill/Esser (2005).

42 Vgl. Bortz/Döring (2002), S. 298.

43 Dieses Vorgehen wird auch als deduktives Vorgehen bezeichnet.

44 Zur Aktualität der qualitativen Sozialforschung vgl. Flick (2005), S. 12f., Mayring (2003), S. 16f., ferner Rastetter (2004), Sp. 1177ff. Dieses Vorgehen wird auch als induktives Vorgehen bezeichnet.

45 Vgl. Köhne (2004), S. 24.

46 Reindl et al. (2000), S. 19f.

47 Vgl. Boos (1993), S. 34, ferner Heinrich/Heinzl/Riedl (2011), S. 100ff.

eine intensive Analyse eines Phänomens in seinem spezifischen Kontext.[48] Dadurch ergibt sich die Möglichkeit, mehrere Analyseebenen im Sinne eines „eingebetteten Forschungsdesigns“ einzubeziehen.[49]

So erklärt sich die Heterogenität von Organisationen nicht lediglich aus unterschiedlichen externen Umweltbedingungen und darauf ausgerichteten Anpassungsstrategien.[50] Vielmehr sind es die im Zeitablauf gewonnenen Ressourcen und die daraus entwickelten Kompetenzen, die einen Erklärungsbeitrag zu wettbewerbsrelevanten Unterschieden zwischen Organisationen beisteuern.[51] Die im Laufe der Entwicklung entstandenen beobachtbaren Strukturen der Organisation schränken dabei einerseits das Verhalten der Organisationsmitglieder ein und sind für den Verlauf von Prozessen verantwortlich. Andererseits sind die Strukturen selbst auch das Ergebnis von Verhalten und Entscheidungen der individuellen Akteure. Struktur und Individualität stehen also in einem gegenseitigen Abhängigkeitsverhältnis.[52] Neuere Ansätze von Organisationstheorien sehen Organisationen als sich selbst erzeugende und selbst organisierende Systeme an.[53] Diese Arbeit fußt auf einem ressourcenbasierten Theorieverständnis und nimmt an, dass eine außenperspektivische und eine binnenperspektivische Betrachtung der Organisation keine Gegensätze darstellen. Vielmehr sind die Perspektiven als komplementär zu betrachten.[54] Oberflächen- und Tiefenstruktur der Organisation sollten danach in einer Erhebung gleichzeitig berücksichtigt werden, da nur beide Perspektiven gemeinsam zu einem umfassenden Erkenntnisgewinn beitragen.

Die Generalisierbarkeit der Ergebnisse von Fallstudien kann im Allgemeinen nur durch ein Mehr-Fall-Design gewährleistet werden.[55] Dieses ermöglicht jedoch nicht die notwendige Analyse von Tiefenstrukturen, die insbesondere aus Sicht neuerer Organisationstheorien von Bedeutung sind. Eine Einzelfallstudie bietet dagegen die Möglichkeit, in komplexen Zusammenhängen neue Erkenntnisse zu wettbewerbsrelevanten Ressourcen innerhalb

---

[48] Vgl. Yin (1994), S. 23. Yin beschreibt Fallstudien wie folgt: „A Case Study is an empirical inquiry that investigates a contemporary phenomenon within its real life context; when the boundaries between phenomenon and context are not clearly evident; and in which multiple sources of evidence are used.“

[49] Vgl. Eisenhardt (1989), S. 534.

[50] Vgl. hierzu kontingenztheoretische Betrachtungsweisen und den Integration-Responsiveness-Bezugsrahmen (vgl. Kieser (2005)).

[51] Vgl. Kapitel 2.2.

[52] Vgl. Brunner (2000), S. 77ff. und 99ff. Diese Sichtweise entspricht dem Konzept der Dualität von Struktur nach Giddens (1995).

[53] Vgl. Walter-Busch (1996), S. 272ff. ferner auch die Ausführungen zu evolutionstheoretischen, pluralistischen und postmodernen Konzepten, u. a. die Ansätze von Morgan (1989) und Luhmann (1992).

[54] Vgl. Brunner (2000), S. 97ff. Zur Komplementarität von Außen- und Binnenperspektive siehe auch bei Kieser (2006), Kirsch (1998) und die Ausführungen in Kapitel 3 dieser Arbeit.

[55] Vgl. Yin 1994, S. 41ff.

des Unternehmens zu identifizieren, indem der Beitrag von Ressourcen bzw. das Zusammenspiel einzelner Bausteine in einem bestimmten Kontext erkundet werden.[56] Die Einzelfallstudie kann demnach an der Schnittstelle zwischen Strukturen und Prozessen ansetzen, indem sie auf den gegenseitigen Einfluss von Akteuren und Prozessen fokussiert.[57]

Im vorliegenden Forschungsdesign hat die Fallstudie das Ziel, die aufgrund der theoretischen Ausführungen getroffenen Annahmen in der Praxis zu verfeinern und aus betrieblicher Sicht zu ergänzen.

Um einen Beitrag zur allgemeinen Resource Based View-Forschung zu leisten, wird der Einzelfall in einem vierstufigen Selektionsprozess aus einer Gruppe von Fällen ausgewählt.[58] Durch die Nachvollziehbarkeit der Selektion anhand beobachtbarer Merkmale der Gesamtorganisation werden Branchenkontext und Relevanz des Falls für die Fragestellung erklärt. Damit wird eine Differenzierung zu anderen Fallstudien ermöglicht (vgl. zum Selektionsprozess Kapitel 4.2).[59]

1.4 Aufbau der Arbeit

Die dargestellte Problemstellung wird im Anschluss an diese Einführung in vier weiteren Schritten bearbeitet.

Im **zweiten Kapitel** erfolgt die Entwicklung des konzeptionellen Rahmens. Dabei werden zunächst die Charakteristika der IT-Branche umrissen, um anschließend im Hinblick auf die Innovationsfähigkeit Konzepte des strategischen Personalmanagement auf ihre Anwendbarkeit hin zu diskutieren. Ziel ist es, einen Bezugsrahmen für Human Resource Management und Innovationsfähigkeit zu entwickeln, der es erlaubt, sowohl auf der Ebene strategischer Entscheidungsprozesse als auch auf der eher instrumentellen Ebene der Strategieumsetzung Anforderungen an ein innovationsorientiertes Human Resource Management zu formulieren.

---

56 Vgl. Rouse/Daellenbach (1999), S. 492. „Factors inside Organizations are a primary source of sustainable advantage. The discovery and evaluations of those advantages must, therefore, be done in organizations." (Hervorhebung im Original).

57 Zur weiteren Begründung der Methodik vgl. Kapitel 4.1 dieser Arbeit.

58 Vgl. Rouse/Daellenbach (1999), S. 489ff.

59 Rouse/Daellenbach beschreiben die vier Schritte wie folgt: 1. Auswahl der Branche, 2. Strategietyp des Unternehmens 3. Beschreibung von Leistungsparametern des Unternehmens, 4. Einordnung als High oder Low Performer innerhalb der Bezugsgruppe. Vgl. ebenda, S. 489ff.

Im Hinblick auf eine Integration von Innovationsfähigkeit und strategischem Human Resource Management heißt dies: Die für Innovationsprozesse erfolgskritischen Ressourcen müssen erkannt, gefördert und an die Organisation gebunden werden.[60] Ziel ist es, diese Ressourcen für das Unternehmen langfristig nutzbar zu machen.[61] Es liegt daher nahe, das strategische Personalmanagement aus einer ressourcenorientierten Perspektive aufzugreifen. Eine der Grundannahmen ist dabei, dass Wettbewerbsvorteile nicht durch die Adaption von Best Practices entstehen, sondern unter anderem durch die Fähigkeit des Human Resource Management, Ressourcen zu identifizieren, die knapp und wertvoll sind, diese zu beschaffen, zu entwickeln und im strategischen Gesamtzusammenhang zu bündeln.

Die erfolgskritischen Kompetenzen der Mitarbeiter sind - nach diesem Verständnis - im Hinblick auf die Innovationsstrategie über die gesamte Erwerbsdauer entsprechend zu „managen“. Dabei verstehen Probst et al. Kompetenzmanagement als *„[...] die Fähigkeit, die kontinuierliche Entstehung von neuen Ideen, Produkte und Dienstleistungen durch den systematischen Einsatz von Wissensmanagement zu fördern.“*[62] Das Kompetenzmanagement stellt auch nach dieser Definition das zentrale Verbindungsglied zwischen Innovationsfähigkeit und Human Resource Management dar. Darüber hinaus bietet die Anwendung dieses Konzepts die Möglichkeit, Kompetenzen sowohl auf der individuellen als auch auf einer Team- und Organisationsebene zu betrachten und zu analysieren. Ergebnis des zweiten Kapitels wird ein Bezugsrahmen für strategisches Human Resource Management und Innovationsfähigkeit sein, anhand dessen Annahmen über die Wirkung des demografischen Wandels auf die Innovationsfähigkeit erarbeitet werden können.

Im **dritten Kapitel** werden die für die Branche relevanten gesellschaftlichen und ökonomischen Einflussfaktoren eingehend beschrieben. Dabei wird zunächst der demografische Wandel als kultureller Megatrend im Hinblick auf seine Wirkung auf Arbeitsmärkten und für Unternehmen reflektiert. Anschließend werden anhand einer Literaturrecherche sowohl die Besonderheiten der Netzwerkökonomie mit den dort vorherrschenden Arbeitsbedingungen als auch die politisch-rechtlichen Rahmenbedingungen dargestellt. Der zweite Teil des Kapitels widmet sich der Darstellung des Forschungsstandes zu internen Ressourcen der Innovationsfähigkeit und den erwarteten Wirkungen der Alterung und Schrumpfung auf die Ressourcenbasis. Das Kapitel schließt mit Annahmen zu den be-

[60] Vgl. Buck/Dworschak (2003), S. 36f.

[61] Vgl. Ridder/Conrad/Schirmer/Bruns (2001) zu Transformationsproblemen.

[62] Probst/Deussen/Eppler/Raub (2000), S. 13.

schriebenen Zusammenhängen und Anforderungen an die Gestaltung eines strategischen Human Resource Management auf Basis des aktuellen Forschungsstandes.

Zur Verfeinerung und Ausgestaltung der entwickelten Annahmen wird in **Kapitel 4** eine Fallstudie in einem Unternehmen der Softwareindustrie durchgeführt. Nach einer Einordnung des Unternehmens in den Gesamtbranchenkontext werden Daten der Organisationsdemografie aus diesem Unternehmen vor dem Hintergrund des konzeptionellen Rahmens analysiert und Ressourcen der Innovationsfähigkeit des Unternehmens mit Experten aus den Bereichen Forschung und Entwicklung und Human Resource Management erörtert. Die Erörterung des Gegenstands schließt sowohl die Reflexion der gegenwärtigen als auch einer zukünftigen Ressourcenausstattung mit ein. Diese empirische Exploration trägt dazu bei, die in Kapitel 3 getroffenen Annahmen realitätsnah weiter zu entwickeln und Herausforderungen für das Human Resource Management zu formulieren.

Ausgehend von den Analysen und den Ergebnissen der empirischen Erhebung werden in einem nächsten Schritt (**Kapitel 5**) die Herausforderungen, die sich aus empirischer und aus konzeptioneller Sicht ergeben, zusammengefasst, um Gestaltungsempfehlungen für das Human Resource Management abzuleiten. Diese Empfehlungen sollen sowohl eine strategisch langfristige als auch eine taktische Perspektive einnehmen. Hinsichtlich der Dimension des Alters der Mitarbeiter sollen die Gestaltungsempfehlungen sowohl jüngere als auch ältere Mitarbeiter einbeziehen (Lebensspannen umfassend). Darüber hinaus werden sie die Ebenen des Individuums, der Teams und der Organisation als Ganzes betreffen.

Das Promotionsvorhaben schließt in **Kapitel 6** mit einer kritischen Bewertung der Ergebnisse und einem Ausblick auf weiteren Forschungsbedarf.

Die nachfolgende Abbildung verdeutlicht den Aufbau der Arbeit.

Kapitel 1: Einführung in die Forschungsarbeit

Kapitel 2: Konzeptioneller Bezugsrahmen
Die Branche
Innovationsfähigkeit in der Branche
SHRM und die Fähigkeit zur Innovation

FAZIT:
Innovation in IT Wettbewerbsfaktor Nr. 1
Wichtigste Ressource für Innovationsfähigkeit sind die Mitarbeiter
Strategisches Human Resource Management ist wesentlicher Gestalter von Innovationsfähigkeit

Kapitel 3:
Analyse von Umweltkontext und Ressourcenbasis

- Kulturelle Einflüsse
- Ökonomische Einflüsse
- Politisch-rechtliche Einflüsse
- Ressourcen der Innovationsfähigkeit und Auswirkungen des demografischen Wandels auf die Ressourcenbasis

FAZIT:
Erste Annahmen über Zusammenhänge von demografischem Wandel, Innovation und HRM

Kapitel 4:
Explorative Fallstudie

- Einflüsse des demografischen Wandels auf die Ressourcenbasis in der Praxis
- Erhebung von erwarteten Auswirkungen auf die Innovationsfähigkeit im Unternehmen
- Erwartete Einflüsse auf das Human Resource Management in der Praxis

FAZIT:
Verfeinerte Annahmen über Zusammenhänge von demografischem Wandel, Innovation und HRM

Kapitel 5: Zusammenfassung und Ableitung von Gestaltungsempfehlungen

Anforderungen und Gestaltungsempfehlungen für ein innovationsförderliches Human Resource Management vor dem Hintergrund des demografischen Wandels

Kapitel 6: Fazit und Ausblick

Abbildung 1: Aufbau der Arbeit

Quelle: Eigene Darstellung

2. Konzeptioneller Ansatz: Innovationsfähigkeit und strategisches Human Resource Management in der IT-Branche

Die in Kapitel 1 skizzierten Veränderungen im gesellschaftlichen Umfeld stellen Unternehmen und deren Human Resource Management vor neue Herausforderungen. Je nach Branche entfalten diese Faktoren unterschiedlich starken Einfluss. Als „Schlüsselbranche“[63] für die wirtschaftliche Wettbewerbsfähigkeit wird oftmals die IT-Branche bezeichnet. Erst durch die Bereitstellung von IT-Produkten und Dienstleistungen werden Entwicklungen neuer Geschäftsmodelle in klassischen Industrie- und Dienstleistungsbranchen ermöglicht.[64] Bei der Realisierung neuer Unternehmenskonzepte und des Wandels der Arbeit und der Arbeitsbeziehungen übernimmt die IT-Branche eine Vorreiterrolle.

Im Folgenden werden kurz die Besonderheiten der IT-Branche dargestellt (Abschnitt 2.1). Ausgehend von der Diskussion unterschiedlicher Perspektiven der Innovationsforschung wird das Konstrukt der Innovationsfähigkeit im Branchenkontext genauer spezifiziert Darauf aufbauend wird der konzeptionelle Bezugsrahmen entwickelt, auf dem ein gemeinsames theoretisches Grundverständnis von Human Resource Management und Innovationsfähigkeit möglich sein wird.

In der zweiten Hälfte des letzten Jahrhunderts sind eine Vielzahl theoretischer Ansätze als Bezugsrahmen für Personal und Arbeit entstanden, die jeweils unterschiedliche wissenschaftliche Grundhaltungen repräsentieren.[65] Aus dem branchenspezifischen Kontext wird der ressourcenorientierte Ansatz als geeignet hervorgehen (Kapitel 2.3). Die sich anschließenden Ausführungen zum strategischen Human Resource Management führen zu einer Art „Gesamtmodell“, das ein Beziehungsgeflecht zwischen externem Kontext, strategischem Human Resource Management, Ressourcenbasis, Kompetenzmanagement und Innovation darstellt (Kapitel 2.2).[66]

---

[63] Vgl. Dostal (2006), Boes/Baukrowitz (2002), S. 11f., Bläsche (2006), S. 17ff.

[64] Boes et al. (2008), S. 5ff.

[65] Vgl. Oechsler (2006), S. 11ff., Weber (2004), Sp. 1909ff.

[66] Vgl. Abbildung 9.

2.1 Die IT-Branche - Schlüsselbranche für Innovation und Wachstum

Aus Sicht von Forschung und Praxis weist die IT-Industrie ein sehr heterogenes Bild von Unternehmensgröße, Organisationsstrukturen, Produktportfolio u. ä. auf. Eine einheitliche Bestimmung des Gegenstands steht weiterhin aus. Auch wird eine eigenständige Branche „IT-Industrie“ gegenwärtig nicht wirtschaftsstatistisch ausgewiesen.[67] Es erfolgt deshalb eine nähere Beschreibung und Abgrenzung des Forschungsgegenstandes im Hinblick auf diese Arbeit.

2.1.1 Definition und Strukturdaten der Branche

Im Rahmen dieser Arbeit werden unter dem Begriff der IT-Industrie die „Produzenten elektronischer Bauelemente, die IT-Technik und Nachrichtentechnik sowie die IT-Dienstleistungen und Telekommunikationsdienstleistungen“ zusammengefasst.[68] Der *Bundesverband Informationswirtschaft, Telekommunikation und neue Medien e. V.* (kurz: BITKOM) zählt gegenwärtig knapp 800.000 Beschäftigte in der Branche,[69] die sich mit Blick auf das Leistungsspektrum der Unternehmen in vier Segmente teilen lässt.[70] Diese weisen unterschiedliche historische Bindungen an Systeme industrieller Beziehungen auf, was dazu führt, dass empirische Befunde in dieser Branche oft von großen Widersprüchen geprägt sind. Das Fehlen einer einheitlichen Branchendefinition bedingt daher für jede Art der empirischen Erhebung eine weiterführende Eingrenzung und eine genaue Abgrenzung des Untersuchungsgegenstandes.

Äußerst heterogen stellt sich die Gruppe der IT-Anbieter **strukturell** dar. Zur Verdeutlichung bietet sich an, die Verteilung von sozialversicherungspflichtigen Beschäftigten in Deutschland auf die Anzahl der Unternehmen zu betrachten. Kleinstunternehmen (1-5 Beschäftigte) stellen zwar fast zwei Drittel der Unternehmen, nehmen jedoch nur ca. 9% der Beschäftigten auf.[71] Dagegen befinden sich mehr als ein Fünftel (21%) der Beschäftigten in Unternehmen mit 500 oder mehr Beschäftigten, die allerdings nur 0,3% aller Betriebe ausmachen. Betrachtet man die Verteilung der Unternehmen auf einzelne **Wirtschaftsgruppen,** so fallen fast zwei Drittel der Unternehmen in die Gruppe der Soft-

67 Vgl. Boes/Baukrowitz (2002), S. 29ff.

68 Diese Definition verwendet auch das European Information Technology Observatory (EITO). Der Sektor wird dort als „Information and Communication Technologies“ bezeichnet. (vgl. Boes/Baukrowitz, S. 30). Andere Abgrenzungen beziehen zum Teil auch Unternehmen der Medienwirtschaft mit ein (vgl. Vock et al. (2007), S. 16f.). An Stelle von „IT-Branche“ bezeichnen andere die Branche auch als „ITK-Branche“.

69 BITKOM (2007b).

70 Vgl. Boes/Trinks (2006), S. 68ff.

71 Für eine detailliertere Betrachtung der Strukturen vgl. Vock et al. (2007), S. 21ff.

warehäuser (ca. 64%). Fernmeldedienste und Datenverarbeitungsdienste stellen mit einem Anteil von 11,5% und 10,4% ebenfalls noch einen erheblichen Anteil, während sich die übrigen Unternehmen auf fünf weitere Wirtschaftsgruppen verteilen. Das Leistungsspektrum der einzelnen Anbieter ist individuell ausgesprochen unterschiedlich und gestaltet sich jeweils in diversen Liefer- und Kooperationsbeziehungen mit Kunden (zum Teil Exklusivkunden) und in größeren Projektzusammenhängen.

Als Kennzeichen für die vorherrschenden Produktionsstrukturen haben sich horizontale **Netzwerkstrukturen** herausgebildet,[72] die aufgrund des schnellen Wandels technologischer Grundlagen selbst einer permanenten Restrukturierung unterliegen.

Je nach den Herkunftslinien, aus denen sich die einzelnen Unternehmen entwickelt haben, ist auch eine spezifische **Unternehmenskultur** entstanden. In Unternehmen, deren Wurzeln überwiegend in traditionellen Industrien liegen,[73] orientiert sich die Kultur eher an den dort entstandenen Formen. Dagegen haben neu entstandene Unternehmen eher weniger formalisierte Unternehmenskulturen herausgebildet und zeichnen sich durch flache Hierarchien und eine flexible Arbeitsorganisation aus. Insgesamt weist die IT-Wirtschaft einen vergleichsweise hohen Grad an flexiblen bzw. entstandardisierten betrieblichen Beschäftigungsbeziehungen auf (so genannte Randbelegschaften[74]). So zeigte sich in einer Erhebung von 2005, dass ca. 75% der IT-Anbieter Beschäftigungsverhältnisse nutzen, die nicht dem Normalarbeitsverhältnis entsprechen.[75] Gerade in der Softwarebranche gehören diese „entgrenzten" **Beschäftigungsformen**[76] bereits zum integralen Bestandteil von Unternehmensstrukturen bzw. Geschäftsmodellen.[77] Das von diesen Beschäftigten erbrachte Leistungsvolumen (abgefragt als Äquivalent zu Vollzeitstellen) ist jedoch vergleichsweise gering.

Das hohe durchschnittliche berufliche **Qualifikationsniveau** der Beschäftigten und die in der Regel überdurchschnittliche Gehaltshöhe prägen das Bild der Arbeitsbeziehungen in der IT. So werden bei Beschäftigten in der IT-Industrie ähnliche Einstellungen zur Interes-

[72] Vgl. Lüthje (2001).

[73] Hierbei handelt es sich um Ausgliederungen von Systemhäusern aus traditionellen Unternehmen wie z. B. Debis aus dem Daimler Konzern oder Lufthansa Systems AG aus der Lufthansa AG.

[74] Zum Begriff der Randbelegschaft vgl. Oechsler (2006). Zusammengefasst sind in solchen Beschäftigungsverhältnissen IT-Freelancer, befristet oder geringfügig Beschäftigte, Beschäftigte von Arbeitnehmerüberlassungsfirmen und Praktikanten.

[75] Vgl. Vock et al. (2007), S. 69ff.

[76] Zum Begriff der Entgrenzung vgl. die Ausführungen im Kapitel 3.2.2 dieser Arbeit, ferner Kratzer et al. (2004).

[77] Vgl. Vock et al. (2007), S. 69ff.

senvertretung von Arbeitnehmern gefunden, wie es beispielsweise bei Führungskräften der Fall ist.[78] Sie halten sich in ihrer Mehrheit selbst für durchsetzungsfähig und meinen, ihre Interessen gegenüber Führungskräften und Geschäftsführung eigenständig vertreten zu können.[79] Auf der anderen Seite unterliegen gerade die Mitarbeiter in dieser Branche bereits weitgehend dem Phänomen der „Entgrenzung" der Arbeit auf vielfältigen Ebenen, verbunden mit einem hohen Risikopotenzial für ihre eigene Gesundheit.[80]

Hinsichtlich des Einsatzes von Mitarbeitern konkurrieren IT-Anbieter auf einem engen **Arbeitsmarktsegment** mit sämtlichen IT-Anwender-Unternehmen um entsprechendes Personal. Das wichtigste Tätigkeitsfeld für IT-Fachkräfte ist die Softwareentwicklung. Andere Tätigkeitsfelder gewinnen jedoch an Bedeutung (z. B. Projektmanagement).[81] Das Arbeitskräftepotenzial umfasst dabei in aller Regel Absolventen der informationstechnischen Studiengänge, aber auch Naturwissenschaftler und Ingenieure. Nach einer im November 2009 durchgeführten BITKOM-Studie gab es demnach in Deutschland rund 20.000 offene Stellen für IT-Experten.[82] Bei einer stagnierenden bzw. sinkenden Anzahl von Studierenden und einer erwarteten stabilen Nachfrage, sieht sich die Branche deshalb zunehmend einem Mangel an Fachkräften mit spezifischer IT-Qualifikation gegenüber.[83] Strategische Lösungsansätze zur Deckung des Fachkräftebedarfs beziehen - neben unternehmerischen Handlungsfeldern - auch die politische Ebene auf regionaler, nationaler und internationaler Ebene mit ein.[84] Darüber hinaus rekrutieren Unternehmen Fachkräfte aus dem Ausland.[85]

Wertet man die sozialversicherungspflichtigen Beschäftigungsverhältnisse in Deutschland nach **organisationsdemografischen** Merkmalen aus, so ist der „typische IT-Mitarbeiter" männlich und jung. Diese Merkmale gelten auch im internationalen Kontext, wie aus verschiedenen Studien hervorgeht. In Europa liegt der Anteil der **Frauen** in klassischen IT-Berufen unter 20%.[86] Aber auch in Australien (22%), den USA (27%) und Canada (25%)

[78] Vgl. Boes/Baukrowitz (2002), S. 62ff.

[79] Vgl. ebenda.

[80] Vgl. erste Ergebnisse des Projekts „DIWA-IT" des ISF München (Boes et al. 2008b), Gerlmaier/Latniak (2011) sowie die Ausführungen in Kapitel 3.2 dieser Arbeit.

[81] Vgl. Heinrich/Heinzl/Riedl (2011), S. 30.

[82] Vgl. Heinrich/Heinzl/Riedl (2011), S. 33.

[83] Vgl. BITKOM (2007a), S. 5ff.

[84] Vgl. Positionspapier der BITKOM (2007a) mit Anforderungen und Vorschlägen zur Bildungs- und Zuwanderungspolitik.

[85] Vgl. Heinrich/Heinzl/Riedl (2011), S. 29ff.

[86] Vgl. De Hoog/Platman/Taylor/Vogel (2004), S. 6ff. Die Daten der Studie wurden im Rahmen des internationalen Projekts WANE (Workforce Aging in the New Economy) erhoben und zeigen, dass die Beschäftigung von Frauen in IT-Berufen in den drei Ländern mit der größten IT-Beschäftigtenzahl (D, GB, NL) in den letzten 10 Jahren stets unter 20% lag.

sind Frauen in diesem Berufsfeld unterrepräsentiert. Dabei konzentriert sich die Altersverteilung der Frauen insbesondere auf die Gruppe der 25- bis 44-Jährigen. Sicher ist die Geschlechts- und Altersverteilung in den Kernberufen der IT-Branche nicht identisch mit denen der Branche insgesamt. Die Verfasser der Studie vermuten, dass es in den Industrien und dem öffentlichen Sektor Cluster gibt, in denen mehr oder weniger Frauen arbeiten, und dass die Verteilung nicht gleichmäßig ist. Genauere Daten liegen aber derzeit noch nicht vor.

Auch die **Altersstruktur** in der Branche weicht von anderen Branchen ab. Die stärkste Gruppe der IT-Beschäftigten bilden die 25- bis 34-Jährigen. So sind 2002 beispielsweise 43% der klassischen IT-Mitarbeiter in Großbritannien[87] zwischen 25 und 34 Jahre alt, während die Altersklasse nur einen Anteil von 24% bezogen auf die gesamte Erwerbsbevölkerung hat. Betrachtet man dagegen die Altersgruppe der 55- bis 64-Jährigen in europäischen Ländern, so liegt hier eine vergleichsweise geringe Beschäftigung vor. Im Jahr 2002 waren weniger als 5% der so genannten „IT Practitioners“[88] in dieser Alterskohorte zu finden.[89] In Australien lag der Wert zum gleichen Zeitpunkt bei etwa 6%, in den USA bei ca. 5% und in Canada bei ungefähr 3%. Die Kohorte der 45- bis 55-Jährigen stellt mit einem Anteil von ca. 14 bis 17% einen nicht unbedeutenden Anteil an der Beschäftigtenzahl dar. In den letzten Jahren ist der Anteil dieser Altersgruppe vergleichsweise gewachsen.[90] Parallel dazu nimmt der Anteil anderer Altersgruppen ab. In Deutschland stieg zwischen 1999 und 2009 der Anteil der über 50-Jährigen von 12,5 auf 18,5%, während der Anteil der 25- bis 39-Jährigen Beschäftigten von 55,9% auf 41,8% sank.[91] Unklar ist noch, ob der Trend der Zunahme der Altersgruppe der über 50-Jährigen an den Beschäftigten temporär oder von Dauer sein wird. Darüber hinaus ergibt sich Forschungsbedarf aus der Frage nach den Gründen für den immer noch geringen Beschäftigungsanteil der über 55-Jährigen.[92]

---

87 Großbritannien ist das Land mit der größten Anzahl an IT-Beschäftigten in Europa.

88 Als „IT Practitioner“ werden in der Studie die Berufe zusammengefasst, die in der jeweiligen Arbeitsmarktstatistik der Länder als typische IT-Berufe erfasst werden. Vgl. hierzu De Hoog/Platman/Taylor/Vogel (2004), S. 4.

89 Vgl. De Hoog/Platman/Taylor/Vogel (2004), S. 11f., siehe außerdem bei Dostal (2006), S. 211f. und Rohde (2008).

90 Vgl. De Hoog/Platman/Taylor/Vogel (2004), S. 13. In allen untersuchten Ländern ist der Anteil dieser Alterskohorte gestiegen.

91 Vgl. Gerlmaier et al. (2010), S. 2.

92 Vgl. auch Dilk/Littger (2008), S. 44ff.

Ein weiteres Merkmal der IT-Industrie ist ohne Zweifel die **Internationalität** der Branche. In der Diskussion zur Globalisierung der Wirtschaftsprozesse wird sie als Beispielbranche angeführt, da hier die Prozesse der internationalen Arbeitsteilung bereits weit fortgeschritten sind.[93] IT-Entwicklung und Globalisierung sind dabei wechselseitig miteinander verbunden. So ermöglichen Informations- und Kommunikationstechnologien neue Koordinationsmöglichkeiten und eröffnen neue Potenziale für Internationalisierungsstrategien.[94] Andererseits werden auch die Unternehmen der IT- Branche von Entwicklungen im gesellschaftlichen Umfeld vor neue Herausforderungen gestellt.

2.1.2 Informationstechnologie und Innovation

„In der Forschung liegt der Schlüssel zur Innovation - und Innovationen sind der Motor für Wachstum und Wohlstand.“ [95]

„Die Informationstechnologie ist für Geschäftsmodelle das, was Forschung und Entwicklung für Produkte und Dienstleistungen sind.“ [96]

Josef Schumpeter,[97] der als Begründer der Innovationsforschung gilt, beurteilt das Hervorbringen *„neuer Kombinationen“* als Möglichkeit zur Erzielung von Wettbewerbsvorsprüngen. Heute sind diese Vorsprünge durch Innovation vielfach notwendige Voraussetzung zur Existenzsicherung von Unternehmen.[98] Die Informationstechnologie ist dabei die Schlüsseltechnologie.[99]

Die Möglichkeiten der neuen Technologien werden nicht nur wirtschaftliche Veränderungen bringen, sondern sie sind in der Lage, gesellschaftliche Veränderungen zu ermög-

---

93 Vgl. Ausführungen in 3.2.1 zum Einfluss der Globalisierung.

94 Vgl. Oesterle (2005), S. 191ff. Als Kriterien für die Eignung der IT für Koordinationsfunktionen werden dabei genannt: Schnelligkeit, Reichweite, Verfügbarkeit, Dispersion (Netzwerkdichte), Sicherheit, Leistungsfähigkeit bzgl. Datenmenge, Billigkeit und Bequemlichkeit (vgl. ebenda, S. 204ff.). Ferner Hirschheim/Heinzl/Dibbern (2009).

95 Vgl. Bundesregierung Deutschland (2010).

96 Kagermann/Oesterle (2006), S. 17.

97 Gilt als einer der bedeutendsten Nationalökonomen des 20. Jahrhunderts, vgl. Hübner (2002), S. 36, Poech (2002), S. 43.

98 Vgl. Schumpeter 1987, S.100, Vries (1997), S. 46, Hübner (2002), S. 3 ff., Kagermann/Oesterle (2006), S. 21ff. Ursachen hierfür sind zum einen die Sättigungserscheinungen in den hoch industrialisierten Ländern, zum anderen kommt es zunehmend zu Wettbewerb aufgrund der wirtschaftlichen Erstarkung von bisher wenig industrialisierten Ländern (wie z. B. China, Indien).

99 Vgl. Boes/Baukrowitz (2002), vgl. zur Rolle der Informationstechnologie auch die Studie des Economist Intelligence Unit (2004), wonach Erfolg und Wachstum im globalen Wettbewerb zukünftig stark von der hohen Anpassungsfähigkeit einer Organisation und ihrem Geschäftsmodell abhängen werden (vgl. Economist Intelligence Unit (2004), außerdem Broy (2002), S. 292ff.)

lichen und zu unterstützen.[100] Die Veränderungen der Rahmenbedingungen und die drastisch gesunkenen Kommunikationskosten lassen Organisationsstrukturen und Managementsysteme entstehen, die in den vergangenen Jahren nicht vorstellbar waren.[101] Lern- und Anpassungsfähigkeit sind Grundvoraussetzungen für die Überlebensfähigkeit von Organisationen.[102] Dennoch hat der Zusammenbruch der New Economy auch gezeigt, dass Innovation allein nicht die Lebens- und Überlebensfähigkeit von Organisationen ausmacht. Innovation ist nicht von sich aus gut oder schlecht, sondern muss im Kontext der Umweltbedingungen betrachtet werden.[103]

Informations- und Kommunikationstechnik ist auf vielfältige Weise mit Innovationen verbunden. Zum einen bauen viele Innovationen in anderen Branchen (Automobil, Maschinenbau, Energietechnik usw.) auf den Entwicklungen der IT-Branche auf bzw. werden durch diese erst ermöglicht.[104] Auf der anderen Seite ist die Branche selbst von einem hohen Innovationstempo gekennzeichnet, welches Innovation zum ausschlaggebenden Wettbewerbsfaktor werden lässt.[105] So wurden laut Branchenreport des *Zentrums für Europäische Wirtschaftsforschung* (kurz: ZEW) aus dem Jahr 2008 im Jahr 2006 ca. 28% des Umsatzes in der EDV- und Telekommunikationsbranche mit Produktneuheiten erzielt, während es im gesamten Dienstleistungsgewerbe gerade einmal 9% waren. Die Ausgaben für Innovationen in der IT-Branche stiegen in den vergangenen 10 Jahren kontinuierlich an, was keine weitere Branche vorweist.[106]

Im internationalen Vergleich stellt die Zahl der registrierten Patente einen wichtigen Indikator für die technologische Leistungsfähigkeit des Landes dar. 2003 war Deutschland hier im europäischen Vergleich Spitzenreiter bei den Patentanmeldungen und wurde nur von USA und Japan übertroffen. Gemessen an den Patentanmeldungen der Branche im Verhältnis zur Einwohnerzahl nehmen in Europa jedoch die Finnen, Niederländer und Schweden noch Plätze vor Deutschland ein.[107]

[100] Vgl. Malone (2004), S. 4ff. „For the first time in history, technologies allow us to gain the economic benefits of large organizations, like economies of scale and knowledge, without giving up the human benefits of small ones, like freedom, creativity, motivation, and flexibility."

[101] Vgl. Malone (2004), S. 8ff.

[102] Vgl. Martin/Behrends (1999), Gerpott (2005), S. 1.

[103] Vgl. hierzu die Ausführungen zur Ethik im Technologiemanagement bei Kornwachs (2004), S. 179ff.

[104] Vgl. zur Hightech-Strategie der Bundesregierung BMBF (2009), S. 11ff.

[105] Vgl. ZEW (2008), S. 1.

[106] Vgl. ebenda, S. 3ff.

[107] Vgl. BITKOM (2007a), ferner BITKOM (2007c).

Um weiter wachsen zu können, sind die Unternehmen stark auf den Zustrom von Hochschulabsolventen aus den Informatikstudiengängen sowie den Ingenieur- und Naturwissenschaften angewiesen. Die Zahl der Studienanfänger im Fach Informatik ist jedoch seit Anfang 2000 in Deutschland kontinuierlich zurückgegangen.[108] Die Zahl der Absolventen in Natur- und Ingenieurwissenschaften ist selbst international gesehen zu gering, um den Bedarf der Branche zu decken.[109] Laut Branchenverband BITKOM existiert bereits heute ein Fachkräftemangel, der das Wachstum in Deutschland bremst.[110] Die aktuelle Situation führt dazu, dass die Zuwanderung ausländischer Fachkräfte in der Branche einen hohen Stellenwert hat.[111] Zum anderen wird auch die Errichtung von Forschungsstandorten in der Nähe von Wissenschaftszentren im In- und Ausland durch diese Entwicklung unterstützt.[112]

Zuwanderung allein wird zur Bewältigung des Fachkräftemangels und zur Sicherung der Innovationsfähigkeit am Standort Deutschland in der Branche jedoch nicht genügen. Vielmehr gehen Forscher des IAB davon aus, dass auch in den heimischen Personalreserven (z. B. noch nicht oder nur in Teilzeit beschäftigte Frauen, Ältere) noch Potenzial steckt, das bislang von Unternehmen und Politik noch nicht ausreichend entwickelt bzw. genutzt wird.[113]

Mehr als in anderen Branchen hängt die Wettbewerbsfähigkeit für IT-Unternehmen von Innovationen ab.[114] Es ist daher unerlässlich, sich gerade in dieser Branche mit den Ursachen und Voraussetzungen für die Fähigkeit zur Innovationen zu beschäftigen.

2.1.3 Kennzeichen der Innovation in der IT-Branche

In der umfangreichen (und überaus heterogenen) Literatur zu Innovation[115] finden sich zahlreiche Definitionen des Begriffs, die sich unter anderem aus unterschiedlichen theoretischen Perspektiven, empirischen Vorgehensweisen oder Erklärungszielen der Autoren ergeben.[116] Im anschließenden Abschnitt werden zunächst einige begriffliche Grundlagen erläutert und Abgrenzungen des Betrachtungsgegenstands „Innovation“ vorgenommen.

[108] Vgl. BITKOM (2007a), ferner BITKOM (2007c).

[109] Vgl. BITKOM (2007b), S. 24.

[110] Vgl. Rohleder (2007), S. 7ff.

[111] Vgl. ebenda, S. 8ff.

[112] Vgl. hierzu die Ausführungen zur Globalisierung im Kapitel 3.2.

[113] Vgl. Fuchs/Thon (2001).

[114] Vgl. ZEW (2008), S. 1ff.

[115] Der Begriff Innovation leitet sich von dem lateinischen Wort novare ab, was gleichbedeutend ist mit „erneuern“; vgl. Minder (2001), S. 71.

[116] Vgl. hierzu Behrends (2001), S. 97.

Aus betriebswirtschaftlicher Sicht stellt sich anschließend die Frage, welche Ausgangspunkte für Innovationen in der IT-Branche vorliegen und wie erfolgreiche Innovationen gesteuert bzw. gemanagt werden können. Der zu entwickelnde konzeptionelle Bezugsrahmen für die Innovationsfähigkeit sollte in der Lage sein, wechselseitige Abhängigkeiten zwischen Umwelteinflüssen, Innovationsmanagement und anderen Unternehmensprozessen (wie z. B. Strategieprozessen, Human Resource Management-Prozessen) darzustellen.

Eine häufig verwendete **Definition** für Innovation findet sich im Oslo-Manual[117]. Dieses definiert Innovation als technischen Wandel, der auf Unternehmensebene stattfindet. Es wird dabei unterschieden zwischen technologischer Produkt- und Prozessinnovation. Die empirisch leichter zugängliche Messbarkeit dieser Phänomene hat dazu geführt, dass diese im Manual als einzige in den Mittelpunkt gestellt werden. Dabei sind auch empirisch schwieriger zugängliche Phänomene, wie zum Beispiel Innovationen im verhaltensbezogenen oder institutionellen Rahmen, von Relevanz.[118] Darüber hinaus spielen neben technologischen Aspekten bei Innovationen auch ökonomische, ökologische, politische, kulturelle und soziale Aspekte eine Rolle.[119]

Innovationen können unter anderem ergebnisorientiert **klassifiziert** und in Produkt-, Verfahrens-, Sozial- und Strukturinnovation unterteilt werden.[120] Da sich die Ergebnisse von Innovationsprozessen oftmals nicht eindeutig einer Kategorie zuordnen lassen, ist eine derartige Klassifizierung jedoch kritisch zu betrachten.[121] So führt die Herstellung eines neuen Produkts (Produktinnovation) häufig auch zur Einführung einer neuen Arbeitsorganisation (Strukturinnovation), geänderten Anreiz- und Kontrollsystemen (Sozial-, Prozessinnovation) usw.[122] Interessanter als die Klassifizierung nach dem Ergebnis erscheint es, nach den gemeinsamen Merkmalen von Innovationen zu fragen.

Hauschildt beschreibt aus der Gegenüberstellung von diversen Definitionen Innovation als

> *„[...] die Hervorbringung eines neuartigen Produkts oder neuartigen Verfahrens durch die Kombination von Produktionsfaktoren. (...) Dieses neuartige Produkt*

[117] Vgl. OECD (1997). Das Oslo-Manual stellt für empirische Innovationsforscher in Europa die begriffliche Arbeitsgrundlage dar.

[118] Vgl. Hipp (2000), S. 10.

[119] Vgl. auch Zahn (1991), S. 121.

[120] Vgl. Reinmann-Rothmeier (2003), S. 8, Behrends (2001), S. 106ff., Gerpott (2005), S. 37ff.

[121] Vgl. Reinmann-Rothmeier (2003), S. 8f.

[122] Zur Korrelation von Innovationsaktivitäten vgl. auch Rammer (2005), S. 89ff.

oder Verfahren ist auf einem Markt durchzusetzen oder im innerbetrieblichen Einsatz einzusetzen.“ [123]

Damit bezieht sich Innovation auf die wirtschaftliche Verwertbarkeit neuer Produkte und Prozesse und ist somit von der eigentlichen Erfindung - der Invention - zu unterscheiden. Wann aber eine neue Idee und deren Umsetzung als Innovation bezeichnet werden kann, ist nicht trivial zu beantworten. Es geht hier um eine Frage, die sowohl subjektiven als auch normativen Charakter hat.[124] Denn wer bestimmt, was als innovativ gilt, und woran dies bemessen werden soll, ist letztlich abhängig von den im System vorherrschenden Regeln, Abläufen, Heuristiken und vom sozialen Kontext.

In der wissenschaftlichen Betrachtung von Innovation nimmt die Beschreibung von Prozessen und Phasen einen breiten Raum ein.[125] Aus Sicht der Praxis ist die Bedeutsamkeit von Phasenmodellen eher zurückhaltend einzustufen,[126] da sich die Komplexität des Innovationsgeschehens selten in der linearen Abfolge von Prozessschritten darstellen lässt und deren Übergänge eher stetig über einen langen Zeitraum, denn diskret zu beobachten sind. Hier soll eine grundlegende Einteilung in zwei Phasen vorgenommen werden.[127] Die erste Phase ist die der **Invention**, der Generierung kreativer Ideen; eine Phase in der es um exploratives Lernen, um experimentieren und um die Übernahme von Risiken zur Erkundung neuer Phänomene geht. Die zweite Phase der **Implementierung** ist dagegen eine Phase der „exploitation“, d.h. eine Phase der effizienten Umsetzung und Durchsetzung, die in der Regel strengen Projektmanagementregeln folgt. Es ist damit offensichtlich, dass im Verlaufe des Innovationsprozesses ganz unterschiedliche Fähigkeiten und Fertigkeiten aber auch unterschiedliche Regeln und Routinen zum erfolgreichen Verlauf beitragen.

Im Folgenden wird Innovation verstanden als die beabsichtigte Einführung oder Anwendung neuartiger Ideen, Prozesse oder Produkte, die für eine bestimmte Zielgruppe einen deutlichen Nutzen erzeugen.[128]

---

[123] Hauschildt (2004), S. 35.

[124] Vgl. Hauschildt (2004), Reinmann-Rothmeier (2003), S. 8.

[125] Eine Übersicht über Phasenmodelle findet sich u. a. bei Wolfe (1994), S. 409f.; eine ausführliche Beschreibung diverser Modelle gibt Wahren (2004), S. 157ff.

[126] Vgl. Gerpott (2005), S. 53.

[127] Vgl. Milling/Maier (1996), S. 5f., ferner Shipton/West et al. (2006) S. 4f. Eine differenzierte Betrachtung von Innovationsprozessen und deren Einflussfaktoren erfolgt in Abschnitt 3.3.2

[128] Vgl. Hauschildt 2004, S. 27ff.

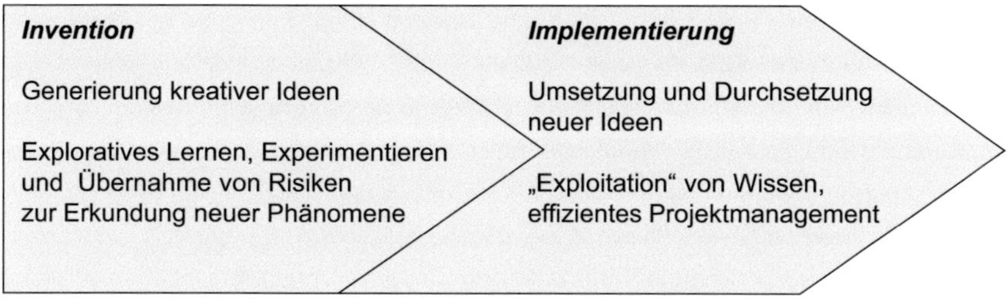

Abbildung 2: Generischer Innovationsprozess - 2 Phasen-Modell
Quelle: Eigene Darstellung in Anlehnung an Shipton et al. (2006)

Das klassische Verständnis von Innovation ging lange Zeit davon aus, dass Innovationen etwas mit radikaler Veränderung zu tun haben.[129] Empirische Befunde über den wirtschaftlichen Erfolg von Innovation lassen aber auch ein neueres Innovationsverständnis zu, wonach auch den so genannten inkrementell-evolutionären Neuerungen eine vergleichbare Bedeutung zukommt.[130] So werden inkrementelle Innovationen oftmals eingeleitet, weil Unternehmen veränderte oder nur zum Teil befriedigte Kundenbedürfnisse identifizieren, denen Sie durch modifizierte Produkte besser als der Wettbewerb begegnen wollen. Inkrementelle Innovationen sind somit häufig auch „Market-pull-Neuheiten"[131]. Dagegen basieren radikale Innovationen in aller Regel auf technologischen Wissensfortschritten und Möglichkeiten, die von Wissenschaftlern nicht gezielt aufgrund systematisch erforschter Kundenanforderungen entwickelt wurden. Sie werden deshalb als „Technology Push" bezeichnet.[132]

In der IT-Branche und speziell in der **Softwareentwicklung** fand Innovation bislang weitgehend technik-getrieben statt (Technology Push). Inzwischen gilt als empirisch bestätigt, dass eine konsequente Integration des Kunden in Innovationsprozesse positiv auf den Innovationserfolg und somit auf die Wertschöpfung wirken.[133] Deshalb verändern Modelle wie „Open Innovation" und die „Lead User Methode" aktuell auch das klassische Innova-

---

129 Nach Schumpeter ist ein Wesen der Innovation, dass sie diskontinuierlich auftritt, vgl. Hauschildt (2004), S. 8f.

130 Vgl. Gerpott (2005), S. 41ff., siehe auch Ergebnisse bei Rammer (2005), u. a. hohe Korrelation von Prozess- und Produktinnovation.

131 D.h. „von einem Markt nachgefragte".

132 Vgl. Gerpott (2005), S. 41ff. Hier findet sich auch eine Übersicht über Merkmalsausprägungen inkrementaler und radikaler Innovation u. a. im Hinblick auf Kundenintegration, Risiko, Zeitdauer usw.

133 Vgl. Reichwald et al. (2004), S. 74ff. Ein Überblick über empirische Erfolgsfaktorenstudien der Kundenorientierung findet sich bei Lüthje (2000).

tionsmilieu in dieser Branche.[134] Der Kunde erwartet dabei häufig neue Lösungsvorschläge, die nicht zwangsläufig neue Produkte sind.[135] Wird Innovation zunehmend vom Kunden getrieben („Market-pull"), stellt dies in einer wissensintensiven Industrie[136] wie der Softwareentwicklungsbranche veränderte Anforderungen an die Kompetenz von Individuen und Organisationen. Dabei setzen Kompetenzen unmittelbar die Entstehung, Verteilung und Anwendung von Wissen in der Belegschaft voraus. Komplexität und Redundanz in der organisatorischen Wissensbasis sind wiederum Voraussetzung für die Entstehung von Innovationen.[137]

2.1.4 Perspektiven der Innovationsforschung im Kontext der IT-Branche

Die Frage nach der Bestimmung der Einflussfaktoren für die Entstehung von Innovation führt zunächst zu den theoretischen Grundlagen. Im Folgenden werden unterschiedliche Perspektiven aufgezeigt und deren Bedeutung für die IT-Branche erläutert.[138]

In Anlehnung an eine Klassifizierung von *Heidelhoff* und *Radel* soll Innovation im Umfeld der IT-Branche als interaktiver Prozess verstanden werden.[139] Interaktive Modelle nehmen Abstand von Erklärungsmodellen der Diffusion von Innovationen. Ihr Erkenntnisziel ist vielmehr, die Emergenz von Innovationen zu erklären, die sich nach diesem Verständnis wahrnehmungsabhängig auf der Basis spezifischer Fähigkeiten ergeben. Als Forschungsansatz dominiert bei den letzteren Modellen die Fallstudienmethodik, die auch im Rahmen dieser Arbeit angewendet wird (vgl. Kapitel 4). In diesen Modellen wird innovatives Verhalten verstanden als das Ergebnis des Zusammenwirkens von innovierendem

---

[134] Vgl. Reindl (2000), S. 194ff.

[135] Vgl. Kagermann/Oesterle (2006), S. 16ff. „Die Innovation des Geschäftsmodells ist wichtiger als die Innovation der Produkte." (ebenda, S. 17).

[136] Zum Begriff der Wissensintensität und wissensintensiver Industrien vgl. Decker/van der Velden (2006), S. 231ff.

[137] Vgl. Nonaka/Krogh/Voelpel (2006), S. 1183 und die Ausführungen in Abschnitt 3.2.2.

[138] Vgl. Wolfe (1994), Hauschildt (2004), Ridder et al. (2005), Behrends (2001), Heideloff/Radel (1998).

[139] Vgl. Heideloff/Radel 1998, S. 30ff. Die Innovationsforschung hat in den vergangenen Jahren ganz unterschiedliche Phänomene in den Fokus genommen. Nach *Slappendel* (1996) lassen sich aus sozialwissenschaftlicher Perspektive drei „Schulen" erkennen, die man als individualistisch, strukturalistisch und interaktiv bezeichnen kann. Vgl. Slappendel (1996), S. 107ff. Individualistische Modelle sind statischer Natur und legen den Fokus auf die Handlungsspielräume einzelner Innovatoren. Auch strukturalistische Analysen sind überwiegend statisch und betrachten die Rahmenbedingungen, z. B. Organisations- und Branchenkontext, in dem die Innovation auftaucht *Heideloff/Radel* (1998) unterscheiden, orientiert am jeweiligen Bezugssystem der Innovation, in voluntaristische (am Handlungsspielraum des innovierenden Systems orientiert) , kontextualistische (am Umsystem des betrachteten Systems orientiert) und interaktive Modelle (betrachten das Zusammenspiel von Akteuren und institutionellem Kontext).

System und institutionellem Kontext.[140] Innovationen werden dann in einen institutionellen Kontext überführt, wenn sie aus Sicht der Akteure „Sinn" machen (Nutzen stiften) und in die „kollektive Praxis" überführt werden.[141] Sie haben demnach sowohl eine voluntaristische (Wollen) als auch eine kontextuale (Rahmenbedingungen) Dimension.[142] Die Akteure innerhalb des Unternehmens stehen in engem Austausch mit externen Kooperationspartnern. Der Wettbewerb wird nicht über Preis und Differenzierung, sondern über Kompetenzen und Kooperationen geführt, was eine ressourcenorientierte Betrachtung des Unternehmens nahelegt.[143] Inhaltlich dominieren drei Schwerpunkte die Innovationsforschung, die im Folgenden im Hinblick auf die IT-Branche beschrieben werden.[144]

Rolle von Wissen in Innovationsprozessen

Art und Ausmaß des vorhandenen Wissens und die Art und Weise, wie Wissen in der Organisation eingesetzt wird, haben einen entscheidenden Einfluss auf die Fähigkeit der Organisation zur Innovation. Wissen[145] und Lernprozesse sind fundamental für die Innovationsfähigkeit. Dabei ist Wissen wie folgt definiert:

> *„Wissen bezeichnet die Gesamtheit aller Kenntnisse und Fähigkeiten, die Individuen zur Lösung von Problemen einsetzen. Dies umfasst sowohl theoretische Erkenntnisse als auch praktische Alltagsregeln und Handlungsanweisungen. Wissen stützt sich auf Daten und Informationen, ist im Gegensatz zu diesen jedoch immer an Personen gebunden. Es wird von Individuen konstruiert und repräsentiert deren Erwartungen über Ursache-Wirkungs-Zusammenhänge in einem bestimmten Kontext."*[146]

Weltweit wachsen die Bestände an Information und Wissen explosionsartig an. Die Informations- und Kommunikationstechnologien beschleunigen preiswerte Transaktionen und

[140] Vgl. Behrends (2001), S. 115ff.

[141] Vgl. Heideloff/Radel(1998), S. 31.

[142] Diese Auffassung fügt sich ein in strukturationstheoretische Überlegungen zur Dualität von Strukturen (handlungsermöglichend und -beschränkend zugleich) nach Giddens, vgl. Giddens (1995), erläuternd hierzu Becker et al. (2006), S. 203ff.

[143] Vgl. nächstes Kapitel.

[144] Vgl. Wolfe (1994).

[145] Zur Definition von Wissen und Wissensmanagement vgl. u. a. North (2002), S. 2 und 14ff., Probst/Raub/Romhardt (1997), Romhardt (1998), S. 24ff., Willke (2004), S. 27ff., Mandl/Reinmann-Rothmaier, S. 4ff.; eine Kategorisierung von Wissen findet sich bei Krogh/Venzin (1995), S. 417ff.

[146] Romhardt (1998), S. 40.

schaffen weltweite Informationstransparenz.[147] Der einzelne Mitarbeiter ist mit einer Informationsflut konfrontiert, die häufig trotz oder gerade wegen der Menge an Information zu einer Abnahme der Entscheidungsqualität führt.[148] Demgegenüber weisen derzeit wissensbasierte Industrien und Dienstleistungen die größten Wachstumsraten auf.[149] Die inzwischen postulierte Entwicklung von der Informations- zur Wissensgesellschaft ist folglich keineswegs nur eine sprachliche Spielerei, sondern zeigt auf, dass im Gegensatz zur eher technik-basierten Informationsgesellschaft der Mensch mit seinen Fähigkeiten und Werten in der Wissensgesellschaft zunehmend in den Fokus rückt. Unternehmen benötigen in der Wissensökonomie die Fähigkeit, Informationen und Wissen handlungs- und problemlösungsorientiert zu managen. Hochqualifiziertes Personal ist erforderlich, um die kognitiven und bewertenden Prozesse im Rahmen des Wissensmanagement zu bewältigen. Für die Unternehmen wird es von strategischer Bedeutung sein, dieses Personal zu selektieren, zu aktivieren und zu entwickeln.[150]

Die Wissenskomponente ist dabei als Basis der beruflichen Kompetenz zu verstehen.[151] Nach einer Dichotomie von *Polanyi* lassen sich zwei Kategorien von Wissen unterscheiden: Explizites Wissen liegt in systematischer und artikulierter Form vor. Es kann auf Medien gespeichert werden und auf andere Personen übertragen werden. Implizites Wissen ist dagegen das persönliche Wissen eines Menschen, welches auf Werten und Gefühlen des einzelnen beruht und tief in dessen Handlungen und Erfahrungen verankert ist. Oftmals ist dieses Wissen nur schwer zu formulieren und somit auch schwierig oder gar nicht auf andere übertragbar.[152] Im Gegensatz zu der reinen Information ist Wissen also kontextabhängig und in aller Regel personengebunden. Personen generieren Wissen aus Informationen, um daraus Problemlösungen zu entwickeln. Kompetenz als entsprechende Fähigkeit oder Kapazität einer Person setzt demnach Wissen voraus.[153] *North* stellt die Zusammenhänge anschaulich in Form einer „Wissenstreppe“ dar.

---

[147] Vgl. Probst et al. (2000), S. 13f., North (2002) , S. 15ff.

[148] Vgl. Probst et al (2000), S. 23f.

[149] Vgl. Mandl/Reinmann-Rothmaier (2000), S. 4.

[150] Vgl. Oechsler (1999), S. 90; außerdem North/Reinhardt (2005), S. 9. Die Autoren verweisen auf eine Studie der Stanford University (2001), deren Ergebnisse zeigen, dass Profitabilität und Wachstum eines Unternehmens mit dessen Intelligenz und Kompetenz korrelieren.

[151] Vgl. stellvertretend Bergmann (2000), S. 23f., North/Reinhardt (2005), S. 30f., Zahn et al. (2000), S. 55f., ferner Feldhoff (2005), S. 36, Krogh/Venzin (1995), S. 425.

[152] Polanyi (1958, S, 12) kennzeichnet implizites Wissen mit „(...) we know more than we know how to say“. Vgl. zu den Begrifflichkeiten außerdem Reinhardt (2002), S. 141, North/Reinhardt (2005), S. 31ff., Bergmann (2000), S. 21ff.

[153] Vgl. hierzu Probst et al. (2000), S. 5., North/Reinhardt(2005), S. 32.

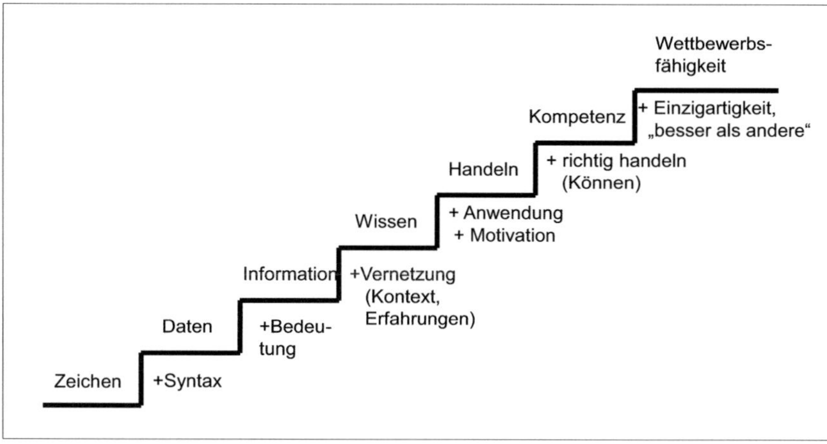

Abbildung 3: Wissenstreppe nach North
Quelle: in Anlehnung an North/Reinhardt (2005), S. 30

In global tätigen Unternehmen der IT-Branche findet man im Vergleich zu früheren Jahren eine überproportional gewachsene Anzahl an Spezialisten, die in immer komplexer werdenden Organisationsstrukturen arbeiten. Die Folge davon ist eine fragmentierte Wissens- und Kompetenzbasis, in der Mitarbeiter oder Teams voneinander losgelöste Handlungsfelder bearbeiten. Diese Entwicklung der Spezialisierung bringt zunächst zwar den Vorteil, dass Unternehmen ihr Wissen mit einer hohen Professionalität am Markt platzieren können. Auf der anderen Seite birgt sie aber eine erhöhte Gefahr der Abhängigkeit des Unternehmens von seinen Experten.[154] Die zentrale Herausforderung für das Management ist es daher, das für das Unternehmen relevante Wissen zu identifizieren und zu entwickeln.[155]

Bei der Verknüpfung und Akkumulation des auf zahlreiche Individuen verteilten Wissens handelt es sich um einen Integrationsprozess, durch den auf der organisationalen Ebene aus Wissen Kompetenzen geschaffen werden, die Ausgangspunkt für Innovationen sind.[156] Dabei ist davon auszugehen, dass Innovationen aus einer Kombination von

154 Vgl. Swap/Leonhard (2005), North/Reinhardt (2005), S. 10ff.

155 Vgl. Krogh/Venzin (1995), S. 67ff., Kogut/Zander (1996), Grant (1996), S. 114ff., Ridder et al. (2005), S. 48ff.

156 Vgl. Grant (1996), S. 375, Feldhoff (2005), S. 36ff., ferner Probst/Raub/Romhardt (1999), Spender (1996), S. 45.

existierenden und zu akquirierenden Wissenselementen resultieren.[157] Abbildung 4 stellt den Zusammenhang von Wissen und Kompetenzentwicklung für das Innovationsmanagement dar.

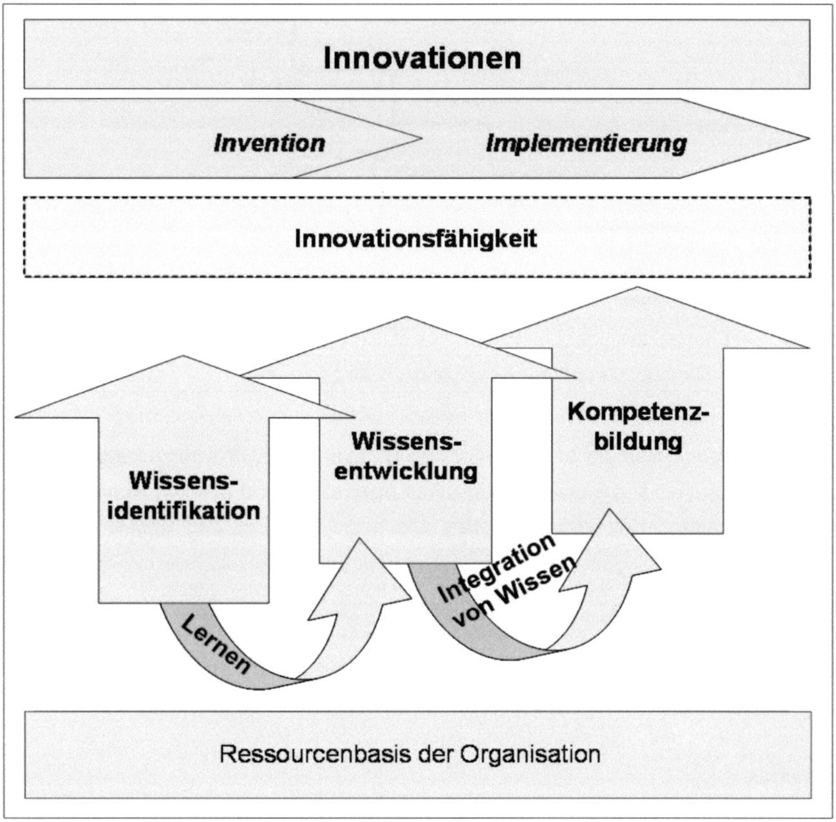

Abbildung 4: Vom Wissen zur Innovation
Quelle: In Anlehnung an Krogh/Venzin (1995), S. 425

Bei der Entwicklung von Wissen geht es dabei um Prozesse des individuellen Lernens als zentralem Ausgangspunkt für die Kompetenzbasis der Gesamtorganisation.[158] Lernen ergibt sich demnach als individueller Zuwachs von Wissen, der für die Organisation dann

[157] Vgl. Floyd/Lane (2000), S. 154ff.

[158] Vgl hierzu Lierow (2006), S. 93ff., ferner Rasche (1994), S. 176, Prahalad/Hamel (1990), S. 81, Sanchez/Heene (1997), S. 3ff.

von Vorteil ist, wenn es die Unternehmung in deren Zielerreichung unterstützt.[159] Die Wissensaufnahme durch das Individuum kann dabei von innerhalb oder außerhalb der Unternehmung geschehen. Auch in der empirischen Erhebung im Rahmen dieser Arbeit werden Fragen zur Relevanz und Entwicklung von individuellem Wissen für die Innovationsfähigkeit des Unternehmens gestellt (vgl. Anhang B, Leitfaden für Innovationsmanager, Fragenblock 2).

Ohne Zweifel kommt Netzwerken bei der Entwicklung und Anwendung von Wissen für Innovationen eine zentrale Rolle zu.[160] Sie unterstützen sowohl die Identifikation von relevantem Wissen als auch dessen Beschaffung und effiziente Verteilung.[161] Ist der Austausch und die Beschaffung von explizitem Wissen, das einem eher niedrigen Imitationsschutz unterliegt, noch einfacher formalisierbar und leichter durchzuführen, so setzt die Weitergabe von stark kontextabhängigem, implizitem Wissen personen- und kulturorientierte Instrumente voraus.[162] In der IT-Branche sind derzeit vor allem Methoden der Weitergabe expliziten Wissens sehr weit verbreitet. Diese sind z. B. Internet, Wissenslandkarten, Wikis, Groupware, Dokumente und Handbücher, um nur einige zu nennen. Sie ermöglichen in der Regel eine schnelle und kostengünstige Weitergabe von Wissen (vgl. Anhang B, Leitfaden für Innovationsmanager, Fragenblock 2). Die Fähigkeit der Organisation, das lokal vorhandene und an Personen gebundene Wissen entsprechend zu bündeln, setzt dagegen ein hohes Maß an sozialem Kapital (Netzwerk- und Beziehungsstruktur) voraus. Dieses Sozialkapital stellt neben dem Humankapital eine weitere Ressource für den Prozess der Kompetenzentwicklung dar.[163] Kontextgebundenes Wissen über Teamgrenzen hinweg zu teilen und verfügbar zu machen, ist mit erheblichem Aufwand verbunden.[164] Als Voraussetzung für die Entstehung von sozialem Kapital spielt dabei die informationstechnische Unterstützung der Kommunikation ebenso eine Rolle wie die Phänomene Vertrauen, gegenseitige Wertschätzung und Courage.[165] Auch diese

---

159 Vgl. Lierow (2006), S. 94.

160 Insbesondere neuere Literatur zu Wissen und Innovation beschäftigt sich mit Netzwerken; vgl. Ridder et al. (2005), S. 18ff.

161 Vgl. Gupta/Govindarajan (2000). Zur Rolle von Netzwerken als Quelle von Kompetenz siehe auch Kapitel 3.4.3.

162 Vgl. Köhne (2004), S. 78. Köhne gibt einen Überblick über Methoden und Instrumente des Wissenstransfers nach der Wissensart und dem Adressatenkreis.

163 Vgl. Kapitel 3.4.3 dieser Arbeit, außerdem Nahapiet/Goshal (1998), S. 242ff.

164 Vgl. Nonaka/Krogh/Voelpel (2006), S. 1181ff. Nonaka et al. identifizieren vier prozessual miteinander verbundene Prozesse der Integration von Wissen in die organisationale Wissensbasis. Die Prozesse Sozialisation, Externalisierung, Kombination und Internalisierung tragen dazu bei, das an Personen gebundene Wissen mit anderen zu teilen und mit deren Wissen zu neuem zu verbinden.

165 Vgl. Krogh (1995).

unterschiedlichen Aspekte werden in den Interviews mit den Innovationsmanagern erfasst (vgl. Anhang B, Leitfaden für Innovationsmanager, Fragenblock 2).

Weitere Einflussfaktoren auf die Art und Weise wie Netzwerke und Beziehungen in der Unternehmung zur Weitergabe von Wissen etabliert und genutzt werden, sind organisatorische Regeln und Routinen.[166] Als mögliche wahrnehmbare Instrumente sind hier exemplarisch Job Rotation, Mentoring, Story Telling, Communities of Practice aber auch Imitation und Beobachtung zu nennen. Diese Methoden des Wissenstransfers sind deutlich langsamer und mit höherer Unsicherheit behaftet als die Weitergabe von explizitem Wissen. Je nach Umfang und Ausrichtung des Wissenstransfers, d. h. der Integration des Wissens in die Organisation, macht ein gleichzeitiger sich ergänzender Einsatz von unterschiedlichen Methoden und Instrumenten Sinn.[167] Aufgrund ihres unternehmensspezifischen Charakters, der hohen sozialen Komplexität und der kausalen Ambiguität unterliegen insbesondere organisatorische Regeln des Umgangs mit Wissen einem hohen Imitationsschutz. Sie sind deshalb für die Entwicklung von Wettbewerbsvorteilen besonders relevant, weshalb sie in der ressourcenorientierten Strategieforschung auch als eigenständige Ressource oder Kompetenz angesehen und als Organisationskapital oder Organisationale Kompetenz beschrieben werden.[168] Sie sind Ausgangspunkt der Erneuerungs-, Anpassungs- und Innovationsfähigkeit des Unternehmens.[169]

Zusammenfassend lassen sich aus der Wissensperspektive mehrere Voraussetzungen identifizieren, die zur Generierung von Innovationen in der IT-Branche beitragen. So sind es zum einen die Identifikation individueller Potenziale (Humankapitalperspektive) und Kompetenzentwicklung in Form von individuellen Lernprozessen. Zum anderen stellen auch Netzwerke, Gruppen und deren Interaktion (Sozialkapital) sowie organisatorische Regelungen und Routinen (Organisationskapital) eine Quelle für die Innovationen dar. Kapitel 3.5 dieser Arbeit wird die einzelnen Elemente und ihre gegenseitigen Abhängigkeiten vertiefend beschreiben, um Annahmen über Wirkungen des demografischen Wandels auf die Ressourcenbasis treffen zu können.

Eine empirische Untersuchung in der IT-Branche, die sich mit dem Einfluss von externen Veränderungen auf die Innovationsfähigkeit einer Unternehmung beschäftigt, muss somit in jedem Fall auch die Wissensperspektive und mithin die Prozesse der Wissensgenerie-

[166] Vgl. Shipton/Fay/West et al. (2005), S. 119ff., Nonaka et al. (2006), S. 1185ff.

[167] Vgl. Köhne (2004), S. 79ff.

[168] Vgl. Kapitel 3.4.4 dieser Arbeit, außerdem Duschek (2004), Güttel (2006).

[169] Vgl. Nonaka et al. (1994), Nonaka et al. (2006), S. 1184, Hippel (1988).

rung und –integration mit einbeziehen (vgl. Kapitel 4 und Anhang B, Leitfaden für Innovationsmanager, Fragenblock 2 Wissensmanagement).

Lern- und Kompetenzentwicklungsprozesse, die von dieser Ressourcenbasis ausgehen, versetzen schließlich die Unternehmen in die Lage, neue Produkte und Ideen am Markt zu platzieren.[170] Die Prozessperspektive der Innovationsforschung ist daher im nächsten Schritt im Hinblick auf weitere Erkenntnisse zu betrachten.

Rolle einzelner Prozessphasen und -aktivitäten/-sequenzen

Arbeiten zur Prozessforschung gehen der Frage nach, welche Muster sich in Prozessen erkennen lassen, die erklären, welche Faktoren aus dem internen und externen Kontext die Entwicklung von Innovation forcieren und die erfolgreiche Umsetzung unterstützen.[171] Dominierten in der frühen Forschung Phasenmodelle, die einzelne Aktivitäten näher zu beschreiben versuchten, wird in der neueren Forschung eher eine grundlegende Einteilung in zwei Phasen[172], die der Initiierung und der Implementierung, vorgenommen. Der Fokus richtet sich heute mehr auf den sozialen Kontext, im dem die Prozesse ablaufen und auf die Rolle unterschiedlicher Akteure im Prozess.[173] Stellvertretend seien hier die neueren Forschungsansätze zur „Lead User"-Methode oder auch Forschungen zum „fuzzy front end of innovation" genannt. Diese Ansätze spielen insbesondere in „High Tech"-Industrien eine Rolle, da dort die Märkte teilweise einer derart hohen Veränderungsdynamik unterliegen, dass neu entwickelte Produkte bereits bei ihrer Markteinführung nicht mehr auf dem neuesten Stand sein können.[174] Die genannten Ansätze verändern daher das klassische von der technischen Seite geprägte Innovationsmanagement und das in der Branche vorherrschende **Innovationsmilieu**, das die Kompetenzanforderungen an die Mitarbeiter und die Netzwerke bislang bestimmte. Aufgrund ihrer Relevanz für die IT- Branche und zum besseren Verständnis der sich vollziehenden Veränderungen werden sie deshalb an dieser Stelle kurz skizziert.

Ein ***„Lead User"*** ist ein Nachfrager, dessen heutige Anforderungen bezüglich eines Produktes eine Vorwegnahme von zukünftigen Kundenbedarfen des gesamten Abnehmer-

---

[170] Vgl. Probst et al. (2000).

[171] Vgl. Van de Ven (1986), Behrends (2001), Heideloff/Radel (1998), außerdem zu die Ausführungen zum Prozesscharakter von Innovationen in dieser Arbeit (Kapitel 2).

[172] Hin und wieder auch drei Phasen; vgl. auch Abbildung 2 in dieser Arbeit.

[173] Vgl. Gemünden/Salomo (2004), Hauschildt (2002), Eisenhardt/Tabritzi (1995).

[174] Vgl. Hippel (1988), S. 569.

spektrums darstellen.[175] Wird der Abnehmer aber, wie in der Methode postuliert, systematisch in den Entwicklungsprozess eines Neuproduktes miteinbezogen, so verwischen mithin die starren Unternehmensgrenzen. Beide Partner (Anbieter und Kunde) haben dadurch die Chance, der Forderung nach einer Verkürzung der „Time To Market" Rechnung zu tragen. Diese Trends sind auch in der Softwarebranche zunehmend zu beobachten.[176] Innovationsprozesse sollten deshalb derart gestaltet sein, dass ein „Know how"-Transfer zwischen den Organisationen möglich ist und durch Rückkopplungsschleifen im Rahmen der Entscheidungsprozesse Informationsverluste und Doppelarbeiten vermieden werden.[177] Der Forderung, das Neuprodukt in kürzester Zeit in der geforderten Qualität und zu den entsprechenden Kosten auf dem Markt zu platzieren, steht in der Regel eine zunehmende Technologiekomplexität, ein hoher Individualisierungsgrad sowie eine im Allgemeinen unzureichende prozessuale Kundenintegration entgegen. Eine Vielzahl von Informationen und Erkenntnisse entstehen dann erst im Projektverlauf der Entwicklungsprozesse. Eine Vorverlagerung der Erkenntnisprozesse vom Ende zum Anfang der Innovationskette wird deshalb unabdingbar.[178]

Damit stellen auch die frühen Innovationsphasen eine besondere Herausforderung dar. Als „frühe Projektphasen" werden alle Aktivitäten bezeichnet, die von der Ideengenerierung bis hin zur Konkretisierung von groben Konzepten (Inventionsphase) reichen.[179] Sie zeichnen sich durch hohe Markt- und Technologieunsicherheit aus und werden deshalb als ***„fuzzy front end of innovation"*** bezeichnet.[180] Obwohl empirische Untersuchungen Hinweise auf die Bedeutung der frühen Innovationsphasen für den Innovationserfolg geben, rücken diese erst in der jüngeren Zeit in den Fokus von Forschung und Praxis.[181] Dies ist umso erstaunlicher im Hinblick auf die Hebelwirkung auf den weiteren Verlauf des Innovationsprozesses.[182] So schätzen einige Experten, dass, obwohl in den frühen Pha-

---

[175] Vgl. Hippel (1986), S. 796f.

[176] Vgl. Kapitel 4.6.3 Ergebnisse der Befragung von Innovationsmanagern in der Fallstudie.

[177] Vgl. Zernott (2004), S. 66ff. Zur Gestaltung des Know-how-Transfers zwischen Organisationen im Innovationsprozess vgl auch .Grundwald/Kieser (2004).

[178] Vgl. Wildemann (1993), S. 27.

[179] Demgegenüber bezeichnet „Back end" alle sich anschließenden Aktivitäten von der eigentlichen Entwicklung bis zur Bereitstellung für den Markt; vgl. Herstatt/Verworn (2003), S. 8; vgl. auch Hauschildt (2004) zur Zweiteilung des Innovationsprozesses, oder auch Milling/Meier (1996).

[180] Vgl. Herstatt/Verworn (2003), S. 6, Boeddrich (2005), S. 4 ff.

[181] Vgl. ebenda S. 7 ff.; Bekannte Erfolgsfaktorenstudien sind die NewProd Studien von Cooper et al. (vgl. z. B. Cooper/Kleinschmidt 1990) und Maidique/Zirger (1994); Zusammenfassende Darstellung u. a. bei Ernst (2001).

[182] Vgl. Hauschildt (2006), S. 177.

sen nur 5 bis 7% der Gesamtkosten anfallen, ca. 80% der Kosten bereits festgelegt werden, ebenso wie ca. 80% der Termine und 70% der Qualität.[183]

Die beiden skizzierten Konzepte, die einerseits den Fokus von der Technologie- hin zu einer Kundenorientierung verschieben und andererseits Effektivitäts- und Effizienzorientierung bei hoher Unsicherheit in den frühen Entwicklungsphasen betonen, wirken sich auch auf die Identifikation von Ressourcen und auf Prozesse der Kompetenzentwicklung aus. Der Einsatz der Lead-User Methode in der Softwarebranche verschiebt den Schwerpunkt von technologisch-fachlicher Expertise hin zu methodischen und sozialen Kompetenzen. Projektmanagementerfahrung und Wissen um Kundenprozesse sowie die Beziehungspflege mit dem Kunden gewinnen mehr und mehr an Bedeutung.[184]

Für die Forschung besteht deshalb ein wertvoller Erkenntnisgewinn darin, die komplexen Strukturen zwischen dem Unternehmensumfeld und den internen Akteuren in ihrer Wechselbeziehung zu beschreiben und zu erklären. Die Erkenntnisse dieser Arbeit werden hierzu einen Beitrag leisten. So wird in der empirischen Einzelfallstudie der Frage nachgegangen, ob die in der Literatur beschriebenen Paradigmenwechsel und Trends auch in der Praxis beobachtbar sind und welche Wirkungen hiervon erwartet werden (vgl. Kapitel 4, ferner Anhang B, Leitfaden für Innovationsmanager, Fragenblock 3, Fragen 3.7 bis 3.9).

Rolle von Akzeptanz und Widerstand

Zahlreiche Studien der Innovationsforschung beschäftigen sich mit der Frage, warum Innovationen nicht erfolgreich verlaufen und welche Faktoren die Implementierung von Innovationen behindern.[185] Innovationen treffen dabei regelmäßig auf den Widerstand vieler Beteiligter.[186] Als Ursachen für Widerstände führen Autoren sowohl Barrieren des „Nicht-

---

[183] Vgl. Herstatt/Verworn (2003), S. 6 ff.

[184] Vgl. Schmidt (2008), ferner Berndes et al. (2002), ferner die Ergebnisse der Erhebung in Kapitel 4.6.3.

[185] Zur Erfolgsfaktorenforschung von Innovationsprojekten vgl. Hübner (2002), S. 104ff., ferner Zahn (1991), S. 122f., von Hippel (1988), S. 5f. Dabei sind von der betriebswirtschaftlichen Sichtweise des Innovationserfolgs zunächst andere Sichtweisen abzugrenzen, die ebenfalls nach streben, den Erfolg von Innovationen zu erklären. Einen Überblick über die Erfolgsfaktorenforschung gibt Hauschildt (2004), S. 32. Neben der betriebswirtschaftlichen Sichtweise existieren eine naturwissenschaftlich-technische, eine sozialwissenschaftliche, eine politikwissenschaftliche und eine volkswirtschaftliche Sichtweise zur Erklärung von Innovationserfolg. Als frühe und Bahn brechende Untersuchungen gelten die Studien von Cooper und Kleinschmidt aus Kanada, die unter dem Namen NewProd bekannt wurden, vgl. Cooper/Kleinschmidt (1990). Hauschildt stellt jedoch auch fest, dass ein Großteil der Studien methodische Mängel und ein theoretisches Defizit aufweisen, vgl. ebenda S. 36

[186] Vgl. Hauschildt (2006), S. 178.

Wollens“ als auch des „Nicht-Wissens“ an.[187] Widerständen, die aus der mangelnden intellektuellen Fähigkeit der Akteure resultieren, wird auch in Studien nachgegangen, die sich mit Aspekten des Lernens und der Integration von Wissen beschäftigen.[188] Das Phänomen des „Nicht-Wollens“ ist demgegenüber eng verbunden mit der Frage, wie Akteure Innovationen wahrnehmen und interpretieren.

Aus Sicht der IT-Branche, deren Belegschaften zu einem großen Anteil aus Akademikern bestehen, von denen wiederum viele bereits in der universitären Ausbildung an Forschungsaufgaben gearbeitet haben, sind Widerstände gegen Innovationen, die sich auf neue Produkte und Prozesse beziehen, weniger zu erwarten. Widerstand und Konflikte spielen in der Branche eher im Rahmen von unternehmensinternen Transformationsprozessen eine Rolle, d.h. wenn beispielsweise Arbeitsprozesse im Rahmen der Softwareentwicklung grundlegend verändert werden oder Teilbereiche ausgelagert werden. Interessant kann die Forschungsperspektive in der Branche dann werden, wenn der demografische Wandel in seiner Auswirkung auf die Alterung der Belegschaft und die Innovationsfähigkeit hinzukommt. Die zukünftige Innovationsförderlichkeit von Regeln und Routinen, die in der Vergangenheit erfolgreich waren und die Beharrlichkeit der Belegschaft werden dann zunehmend relevant. Durch die Zugehörigkeit zu Gruppen bzw. Kohorten werden individualpsychologisch erklärte Widerstandsursachen verstärkt. So reagieren Gruppen auf Bedrohungen von außen häufig mit einem starren Festhalten an Bewährtem.[189] Auch die Struktur einer Organisation und die darin gelebten Routinen haben eine verstärkende Wirkung, sich an Bewährtem festzuhalten und sich an Standards zu orientieren.[190]

Forschung und Managementpraxis haben diverse Modelle und Ansatzpunkte entwickelt, diese Barrieren zu überwinden und Konflikte produktiv zu machen. Die Entstehung und Durchsetzung von Innovationen hat demnach nicht nur eine kreative kognitive Komponente, sondern stellt auch ein Führungsproblem dar. Eines der bekanntesten Konzepte zur Überwindung der Barrieren, ist das von *Witte* erstmals verwendete „Promotorenkonzept“.[191] Dabei handelt es sich um ein Rollenkonzept, in dem Akteure des Innovationspro-

[187] Vgl. Vahs (2005), S. 390ff., Hauschildt (2004), S. 175ff., Hübner (2002), Gebert (2002), Rosenstiel/Wastian (2001).

[188] Vgl. hierzu Kapitel 3.4.2.

[189] So genannte Bedrohungs-Rigiditäts-Hypothese, vgl. Gebert (2002), S. 171.

[190] Vgl. Hauschildt (2004), S. 181, Gebert (2002), S. 179ff. Hauschildt spricht hier von „administrativen Barrieren“.

[191] Witte entwickelt aufbauend auf den Vorstellungen von Schumpeter das Modell einer Arbeitsteilung im Innovationsprozess und verwendet erstmals den Begriff „Promotor“. Vgl. Witte (1973). Die seit dem existierende Promotorenforschung ist ein Entwicklungsstrang der Forschung, der sich mit der

zesses für diverse Teilaktivitäten die Rolle eines Promotors übernehmen. Unterschieden wird dabei in Fach-, Prozess- und Machtpromotoren, die, ausgestattet mit unterschiedlichen Ressourcen und Charakteristika, unterschiedliche Leistungsbeiträge erbringen.[192] Die Rolle des Fachpromotors ist die eines technischen Experten, der auf relativ niedriger Hierarchieebene kognitive Barrieren überwindet und auch noch relativ jung sein kann. Der Machtpromotor dagegen ist i.d.R. mit Entscheidungs- und Durchsetzungsbefugnissen ausgestattet, die es ihm ermöglichen, Budget und andere Ressourcen zur Verfügung zu stellen. Er gilt als „Sponsor" und verfügt, weil in der Hierarchie relativ hoch angesiedelt, über legitimierte Macht. Der Prozesspromotor verfügt über ausgeprägte Organisationskenntnisse und hat vor allem Koordinationsaufgaben. Er sollte über soziale Netzwerke und eine Fähigkeit verfügen, technische Zusammenhänge und Neuerungen in Aktionspläne zu übersetzen. Die Rolle stellt mithin die höchsten Anforderungen an die persönliche Kompetenz der Mitarbeiter und bedarf häufig einer langjährigen Erfahrung. In der Regel kommen die Promotorenrollen nicht in „Reinform" vor. In der Projektorganisation sind diese Rollen auf mehrere Personen verteilt bzw. mehrere Rollen evtl. in einer Person vereint.[193]

Im Rahmen der empirischen Arbeit wird der Frage nach dem Einfluss der Organisationsdemografie auf das Auftreten von Widerständen und Konflikten in Innovationsgeschehen nachgegangen (vgl. Kapitel 4, Anhang B, Leitfaden für Innovationsmanager, Abschnitt 3).[194] Darüber hinaus wird erkundet, ob es auch im Fallstudienunternehmen bestimmte Rollen in Innovationsprozessen gibt, die eher jüngeren oder älteren Mitarbeitern zu geschrieben werden.

2.1.5 Innovationsfähigkeit in der IT-Branche als Ergebnis von Kompetenzentwicklung

Zusammenfassend ist festzustellen, dass es sich bei Innovation in der IT-Branche um einen Prozess der Entwicklung und Integration von Wissen handelt.[195] Wissen, Kompetenzmanagement und Innovation sind sequentiell miteinander verbunden.[196]

Überwindung von Widerständen auf unterschiedlichen Ebenen im Innovationsmanagement befasst. Vgl. Hauschildt (2004), Hauschildt/Salomo (2005).

192 Vgl. Hauschildt (2004), S. 212ff.

193 Andere Autoren führen weitere Rollen an, die an dieser Stelle nicht weiter vertieft werden sollen.

194 Vgl. Kapitel 4, Leitfaden für Innovationsmanager, Fragen 3.1 bis 3.6.

195 Siehe Modell in Abbildung 4.

196 Vgl. Krogh/Venzin (1995).

Die Definition, Entwicklung von Innovationen als Bestandteil von Kompetenzmanagement zu betrachten, schließt nicht nur die individuelle Ebene ein.[197] Kompetenz zur Innovation ist demnach ein Mehrebenen-Phänomen, dem sich unterschiedliche Wissenschaftsdisziplinen auf unterschiedlichen Analyseebenen widmen. Die Fähigkeit zur Innovation in der Wissensökonomie, wie sie durch die IT-Branche repräsentiert wird, setzt sowohl die Suche und Identifikation von geeigneten Ressourcen als auch Lern- und Entwicklungsprozesse voraus, um das Potenzial von Humanressourcen in Innovationen und damit in Wettbewerbsvorteile zu überführen.[198]

Hinzu kommt, dass das Vermögen der Unternehmen in der Wissensökonomie immer weniger anhand von Maschinen, Gebäuden, Ausstattung zu bemessen ist. Der Anteil immaterieller Vermögenswerte liegt in der IT-Branche deutlich über dem materiellen Anteil.[199]

> *„Wissensintensive Unternehmen[200] lassen mithin veränderte Prinzipien der Wertschöpfung erkennen: Ideen, Patente, Kreativität, Unternehmensimage, Problemlösungsfähigkeit der Mitarbeiter und des Unternehmens, das Wissen über Kunden und die Fähigkeit, auf potenzielle Bedürfnisse von Kundengruppen einzugehen sowie die Fähigkeit, Netzwerke zu gestalten und zu managen, sind die zentralen Erfolgsfaktoren einer Unternehmung."*[201]

Wissen und Kompetenzen werden somit nicht länger als abhängige Variablen betrieblicher Anforderungen, sondern als immaterielle Vermögensbestandteile und als Ausgangspunkt zur Entwicklung von strategischen Wettbewerbsvorteilen verstanden.[202] So ist es der Pool an Human Resources, der die eigentliche Quelle der Wettbewerbsvorteile darstellt. Die Frage, ob Humanressourcen tatsächlich in der Lage sind nachhaltige Wettbewerbsvorteile[203] zu generieren, wurde in den vergangenen 15 Jahren in diversen Aufsät-

[197] Vgl. Probst (2000), S. 13 und die Definition in Anlehnung an eine Definition der Delphigroup in Kapitel 1 dieser Arbeit (vgl. Seite 20).

[198] Vgl. auch Reinhardt (2004), North/Reinhardt (2005), Probst et al. (2000), Bergmann/Daub (2006), ferner Abbildung 4.

[199] Vgl. Pawlowsky/Menzel/Geithner (2003).

[200] Zur Definition von „wissensintensiven Unternehmen" vgl. Decker/Van der Velden, S. 232.

[201] Pawlowsky/Menzel/Geithner (2003), S. 124.

[202] Vgl. auch Ergebnisse der Fallstudie in Kapitel 4.

[203] In der englischsprachigen Literatur wird hierfür der Begriff „Sustained Competitive Advantage" (SCA) verwendet. Zur Diskussion von „Competitive Advantage" und „Sustained Competitive Advantage" vgl. Barney (1991), S. 102ff. Zur Diskussion „nachhaltiger Wettbewerbsvorteile" durch Ressourcenorientierung vgl. Knyphausen-Aufseß (1997), S. 466f, Freiling (2001b), S. 21.

zen kontrovers diskutiert.[204] Der ressourcenorientierte Ansatz liefert hierzu grundlegende theoretische Aussagen zu notwendigen Eigenschaften von Ressourcen.[205]

Die Auffassung von Mitarbeitern als strategischem Wettbewerbsfaktor erfordert die Formulierung und Implementierung langfristiger strategischer Planungen. Human Resource Praktiken sind dagegen notwendig, in Prozessen der Kompetenzentwicklung die Ressourcenbasis der Organisation zu veredeln und die Generierung von Wettbewerbsvorteilen zu ermöglichen.[206] Um die Potenziale der Humanressourcen für das Unternehmen zu bestimmen, zu erschließen und zu entwickeln, muss das Human Resource Management jedoch eine ganzheitliche Sichtweise einnehmen und in alle unternehmerischen Entscheidungen integriert werden.[207]

Die Anforderungen, die sich aus dieser Perspektive an einen Human Resource Managementansatz ergeben, sind im Wesentlichen die Folgenden.[208]

Zum ersten ist es die Erschließung der menschlichen Potenziale, die sich in Arbeitsverhalten niederschlagen (**Ressourcenorientierung**). Dabei ist das potentielle Arbeitsvermögen aufgrund der menschlichen Natur nicht zwangsläufig identisch mit dem gezeigten Arbeitsverhalten. Der zu vollziehende Transformationsprozess wird mit Hilfe von Human Resource Management Praktiken unterstützt.[209] Durch ihre Besonderheit und Eigenwilligkeit unterscheiden sich Humanressourcen allerdings grundlegend von anderen Ressourcen des Unternehmens.[210] So geht es bei der Erschließung von Humanressourcen nicht nur um eine Bündelung von personalwirtschaftlichen Instrumenten. Auch das Management nimmt mit seinem Verhalten unmittelbar Einfluss auf das Verhalten der Beschäftigten und stellt somit als Ressourcen beschaffendes und kombinierendes Management selbst eine Ressource dar.

Eine zweite Anforderung ist die **Strategieorientierung**.[211] Globalisierung, technischer Fortschritt und die zunehmende Verwissenschaftlichung nahezu aller Lebensbereiche

---

204 Vgl. hierzu stellvertretend Lado/Wilson (1994), Whright/McMahan (1992), Ulrich (1999).

205 Vgl. Colbert 2004, S. 347f.

206 Vgl. Wright/McMahan/McWilliams (2001), S. 317ff.

207 Vgl. Ridder et al. (2001), S. 39ff.

208 Vgl. Boxall (1996), S. 64ff.

209 Vgl. Ridder et al. (2001), S. 17ff.

210 Vgl. Ridder/Conrad (2004), Sp. 1711ff.

211 Vgl. Ulrich (1997), Sattelberger (1996a), ferner Ridder/Bruns (2002), S. 99f.

bleiben nicht ohne Auswirkungen auf Organisationen und Individuen.[212] Strategien müssen in schnelllebigen Umwelten sehr häufig verändert werden. Damit stellt sich die Frage, wie diese Anpassung gewährleistet werden kann. Ging es in früheren Strategieansätzen noch um den zentralen Aspekt der Strategieimplementierung nach dem Motto „Structure follows Strategy“[213], wird heute deutlich, dass die Organisation den Kontext schaffen muss, um Strategien zu generieren und anzupassen.[214] In den Fokus der Betrachtung rückt der „strategische Prozess“.[215] Für das strategische Management entsteht die Notwendigkeit, kritische Engpässe zu antizipieren und die Prozesse der Strategiefindung zu steuern. Die Verknüpfung von Unternehmensstrategie und Human Resource Strategie gilt mithin als Schlüssel für die Anpassungsfähigkeit der Organisation.[216]

Die dritte Anforderung an ein strategisches Human Resource Management ist die **Prozessorientierung**. Hierbei geht es um die Frage, mit welchen personalwirtschaftlichen Instrumenten die Prozesse der Anpassung, die sich aus der Strategieumsetzung ergeben, unterstützt werden können.[217] In wissensintensiven Branchen steht dabei die systematische Erfassung von Wissen und Kompetenzen der Mitarbeiter im Mittelpunkt. Kompetenzmessung und Potenzialanalyse sind Kernaufgaben des Human Resource Management.[218] Ausgehend von der strategischen Ausrichtung des Unternehmens und deren Kernprozessen müssen zunächst Wissen und Kompetenzen nach verbindlichen Standards identifiziert und bewertet werden. Im Anschluss daran stellt sich die Frage, wie individuelle Potenziale in organisationale Fähigkeiten überführt werden können (Transformationsproblematik). Kollektive Fähigkeiten basieren zwar auf individuellen Kompetenzen,[219] resultieren aber letztlich aus kollektiven Lernprozessen (z. B. der Integration von Wissen), die über den Ansatz einer klassischen individuumszentrierten Personalentwicklung deutlich hinausgehen.[220] Personalentwicklung als Kompetenzentwicklung zielt dem-

---

[212] Vgl. Rosenstiel/Gasteiger (2005), S. 354ff.

[213] Chandler 1962.

[214] Vgl. Knyphausen-Aufseß (2004), Sp. 1389f, Coenenberg/Salfeld (2003), S. 69ff.

[215] Diese Überlegungen führen zu den Ausführungen zu „Dynamic Capabilities“ (siehe Kapitel 3.5 dieser Arbeit). „Dynamic Capabilities“ beinhalten u. a. auch die Prozesse der Produktentwicklung, strategische Entscheidungsfindung, Entscheidungen über strategische Allianzen usw. (vgl. Teece/Pisano/Shuen 1997, Makadok 2001).

[216] Vgl. Wright et al. (1994), S. 322ff., Grant (1991).

[217] Knyphausen-Aufseß unterscheidet im Strategischen Management grundsätzlich drei Prozesse: den *unternehmerischen Prozess* der Generierung und Bewertung neuer Ideen, den Prozess der *Integration* von Ressourcen und den Prozess der permanenten *Erneuerung* des Unternehmens (vgl. Knyphausen-Aufseß (2004), Sp. 1389f.), Ferner Coenenberg/Salfeld (2003), S. 99ff., Weissenberger-Eibl (2004), S. 1ff.

[218] Vgl. Erpenbeck/Rosenstiel (2003).

[219] Vgl. Kirner et al. (2005), S. 13f.

[220] Vgl. auch Wright et al. (2001), S. 714ff., Ridder/Bruns (2002), S. 114ff.

nach darauf ab, die Fähigkeit des Problemlösens und die Lernfähigkeit auf allen Ebenen zu fördern und zu unterstützen.[221] Auf der individuellen Ebene ist damit die Förderung der dauerhaften Beschäftigungsfähigkeit der Mitarbeiter und die Entfaltung und Generierung individueller Potenziale angesprochen. Auf der organisationalen Ebene verweist die Steuerung von Kompetenzen auf Konzepte des organisationalen Lernens und des Wissensmanagement.

> *„Indeed if control over scarce resources is the source of economic profits, then it follows that such issues as skill acquisition, the management of knowledge and know how and learning become fundamental strategic issues."* [222]

So wird zunehmend anerkannt, dass technologieorientierte Informationssysteme lediglich als Speichermedien für Wissen dienen können, während sich ein erfolgreiches Wissensmanagement am sozialen und kulturellen System der Organisation orientieren muss.[223] Human Resource Management Systeme unterstützen in vielfacher Weise individuelles Lernen und somit die Entstehung von humanem Vermögen.[224] Darüber hinaus leistet die verhaltenswissenschaftliche Perspektive des Human Resource Management einen wertvollen Beitrag zur Analyse und Gestaltung der Prozesse der Wissensgenerierung, des Austauschs und der Integration von Wissen,[225] d.h. der Prozesse, die zur Entwicklung von Sozialem Kapital und organisationalen Kompetenzen beitragen. Innovations- und Transformationsprozesse erzeugen auf der Ebene der handelnden Akteure ein Spannungsfeld zwischen der Notwendigkeit zur Flexibilität und Anpassung einerseits und dem Bedürfnis nach Stabilität und Bewahrung auf der anderen Seite.[226] Unternehmen sind gefordert gleichzeitig zum Teil gegensätzliche Ziele zu verfolgen, um die hohe Komplexität und die Turbulenz der Umweltfaktoren zu bewältigen.[227]

So lassen sich die Kernaussagen des ressourcenorientierten Ansatzes für das Human Ressource Management in drei zentralen Bereichen zusammenfassen. Demnach entste-

---

[221] Vgl. Pawlowsky et al. (2003), S. 141ff.

[222] Teece et al. (1997), S. 514f.

[223] Vgl. Wright et al. (2001), S. 713.

[224] Vgl. Leonard-Barton (1992), Wright et al (2001), S. 716ff. In ihrem 2001 entwickelten Modell sprechen Wright et al. hinsichtlich des immateriellen Vermögens vom "Stock of knowledge".

[225] Wright et al. sprechen hierbei vom „Flow of knowledge".

[226] Vgl. McKelvey/Holmen (2006), S. 1f.

[227] Evans und Doz postulieren in diesem Zusammenhang einen Wechsel des Management-Paradigmas, weg vom „Fit" oder „Matching" hin zu einer „Balance of Dualities" (vgl. Evans/Doz (1992), S. 92f.). Im Sinne der Systemtheorie lässt sich Komplexität nur durch Komplexität bewältigen (vgl. Oechsler (2006), S. 152).

hen Wettbewerbsvorteile einer Organisation nicht durch die Adaption von Best Practices, sondern durch die Fähigkeit, ...

(1) ...*Ressourcen* zu identifizieren, die knapp und wertvoll sind, diese zu beschaffen, zu entwickeln und im strategischen Gesamtzusammenhang zu bündeln.

(2) ...*kritische Engpässe im Strategieplanungsprozess* zu antizipieren und als Schlüssel zur Anpassungsfähigkeit zu fungieren.

(3) ...Steuerungsprinzipien abzuleiten, die je nach Personalsegment eine Bündelung von HR-Instrumenten darstellen (Prozesssteuerung).[228]

Der „Resource based View“ ermöglicht mithin die Verbindung klassischer Themen der Strategieforschung, wie z. B. die Expertise auf den Feldern des Wissensmanagement als Quelle von Wettbewerbsvorteile, mit Themenfeldern des Human Resource Management, wie z. B. die Beschaffung und Entwicklung von Personal, Lernen und Integration von Wissen sowie Motivation und Führung.[229] Diese Verbindung wird im nächsten Abschnitt dargestellt.

2.2 Einfluss von strategischem Human Resource Management auf die Innovationsfähigkeit

Der im Folgenden vorgestellte Ansatz des strategischen Human Resource Management Ansatzes ist sowohl durch eine verhaltenswissenschaftliche als auch eine ökonomische Perspektive gekennzeichnet.[230] Er basiert auf den Annahmen des „Resource Based View“[231] (im Folgenden kurz: RBV).[232] Zunächst wird ein Modell des strategischen Human Resource Management als geeignet beschrieben, das aus dem traditionellen strategischen Human Resource Management Ansatz der Michigan School basiert. Dieser auf kontingenztheoretischen Annahmen beruhende Ansatz entstand bereits in der Anfangsphase postmoderner Organisationstheorien. Die Veränderungen hin zu einer Informa-

[228] Vgl. Ridder et al. (2001), S. 39ff.

[229] Zur Integration von RBV und Strategischen Human Resource Management vgl. auch Abbildung bei Wright et al. (2001), S. 715.

[230] Vgl. Oechsler (2006), S. 31ff.

[231] Es ist darauf hinzuweisen, dass sich in der Literatur neben dem Begriff “Resource-based View” ähnliche Bezeichnungen finden. Dies sind unter anderem „resource-based perspective“, „resource-based theory“ und „ressourcenbasierter Ansatz“; vgl. Freiling (2001), S. 73ff.

[232] Zu den Ursprüngen des Resource based view (RBV) vgl. Penrose (1959); außerdem Wernerfeldt (1984), Grant (1991), Barney (1991), Barney et al. (2001), S. 627, Ridder/Conrad (2004), Sp. 1705ff. und Schreyögg (1997), S. 484f. Zu Entwicklungsphasen des RBV vgl. Freiling (2001b), Freiling (2000), S. 21.

tions- respektive Wissensgesellschaft[233] erfordern daher Anpassungen des „originären" Michigan-Ansatzes an neuere Entwicklungen.[234] Das in diesem Zusammenhang zu entwickelnde Modell wird den Michigan-Ansatz um Aspekte aus der Strategieforschung zum Entstehen von Kernkompetenzen erweitern, so dass zum Ende des zweiten Kapitels ein Bezugsrahmen für die Wirkungszusammenhänge zwischen demografischem Wandel, Human Resources und Innovationsfähigkeit vorliegt.

2.2.1 Strategisches Human Resource Management in der Wissensökonomie

Im Kern des strategischen Human Resource Management Ansatzes steht die Forderung, Unternehmensstrategie, Organisationsstruktur und Human Resource Management integrativ miteinander zu verknüpfen.[235] Diese drei Kernelemente werden im Michigan- Ansatz als effizienzbestimmende Parameter für den Unternehmenserfolg beschrieben.[236] Nur durch die simultane und integrative Abstimmung der Human Resource Entscheidungen mit Strategie- und Strukturentscheidungen lassen sich Erfolgspotenziale der Mitarbeiter nutzen und in Kompetenzentwicklungsprozessen zu Wettbewerbsvorteilen ausbauen. Ein Vorteil des Ansatzes der Michigan School liegt in der Möglichkeit, gesellschaftliche wie auch ökonomisch relevante Entwicklungen in der Unternehmensumwelt systematisch in eine Anforderungsanalyse an strategische Entscheidungen einzubeziehen. So gilt weltweit die demografische Entwicklung als eine der größten gesellschaftlichen und ökonomischen Herausforderungen, die es zu bewältigen gilt.[237] Die durch den Ansatz vorgegebene Systematik zur Analyse der Unternehmensumwelt spiegelt sich daher auch im Aufbau von Kapitel 3 wider.

---

[233] Zum Begriff der Wissensgesellschaft vgl. Oechsler (2006), S. 106.

[234] Vgl. hierzu auch Oechsler (2000b), S. 3ff., ferner Oechsler (1999b), S. 105. Auf der konzeptionellen Ebene werden die relevanten Änderungen lediglich hinsichtlich Ihrer Wirkungen auf das Modell grob skizziert.

[235] Vgl. Staehle (1999), S. 745 sowie Oechsler (2004), Sp. 1124f.

[236] Vgl. Liebel/Oechsler (1994), S. 6.

[237] Vgl. hierzu MEA (2008), S. 8, ferner Drucker (1997), Hölz (2006).

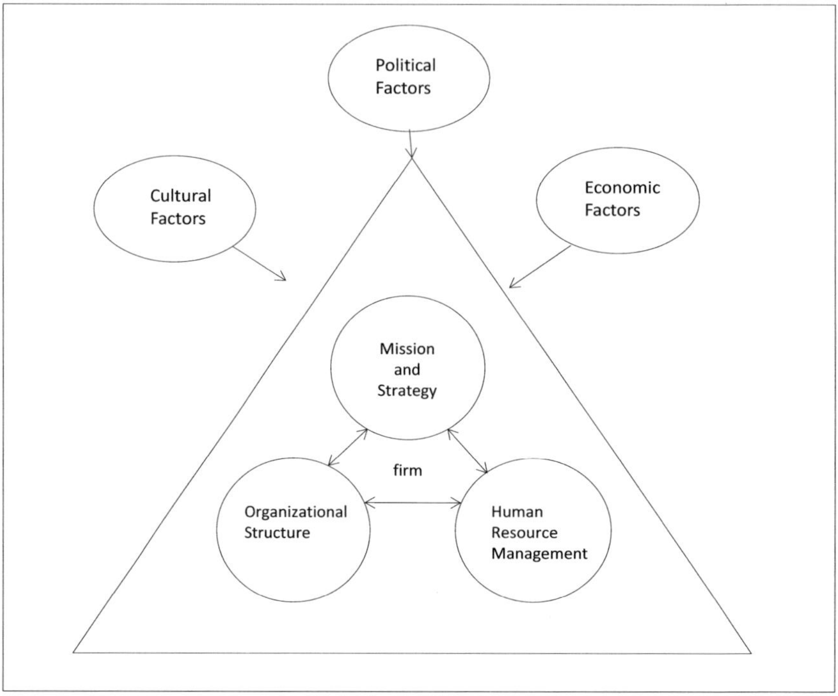

Abbildung 5: Integration von Strategie, Struktur und Human Resource Management
Quelle: In Anlehnung an Tichy et al. (1982), S. 47

Auf Basis der Umfeldanalyse und der strategischen und strukturellen Integration des Human Resource Management werden die Instrumente der dezentralen Personalarbeit strategisch und leistungsorientiert ausgerichtet. Eine zyklische Systematik von personalwirtschaftlichen Instrumenten zielt dabei auf dezentral operierende organisatorische Einheiten und Führungskräfte ab. Das Human Resource Management richtet sich demnach an den Leistungsprozessen des Unternehmens aus. Gemeint sind damit sowohl die individuelle Leistung des Mitarbeiters als auch die Unternehmensleistung, die sich in verschiedenen Prozessen konkretisiert. [238] Human Resource Management Instrumente und Funktionen bekommen damit sowohl eine strategische als auch eine prozessorientierte Dimension (vgl. auch den Aufbau von Kapitel 5).

[238] Vgl. Oechsler (2006), S. 28ff.

Das in den 80er Jahren vorherrschende kontingenztheoretische Paradigma einer auf „fit" angelegten Strategie-Struktur-Entscheidung kann heute aufgrund einer zunehmenden Komplexität und Turbulenz der Unternehmensumwelt nicht mehr aufrechterhalten werden. Für das strategische Human Resource Management ergibt sich die Notwendigkeit, nicht mehr den „einen besten Weg" zum „fit" mit den externen Umweltfaktoren zu finden und eine bestmögliche Abstimmung von Strategie, Struktur und System zu erreichen.[239] Der Fokus erfolgreicher Unternehmen verschiebt sich von der eher zentralistischen Logik der Abstimmung von Strategie, Struktur und Systemen hin zu einem eher dezentralen Konzept der Integration von *„engaging corporate purpose, effective management processes and developing capabilities and broadening perspectives of people".*[240] Dass dies kein Widerspruch sein muss, lässt sich erkennen, wenn man eine dialektische Beziehung zwischen der zentralen und einer operationalen Ebene unterstellt.[241] So gilt es beispielsweise als Herausforderung für die Strategieplanung, dass der Prozess der Strategieformulierung eher innovativ ist, der der Strategieimplementierung jedoch sehr stark Effizienzkriterien und Routineprozessen folgen muss. Das Management ist gefordert, Kreativität und Intuition auf der einen Seite mit harten Fakten und präzisen formalen Analysen auf der anderen Seite zu verschmelzen.[242] Das Management von Dualität erfordert es daher, Verbindungen zu schaffen zwischen zentralen und dezentralen Prozessen, zwischen Strategie und Implementierung etc. Erfolgt die Formulierung einer Strategie im Allgemeinen auf zentraler Ebene, benötigt deren kundennahe und geschäftsprozessorientierte Implementierung gleichzeitig dezentrale Strukturen.[243]

Für das strategische Human Resource Management folgt daraus, dass eine strategische Integration nicht allein durch Systeme und Strukturen erfolgreich umgesetzt werden kann. Das Commitment der Mitarbeiter zur Teilung ihres Wissens und zum Einbringen ihrer jeweiligen Kompetenzen trägt entscheidend dazu bei, wettbewerbsfähige Strategien zu entwickeln und Geschäftsmodelle umzusetzen.

Während die organisatorische Aufgabe nach traditioneller Auffassung in der Verteilung der Ressourcen, der Zuordnung von Funktionen und der Kontrolle eines effektiven Management lag („Organisationsdesign"), erfordert das Management der genannten Kern-

---

[239] Vgl. Bartlett/Goshal (1994), S. 79.

[240] Bartlett/Goshal (1994), S. 80. Dies gilt umso mehr, als in der IT-Branche das Humankapital den wesentlichen Unternehmenswert darstellt (vgl. Scholz et al. 2008).

[241] Vgl. Oechsler (2000b), S. 12., ferner zum Management von Dualitäten Evans/Doz (1992).

[242] Vgl. Oechsler (2000c).

[243] Vgl. Oechsler (2000b), S. 10.

prozesse die Gestaltung einer „Lernkultur“[244], d.h. einer Umgebung, die es den Mitarbeitern ermöglicht, initiativ und kooperativ zu sein.[245] Im Rückgriff auf den Kulturbegriff als normatives Ordnungs- und Steuerungssystem dient auch die Lernkultur den Mitarbeitern als Orientierungsfunktion.[246] *Sonntag* und *Stegmaier* beschreiben Lernkultur als *„den Ausdruck des Stellenwertes [...], der dem Lernen im Unternehmen zukommt.“*[247] Lernen ist dabei ein kontinuierlicher, selbst gesteuerter, situationsabhängiger, kollektiver und sozialer Prozess. Dabei vollziehen sich Arbeits- und Lernprozesse häufig jenseits starrer Organisationsformen zunehmend auch in temporären Netzwerken zu speziellen Inhalten entlang unternehmensübergreifender Prozessketten.[248] In dem Maße, wie dadurch die Arbeit selbst zum Ort des Lernens wird, entsteht eine innerbetriebliche Lernkultur, die das in den Berufsfeldern angelegte Innovationspotenzial nutzt und die weitere Kreativitätsentfaltung der Erwerbstätigen fördert.[249]

Die Bedeutung der klassischen Aus- und Weiterbildung für die individuelle Kompetenzentwicklung nimmt im diesem Kontext kulturtheoretischer Ansätze weiter ab. An der Organisationsstruktur ausgerichtete Systeme (z. B. der Arbeitsgestaltung bzw. der Führung) sollten nach *Bartlett* und *Goshal* durch eine mitarbeiterorientierte Führung abgelöst werden. Die Autoren sehen dabei die Aufgabe des Top-Managements darin,

- ihre Abhängigkeit von strategischen Planungssystemen zu reduzieren, indem die Steuerung der Organisation durch die **Entwicklung** von **Schlüsselpersonen** beeinflusst wird.
- die Kontrollsysteme zu verringern, indem sie die Entwicklung von **Werten** und zwischenmenschlichen Beziehungen zur **Selbstkontrolle** ermutigen.
- ihre Abhängigkeit von Informationssystemen zu ersetzen durch die **persönliche Kommunikation** mit Menschen, die eine vitale Intelligenz und **Expertise** besitzen.[250]

Persönliche Beziehungen und Kommunikation sind demnach für die effektive Verarbeitung komplexer Informationen und die Verwendung bzw. Weitergabe impliziten Wissens

[244] Zur Geschichte und Theorie von Lernkultur siehe Veith (2003), S. 42f., zur Erfassung und Bewertung von Lernkultur vgl. Sonntag/Schaper/Friebe (2005), S. 29ff. Zu empirischen Befunden siehe auch Spieß et al. (2004), S. 329ff.

[245] Vgl. Bartlett/Goshal (1995), S. 96f., ferner Knyphausen-Aufseß (2004), Sp. 1390.

[246] Vgl. Sonntag/Schaper/Friebe (2005), S. 29.

[247] Sonntag/Stegmaier (2005), S. 22ff.

[248] Vgl. Veith (2003), S. 24ff.

[249] Vgl. auch Bergmann (2000), S. 41, Röben (2004), S. 11ff.

[250] Vgl. Bartlett/Goshal (1995b), S. 135.

Bausteine, um die Widersprüche zwischen kurz- und langfristigem, operativem und strategischem Entscheidungsbedarf konstruktiv zu bearbeiten.

Die Fähigkeit Innovationen hervorzubringen spielt sich jedoch nicht nur auf einer zentralen strategischen Ebene des Unternehmens ab, sondern spiegelt sich auch im Verhalten von Mitarbeitern im konkreten Arbeitsprozess wider.[251] Die Ausrichtung von personalwirtschaftlichen Instrumenten ist deshalb auch dahingehend zu überprüfen, in wie fern sie ein Kompetenzmanagement unterstützen, das die Kompetenzen einer heterogenen Belegschaft optimal in Innovationsprozessen nutzt. Der Michigan-Ansatz bietet hierfür mit seiner Logik der zyklischen Zusammenhänge („Human Resource Cycle") der einzelnen Teilfunktionen einen geeigneten Ansatzpunkt.[252]

Um den Entwicklungen auf dem Arbeitsmarkt hin zu flexiblen Beschäftigungsformen und der Segmentierung der Belegschaften Rechnung zu tragen, werden auch die Elemente des „Human Resource Cycle" modifiziert.[253]

So sollte der originäre „Human Resource Cycle" durch ein ganzheitliches „Performance Management"-Konzept ersetzt werden, das unterschiedliche Beschäftigtengruppen adressiert.[254] Um die Beschäftigungsfähigkeit der Mitarbeiter aufrechtzuerhalten, sollten Entwicklungskonzepte ein kontinuierliches Lernen ermöglichen. Ein systematisches Beschäftigungsmanagement kann dazu beitragen, eine Balance zwischen stabilen und flexiblen Beschäftigungsverhältnissen zu gewähren und Motivation und Commitment in unterschiedlichen Mitarbeitergruppen zu erzielen („Personnel Planning and Employment Concept"). Die Fähigkeit der Selbstorganisation und Selbstreflexion vorausgesetzt, kann davon ausgegangen werden, dass die Mitarbeiter selbst in der Lage sind, kritische Erfolgsfaktoren im Geschäftsprozess zu erkennen und diese in Strategieprozesse einzubringen.[255] Eine Schlüsselrolle spielt dabei die Vereinbarung von Leistungs- und Potenzialbeurteilungskriterien und deren Erfassung, da weitere Teilfunktionen von ihr abhängen. Aus langfristiger Perspektive geht es um das frühzeitige Erkennen von Mitarbeiterpotenzialen und um das Festlegen von strategischen Meilensteinen zur Bemessung von Leistung. Welche Kompetenzen werden zukünftig für den Unternehmenserfolg relevant sein? Auf operativer Ebene müssen schließlich kritische Arbeitsinhalte und Zielver-

---

[251] Vgl. Wahren (2004).

[252] Vgl. Oechsler (2000a), S. 47.

[253] Vgl. Oechsler (2006), S. 28, ferner im Original Devanna et al. (1984), ferner Liebel/Oechsler (1994).

[254] Vgl. Oechsler (2000b), S. 12ff.

[255] Vgl. Oechsler (2006).

einbarungen Eingang in die Beurteilungssysteme finden.[256] Dem Anreizsystem kommt im strategischen Human Resource Management die Aufgabe zu, auf Basis der Personalbeurteilung die Mitarbeiter zur Erreichung langfristiger Ziele zu motivieren bzw. für deren Realisierung zu belohnen.[257] Zur Überwindung eines bereichsspezifischen und kurzfristigen Denkens sollte das Anreizsystem deshalb auch den Beitrag zum Erfolg des Gesamtunternehmens berücksichtigen.[258]

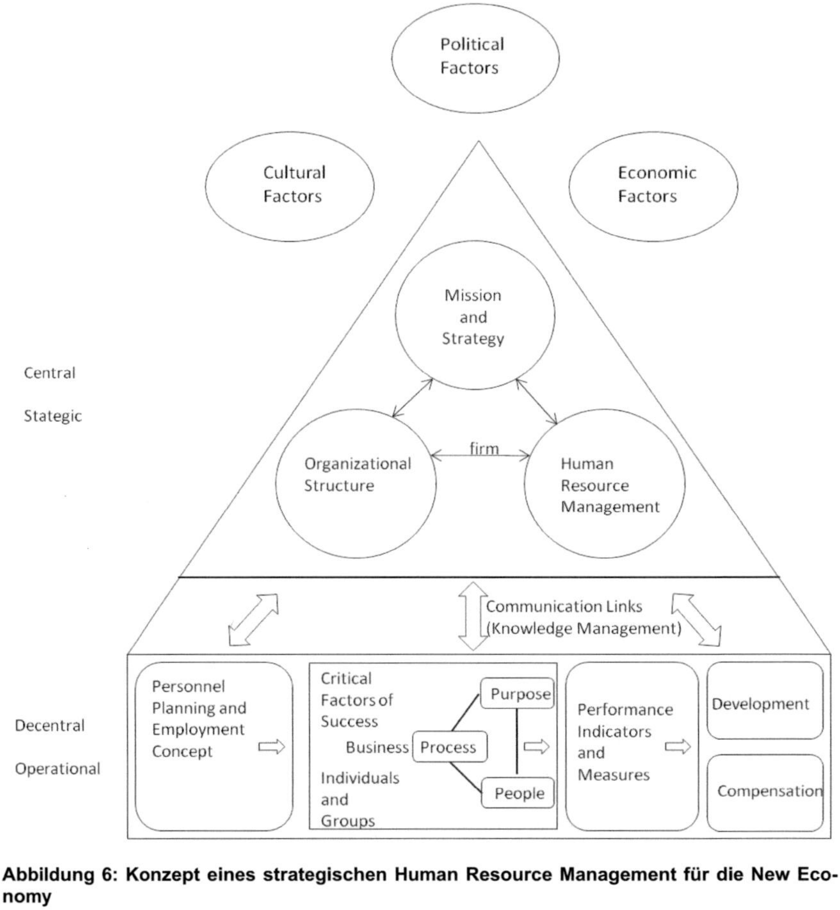

Abbildung 6: Konzept eines strategischen Human Resource Management für die New Economy

Quelle: Oechsler (2000b), S. 12

256 Vgl. Oechsler (2006), S. 29.

257 Vgl. Liebel/Oechsler (1994), S. 8.

258 Vgl. Devanna et al. (1984), S. 49f.

Das Ausgangsmodell des Michigan-Ansatzes kann unter den beschriebenen Einflussfaktoren der Wissensökonomie deshalb wie folgt modifiziert werden (vgl. Abbildung 6).

In diesem Modell wird unterstellt, dass sich die Diskrepanz im Sinne einer dialektischen Vorgehensweise zwischen einer zentralen und operativen Ebene lösen lässt, indem Entscheidungen auf der zentralen Ebene kontinuierlich mit Informationen aus dem Umfeld der Geschäftsprozesse konfrontiert werden. Einem auf persönlichen Beziehungen beruhenden Wissensmanagement kommt hierbei die Rolle zu, eine Verbindung zwischen der strategischen und operativen Ebene herzustellen.[259]

Da Wissensmanagement und Kompetenzentwicklungsprozesse die zentralen unternehmerischen Prozesse zur Entwicklung von Innovationen darstellen, [260] soll das Modell im nächsten Schritt weiter angepasst werden, so dass Wirkungszusammenhänge zwischen dem strategischem Human Resource Management und der Innovationsfähigkeit in der IT-Branche verdeutlicht werden können.

2.2.2 Modell eines innovationsorientierten strategischen Human Resource Management

Obwohl Betriebe, die bei Produktinnovationen sowohl auf eine breite personelle (personelle Redundanzen) als auch auf organisatorisch strukturelle Kompetenzverankerung setzen, ein doppelt bis dreifach so hohes Beschäftigungswachstum aufweisen als Betriebe, die sich nur auf einzelne Mitarbeiter stützen, verankern nur wenige Unternehmen ihre Innovationskompetenz durch Strukturen und Prozesse personenunabhängig.[261] Diese Erkenntnis unterstreicht die Bedeutung, die der Entwicklung organisationaler Kompetenzen[262] im Hinblick auf die Wettbewerbsfähigkeit zukommt. Insbesondere Ansätze zum ressourcen- und kompetenzbasierten Management richten ihr primäres Interesse auf die Analyse des Wettbewerbspotenzials unternehmensinterner Kompetenzen.[263]

---

259 Vgl. Oechsler (2000b), S. 12.

260 Vgl. Ausführungen in Kapitel 2.1.

261 Vgl. Kirner et al. (2005), S. 13ff.

262 Organisationale Kompetenzen und Organisationales Kapital werden hier synonym verwendet.

263 Vgl. Duschek (2004), Sp. 613, Freiling (2002) S. 17. außerdem Osterloh et al. (2001), S. 204ff. Als grundlegende empirische Arbeiten hierzu gelten die Untersuchungen von Dierickx und Cool (1989), Hansen und Wernerfeldt (1989) und Rumelt (1991).

Einen breiten Raum nimmt in der Forschung zu organisationalen Kompetenzen die Beschreibung und Erfassung von Kernkompetenzen ein.[264] Sie sind dadurch gekennzeichnet, dass sie das Unternehmen in die Lage versetzen, nachhaltige Wettbewerbsvorteile zu schaffen, indem sie für Kunden am Markt einen hohen Nutzen generieren. Kernkompetenzen beziehen sich also auf die Wertschöpfungskette des Unternehmens und stellen die Verbindung der internen Ressourcen mit den marktspezifischen Gegebenheiten her.

Ein Hauptmerkmal organisationaler Kompetenzen ist, dass diese nicht am Markt „gekauft" werden können, sondern innerhalb des Unternehmens aufgebaut werden müssen.[265] Sie sind das Ergebnis langwieriger wissensbasierter und organisationsspezifischer Lernprozesse. Dabei sind es die Interdependenzen von Ressourcen und Wissen, die Unklarheiten über Kausalzusammenhänge, die soziale Komplexität (Beziehungen zwischen Führungskräften, Mitarbeitern und Kunden, Organisationskultur) und der hohe Anteil an implizitem Wissen, die einzigartige Kompetenzen generieren.[266]

Wissenschaftliche Arbeiten haben sich bislang nicht nur mit der Wirkung[267], sondern auch mit dem Zustandekommen und der Entwicklung[268] organisationaler Kompetenzen befasst. Einerseits werden bestehende Kompetenzen im Prozess der täglichen Arbeit weiterentwickelt und ergänzt (Exploitation). Andererseits können sie im Sinne einer kreativen Zerstörung vollkommen ersetzt bzw. neu generiert werden (Exploration).[269] In beiden Fällen handelt es sich um wissensbasierte Problemlösungs- bzw. komplexe Lernprozesse. Das heißt, auch organisationale Kompetenzen können mithin nicht statisch betrachtet werden, sondern müssen einer dynamischen Umwelt Rechnung tragen. Das Unternehmen muss demnach langfristig die Fähigkeit besitzen, seine Ressourcen- und Kompetenzbasis permanent an die sich wandelnden Markt- und Umweltbedingungen durch Erneuerung, Er-

[264] Vgl. Prahalad/Hamel (1990), Teece et al. (1990), Osterloh et al. (2001), Rasche (1994), ferner Homp (2000), Schmidt-Rathjens/Stegmeier (2005).

[265] Vgl. Teece/Pisano/Shuen (1997): "Capabilities cannot easily be bought; they must be built."

[266] Vgl. Barney (1991), Grant (1991), Reed/DeFillipi (1990), Polanyi (1966), bereits einige Jahre vor dem jüngeren Kernkompetenzansatz sprechen Selznick (1957) und Andrews (1971) von so genannter „distinctive competence", was sich mit "charakteristischer" Kompetenz übersetzen lässt.

[267] Stellvertretend seien hierfür die Arbeiten von Prahalad und Hamel genannt.

[268] Stellvertretend seien die Arbeiten von Teece et al. (1997) und Burmann (2001) zu Dynamic Capabilities (2001), Kogut/Zander (1993) zum Knowledge Based View genannt.

[269] Vgl. Duschek (2004), Sp. 615.

weiterung oder Rekombination der Ressourcen und Kompetenzen anzupassen.[270] *Teece et al.* erweitern deshalb den Kompetenzbegriff um so genannte „Dynamic Capabilities".[271]

> *„We define dynamic capabilities as the firm´s ability to integrate, build, and reconfigure internal and external competences to address rapidly changing environments. Dynamic capabilities thus reflect an organization´s ability to achieve new and innovative forms of competitive advantage given path dependencies and market positions."*[272]

So entwickeln Unternehmen in Abhängigkeit von ihrer Geschichte unterschiedliche „Capabilities", wie z. B. qualitativ hochwertigen Service, kurzzyklische Produktinnovationen, Flexibilität in der Produktion, strategische Entscheidungsfindung.[273] *Güttel* definiert Dynamic Capabilities als all jene organisationalen Kompetenzen,

> *„[…] die Aspekte (Regeln, Werte, Normen, Denkmodelle, Handlungsmuster etc.) der Organisationskultur beinhalten, die sich auf Lern- und Innovationsfähigkeiten sowie Wandlungs- und Anpassungsfähigkeiten der Organisation beziehen."*[274]

Diese weisen nach empirischen Befunden von *Eisenhardt* und *Martin* allerdings wieder mehr „Gemeinsamkeiten" auf, als nach den Annahmen des RBV zu vermuten wäre. Je nach Dynamik des adressierten Marktes ähneln die o. g. Prozesse in moderat dynamischen Märkten konzeptionell sehr stark Routinen, d.h. es handelt sich dabei um sehr komplizierte, stark arbeitsteilige Prozesse, die unmittelbar auf vorhandenem Wissen aufbauen und deren Ausführung vorhersagbare Ergebnisse liefern. In hoch dynamischen Märkten (beispielsweise in der Pharma-, Biotechnologie- oder IT-Branche) sind „Dynamic Capabilities" eher einfach strukturiert, experimentell, als Prozess instabil und ohne vorhersagbaren Output.[275]

---

[270] Leonard-Barton weist darauf hin, dass Unternehmen oftmals zu lange an eingefahrenen Praktiken festhalten, auch wenn diese unter Wettbewerbsaspekten längst zu einem Hindernis geworden sind (vgl. Leonard-Barton (1992)).

[271] Vgl. Teece et al. (1997), S. 516, Makadok (2001); auch Amit und Shoemaker verwenden bereits den Begriff der „Capabilities" (1993, S. 35): „Capabilities, in contrast, refer to a firm´s capacity to deploy Resources, usually in combination, using organizational processes, to effect a desired end. They are information-based, tangible and intangible processes that are firm-specific and are developed over time through complex interactions among the firm´s Resources."

[272] Teece/Pisano/Shuen (1997), S. 516.

[273] Vgl. Ridder/Bruns/Hoon (2005), S. 27, Eisenhardt/Martin (2000), S. 1106ff.

[274] Güttel (2006), S. 417.

[275] "They rely on the creation of situation-specific knowledge that is applied in the context of simple boundary and priority-setting rules. But since they are simple, there is little structure for managers to grasp and so they become easy to forget. […] What is challenging to manage then is the optimal amount of structure." (Eisenhardt/Martin (2000), S. 1113).

Es sind also sowohl organisationale Regeln[276] als auch organisationale Routinen[277], die notwendig sind, um dauerhaft kollektives Handeln erfolgreich auf die Marktgegebenheiten auszurichten. Der überwiegende Teil organisationaler Regeln ist impliziter Natur. Deutlich wahrnehmbar sind Regeln der Aufgabenabgrenzung und die formelle Struktur- und Prozessorganisation. Mitentscheidend sind aber auch informelle Regeln der mikropolitisch-sozialen und kulturellen Dimension. Sie ermöglichen Flexibilität, indem sie Lücken des formellen Systems schließen. Gleichzeitig treten auch regelmäßig Konflikte und Widersprüche im Regelsystem auf, was Ausnahmen und Abweichungen von Regeln systemimmanent werden lässt.[278] „Dynamic Capabilities" determinieren in diesem Verständnis den Umgang der Organisation mit Abweichungen und Regelbrüchen. Sie steuern die Entwicklung der Ressourcen- und Kompetenzbasis und stellen die Fähigkeit zur Erneuerung als auch zur Stabilisierung dar.[279] Hinsichtlich der Gesamtheit organisationaler Kompetenzen stellen „Dynamic Capabilities" eine Art „Metakompetenz" dar.[280] Im Ergebnis zeigt sich, dass Unternehmen sich gerade deshalb unterscheiden, weil sie die Kompetenz zur Gewinnung und Bündelung ihrer Ressourcen in unternehmensspezifischer Weise entwickeln. Die den organisationalen Kompetenzen und „Dynamic Capabilites" zugrunde liegenden Regeln als Bestandteil der Organisationskultur sind für die Konkurrenten nicht oder zumindest nicht ohne große zeitliche und finanzielle Aufwendungen kopierbar.[281]

Um die Innovationsfähigkeit in der Softwareentwicklung in Abhängigkeit der Ressource Personal zu beschreiben, ist deshalb ein Modell zu entwickeln, indem die Zusammenhänge zwischen Kernkompetenzen als Ausgangspunkt für Innovationen und Human Resource Management dargestellt werden. Hierzu wird ein Modell von *Wright/Dunford/Snell* (2001) herangezogen, das die genannten Komponenten in einem Beziehungsgeflecht darstellt. Der von *Wright et al.* entwickelte Bezugsrahmen erscheint besonders geeignet, über die „Brücke" des Wissensmanagement bzw. der Kompetenzentwicklung eine systematische und prozessuale Verbindung zwischen Human Resource Management, Kernkompetenzen und Innovationsfähigkeit herzustellen. Das in Abbildung 7 dargestellte Mo-

[276] Vgl. hierzu ausführlich Ortmann (2003); organisationale Regeln ermöglichen die Stabilität kollektiver Handlungsmuster. Sie können sowohl formal als auch informell vorliegen und werden in Routinen sichtbar bzw. interpretierbar (vgl. Güttel (2006), S. 419.)

[277] Vgl. hierzu ausführlich Nelson/Winter (1982); organisationale Routinen sind wiederholbare, wieder erkennbare Muster unabhängiger Handlungen. (vgl. Güttel (2006), S. 419).

[278] Vgl. Ortmann 2003, S. 12ff.

[279] Vgl. Güttel (2006), S. 422f. Manche Autoren bezeichnen sie daher auch als eigenständige Ressourcen- oder Kompetenzkategorie auf der Ebene der Organisation. Vgl. hierzu Beyer/Stephan (2006), S. 196ff.

[280] Vgl. Schmidt-Rathjens/Stegmeier (2005), S. 2ff.

[281] Vgl. Barney (1991).

dell wird im Folgenden kurz beschrieben, bevor es im Hinblick auf die Aufgabenstellung dieser Arbeit angepasst wird.

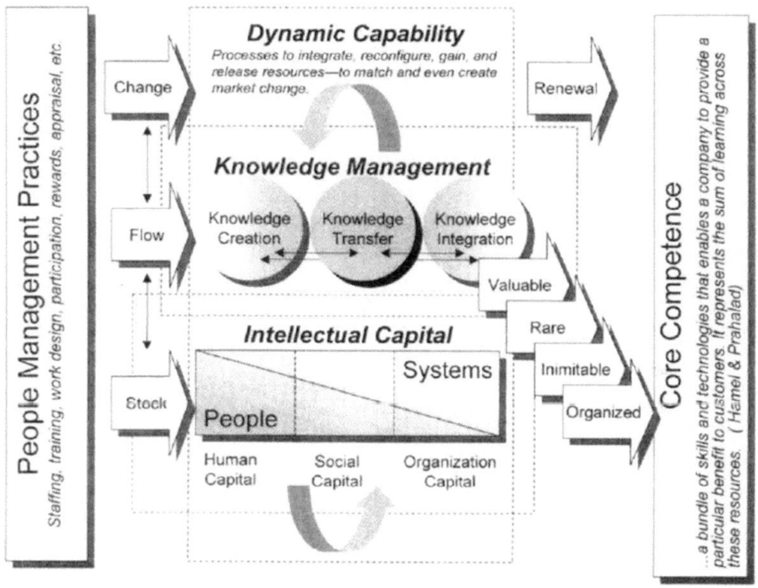

Abbildung 7: Integriertes Modell von Strategie und strategischem Human Resource Management

Quelle: Wright/Dunford/Snell (2001), S. 714

Human Resource Praktiken werden in der Abbildung auf der linken Seite des Modells gezeigt. Dies besagt im Sinne der Autoren nicht, dass alle Kernkompetenzen vom Human Resource Management ausgehen. Vielmehr wird unterstrichen, dass das Human Resource Management sowohl die Ressourcenbasis (Stock) als auch den Fluss von Wissen (Flow) und die Fähigkeit der Erneuerung (Change) nachhaltig beeinflusst. Das strategische Human Resource Management richtet sich entsprechend den Forderungen aus Kapitel 2.1.5 demnach nicht länger nur an Prozessen der betrieblichen Leistungserstellung aus. Vielmehr trägt das Modell der Forderung Rechnung, Human Resource Management zum Ausbau der Innovationsfähigkeit an strategischen Kernprozessen auszurichten und Engpässe bereits bei der Strategiegenerierung zu antizipieren. Hierzu erweitert das Human Resource Management die klassische eher individuumszentrierte Betrachtung von

„Fertigkeiten" und „Verhalten" um die Analyse der Entwicklung von intellektuellem Kapital auf personaler („Human Capital") und non-personaler Ebene („Organization Capital"). Zu der reinen Humankapital-Betrachtung addieren sich in diesem Modell Aspekte der Beziehungen („Social Capital") und organisatorischer Routinen („Organization Capital") als Bezugsgrößen des Human Resource Management.

Die im Human Resource Management vorhandene verhaltenswissenschaftliche Expertise auf dem Feld des Lernens und der Kompetenzentwicklung kommt bei der Beeinflussung von Wissensprozessen („Knowledge Management") im Sinne von Wissensentstehung, -transfer und -integration zum Tragen.

Auf der rechten Seite des Modells positionieren *Wright et al.* Kernkompetenzen. Diese entstehen aus der Bündelung der Ressourcen („Stock of Knowledge in Systems and People") und dem „Wissensfluss" („Flow of Knowledge"), der als Veredelungsprozess von Ressourcen hin zu Kernkompetenzen verstanden wird.[282] Jene sind wiederum Voraussetzung für die Entstehung von Innovationen.[283] Sie stellen die Verbindung her zwischen Unternehmensressourcen und Produkt-Markt-Strategie, die die Innovationsstrategie der Unternehmung unmittelbar beeinflusst.[284] Das Modell geht damit implizit davon aus, dass der systematische Umgang mit Wissen ein Kernprozess zur Generierung von Kernkompetenzen und somit eine Grundvoraussetzung zum Hervorbringen von Innovationen ist.

Der Prozess der „Dynamic Capabilities" bezeichnet im Modell von *Wright et al.* den strategischen Kernprozess der Erneuerung, der in Abhängigkeit der Umweltentwicklungen veränderte Kompetenzen von Individuen und Organisation erfordert.[285] Damit stellen *Wright et al.* im Verständnis dieser Arbeit die organisationalen Kompetenzen des Wandels in zweifacher Weise, nämlich als Prozess einerseits und als Ressource andererseits dar. *Wright et al.* beanspruchen für ihr Modell, dass es nicht theoretisch profund abgeleitet sei, sondern vielmehr zum Ziel habe, Anregungen für ein Forschungsdesign zu bieten, welches eine Verbindung zwischen Human Resource Management und Strategiemanagement ermöglicht. Aus dem theoretischen Verständnis der vorliegenden Arbeit heraus ist das Modell deshalb wie folgt zu modifizieren bzw. anzupassen.

Die eingehende Diskussion organisationaler Kompetenzen im Rahmen dieser Arbeit (vgl. Kapitel 3.4.4) beschreibt, dass „Dynamic Capabilities" den Charakter von Lernprozessen

[282] Ähnliche Modelle sprechen insofern an dieser Stelle nicht vom „flow of knowlege" sondern von „competency development".

[283] Vgl. Abschnitt 2.1.

[284] Vgl. Völker/Sauer/Simon (2001), S. 26ff.

[285] Vgl. Wright et al. (2001), S. 716.

haben und die Fähigkeit der Organisation zur Veränderung und Anpassung darstellen. Sie sind als „Metakompetenz" im Konstrukt der „Organisationalen Kompetenzen" und somit im Begriff des „Organisationskapitals" bereits enthalten. Eine separate Darstellung als eigenständiger Prozess im Modell ist somit redundant. Das nachfolgende modifizierte Modell wird deshalb keine explizite Darstellung des Prozesses mehr enthalten.

Ausgehend von den vorstehenden Überlegungen zur Innovationsfähigkeit, die in Abbildung 4 zusammengefasst wurden, lässt sich das Modell im Hinblick auf die Fähigkeit zur Innovation wie folgt modifizieren.

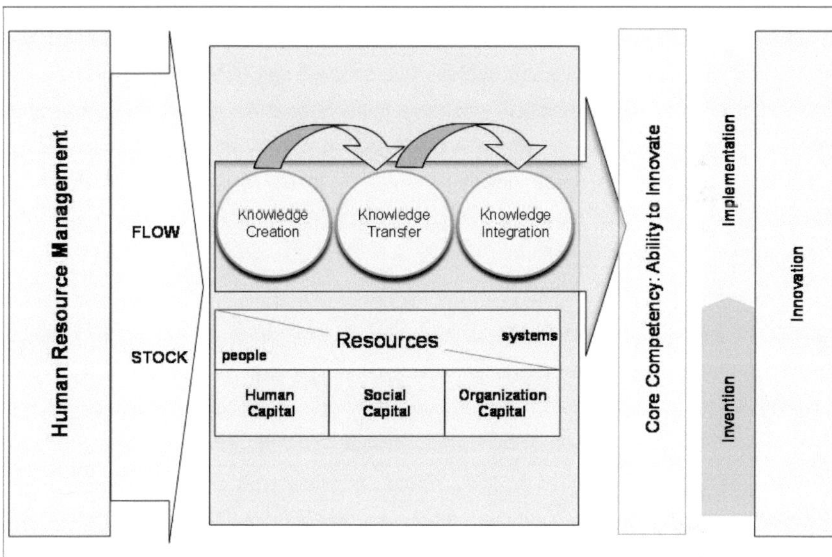

Abbildung 8: Darstellung des Einfluss von strategischem Human Resource Management auf Innovationsfähigkeit

Quelle: Eigene Darstellung

Der Prozess „Knowledge Management", der aus Prozessen individuellen und organisationalen Lernens besteht und zur Generierung von Kernkompetenzen beiträgt, ist im Modell der zentrale strategische Prozess zur Veredelung der Ressourcenbasis.

Strategisches Human Resource Management das die Innovationsfähigkeit der Organisation nachhaltig fördert, hat demnach zwei Ansatzpunkte:

Zum einen nehmen HR Praktiken unmittelbar Einfluss auf die Ressourcenbasis des Unternehmens („Stock of Knowledge" im Modell von *Wright*).[286] Zum anderen gehören Prozesse der Kompetenzentwicklung („Flow of Knowledge") zu den Kernaufgaben des Human Resource Management.[287] Sowohl die Gestaltung der Ressourcenbasis als auch deren Veredelung zu Kompetenzen durch das Human Resource Management determinieren die Innovationsfähigkeit der Organisation.

Das von *Wright et al.* entwickelte Modell stellt lediglich die Innensicht des Unternehmens dar. Dieses agiert jedoch als offenes System mit seiner Umwelt. So beeinflussen demografische Veränderungen auf dem Arbeitsmarkt die Ressourcenbasis des jeweiligen Unternehmens. Dem Human Resource Management kommt dabei eine gestaltende Funktion zu. Um Auswirkungen des demografischen Wandels auf das Unternehmen und dessen Innovationsfähigkeit zu untersuchen, muss das Modell deshalb auch um eine „Außenperspektive" erweitert werden, die in Kapitel 3 detailliert dargestellt wird. Darüber hinaus wurde in 2.1 und 2.2.1 dargelegt, dass ein Human Resource Management erst durch die Integration in unternehmerische Entscheidungsprozesse zu Strategie und Struktur, zur Ressourcenveredelung führen kann.

Zur Erweiterung des strategischen Human Resource Management Ansatzes aus Kapitel 2.2.1 liefert das Modell von *Wright et al.* jedoch wertvolle Impulse. So kann das im Modell von Abbildung 6 dargestellte Element „Wissensmanagement durch persönliche Beziehungen" als der strategische Kernprozess gesehen, den das Human Resource Management durch Beeinflussung von „Stock" und „Flow" mitgestaltet. Human Resource Management orientiert sich demnach nicht länger ausschließlich am unternehmerischen Leistungserstellungsprozess,[288] sondern auch an Wissensmanagementprozessen, die zur Erstellung von Kernkompetenzen unabdingbar sind. Die zyklische Abstimmung der Human Resource Instrumente im Sinne eines ganzheitlichen Konzepts bleibt bestehen und wird auf den für den Innovationsprozess relevanten Wissensmanagementprozess angewandt. Faktoren und Entwicklungen in der externen Umwelt beeinflussen die Entscheidungen des Human Resource Management auf der strategischen Ebene. Dieses übernimmt eine moderierende und gestaltende Funktion, indem es Einflüsse aus der Umwelt antizipiert und die Organisation in die Lage versetzt, ihre Ressourcenbasis entsprechend anzupassen und die Kompetenzen adäquat zu entwickeln.[289]

---

[286] Siehe Anforderung Ressourcenorientierung Kapitel 2.2.

[287] Siehe Anforderung Prozess- und Strategieorientierung.

[288] Vgl. Knyphausen-Aufseß (2004), Sp. 1383ff.

[289] Vgl. Ridder et al. (2001).

Das Modell eines integrierten und innovationsorientierten strategischen Human Resource Management in Abbildung 9 stellt das Beziehungsgeflecht dar, welches für die weitere Forschungsarbeit grundlegend sein wird. Offensichtlich beeinflusst der demografische

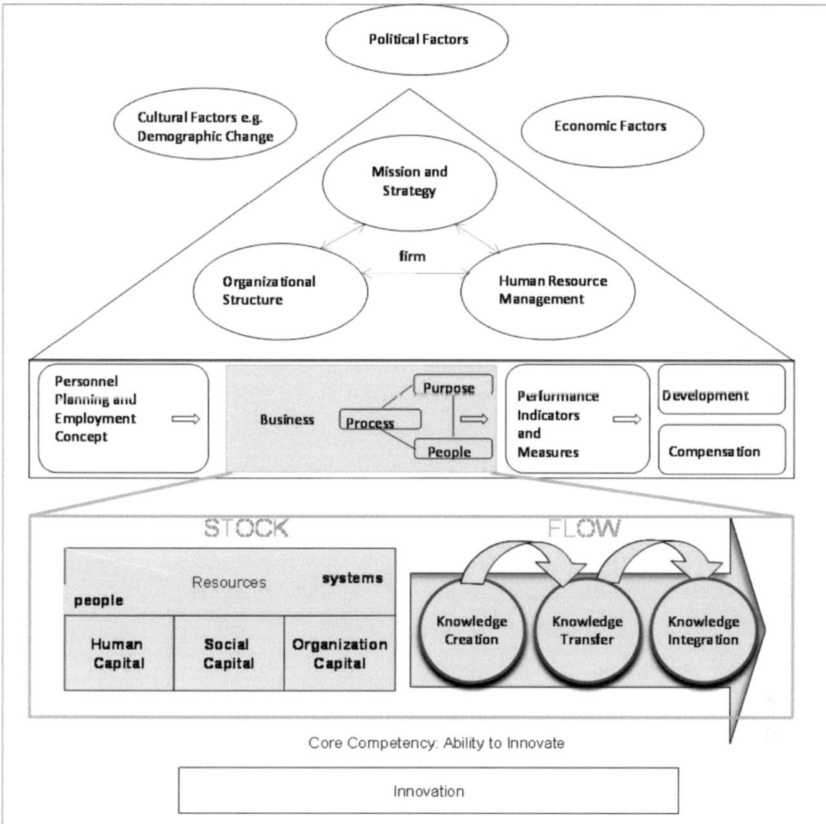

Abbildung 9: Gesamtmodell eines innovationsorientierten strategischen Human Resource Management

Quelle: Eigene Darstellung

Wandel nicht unmittelbar die Ressourcenbasis des Unternehmens.[290] Vielmehr übernimmt ein strategisches Human Resource Management die Aufgabe, mögliche Auswirkungen

[290] Vgl. Nienhüser (1998), Oechsler (2006), S. 499ff.

auf die Ressourcenbasis zu antizipieren und frühzeitig Prozesse in Gang zu setzen, die negative Auswirkungen verhindern und Potenziale für die Anpassung der Ressourcenkonstellation entwickeln.[291] Um die Anforderungen an ein „demografieorientiertes" strategisches Human Resource Management näher zu spezifizieren, müssen zunächst die externen Einflüsse auf die Branche und die Einflüsse der Ressourcenbasis auf Kompetenzentwicklungsprozesse eingehend analysiert werden (siehe Kapitel 3).

[291] Vgl. Nienhüser (1998), S. 155ff.

3. Analyse von Umweltkontext und Ressourcenbasis

Die Bestandteile des in Kapitel 2 entwickelten Modells und mögliche Wirkungszusammenhänge zwischen Ressourcenbasis und Innovationskompetenz werden in den folgenden Abschnitten differenziert betrachtet und diskutiert.

Die folgende Analyse der externen Einflussfaktoren baut auf dem in Abschnitt 2.2 entwickelten Gesamtmodell auf. Für die Ausgestaltung eines strategischen Human Resource Management ist es erforderlich, Veränderungen im Unternehmensumfeld systematisch in die Anforderungen einzubeziehen. Dabei werden die unternehmensexternen Einflüsse in ökonomische (z. B. Globalisierung, technologische Entwicklungen, Arbeitsmarkttrends), in politisch-rechtliche (u. a. Arbeitgeber-Arbeitnehmerbeziehungen, Soziale Sicherungssysteme, Gesetzgebung) und in kulturelle (interkulturelle Aspekte, gesellschaftlicher Wertewandel, demografischer Wandel) Einflussfaktoren unterteilt.[292] Als Veränderung im gesellschaftlichen Kontext ist der demografische Wandel im Modell als kultureller Einflussfaktor einzuordnen und nimmt daher unter diesem Abschnitt einen großen Raum ein (Abschnitt 3.1). Im Anschluss daran werden die im Rahmen des strategischen Human Resource Management identifizierten relevanten wirtschaftlichen und politischen Umwelteinflüsse auf die IT-Branche dargestellt (Abschnitte 3.2 und 3.3) und zusammenfassend in ihren Auswirkungen auf unternehmerische Entscheidungen bewertet (Abschnitt 3.4). Darauf aufbauend bedarf es einer eingehenden Beschreibung der unternehmensinternen Ressourcenbasis für Innovationen (3.5). Hierzu wird der Stand der Forschung reflektiert. Es stellen sich die Fragen: Welche Konstellationen der Ressourcenbasis sind grundsätzlich innovationsförderlich und welche sind hinderlich und wie wirken die einzelnen Bestandteile zusammen? Im Anschluss daran werden die Erkenntnisse zur Ressourcenbasis mit Forschungsergebnissen aus der Organisationsdemografieforschung angereichert, um Annahmen darüber zu entwickeln, wie sich der demografische Wandel auf die beschriebene Ressourcenbasis auswirken könnte (3.6) und welche Handlungsfelder sich hieraus für ein strategisches Human Resource Management ableiten lassen. Das Kapitel schließt mit Annahmen über die Gestaltungsaufgaben eines innovationsorientierten strategischen Human Resource Management im demografischen Wandel (Kapitel 3.7). Die entwickelten Perspektiven werden als Grundlage für den Aufbau einer empirischen Untersuchung in Kapitel 4 dienen.

---

[292] Zur Einteilung der Kontextfaktoren vergleiche Oechsler (2006), S. 40ff., ferner Tichy et al. (1982), S. 48ff., Fombrun et al. (1984).

3.1 Kulturelle Einflussfaktoren in der Branche

Unter den kulturellen Einflüssen wird der demografische Wandel im europäischen Kontext als eine der zentralen Herausforderungen des 21. Jahrhunderts angesehen. Die Konsequenzen hieraus auf die Realität einzelner Unternehmen sind noch weitgehend unerforscht und finden im Vergleich zur volkswirtschaftlich geführten Diskussion noch relativ wenig Beachtung in der öffentlichen Diskussion.[293]

Dies ist insofern überraschend, als sich Strukturveränderungen in der Altersstruktur der Erwerbstätigen, nämlich der Altersgruppe zwischen 15 und 65 Jahre, bereits vollzogen haben. Diese wirken sich nach einer Übergangszeit auch auf die Personalstrukturen der Unternehmen aus.[294] Zwar ist die Anzahl der Erwerbspersonen in Deutschland insgesamt noch bis dato angestiegen.[295] Eine spürbare Veränderung in der Alterszusammensetzung der Erwerbstätigen vollzieht sich allerdings bereits seit 2000 (und hält bis 2020 an). Die Veränderungen verlaufen aufgrund der unterschiedlichen Besetzung der Alterskohorten nicht linear.[296] Somit verschärft die demografische Situation die bereits existierende Knappheit an jungen hochqualifizierten Arbeitskräften.

3.1.1 Der demografische Wandel als externer Megatrend

„The dominant factors for business in the next two decades - absent war, pestilence, or collision of a comet – are not going to be economics or technology. It will be demographics." [297]

(Peter Drucker)

Der Begriff „Demografischer Wandel" ist in erster Linie eine deskriptive Größe.[298] Die demografische Entwicklung der Bevölkerung ist bis zu einem gewissen Grad vorhersehbar. Sie ist kein Zukunftsszenario mit ungewisser Eintrittswahrscheinlichkeit, sondern ein prognostizierbarer Trend. Die Treffsicherheit variiert in Abhängigkeit der zugrundeliegen-

[293] Vgl. Eckardstein (2003), S. 20, Weimer/Mendius/Kistler (2001), S. 30f.

[294] Vgl. Tivig (2008), ferner Oechsler (2006), Nienhüser (1998).

[295] Vgl. Happe (2007), S. 10, ferner Buck/Kistler/Mendius (2002), S. 16ff., Behrend (2001), S. 32.

[296] Vgl. Bullinger/Buck (2007), S. 17, Buck (2003), S. 7, Buck/Schletz (2001a), S. 26.

[297] Vgl. Drucker (1997), S. 20.

[298] In der Wissenschaft existieren unterschiedliche Maße, den Demografischen Wandel quantitativ zu erfassen, vgl. hierzu Tivig/Hetze (2007).

den Annahmen, da Demografie auch ein Ergebnis sozio-ökonomischer und politischer Entwicklungen ist und von politischen Größen beeinflusst wird.[299]

Die Alterung der Bevölkerung vollzieht sich weltweit,[300] während sich die Geburtenentwicklung in einzelnen Regionen und Ländern sehr unterschiedlich darstellt. Aus dieser Sicht ist die Alterung ein globales Phänomen, während die Schrumpfung lokal ist. Europa hat bereits heute die älteste Bevölkerung und wird diesen „Vorsprung" wahren. Auf Länderebene ist Japan der „Weltmeister im Altern".

	Afrika	Asien	Lateinamerika/ Karibik	Europa	Nordamerika
1950	19,1	22,2	20,0	29,7	29,8
2000	18,4	26,0	24,5	37,6	35,4
2050	28,0	40,2	40,1	47,3	41,5

Tabelle 1: Medianalter nach Kontinenten (in Jahren)

Quelle: Tivig/Hotzo 2007, S. 11; Datenquelle: UN

Ein tiefgreifender demografischer Wandel vollzieht sich neben Deutschland auch noch in anderen Industrieländern wie z. B. Japan, Italien, Russland und Polen, nicht aber in den USA und Frankreich. Er ist mit erheblichen Belastungen für das Wachstum der Wirtschaft und die Tragfähigkeit der Staatsfinanzen und Sozialsysteme verbunden.[301]

So ist Deutschland im Jahr 2008 mit rund 82,3 Mio. Einwohnern das bevölkerungsreichste Land Europas (ohne Russland). Beim Bevölkerungswachstum hingegen lag Deutschland im Durchschnitt der letzten 26 Jahre im unteren Mittelfeld. Das niedrigste Wachstum verzeichneten einige ost- und mitteleuropäische Staaten.[302] Die Bevölkerung in Deutschland wird bis zum Jahr 2050 nach Berechnungen des Ifo Instituts auf ca. 74 Mio. schrumpfen.[303] Während für die EU 27 bis zum Jahr 2030 ein weiteres Wachstum der Bevölkerung anzunehmen ist, wird bis zum Jahr 2050 auch für Europa ein Rückgang prognostiziert. Aus arbeitsmarktpolitischer und betriebswirtschaftlicher Sicht sind im Rahmen der Gesamtentwicklung vor allem die **Entwicklung des Erwerbspersonenpotenzials** und die **Veränderung in der Altersstruktur** der Erwerbspersonen von Bedeutung.

---

299 Vgl. Börsch-Supan/Wilke (2007), S. 5ff.

300 Vgl. Tivig/Hetze (2007), S. 11f. Laut UN Prognosen wird das mittlere Alter der Bevölkerung weltweit ansteigen.

301 Vgl. Schaible et al. (2007), BMWI (2008), S. 2ff. und die Ausführungen in Kapitel 3.2.2.

302 Vgl. Tivig/Hetzte (2007), S. 12; Datenquelle: Europäische Kommission (2008a).

303 Bandbreite der Schätzungen liegt zwischen 67 Mio. und rund 79 Mio.

So berechnen *Tivig* und *Kühntopf*, dass selbst in europäischen Regionen, in denen die Bevölkerung noch bis zum Jahr 2030 wächst, bereits ein Schrumpfen des Erwerbspersonenpotenzials eintreten wird.[304] Demografischer Wandel entfaltet mithin nicht nur Auswirkungen auf der gesellschaftlichen Ebene, sondern ist bereits heute aus ökonomischer und betriebswirtschaftlicher Sicht als Einflussfaktor auf den Arbeitsmärkten und den Finanzmärkten relevant. [305] Im Wettbewerb der Regionen beeinflusst er die Attraktivität von Wirtschaftsstandorten. So weist ein für die IT-Branche wichtiger Standort, wie z. B. Indien, noch ein starkes Wachstum des Erwerbspersonenpotenzials auf, während Bulgarien, Rumänien oder Deutschland bereits schrumpfen.

Obwohl die Bevölkerung in der EU bis zum Jahr 2030 noch wächst, nimmt die Anzahl des Erwerbspersonenpotenzials im gleichen Zeitraum bereits um 6,7 % ab.[306] Die Alterung vollzieht sich dabei langsamer als in der Gesamtbevölkerung. Die Veränderung in der Altersstruktur der Erwerbstätigen vollzieht sich nicht nur in Deutschland. Auffällig ist, dass sich auch der Anteil der Altersgruppen an der Erwerbsbevölkerung in Europa im Zeitraum von 2004 bis 2030 nach Berechnungen des Rostocker Zentrums drastisch verändern wird (siehe Tabelle 2).

15-24 Jahre	25-34 Jahre	35-44 Jahre	45-54 Jahre	55-64 Jahre
- 16,8%	- 19,9%	- 14,9%	+ 0,2 %	+ 28%

Tabelle 2: Altersspezifische Wachstumsraten in der EU27
(EU-Durchschnittswerte, 2004-2030, %-Anteil in der Erwerbsbevölkerung)
Quelle: Tivig/Kühntopf (2009)

Die aggregierten Werte für die europäische Union zeigen, dass der demografische Wandel Entscheidungsträger in Politik und Wirtschaft in ganz Europa beeinflussen wird. Darüber hinaus legen die nationalen und regionalen Unterschiede in Europa nahe, dass es Handlungsspielräume auf unterschiedlichen Ebenen der politischen Institutionen in der Gestaltung so genannter Kontextfaktoren gibt. Diese haben das Potenzial die demografische Situation zu kompensieren oder auch zu verschärfen. Ein Beispiel soll diesen Zusammenhang verdeutlichen. Die Existenz eines ungenutzten Potenzials an weiblichen Arbeitskräften könnte die Knappheit an Arbeitskräften mildern. Als Indikator könnte hier

[304] Vgl. Tivig/Kühntopf (2009).

[305] Vgl. Börsch-Supan (2009), Börsch-Supan et al. (2009), MEA (2008), Reil-Held (2010).

[306] Vgl. Tivig/Kühntopf (2009).

zum Beispiel die Teilzeitbeschäftigung von Frauen in einer Region gemessen werden. Dabei kann die Quote im Hinblick auf die Verfügbarkeit von Arbeitskräften wie folgt interpretiert werden:

> *„A high incidence of female part time work indicates opportunities for women to combine work and family. It also suggests that the female labor force potential is not yet exhausted, as part timers could increase their working time."*[307]

Eine hohe Teilzeitquote von Frauen wird folglich positiv für die Region im Hinblick auf demografische Entwicklungen beurteilt. [308]

Zusammenfassend ist festzuhalten: Demografische Entwicklungen sind langfristige Trends, die parallel zu ökonomischen und anderen gesellschaftlichen Megatrends verlaufen und im Zusammenspiel mit moderierenden Kontextfaktoren für einzelne Regionen und auch einzelne Unternehmen Chancen und Risiken bergen. Die Entwicklungen beeinflussen somit mittel- bis langfristig auch Standortfaktoren der IT-Branche. Über die Verfügbarkeit von Humankapital und die Veränderung in der Altersstruktur des Erwerbspersonenpotenzials werden sich mittelfristig auch die Personalstrukturen in den Unternehmen verändern und veränderte Anforderungen an strategische Unternehmensentscheidungen stellen.

3.1.1.1 Determinanten des demografischen Wandels

Als Größen zur Beschreibung des demografischen Wandels werden die Entwicklung der Geburten- und Sterbeziffern sowie der so genannte Wanderungssaldo herangezogen. Im Folgenden wird deren Entwicklung in Deutschland und in Europa kurz skizziert, um anschließend mögliche Auswirkungen auf die Unternehmen zu diskutieren. Eine Fokussierung auf Deutschland und Europa ergibt sich, da das in Kapitel 4 dargestellte Softwareunternehmen seinen Stammsitz und einen großen Anteil von Mitarbeitern in Forschung und Entwicklung in Deutschland beschäftigt. Die prozentuale Veränderung in der Altersstruktur der Bevölkerung in Deutschland ist dabei größer als der prozentuale Bevölkerungsrückgang und hat erhebliche Auswirkungen auf das Arbeitskräfteangebot. Strategien, die auf die Kompensation der Strukturveränderung zielen, sind sowohl im Bereich der Arbeitsmarktpolitik als auch in den Angeboten der Unternehmen zu suchen. Da die Determinanten Fertilität, Lebensalter und Migration in unterschiedlichem Maße politisch

---

[307] Tivig/Kühntopf (2009), S. 323.

[308] Insgesamt beschreiben und beurteilen die Forscher des Rostocker Zentrums zwölf unterschiedliche Kontextfaktoren im Hinblick auf ihre moderierenden Effekte innerhalb der Regionen.

beeinflussbar sind und große Unterschiede in der Hebelwirkung politischer und unternehmerischer Maßnahmen bestehen, ist es wichtig, zunächst die Grundlagen zu klären, bevor Einflussmöglichkeiten auf die Determinanten eruiert werden.

Fertilität

Die Geburtenrate wirkt sich erst sehr langfristig auf die Bevölkerungsentwicklung aus und ist für eine Arbeitsmarktprojektion bis 2050 heute kaum relevant. Hinzu kommt, dass eine höhere Geburtenrate letztlich nur im Zusammenhang mit entsprechender Bildung einen positiven Effekt am Arbeitsmarkt erzielt. [309]

Bei der Betrachtung der Geburtenentwicklung sind vor allem zwei Kennzahlen von besonderem Interesse. Es sind zum einen die Zahl der geborenen Kinder und zum anderen die durchschnittliche Kinderzahl je Frau, die mit der so genannten „zusammengefassten Geburtenziffer" gemessen wird.[310]

Während die zusammengefasste Geburtenziffer in Deutschland 1965 noch 2,5 betrug, ist diese seit Beginn der siebziger Jahre kontinuierlich gesunken und hat sich 2008 auf knapp unter 1,4 Kinder pro Frau eingependelt.[311] Die Geburtenrate in anderen europäischen Ländern liegt zwischen ca. 1,3 in Polen, Tschechien und anderen osteuropäischen Ländern und ca. 1,9 in Frankreich und Irland.[312] Die Vereinten Nationen geben in ihrer jüngsten Bevölkerungsvorausberechnung an, dass die Geburtenrate zwischenzeitlich in mehr als 70 Ländern unter dem Bestandserhaltungsniveau liegt, was somit auf die Hälfte der Weltbevölkerung zutrifft. Aber auch in den ärmeren anderen Ländern der Welt ist die Geburtenrate spektakulär von 5,2 in 1970 auf 2,6 in 2009 gesunken.[313]

---

[309] Vgl. Börsch-Supan/Wilke (2007), S. 4ff.

[310] Vgl. Statistisches Bundesamt (2007), S. 5ff.

[311] Vgl. BMWi (2008), S. 2., ferner OECD Factbook (2009c). Für die Erhaltung der Bevölkerungszahl wäre eine Geburtenrate von 2,1 erforderlich.

[312] Lediglich die Türkei, Mexiko, Brasilien, Südafrika und Indien erreichen Geburtenraten größer 2,1; vgl. OECD Factbook (2009c).

[313] Vgl. United Nations (2009), The Economist (2009), S. 3. Bei steigendem Durchschnittsalter der Mütter unterschätzt die zusammengefasste Geburtenziffer allerdings die Fertilität einer Kohorte (vgl. Tivig/ Hetze (2007), S. 16. Eine Kohorte besteht hier aus Personen, die im gleichen Jahr geboren wurden). Allerdings reicht diese auch bei einer Korrektur der Ziffer um so genannte „Tempoeffekte" zur Bestandserhaltung weder in Deutschland noch in den meisten anderen Industrieländern aus (auch nicht in den USA und Japan). Als Kennziffer ist die zusammengefasste Geburtenziffer in der Lage, kurz- bis mittelfristige Veränderungen in der Geburtenentwicklung abzubilden (Vgl. Statistisches Bundesamt (2007), S. 16).

In der EU27 führte ein mäßiger Anstieg der Geburtenziffer 2008 dazu, dass ein leichtes Bevölkerungswachstum zu verzeichnen war. Während die Geburtenziffer in fast allen Mitgliedsländern stieg, ging sie in Deutschland zurück.[314]

Dieser Rückgang ergibt sich unter anderem aus der Tatsache, dass in Deutschland die Zahl der Frauen im gebärfähigen Alter seit 10 Jahren rückläufig ist. Als weitere Ursachen für niedrige Geburtenziffern werden darüber hinaus auch grundlegende Veränderungen der Lebensformen, der Bedeutung von Ehe und Familie und Veränderungen in den Präferenzen von Frauen und Männern hinsichtlich Familie und Beruf angeführt. Insgesamt sind die Lebensformen in den letzten Jahrzehnten vielfältiger geworden und die wirtschaftliche Unabhängigkeit des Einzelnen trägt dazu bei, dass die Familie als Urform der sozialen Sicherung an Bedeutung verloren hat.

Zusammenfassend ist festzuhalten, dass der Altersaufbau der Bevölkerung in den meisten Industrieländern das Resultat eines unvollständigen Ersatzes der Eltern- durch die Kindergeneration ist. Bei steigender Lebenserwartung trägt dies zu einer beschleunigten Alterung der Bevölkerung bei. Die Geburtenziffern sind kurz- bis mittelfristig durch die Entscheidungen vorangegangener Generationen festgelegt. Dennoch sind sie von einer Vielzahl durch Politik und Unternehmen gestaltbaren Rahmenbedingungen beeinflussbar. So zeigen Beispiele aus skandinavischen Ländern, dass Familienpolitik sowohl Auswirkungen auf die Geburtenentwicklung hat, als auch arbeitsmarktpolitische Effekte generieren kann.[315]

Mortalität

Die zweite Determinante, die die Bevölkerungsentwicklung beeinflusst, ist die Veränderung der Mortalität, die in der Lebenserwartung ihren Ausdruck findet. So können Menschen in allen Industrieländern sich darauf einstellen, älter zu werden, als sie es für möglich halten. Demografische Analysen zeigen, dass eine Obergrenze der Lebenserwartung noch nicht erreicht ist.[316]

Experten gehen deshalb davon aus, dass die Lebenserwartung bei zunehmend länger anhaltender Gesundheit weiter zunehmen wird.[317] Dies ist in erster Linie mit höheren

[314] Vgl. Eurostat-Pressemitteilung (2009).

[315] Vgl. Neyer/Andersson/Hoem (2007), S. 27.

[316] Vgl. Vaupel et al. (2007), S. 34.

[317] Vgl. BMWi (2008), S. 2; Prognose für Deutschland bis 2050: bei Männern um 2,5 auf 83,5 Jahre und bei Frauen um 1,5 auf 88 Jahre. Global gesehen wird erwartet, dass die Rekordmarke von 100 Jahren bereits in den nächsten 60 Jahren überschritten sein wird (vgl. Vaupel et al. (2007), S. 34).

Belastungen für die Sozialsysteme verbunden. Es bietet aber auch die Chance, hochqualifizierte und sehr erfahrene ältere Menschen in Unternehmen, Wirtschaft und Gesellschaft im Zusammenwirken mit Jüngeren einzusetzen. Für Unternehmen bedeutet dies teils neue Herausforderungen und teils neue Wachstumschancen durch sich verändernde Markt- und Kundenbedürfnisse.[318] Die politischen Rahmenbedingungen im Hinblick auf die Regulierung der Arbeitsmärkte und auf die Gestaltung der Sozialsysteme sind entscheidend dafür, wie Unternehmen die Chancen zukünftig nutzen können.[319]

Die Verknappung des Arbeitskräfteangebots lässt in Deutschland erwarten, dass auch in der IT-Branche der Anteil von älteren Mitarbeitern steigt.[320]

Migration

Der dritte Faktor der Bevölkerungsentwicklung besteht in den Bevölkerungsbewegungen über die Landesgrenzen hinweg, den so genannten Außenwanderungen. Beeinflusst wird die Bevölkerungszahl der Zukunft vom Wanderungssaldo. Dieser ist dabei sowohl von wirtschaftlichen und sozialen Bedingungen als auch von politischen und sozialen Entwicklungen im Herkunftsland abhängig. Deutschland ist seit Mitte der 1950er Jahre eines der wichtigsten europäischen Zielländer von Migranten,[321] wenngleich es auch Jahre gegeben hat, in denen die Abwanderungszahlen über jenen der Zuwanderung lagen.[322] Auf dem Höhepunkt der Zuwanderung (ca. 1992) kamen in einem Jahr mehr als 1,5 Mio. Menschen in die Bundesrepublik. 2006 lag die Zuwanderung jedoch nur noch um 4% über der Abwanderung. 2008 wird der Wanderungssaldo für Deutschland von *eurostat* sogar mit 0,0 pro 1000 Einwohner ausgewiesen.[323] Im internationalen Vergleich weist Deutschland hohe Zuwanderungszahlen auf, denen allerdings auch fast ebenso viele Menschen gegenüberstehen, die abwandern.[324] Die Wanderungsbewegungen über deutsche Grenzen finden fast zur Hälfte innerhalb der Europäischen Union und zu drei Viertel innerhalb Europas statt.[325]

318 Vgl. Schaible et al. (2007).

319 Vgl. Reil-Held (2010).

320 Vgl. BITKOM (2009).

321 Vgl. Özcan (2007).

322 Vgl. Tivig/Hetze (2007), S. 42f., ferner Bundesinstitut für Bevölkerungsforschung (2008), S. 56ff. und eurostat (2009).

323 Vgl. eurostat (2009).

324 Vgl. Tivig/Hetze (2007), S. 47f., ferner Bundesinstitut für Bevölkerungsforschung (2008), S. 58ff. Einen Zuwanderungsboom erlebten im vergangenen Jahrzehnt vor allem die Schweiz und Spanien. Von der zunehmenden Mobilität in Europa profitierten außerdem auch Österreich und Großbritannien.

325 Vgl. Tivig/Hetze (2007), S. 48.

Trotz des aktuell niedrigen Wanderungssaldos werden Außenwanderungen auch in Zukunft eine Rolle im Zusammenhang mit der Altersstruktur und den Bevölkerungszahlen in Deutschland spielen. Die Schrumpfung der Bevölkerungszahlen könnte durch eine jährliche Zuwanderung von 200 000 Personen immerhin verlangsamt, wenn auch nicht gänzlich aufgehalten werden. Die derzeitige Nettozuwanderung genügt bei weitem nicht, die Bevölkerungszahl oder die Größe des Erwerbspersonenpotenzials aufrechtzuerhalten.[326] Gleichzeitig wäre die Zuwanderung Hochqualifizierter theoretisch in der Lage, die Wirtschaftskraft von Regionen und Unternehmen nachhaltig zu verbessern, die bereits heute angesichts des Mangels an Fachkräften wirtschaftliche Nachteile haben.[327]

Migranten sind in Deutschland derzeit meist jung und viele männlich.[328] Die Hälfte der Neuzuwanderer verfügte 2005 über Fachhochschul- oder Hochschulreife, wobei sich bei der Verteilung der Abschlüsse nach Herkunftsregionen ein sehr heterogenes Bild ergab.[329] Derzeit haben in Deutschland rund 15 Millionen Einwohner einen so genannten Migrationshintergrund.[330] Der Anteil der Zuwanderung am Bevölkerungswachstum ist seit Mitte der 1980er Jahre kontinuierlich gestiegen und bildet damit einen zentralen Faktor im Kampf gegen die Überalterung europäischer Gesellschaften.[331] Die Zuwanderung der vergangenen Jahre hat nicht nur den altersmäßigen Aufbau der Bevölkerung mitbestimmt, sondern auch die kulturelle Vielfalt in Deutschland und in den Unternehmen vergrößert.

Sowohl für die europäische als auch für die nationale Politik ergeben sich daraus Anforderungen im Hinblick auf die Steuerung der Zu- und Abwanderung und hinsichtlich der Integration der Zugewanderten in den Arbeitsmarkt und die Gesellschaft.[332] Vor allem die Zuwanderung Hochqualifizierter oder der dauerhafte Verbleib zugewanderter Studienab-

[326] Vgl. hierzu das Thesenpapier des Bundesministeriums für Wirtschaft und Technologie vom Juni 2008: Außerdem Prager et al. (2007), Buck (2003), S. 5, Buck/Kistler/Mendius (2002), S. 18f. Darüber hinaus merkt Osterloh an, dass Zuwanderer in den ersten 10 Jahren lt. einer Untersuchung des ifo-instituts in München mehr Transferleistungen des Staates erhalten als sie durch Steuern und Rentenbeiträge abgeben (vgl. Osterloh (2004), S. 125).

[327] Vgl. IG Metall (2010), Fuchs/Thon (2001), ferner iwd (2008)

[328] Vgl. Tivig/Hetze (2007), S. 44.

[329] Vgl. Bundesinstitut für Bevölkerungsforschung (2008), S. 58ff. Während rund zwei Drittel der Einwanderer aus Westeuropa und die Hälfte der Einwanderer aus dem außereuropäischen Ausland über das Abitur oder eine vergleichbare Qualifikation verfügen, trifft dies nur auf 40% der aus dem sonstigen Europa Eingewanderten zu.

[330] Personen mit Migrationshintergrund sind alle in Deutschland lebenden Ausländer sowie alle Zugewanderten unabhängig von ihrer Nationalität. Zusätzlich gehören die in Deutschland geborenen eingebürgerten Ausländer sowie eine Reihe von in Deutschland Geborenen mit deutscher Staatsangehörigkeit lebende Personen dazu, bei denen sich der Migrationshintergrund aus dem Migrationsstatus der Eltern ableitet; vgl. Bundesinstitut für Bevölkerungsforschung (2008), S. 77f.

[331] Vgl. Lavenex (2009).

[332] Vgl. Özcan (2007), S. 7ff.

gänger spielt für die IT-Branche eine Rolle, um bereits heute Engpässe im Arbeitskräfteangebot zu verringern.[333] Im Abschnitt 3.3 wird deshalb die Steuerung der Zuwanderung als politischer Einflussfaktor eingehend thematisiert.

3.1.2 Wirkung des demografischen Wandels

Enorme Fortschritte im Gesundheitswesen und dauerhafter wirtschaftlicher Wohlstand der Bevölkerung erhöhten in Europa die Lebenserwartung und damit gleichzeitig die Anzahl der Lebensjahre, die in guter Gesundheit verbracht werden können. Auf der politischen Agenda rangieren vor allem die Anpassung der sozialen Sicherungssysteme und die Sicherung von Wirtschaftswachstum im demografischen Wandel als Topthemen auf der Agenda. Innovation und Wachstum werden dabei von Unternehmen beigetragen. Neben den Konsequenzen in Struktur und Verfügbarkeit von Humankapital. gewinnen vor allem in Deutschland (aber auch in anderen westeuropäischen Ländern) die Kaufkraft und der potentielle Absatzmarkt (Silver market, Silver Generation) für neue Produkte und Dienstleistungen zunehmend an Bedeutung.[334]

Um konkrete Aussagen über das Ausmaß des demografischen Wandels treffen zu können, hat das *Rostocker Zentrum zur Erforschung des demografischen Wandels* im Jahr 2007 den „Regional Demographic Change Index" entwickelt.[335] Dieser erlaubt es, das Ausmaß und die zeitliche Entwicklung des demografischen Wandels in wirtschaftsgeografisch definierten Regionen vergleichbar zu machen.[336] Darüber hinaus ist es möglich, unterschiedliche Typen von Regionen zu identifizieren, die sich durch ein schnelleres oder langsameres Bevölkerungswachstum oder eine schnellere oder langsamere Alterung gegenüber dem Durchschnitt der betrachteten Regionen abheben. Für Europa zeigt der Index, dass es in jedem Nationalstaat unterschiedlich stark vom demografischen Wandel betroffene Regionen gibt. Eine Aussage zu einem generellen Risiko für Unternehmen lässt sich hieraus aber noch nicht ableiten.

Vielmehr wirken demografische Entwicklungen in verschiedenen Kontexten sehr unterschiedlich auf einzelne Standortfaktoren wie z. B. das Arbeitskräfteangebot oder die Arbeitsproduktivität.[337] Die Forscher des Rostocker Instituts haben aufbauend auf dem existierenden Forschungsstand über den Einfluss von Kontextfaktoren auf Standortfaktoren einen weiteren Index entwickelt. Dieser ermöglicht eine Beurteilung darüber, wie

[333] Vgl. IG Metall (2010), BITKOM (2007a), BITKOM (2007d).

[334] Vgl. Schaible et al. (2007).

[335] Vgl. Tivig et al. (2008).

[336] Vgl. Tivig/Frosch/Kühntopf (2008).

[337] Vgl. Tivig et al. (2008), S. 4.

einzelne Regionen unter Berücksichtigung der aktuellen Kontextfaktoren[338] und der demografischen Entwicklung hinsichtlich der Standortfaktoren „Arbeitskräfteangebot", „Humankapital", „Arbeitsproduktivität" und „Forschung und Entwicklung" mit Risiko behaftet sind.[339] Damit stellen die Forscher umfassende makroökonomische Informationen zu möglichen Risiken auf regionalen Arbeitsmärkten zur Verfügung, die auch von Unternehmen der IT-Branche im Rahmen einer strategischen Personalplanung angewendet werden können.

Der demografische Wandel beeinflusst jedoch nicht nur Angebot und Nachfrage nach Arbeitskräften. Vielmehr haben die Ausführungen zu Migration und Integration gezeigt, dass die kulturelle Heterogenität in Deutschland und Europa in den letzten Jahrzehnten deutlich gestiegen ist. So lebten in Deutschland Ende 2006 über 6,7 Millionen Ausländer (ca. 8% der Gesamtbevölkerung). Einen Migrationshintergrund hatten bereits 15,3 Millionen. Die größte Gruppe stellen in Deutschland Türken mit einem Anteil von 25% an allen Ausländern, gefolgt von Italienern (8%) und Polen (5%). In den EU-Mitgliedstaaten reicht der Anteil der ausländischen Bevölkerung an der Gesamtbevölkerung von weniger als 1% (Slowakei) bis zu 39% (Luxemburg). In den meisten Ländern beträgt der Ausländeranteil jedoch zwischen 2 % und 8 % der Gesamtbevölkerung.[340] In sämtlichen Mitgliedsstaaten der EU mit Ausnahme von Luxemburg, Belgien, Irland und Zypern wird die Mehrheit der ausländischen Bevölkerung von so genannten Drittstaatsangehörigen, d. h. Nicht- EU-Staatsbürgern, gestellt.

Die kulturelle Vielfalt in der Gesellschaft ist eine Herausforderung und Chance gleichermaßen. Gerade Unternehmen in einem globalen Umfeld profitieren von der Möglichkeit, unterschiedliche Nationalitäten an einem Standort zu beschäftigen und interkulturelle Kompetenzen von Migranten zu nutzen. Der gleichberechtigte Zugang zu Bildungsangeboten für Ausländer und Menschen mit Migrationshintergrund ist dabei von entscheidender Bedeutung, damit Unternehmen das berufliche Potenzial der Eingewanderten nutzen können.

Die Beschäftigung mit dem demografischen Wandel hat darüber hinaus auch die Diskussion um das Verhältnis von Generationen neu entfacht. Eine Generation bezeichnet hierbei eine Gruppe von Geburtsjahrgängen innerhalb von ca. 20 Jahren, die durch ähnliche

[338] Diese sind zum Beispiel die Teilzeitquote von Frauen, die Arbeitslosenquote von Frauen und Älteren, die Anzahl der Patentanmeldungen im High-Tech-Sektor und viele mehr.

[339] Vgl. Siehoff (2008), S. 56.

[340] Vgl. Levanex (2009), S. 2ff.

politische und kulturelle Ereignisse geprägt sind und ähnliche Werte und Einstellungen haben.[341]

Von Bedeutung ist dabei die Veränderung der Wertvorstellungen jüngerer Generationen im Vergleich zu den Wertvorstellungen der bislang größten Beschäftigtengruppe der Baby Boomer. So treten heute die so genannten Millennials in den Arbeitsmarkt ein. Sie sind die zahlenmäßig größte Generation seit den Baby Boomern und werden voraussichtlich einen großen sozialen und ökonomischen Einfluss haben. So werden in den nächsten 10 Jahren ca. 51 Mio. Millennials in den europäischen Arbeitsmarkt eintreten, während gleichzeitig ca. 48 Mio. Baby Boomer in den Ruhestand gehen werden.

Während die Millennial-Generation ins Arbeitsleben eintritt, umfasst die globale Belegschaft erstmals in der Geschichte vier Generationen.[342]

- Die Traditionalisten, die vor 1945 geboren sind und in Wirtschaftskrise und Weltkrieg aufgewachsen sind. Andere Namen für diese Generation sind „Silent-Generation“, „Veterans“, „Greatest-Generation“.
- Die Baby Boomer, geboren zwischen 1946 und 1964, die in Zeiten wirtschaftlichen Aufschwungs und zunehmendem Einfluss des Fernsehens aufgewachsen sind. Sie werden auch „Beat-Generation“ oder „Me2-Generation“ genannt.
- Die Generation X, geboren zwischen 1965 und 1979, auch „Baby Busters“ oder „MTV Generation“ [343] genannt. Sie sind mit zwei arbeitenden oder geschiedenen Eltern aufgewachsen und waren unabhängige „Schlüsselkinder“.
- Die Millennials, geboren zwischen 1980 und 2000, die mit dem Internet aufgewachsen und computererfahren sind. Sie werden auch „Generation Y“ oder „Internet Generation“ genannt.

Gerade für die IT-Branche ist diese Generation im Hinblick auf das Innovationsgeschehen von großer Bedeutung. Es ist mithin die erste Generation, die mit dem Internet, Sozialen Netzwerken, mobilen Endgeräten und virtuellen Welten aufgewachsen ist und einen intuitiven Zugang zu diesen Technologien hat.[344]

Aktuelle Studien weisen darauf hin, dass Unterschiede in der Sozialisation, in arbeitsbezogenen Einstellungen, Werten und Führungsstilen zwischen den derzeitigen Beschäf-

[341] Vgl. Richter (2009), S. 12ff.

[342] Vgl. Meyers (2009), S. 202ff.

[343] MTV ist die Abkürzung für “Music television” und bezeichnet den Musiksender, der ab Ende der 80er Jahre das Medienverhalten dieser Generation mit geprägt hat.

[344] Vgl. Hough/Woo (2007), Hirschheim/Heinzl/Dibbern (2009).

tigten und den Millennials bestehen, die für die Kommunikation in Unternehmen und die Führungskräfte in den nächsten Jahren Herausforderungen darstellen werden.[345] Allerdings ist der Stand der Generationenforschung zu den Einstellungen und Werten der Millennials noch weitgehend theoretischer Natur, da bislang nur wenige empirische Studien vorliegen. Dennoch ist davon auszugehen, dass die Erwartungen der Millennials an Arbeitgeber, Beruf und Karriere neue Herausforderungen für bestehende HR-Politiken und Instrumente darstellen.

Für gesellschaftliche und betriebliche Entscheidungsträger ist es daher heute und zukünftig notwendig, die kulturelle und intergenerationale Vielfalt in Gesellschaft und Unternehmen als Potenzial im organisationalen Kontext mit zu berücksichtigen.[346]

3.2 Ökonomische Einflussfaktoren in der Branche

Unter den ökonomischen Einflussfaktoren auf die Branche ragt die Globalisierung in der Weltwirtschaft als ein Megatrend hervor.[347] Alltagssprachlich werden die Begriffe „Globalisierung" und „Internationalisierung" häufig gleich bedeutend verwendet. Eine Abgrenzung erscheint jedoch ratsam. Parallel zu diesem Megatrend verändern sich im globalen Kontext auch die Beschäftigungsverhältnisse der Arbeitnehmer und die Leitbilder von Unternehmensführung. Die folgenden Ausführungen werden zeigen, dass die IT-Branche schon sehr weitreichend von diesen Trends betroffen ist oder diese nutzt.

3.2.1 Globalisierung

Seit den 90er-Jahren zeichnet sich bereits eine Zunahme der Intensivierung grenzüberschreitender Unternehmenstätigkeiten ab. Mit dem Begriff der Globalisierung wird ein Prozess bezeichnet, bei dem Menschen hinsichtlich wirtschaftlicher, technologischer, politischer, kultureller und umweltbezogener Aspekte ihres Lebens mit anderen Menschen weltweit in Interaktion treten.[348] Dabei reicht es für global agierende Unternehmen nicht aus, einfach nur interkontinental weit ausgebreitet Standorte im Ausland zu haben. Vielmehr sollte eine enge Verflechtung auch von innerbetrieblichen Funktionen und de-

[345] Vgl. Meyers (2009), S. 203, Hough/Woo (2007).

[346] Vgl. Eisner (2005), ferner Sattelberger (2008), Voelpel et al. (2007), S. 24ff. und die Ergebnisse im Rahmen der Fallstudie in Kapitel 4.

[347] Vgl. Oechsler (2006), S. 98, Wolf (2004), Sp. 1830f., Brunner (2000), S. 110ff., Beck (1997).

[348] Vgl. Rosenstiel/Gasteiger (2004), S. 354, ferner Fahrenschon/Hildmann (2006). Der Begriff der Internationalisierung bezeichnet im Allgemeinen den Austausch von Rohstoffen, Produkten, Geld usw. zwischen zwei oder mehreren Nationalstaaten.

zentralen Fachabteilungen über die Kontinente hinweg gegeben sein.[349] Einige Autoren gehen davon aus, dass inzwischen eine neue Phase der Globalisierung begonnen hat.[350] Waren in der Vergangenheit vor allem die Industrieunternehmen mit der Globalisierung konfrontiert, treten vermehrt auch Dienstleistungen in die Phase der Globalisierung ein. Die IT-Unternehmen sind im gesamtwirtschaftlichen Gefüge zuallererst Profiteure der neuen Phase der Globalisierung. Die überdurchschnittlichen Wachstumserwartungen der Branche resultieren auch aus den Erfolgen der Unternehmen im Ausland. So werden in der IT-Branche die Auswirkungen der neuen Phase der Globalisierung für den IT-Standort Deutschland weitgehend positiv bewertet, Chancen überwiegen die Risiken hinsichtlich der Zukunftserwartungen. Gleichzeitig werden aber auch Bedenken hinsichtlich der Zukunft des IT-Standorts Deutschland geäußert.[351] Die unterschiedlichen Sichtweisen ergeben sich auch hier wieder aus einer sehr heterogenen Landschaft der IT-Unternehmen, welche u. a. auf historische Entwicklungen zurückzuführen sind.[352] Waren große Hardwarehersteller schon sehr früh in Vertrieb und Produktion international tätig, hielten sich Software- und IT-Dienstleister lange Zeit nur auf heimischen Märkten auf. Für deren Internationalisierungsstrategien lassen sich drei Entwicklungsschritte erkennen, die *Boes et al. (2008)* folgendermaßen charakterisieren. Zum einen gibt es eine eher opportunistische Strategie des „Follow the Customers“, bei der es vor allem um eine Internationalisierung des Vertriebs geht. Eine weitere Strategie fokussiert auf die Ausdifferenzierung von Produktionsstandorten, sowohl zur Markterschließung und Nutzung von Innovationsimpulsen (vor allem in den USA) als auch zur Nutzung von Kostenvorteilen in Off- und Nearshoreregionen (vor allem in Asien und Osteuropa). *Boes* bezeichnet die Art der internationalen Zusammenarbeit hierbei als „Konzept der verlängerten Werkbank“.[353] Ein „global integriertes Produktionsmodell“ stellt die dritte und fortgeschrittenste Variante einer Internationalisierungsstrategie dar.[354]

> *„Auf Basis der Standardisierung von Produkten und Prozessen und eines neuen Typs der Industrialisierung werden die vorher ausdifferenzierten Standorte in einem integrierten System zusammengefasst. Die unterschiedlichen Standorte erfüllen als Knotenpunkte eines Netzwerks unterschiedliche Teilaufgaben im Kon-*

349 Vgl. Nuorluoto (2008), S. 21f.
350 Vgl. Boes et al (2008a), S. 13ff.
351 Vgl. BITKOM (2007c).
352 Vgl. Boes et al. (2008a), S. 6ff.
353 Vgl. Boes et al. (2008a), S. 9ff.
354 Vgl. Kämpf (2008), S. 35ff.

text komplexer, hochgradig ausdifferenzierter Geschäftsprozesse im systemischen Zusammenwirken.“ [355]

Aus Sicht der Unternehmen resultiert aus der Globalisierung vor allem eine Intensivierung und räumliche Ausdehnung des Wettbewerbs, die mit der Erhöhung des Kosten- und Rationalisierungsdrucks einhergeht.[356] Verstärkt wird dieser Wettbewerb für große Kapitalgesellschaften noch durch die Erwartungen der Finanzmärkte. Globalisierung ist wie oben beschrieben kein starrer Zustand. Vielmehr ist es ein hoch dynamischer Prozess, der zum einen als Umgebungseinfluss auf die Unternehmen wirkt und sich auf der anderen Seite selbst kontinuierlich neu orientiert.

Veränderte Anforderungen, die aus der Globalisierung resultieren, sind unter anderem, dass die Halbwertzeit des Wissens sinkt und die Leistungserstellung nahezu beliebig nach Ort und Zeit flexibel erbracht wird; rund um den Globus, 24 Stunden am Tag, 7 Tage die Woche.[357] Organisationen sind mit einem größeren Wertepluralismus konfrontiert, die Anforderungen an interkulturelle Kommunikation in Projekt- und Netzwerkstrukturen steigen und stellen neue Herausforderungen im Hinblick auf so genannte „Selbstentfaltungswerte“. Parallel verlangt der Rationalisierungsdruck dagegen nach einer intensiveren Nutzung des „Instruments Mensch“ und drängt Humanisierungsabsichten der organisatorischen Selbstbestimmung in den Hintergrund. Die hohe Autonomie der Beschäftigten geht häufig einher mit Konflikten, Stress und Burnout-Symptomen.[358] Mit der Neuausrichtung der Unternehmen gehen somit auch Veränderungen auf der Mikroebene der Beschäftigten einher. Ihre Arbeitswelt verändert sich.[359]

Für das Human Resource Management entstehen durch die skizzierten Entwicklungen steigende Anforderungen im Hinblick auf Personalkostenmanagement und die Steuerung des quantitativen und qualitativen Personalbedarfs. Wachsende Anforderungen entstehen darüber hinaus an Instrumente der Personalauswahl und der Personalentwicklung, aber auch insbesondere im Bereich des Gesundheitsmanagement.[360] Die Entwicklung von Modellen und Instrumenten flexibler Beschäftigungsformen, mit denen Unternehmen in der

355 Boes et al. (2008a), S. 10.

356 Vgl. Oechsler (2006), S. 98ff.

357 Vgl. Rosenstiel/Gasteiger (2005), S. 358, ferner Rosenstiel/Comelli (2003).

358 Vgl. Friedel-Howe (1994), S. 10ff., Boes et al (2008b).

359 Vgl. Nuorluoto (2008), S. 77ff., ferner Kämpf (2008).

360 Vgl. Rosenstiel/Gasteiger (2005), S. 263ff.

Lage sind, effizient die hohen Flexibilitätsanforderungen zu bewältigen, treten in den Fokus von Human Resource Politiken.[361]

3.2.2 Flexible Beschäftigung

Empirische Untersuchungen von Beschäftigungsverhältnissen zeigen, dass steigende Flexibilitätsanforderungen an die Leistungserstellung nicht zwangsläufig zu einer Erosion des Normalarbeitsverhältnisses[362] führen. So vermuten *Knuth/Erlinghagen* (2006), dass ein nationales Institutionengefüge einen gewichtigen Einfluss auf das Verhalten der Akteure am Arbeitsmarkt entfaltet.[363] Die Diskussionen um die Entwicklung des Arbeitsmarktgeschehens aufgrund gesellschaftlicher Megatrends wie beispielsweise der Globalisierung werden dementsprechend aus unterschiedlichen Perspektiven geführt. Ein Diskussionsstrang, der vor allem durch die Wirtschaftswissenschaften bestimmt ist, beklagt beispielsweise die Erstarrung und mangelnde Anpassungsfähigkeit des deutschen Arbeitsmarktes durch die im internationalen Vergleich besonders ausgeprägten gesetzlichen und tariflichen Regulierungen.[364] Ein eher soziologisch getriebener Diskurs sieht dagegen eine zunehmende „Prekarisierung“ der Beschäftigungsverhältnisse.[365] Demnach werden die Entwicklungen, die sich durch die Flexibilisierung der Arbeitsverhältnisse ergeben, häufig als Umbruch hin zu einer veränderten Arbeitsgesellschaft bezeichnet.[366] Arbeits- und Lebenswelt fließen in Folge von zeitlicher und räumlicher Flexibilisierung zunehmend ineinander, erodierende Normalarbeitsverhältnisse lassen die Grenzen zwischen internen und externen Arbeitsmärkten unklarer werden.[367] An die Stelle der Erhaltung des Arbeitsplatzes tritt in der beschäftigungspolitischen Diskussion die Erhaltung der Beschäftigungsfähigkeit. Auf der Ebene der beruflichen Fähigkeiten entspricht dies einem Paradigmenwechsel von der „Qualifikation“ hin zu der an Personen gebundenen „Kompetenz“. Arbeitnehmer werden in diesem Verständnis zu „Arbeitskraftunternehmern“.[368] Beide Diskurse lassen sich für den deutschen Arbeitsmarkt gesamtwirtschaftlich allerdings nicht eindeutig empirisch bestätigen.[369] Die verbreitete Vorstellung, steigende

[361] Zur europäischen Dimension vgl. Brewster et al. (1997).

[362] Als Normalarbeitsverhältnis wird klassischer Weise eine auf Dauer angelegte, abhängige und sozialversicherungspflichtige Vollzeitbeschäftigung bezeichnet.

[363] Vgl. Knuth/Erlinghagen (2006), S. 11ff.

[364] Vgl. hierzu auch Peuntner (2002).

[365] Vgl. Beck (1998), Picot et al. (2003).

[366] Vgl. Kratzer et al. (2004), S. 229ff.

[367] Vgl. ebenda S. 330.

[368] Vgl. Voß/Pongratz (1998), S. 145ff.

[369] Vgl. Übersicht empirischer Untersuchungen bei Knuth/Erlinghagen (2006), S. 30ff.

Flexibilitätsanforderungen an die Unternehmen müssten sich zwangsläufig in zunehmender Turbulenz auf dem Arbeitsmarkt niederschlagen, beruht demnach auf einer Fehlinterpretation. Unternehmen haben sowohl interne als auch externe Flexibilitätspotenziale, mit denen sie auf die Anforderungen reagieren können.[370] In der Literatur werden diese Flexibilitätspotenziale häufig als „Neue Beschäftigungsformen" bezeichnet, wenngleich ihre Existenz nicht wirklich neu ist.[371] Im Folgenden werden einige dieser Modelle kurz beschrieben.

Flexibilisierung der Arbeitszeit

Die Anforderungen, die sich an die zeitliche Verfügbarkeit von Mitarbeitern aus der Globalisierung ergeben, spiegeln sich in erster Linie in der Entwicklung von Arbeitszeitformen und -modellen wider. So hat die Teilzeitarbeit[372] in allen Ländern der OECD und der Europäischen Union in den letzten Jahrzehnten zugenommen.[373] Auch in der IT-Branche nimmt die Anzahl der Unternehmen, die flexible Arbeitszeit- und Teilzeitmodelle anbieten, zu.[374] Aktuelle Befragungen zeigen, dass die Mehrzahl der Beschäftigten in Teilzeitarbeit diese freiwillig gewählt hat.[375] Dies legt nahe, dass Länder mit einer niedrigen Teilzeitquote hier Potenzial haben, das Angebot an Arbeitskräften zu erhöhen, indem sie die Verfügbarkeit von Teilzeitarbeitsplätzen ausweiten.[376] Das so zu schaffende Angebot käme dann insbesondere der Vereinbarkeit von Familie und Beruf und damit vor allem Frauen zu Gute.[377]

Jenseits von Tarifverträgen und Betriebsvereinbarungen haben sich speziell in der IT-Branche vielerorts Modelle der Vertrauensarbeitszeit entwickelt, die keine Zeiterfassung vorsehen und es der Eigenverantwortung der Mitarbeiter und Führungskräfte überlassen,

---

370 Exemplarisch seien hier die Befristung von Arbeitsverhältnissen, Arbeitnehmerüberlassung, Selbständigkeit, geringfügige Beschäftigung und Teilzeitbeschäftigung genannt.

371 Vgl. Martin Nienhüser (2002), S. 4; in der europäischen bzw. englischsprachigen Literatur wird hier von „New Work Organization (NWO)" gesprochen.

372 Teilzeit Beschäftigung ist nach ILO Richtlinien definiert als Beschäftigung von mindestens einer Stunde und weniger als 30 Stunden pro Woche im Hauptberuf (vgl. OECD Factbook (2009)).

373 Vgl. Cullen et al. (2003), S. 5ff., ferner OECD Factbook 2009 (Statistiken zur Teilzeitarbeit finden sich dort in [...] Labour/Employment/Part-time employment).

374 Vgl. hierzu Spitz (2004).

375 Vgl. OECD Factbook (2009).

376 Deutschland liegt mit einer Teilzeitquote von mehr als 22% der Beschäftigten (in 2007) deutlich über dem OECD Durchschnitt (15% in 2007) und dem Durchschnitt der EU27 (18% in 2007), vgl. OECD Factbook (2009).

377 Vgl. Kapitel 3.2.2 zu den politischen Einflussfaktoren und 3.1 zum demografischen Wandel.

einen Ausgleich zwischen Unternehmens- und Mitarbeiterinteressen hinsichtlich der Arbeitszeit zu ermöglichen.[378]

Flexibilisierung des Arbeitsortes

Die Zunahme von Anwendungen der Informations- und Kommunikationstechnik im Alltag führt gleichzeitig zu einer Zunahme der Nutzung von so genannter eWork oder Telearbeit.[379] Verbreitete sich die Telearbeit in Folge der Entwicklung des Internets in der zweiten Hälfte der 90er Jahre mit einer jährlichen Wachstumsrate an Telearbeitsplätzen von mehr als 30%, so ist der Begriff „Telearbeit" heute mehr oder weniger aus dem betrieblichen Alltag und dem Interesse der Forschung verschwunden. So ist die Lebens- und Arbeitswelt insgesamt mobiler und ITK-gestützter (z. B. Email, Mobiltelefon) geworden, ohne dass die resultierenden Arbeitsbedingungen als klassische Telearbeit wahrgenommen werden. Vielmehr bestimmen virtuelle Kommunikation und Kooperation zunehmend den betrieblichen Alltag. Die Konsequenzen, die sich daraus für Mitarbeiter und Unternehmen ergeben, stellen ohne Zweifel neue Herausforderungen an Führung und Koordination in der Praxis dar.[380]

Zunächst scheinen sich Vorteile für beide Seiten zu bieten. Arbeiten von zu Hause und unterwegs bringt für Unternehmen beispielsweise Vorteile durch die Verminderung von Raumbedarf und somit von Kosten für die Bereitstellung von Büroräumen und Equipment. Darüber hinaus können global Experten zusammengeführt werden, ohne die Reisekosten drastisch zu erhöhen.[381] Für den Mitarbeiter stehen die Vereinbarkeit von Familie und Beruf und die Verbesserung der persönlichen Work-Life-Balance im Vordergrund. So ist der Wunsch nach „Homeoffice" oder „Remote Work" in manchen Altersgruppen geschlechtsunabhängig in gleichem Maße feststellbar. Werden in einem Haushalt allerdings kleinere Kinder oder auch pflegebedürftige Verwandte mit versorgt, so ist die Nachfrage unter den Frauen höher als unter den Männern.[382] Der Bedarf ergibt sich somit sowohl aus unternehmerischer Sicht als auch aus der Lebensphase des Arbeitnehmers, in der sich dieser befindet. In einer repräsentativen Studie aus dem Jahr 2008 geben von den befragten Bürobeschäftigten deutschlandweit ca. 23% an, dass sie die Möglichkeit haben, 1

[378] Vgl. hierzu auch die Ergebnisse der Fallstudie in Kapitel 4.

[379] Unter dem Begriff Telearbeit werden verschiedene Arbeitsformen zusammengefasst, bei denen Mitarbeiter zumindest einen Teil der Arbeit außerhalb der Gebäude des Arbeitgebers verrichten. Zu den unterschiedlichen Formen der Telearbeit vgl. BMBF (2001), Oechsler (2006), S. 332f., für quantitative Aussagen vgl. Gareis (2007), ferner Büssing et al. (2003).

[380] Vgl. Konradt/Köppel (2008), S. 7

[381] Vgl. Oechsler (2000b), S. 5.

[382] Vgl. Cullen et al. (2003), S.13ff.

bis 10 Stunden wöchentlich von zu Hause aus tätig zu sein.[383] Andererseits bieten ca. 20% der Arbeitgeber keine Möglichkeit der Arbeit von zu Hause.

Unternehmensseitig gelten Software-, Telekommunikations- und Computerhersteller als Vorreiter bei der Bereitstellung von Telearbeitsplätzen. Die positiven Erwartungen der Akteure werden in der Praxis jedoch häufig nicht erfüllt. Qualitäts- und Zeitziele werden oftmals nicht eingehalten, da die Grundlagen der Zusammenarbeit in virtuellen Teams noch unzureichend geschaffen werden.[384]

Auch für den Arbeitnehmer können sich aus der Nutzung der neuen Möglichkeiten weniger positive Konsequenzen für seine Autonomie und Zufriedenheit ergeben.[385] So sprechen verschiedene Autoren inzwischen bei einer sehr verbreiteten Form der Telearbeit, nämlich den Call-Centern, von einer neuen Form des Taylorismus, welcher sich aufgrund der strikt vorgegebenen Protokolle und der sehr engen technischen Überwachung ergibt.[386] Aber auch für komplexere Arbeitsaufgaben in virtuellen Teams weisen Studien erhöhte Risiken durch Stress und Autonomieverlust nach.[387] Die Annahme, ITK-gestützte Kommunikation vermindere den Aufwand an persönlicher Kommunikation lässt sich bei der Betrachtung des internationalen Reiseaufkommens kaum bestätigen.[388] Die Flexibilität von Arbeitsort und -zeit sind für Arbeitgeber und -nehmer weder positiv noch negativ zu bewerten. Chancen und Risiken bringen für den Arbeitgeber und das Human Resource Management neue Herausforderungen hinsichtlich Arbeitsorganisation und Gesundheitsmanagement, aber auch hinsichtlich der Führung und Anreizgestaltung mit sich.

Flexibilisierung der Vertragsverhältnisse

Neben der Flexibilisierung von Zeit und Ort im Rahmen herkömmlicher Beschäftigungsverhältnisse ist auch eine Flexibilisierung der Vertragsverhältnisse zu beobachten. So ist in der IT-Branche die Anzahl prekärer Beschäftigungsverhältnisse nach Angaben des ZEW in den Jahren 2002 bis 2004 kontinuierlich gestiegen.[389] Befristete Arbeitsverhält-

[383] Vgl. O. V. (2009), S. 45.

[384] Vgl. Konradt/Köppel (2008), S. 22ff.

[385] Vgl. Gareis/Hanhike,/Ylöstalo (2007), S. 3ff.

[386] Vgl. hierzu Ausführungen bei Gareis et al. (2007), S. 6ff.

[387] Vgl. Latniak/Gerlmaier (2006), Hien (2008), S. 68ff., Boes et al. (2008b).

[388] Vgl. Gareis et al. (2007), S. 8ff.

[389] Vgl. Spitz (2004), Bürkle (2004). So vergeben lt. ZEW im Jahr 2004 ca. 80% der IT-Firmen befristete Arbeitsverträge während es 2002 noch 70% waren.

nisse nahmen nach *Platman/Taylor* in der Zeit von 1995 bis 2002 unter IT-Beschäftigten in verschiedenen europäischen Ländern kontinuierlich zu.[390]

Doch nicht nur befristete Arbeitsverhältnisse tragen zur Flexibilisierung der Vertragsverhältnisse bei. Hinzu kommen Selbständige, Freie Mitarbeiter, Leiharbeiter, geringfügig Beschäftigte u. a., die das Sample an prekären Arbeitsverhältnissen sehr heterogen erscheinen lassen.[391]

Dieser Trend führt verstärkt in der IT-Branche zu einer Segmentierung des internen Arbeitsmarktes in die Segmente Stamm- und Randbelegschaft.[392] Dabei erreicht die Flexibilisierung der Belegschaft heute auch Gruppen, die früher zur Kernbelegschaft gehörten. Die Gruppe der Randbelegschaft besteht zunehmend auch aus Qualifizierten und Hochqualifizierten.[393]

Flexibilisierung der individuellen Erwerbsverläufe

Die o. g. Entwicklungen bleiben nicht ohne Konsequenzen für individuelle Erwerbsverläufe.[394] Diese sind gekennzeichnet durch weniger kontinuierliche Beschäftigung. So verlaufen Phasen von Bildung und Beschäftigung häufiger simultan und Phasen von abhängiger Beschäftigung wechseln mit Phasen von Arbeitslosigkeit bzw. Selbständigkeit.[395] Waren in der Vergangenheit die Erwerbsverläufe Hochqualifizierter in der Regel von langen Bindungszeiten geprägt, so vollziehen sich auch hier Karriereverläufe immer häufiger mit Seit- und Abwärtsbewegungen, die auch Entwicklungsschritte über den externen Arbeitsmarkt beinhalten.[396] Karriereverläufe sind damit zunehmend komplexer, was alle beteiligten Akteure vor neue Herausforderungen stellt.[397] So legen die meisten ökonomischen Theorien gerade in wissensintensiven Bereichen, in denen es um die Lösung neuartiger kundenspezifischer Probleme geht, nahe, langfristige Bindungen einzugehen.[398] Als Risiken für die Unternehmen sind neben dem Risiko des Wissensverlustes auch vermindertes Commitment und Loyalität zu nennen. Für den Arbeitnehmer ergeben sich

[390] Vgl. De Hoog/Platman/Taylor/Vogel (2004), S. 19.

[391] Vgl. Kratzer et al. (2004), S. 338ff.

[392] Vgl. Pfeifer (2006), S. 205ff., ferner Sattelberger (1996a), S. 975.

[393] Vgl. Kämpf (2008).

[394] Vgl. Giarini/Liedtke (1998), Kozminski (1996), S. 359.

[395] Vgl. Martin (2002), S. 19ff., Wilkens (2006), S. 115ff.

[396] Vgl. Wilkens (2006), S. 115.

[397] Vgl. hierzu auch Mayrhofer et al. (2002).

[398] Voraussetzung zur Erbringung dieser Lösungsansätze sind in aller Regel Verständigungs- oder Sinngemeinschaften. Vgl. Wilkens (2006); sie führt als ökonomische Theorien, die für die langfristige Bindung von Wissensarbeitern plädieren u. a. den ressourcenbasierten Ansatz, die Humankapitaltheorie oder die Transaktionskostentheorie an.

neue Anforderungen an seine individuellen Vorsorgeaktivitäten sowohl in finanzieller als auch in gesundheitlicher und qualifikationsorientierter Hinsicht.

Aus soziologischer Sicht werden die Phänomene der Flexibilisierung oftmals als Prozess der „Entgrenzung“ bezeichnet.[399] *Kratzer et al.* beschreiben diesen als *„Prozess der Erosion einer institutionellen Verfasstheit von Unternehmen und Arbeit.“*[400] Dabei führen sie den Diskurs weiter gehend, als es anhand der oben genannten Merkmale geschehen ist. Organisationskonzepte wie das Konzept der Selbstorganisation führen demnach über eine Entgrenzung von Arbeits- und Lebenswelt in einer komplementären Entwicklung zur Subjektivierung von Arbeit und damit auch zu einer größeren Bedeutung so genannter Softskills.[401] So sind die neuen Chancen der Entfaltung und Selbststeuerung in ambivalenter Weise mit neuen Risiken für die Arbeitnehmer verbunden.[402]

Volkswirtschaftlich und gesellschaftlich werfen die Flexibilisierungstendenzen in gleichem Maße wie der demografische Wandel Fragen nach der Gestaltung der sozialen Sicherungssysteme und den gesetzlichen Rahmenbedingungen auf.

3.2.3 Wertorientierung als Leitbild der Unternehmensführung

Ausgehend vom angloamerikanischen „Shareholder Value“-Ansatz hat sich auch in Deutschland Wertorientierung als Leitziel der Unternehmensführung etabliert.[403] Heute besteht zwischen Wissenschaft, Wirtschaft und Politik weitgehend Konsens darüber, dass die Steigerung des Unternehmenswertes ökonomisch notwendig ist und als Maßstab für den Unternehmenserfolg dient. Die eindimensionale Betrachtung des Shareholder Value Ansatzes wird häufig abgelöst durch die Einsicht, dass die dauerhafte Wertsteigerung von Unternehmen zum Nutzen aller Beteiligten – Kapitalgeber, Beschäftige[404], Staat[405] und

399 Vgl. Kirchhöfer (2001), S. 100ff., ferner Volkholz/Köchling (2001), S. 377. Diese sprechen hier von der mehrfachen Entgrenzung: vom Normalarbeitsverhältnis, vom Arbeitsort, von der Arbeitszeit und von der Arbeitsaufgabe.

400 Kratzer et al. (2001), S. 333.

401 Vgl. ebenda, S. 347ff.

402 Vgl. Ausführungen zu Arbeitszeit, -ort und -vertrag, ferner Severing (2001), S. 247ff.

403 Vgl. Coenenberg/Salfeld (2007), S. 4ff. Bereits seit Karl Marx ist Wertorientierung bzw. die Verteilung des Mehrwerts Ausgangspunkt gesellschaftlicher Kontroversen.

404 Vgl. Coenenberg/Salfeld (2007), S. 5. Insgesamt hielten 1999 ca. 2,3 Mio. Arbeitnehmer in Deutschland Eigentumsanteile mit einem Substanzwert von ca. 12,8 Mrd. Euro an ihren Unternehmen.

405 Der Staat profitiert von Unternehmen mit hoher Wertgenerierung u. a. durch Steuern, Abgaben und Sponsorengelder. Über die Beschäftigungssicherung hinaus leisten die Unternehmen damit einen Beitrag zur Finanzierung von Gemeinschaftsaufgaben (vgl. Coenenberg/Salfeld (2007), S. 5ff.).

Gesellschaft[406] – anzustreben ist. Diese Idee wurde vor allem durch *Freeman (1984)* zum so genannten „Stakeholder"-Ansatz[407] weiterentwickelt.[408] Dennoch hat gerade das Aufkommen der „New Economy" die Marktkapitalisierung zunehmend ins Zentrum unternehmerischen Denkens gerückt und auch die Bewertungsmaßstäbe an den Börsen deutlich verändert.

Innovationen nehmen deshalb gerade in diesem Bereich eine Schlüsselstellung ein. Folglich gehen seit Mitte der 90er Jahre weitaus stärker als früher immaterielle Unternehmenswerte[409] (wie z. B. Patente, Lizenzen, Marken, Image, Organisationskultur, Wissen und Kreativität der Mitarbeiter) in die Börsenbewertung mit ein.[410] Ihnen kommt bei der Maximierung der Marktkapitalisierung heute eine Schlüsselrolle zu. Gerade in der IT-Branche stehen der Marktkapitalisierung oftmals nur in geringem Umfang materielles Anlagevermögen in Form von Gebäuden, Maschinen usw. gegenüber.[411]

Die dargestellten Einflüsse aus Globalisierung, Flexibilisierung und Kapitalisierung und die spezifische Struktur[412] der IT-Branche legen nahe, dass das Innovationsgeschehen in der Branche sehr stark von politischen und gesellschaftlichen Entwicklungen abhängig ist. Dabei sind in einem globalen Umfeld sowohl nationalstaatliche als auch internationale Rahmenbedingungen von Bedeutung, die im Folgenden erörtert werden.

3.3 Politisch-rechtliche Einflussfaktoren

Unternehmerische Entscheidungen spielen sich innerhalb von nationalen Arbeitsbeziehungen und nationalem Recht ab, die ihrerseits wiederum von internationalem Recht beeinflusst werden. Europäische Integration einerseits und Globalisierung andererseits erfordern, dass eine Analyse politischer und rechtlicher Rahmenbedingungen auch auf in-

---

406 In 2000 hielten in Deutschland private Haushalte und Organisationen ohne Erwerbszweck immerhin 16% ihre gesamten Geldvermögens in Aktien oder Aktienfonds (Deutsches Aktieninstitut 2000). Zitiert nach nach Coenenberg/Salfeld (2007), S. 5.

407 Der Stakeholder-Ansatz wird auch als Anspruchsgruppenansatz bezeichnet und dient im Strategischen Management auch als Analyserahmen für strategische Umweltanalysen. Vgl. hierzu Bea/Haas (2005), S. 105ff.

408 Ihre Grundannahmen finden sich auch in den Konzepten zur Corporate Governance (vgl. Oechsler (2005), S. 545ff.) und zur Nachhaltigkeit wieder (vgl. Weissenberger-Eibl (2004), S. 155ff., Bergmann/Daub (2006), S. 43ff.).

409 „Intangibles are a non-physical claim to future benefits." (Lev (2001), S. 2). Ferner Coenenberg/Salfeld (2007), S. 140ff., Pawlowsky/Menzel/Geithner (2003), S. 124ff., Prahalad/Hamel (1991), Scholz (1999).

410 Die EU übernimmt 2005 den für die Kapitalbewertung börsennotierter Unternehmen entwickelten „International Accounting Standard on Intangible Assets" (vgl. Erpenbeck (2005), S. 14) als verbindliche Form der Rechnungslegung für alle börsennotierten Unternehmen.

411 Vgl. Ausführungen in 4.6 zum Fallstudienunternehmen.

412 Hoher Anteil von mittelständisch geprägten Firmen, hoher Anteil von Hochqualifizierten, ITK als Enabler für andere Brancheninnovationen.

ternationaler Ebene in Betracht gezogen wird.[413] So sind ILO Konventionen, Europäisches Recht und nationale Gesetzgebung Determinanten des strategischen Human Resource Management.

Der demografische Wandel betrifft gemäß einem Bericht der OECD von 2006 nicht nur Deutschland, sondern alle OECD Länder.[414] Er stellt eine der größten Herausforderungen für Wachstum, Wohlstand und Soziale Sicherungssysteme dar.[415] In diesem Abschnitt werden daher diejenigen politischen und rechtlichen Einflussfaktoren beschrieben, die im Zusammenhang mit der Alterung und Schrumpfung der Gesellschaft stehen. Dabei wird ein Überblick über internationale Rahmenbedingungen und nationale Politikfelder gegeben.

3.3.1 Internationale Rahmenbedingungen im demografischen Wandel

Im OECD Bericht *„Ageing and Employment Policies: Live longer, Work longer“* [416] aus dem Jahr 2006 fordert die OECD von den Nationalstaaten eine neue Agenda altersfreundlicher Beschäftigungsstrategien. Schlüsselelemente sind hierbei neben der Verbesserung der Beschäftigungsfähigkeit Älterer vor allem auch die Bekämpfung der Altersdiskriminierung sowie die Schaffung von Anreizen zur Verlängerung der effektiven Lebensarbeitszeit.[417] Dabei definiert die OECD ältere Mitarbeiter als Mitarbeiter, die in der zweiten Hälfte ihres Berufslebens stehen, noch nicht das Rentenalter erreicht haben und gesund, d.h. arbeitsfähig sind.[418] Die ILO fügt der Definition einen weiteren Aspekt hinzu. So definiert sie ältere Arbeitnehmer als Arbeitnehmer, *„die aufgrund fortgeschrittenen Alters mit Beschäftigungsproblemen und beruflichen Schwierigkeiten zu rechnen haben“*.[419]

Während die OECD ihre Ansätze und Forderungen auf einer „produktivitätsorientierten“ Definition von aktivem Altern entwickelt und damit insbesondere auf arbeitsmarkt- und beschäftigungspolitische Dimensionen des demografischen Wandels abhebt, gehen neuere globale Konzepte von einem umfassenderen Begriff des aktiven Alterns in der Gesell-

[413] Vgl. Schreyögg / Oechsler / Wächter (1995), S. V und S. 237ff., ferner Fahrenschon / Hildmann (2006).

[414] Vgl. Keese (2006), S. 105ff.

[415] Vgl. Esche et al. (2006), S. 26ff., ferner The Economist (2009).

[416] OECD (2006).

[417] Vgl. Keese (2006), S. 144ff.

[418] Vgl. Lehr/Wilbers (1992), Sp. 203f.

[419] Gussone et al. (1999), S. 63ff., ferner Hacker (1996), S. 38.

schaft aus, indem sie auch das physische und mentale Wohlbefinden als Ausdruck von Gesundheit und Lebensqualität als Aspekte aufgreifen.[420] Die Weltgesundheitsorganisation (WHO) hat diese Konzeptualisierung im Wesentlichen mitbestimmt und stützt sich dabei auch auf die UN Charta *„Human Rights for older People“*. Dabei stellt die WHO die nachhaltige Teilhabe und Integration älterer Menschen am sozialen, ökonomischen, kulturellen und politischen Leben in den Vordergrund und betont die lebenszyklische Perspektive, die präventive Maßnahmen in allen Lebensabschnitten erforderlich macht.[421]

Die EU-Kommission folgte mit ihren Strategiepapieren und Richtlinien bisher der neueren und ganzheitlicheren Konzeptualisierung. Mit dieser lebenszyklusbasierten Perspektive nehmen die Themen „Demografischer Wandel“ und „Alterung“ im Besonderen Einzug in deutlich mehr Politikfelder als lediglich in die Arbeitsmarkt- und Rentenpolitik. Auf europäischer Ebene geht der wichtigste Einfluss aus heutiger Sicht von der so genannten „Lissabon Strategie“ des Europäischen Rats vom März 2000 aus, die ein Novum auf europäischer Ebene darstellte[422] und der demografischen Zukunft Europas dabei eine besondere Bedeutung beimaß.[423] Demnach wird die Alterung der Gesellschaft das Wachstumspotenzial in der EU negativ beeinflussen.[424] Höhere Lebenserwartung und niedrige Geburtenraten erhöhen den Druck auf öffentliche Finanzen und wirtschaftliches Wachstumspotenzial. Zur Nachhaltigen Sicherung der Wettbewerbsfähigkeit der EU formulierte der Europäische Rat neben geld- und fiskalpolitischen Empfehlungen in der Lissabon-Strategie auch Forderungen zu umfassenden politischen Reformen und Maßnahmen, um den Herausforderungen der Alterung auf nationaler Ebene und hier insbesondere auf den Arbeitsmärkten zu begegnen.[425]

Eines der Ziele der Lissabon-Strategie ist es, die Beschäftigungsquote bei älteren Arbeitnehmern (55-64 Jahre) bis zum Jahr 2010 auf 50% zu erhöhen.[426] Während Deutschland im Jahr 2004 mit ca. 38% Erwerbsbeteiligung noch weit vom Ziel entfernt war, erreichte es das Ziel erstmals 2007 und übertraf es 2008 mit 53,8 % deutlich.[427] Die skandinavi-

[420] Vgl. Prager/Schoof (2006), S. 143.

[421] Vgl. WHO (2002), Prager/Schoof (2006), S. 142ff.

[422] Vgl. Kotz (2005), S. 13ff.

[423] Kommission der Europäischen Gemeinschaften (2007a), S. 3.

[424] Vgl. Astheimer (2008), S. 2f.

[425] Vgl. Schmidt (2005), S. 78f.

[426] Vgl. Europäische Union (2003), L197/13ff.

[427] Vgl. Buck / Dworschak(2003), für aktuelle Daten vgl. Europäische Kommission (2009).

schen Mitgliedstaaten liegen teilweise bereits mit einer Beschäftigungsquote von über 60% bei älteren Arbeitnehmern weit über dieser Zielmarke.[428]

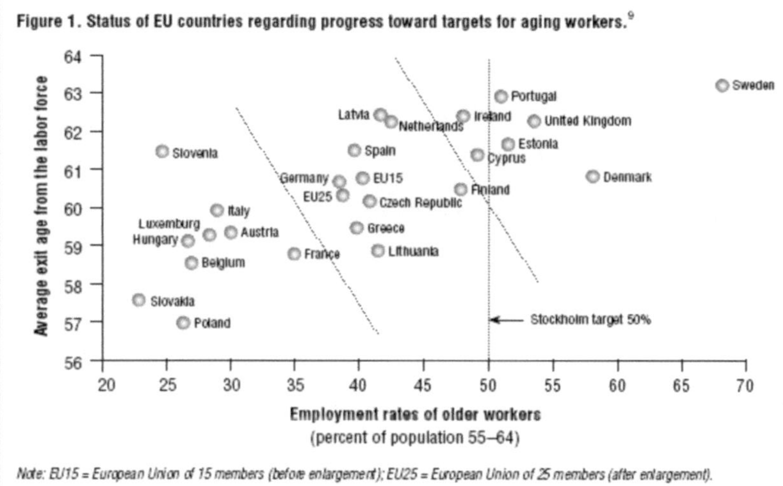

Abbildung 10: Beschäftigungsquoten älterer Arbeitnehmer in der EU
Quelle: Lesser et al. (2005)

Neben den Vorgaben zur Erwerbsbeteiligung Älterer verfolgt das Generaldirektorat für Arbeit, Soziales und Chancengleichheit der EU-Kommission das Ziel, die Erwerbsbeteiligung von Frauen unter anderem durch familienfreundlichere Arbeitsgestaltung deutlich zu erhöhen.[429] Beide Politikfelder zielen darauf ab, die Chancengleichheit auf dem Arbeitsmarkt zu verbessern und dem „Schrumpfen" des Erwerbspersonenpotenzials entgegen zu wirken.

Mit dem Grünpapier *„Confronting demographic Change: A new Solidarity between the Generations"* vom März 2005 verband die Kommission die Aufforderung an Wirtschaft und Politik in den Nationalstaaten, die Debatte über die demografische Zukunft in den Ländern zu führen und die Herausforderungen aktiv anzugehen. Auf europäischer Ebene wird im Zwei-Jahres-Rhythmus ein Demografie-Forum (Expertenforum) abgehalten und ein

---

[428] Vgl. Europäische Union (2003), L197/17.

[429] Kommission der Europäischen Gemeinschaften (2007b), S. 6.

Demografiebericht erstellt.[430] Die Ausschreibung von Fördermitteln zur Sensibilisierung für demografische Fragestellungen auf allen politischen Ebenen und in allen gesellschaftlichen Gruppen in der EU27 komplettieren die Aktivitäten, die von Seiten der EU zur Bewältigung der demografischen Herausforderungen unternommen werden.[431]

Darüber hinaus nimmt die EU über EU-Richtlinien, die im Rahmen der Chancengleichheitsdebatte seit 1999 erlassen wurden, Einfluss auf die nationalstaatlichen Politikfelder, die im Folgenden näher beleuchtet werden.[432]

3.3.2 Nationale Politikfelder und Gesetzeslage

In der nationalen Politik spiegelt sich die demografische Entwicklung nicht nur in der Beschäftigungs- und Arbeitsmarktsituation mit Implikationen für entsprechende arbeitsmarktpolitische Ansätze wider. Vielmehr sind zahlreiche Politikfelder tangiert, die auf einander abgestimmt zu einer Abmilderung der negativen Folgen beitragen können. So legt ein Vergleich nationaler Politikansätze den Schluss nahe, dass zur erfolgreichen Bewältigung der Herausforderungen ganz wesentlich die „Ganzheitlichkeit“ des Ansatzes beiträgt. Hierbei kann zum Beispiel eine intensive Gleichstellungs- und Familienpolitik dazu beitragen, die Erwerbsquote von Frauen deutlich zu erhöhen und das Erwerbspersonenpotenzial somit zu erweitern.[433] Ein internationaler Vergleich zeigt, dass der nationale Erfolg bei der Integration von Älteren oder Frauen jeweils auf einem länderspezifischen Mix von Maßnahmen in den oben skizzierten Politikfeldern beruht.

Ein Überblick über nationale Handlungsfelder zur Förderung der Beschäftigung Älterer findet sich bei *Prager et al.* (2006).[434]

---

[430] Letztes Forum im November 2008, vgl. Europäische Kommission (2008b).

[431] Vgl. Aufforderung zur Einreichung von Vorschlägen VP/2009/13 „Europas Fähigkeit zur Bewältigung des demografischen und sozialen Wandels stärken“ im Rahmen der Haushaltslinie 04 03 07 „Soziale und Demografische Analysen“.

[432] Vgl. Richtlinie 2000/78/EG zur Gleichbehandlung in Beschäftigung und Beruf. Seit Inkrafttreten des Vertrags von Amsterdam 1999 sind die neuen Rechtsvorschriften der Gemeinschaft bzw. Richtlinien, die im Bereich der Antidiskriminierung in Kraft gesetzt wurden, die Richtlinie zur Gleichbehandlung ohne Unterschied der Rasse (2000/43/EG) und die Richtlinie zur Gleichbehandlung im Bereich der Beschäftigung (2000/78/EG). Die Richtlinie 2000/78/EG des Rates schafft einen allgemeinen Rahmen für die Gleichbehandlung in Beschäftigung und Beruf. Vgl. Europäische Kommission (2000).

[433] Vgl. Rieck (2009), S. 1f.

[434] Vgl. Prager/Schoof (2006), S. 146.

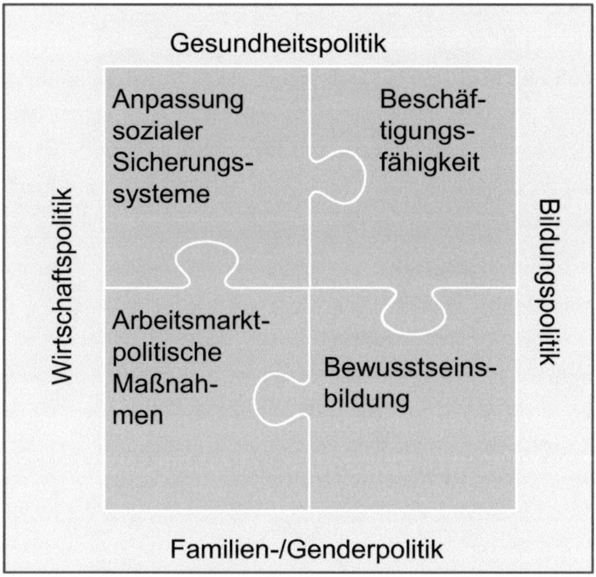

Abbildung 11: Ganzheitlicher politischer Ansatz zur Förderung der Beschäftigung Älterer
Quelle: In Anlehnung an Prager/Schoof (2006)

Darüber hinaus birgt ein Paradigmenwechsel im gesellschaftlichen Diskurs, weg von einer vorzeitigen Inaktivierung der Wertschöpfungspotenziale älterer Menschen, hin zu längeren und differenzierten Tätigkeitsbiografien mit einem positiven Bild des aktiven Alterns, die Chance, nicht nur negative Konsequenzen zu vermeiden, sondern auch neue Wachstumsperspektiven zu eröffnen. Als Vorbild für einen gelungenen politischen Paradigmenwechsel wird in der Literatur das finnische nationale Programm für alternde Arbeitnehmer (FINPAW, 1998-2002) angeführt.[435] Aber auch andere Nationen können als Vorbilder genannt werden, so zum Beispiel Australien, Großbritannien oder auch die Niederlande.[436] Die Förderung des Bewusstseins für die Leistungsfähigkeit und Potenziale Älterer ist deshalb auch eine Aufgabe der Politik.

[435] Vgl. Barth/Heimer/Pfeiffer (2006), S. 177ff.

[436] Vgl. ebenda, S. 159ff.

Als bevölkerungsreichstes Land der EU27, das seit den 70er Jahren eine Alterung der Bevölkerung erlebt, wird Deutschland bis 2030 voraussichtlich eine schrumpfende Bevölkerung (minus 1,7%) erwarten. Obwohl die Schrumpfung regional sehr unterschiedlich ausfallen wird,[437] werden alle Regionen in Deutschland, auch diejenigen, in denen die Bevölkerung noch wächst, von einer Schrumpfung des Erwerbspersonenpotenzials betroffen sein.[438] Dies macht deutlich, wie wichtig die Gestaltung der politischen Rahmenbedingungen auf nationaler und regionaler Ebene ist, um die Weichen für eine ausreichende Verfügbarkeit qualifizierter Arbeitskräfte zu stellen.

Hinsichtlich der für die Innovationsleistung der Unternehmen relevanten Rahmenbedingungen haben Wissenschaftler des *Rostocker Zentrums zur Erforschung des demografischen Wandels* verschiedene Einflussfaktoren sowohl aus demografischer als auch aus politischer Perspektive beurteilt, deren Bewertung im europäischen Vergleich für Deutschland sehr positiv ausfallen. So sind aus politischer Sicht insbesondere die Ausgaben für Forschung und Entwicklung als auch die akademische Infrastruktur und die kulturelle Offenheit des Arbeitsmarktes im Zusammenspiel mit demografischen Daten von besonderer Bedeutung.[439]

Die Erforschung des komplexen Zusammenhangs zwischen demografischer Entwicklung einerseits und (innovations-)förderlichen politischen Rahmenbedingungen andererseits steht erst am Anfang, so dass hier noch kein fertiges Modell relevanter politischer Handlungsfelder dargestellt werden kann.[440] Im Folgenden werden deshalb die derzeitigen politischen und rechtlichen Rahmenbedingen in Deutschland im Hinblick auf demografischen Wandel und Innovation in Anlehnung an die Einteilung der politischen Handlungsfelder bei *Prager et al.* (siehe Abbildung 13) skizziert. Ergänzt wird die Systematik von *Prager et al.* um Rahmenbedingungen der Zuwanderung. Neben der Beschäftigungsförderung Älterer und der Erschließung stiller Arbeitsmarktreserven durch bildungs- und familienpolitische Maßnahmen ist gerade die qualifizierte Zuwanderung im Hinblick auf eine schrumpfende qualifizierte Erwerbsbevölkerung für die IT-Branche von besonderer Bedeutung.

---

[437] Vgl. Tivig/Kühntopf (2009), S. 101.

[438] Vgl. Tivig/Kühntopf (2009), S. 102.

[439] Vgl. Tivig/Kühntopf (2009), S. 326.

[440] Vgl. Tivig/Kühntopf (2009), Henseke/Tivig (2009), S. 122ff. Frosch/Tivig (2009), S. 137ff.

Wirtschafts- und arbeitsmarkpolitische Rahmenbedingungen

Im Hinblick auf die wirtschaftspolitischen Rahmenbedingungen ist zunächst die Anpassung der sozialen Sicherungssysteme an die zu erwartende veränderte Bevölkerungsstruktur zu nennen. Hierzu wurden 2007 in Deutschland die Rentengesetze angepasst.[441]

Das gesetzliche Renteneintrittsalter liegt für Männer heute bei 65 Jahren. Das Rentenversicherungs-Altersgrenzenanpassungsgesetz (Rente mit 67) sieht ab dem Jahr 2012 eine schrittweise Anhebung des Rentenzugangsalters auf 67 Jahre vor. Intention dieses gesetzlichen Eingriffs ist laut der politisch Verantwortlichen die langfristige finanzielle Sicherung der Rentenversicherung in Zeiten eines fundamentalen demografischen Wandels. Das Gesetz wird voraussichtlich weitreichende Auswirkungen auf die Beschäftigten haben. Im Vordergrund stehen dabei steigende Anforderungen an Qualifizierung und Flexibilität älterer Beschäftigter, gesundheitliche Gefährdungen in Folge verlängerter Expositionszeit bei beruflichen Belastungen, finanzielle Einbußen aufgrund vorzeitigen Renteneintritts sowie begrenzte Weiterbeschäftigungs sowie Einstellungschancen Älterer, sowohl aus arbeitsmarktpolitischen wie aus arbeitszeit- und betriebspolitischen Gründen.

Nach wie vor gibt es allerdings in Deutschland wie auch in zahlreichen anderen Nationen die Möglichkeit eines früheren Renteneintritts, so dass letztlich nur etwa ein Fünftel aller Zugänge zur Altersrente unmittelbar aus sozialversicherungspflichtiger Beschäftigung erfolgen.[442] Ein Umsteuern von Seiten der Politik hat hier mit der Änderung des Altersteilzeitgesetzes (AltTZG)[443] stattgefunden. So ist Altersteilzeit zwar grundsätzlich noch möglich, eine staatliche Förderung (Aufstockung) entfällt jedoch nach dem 31.12.2009. Wie sich diese Veränderungen in der Realität auswirken, bleibt noch abzuwarten. So haben bereits einige Tarifpartner begonnen, eigene Fördermöglichkeiten zum früheren Renteneintritt zu vereinbaren.[444]

Als weiteres Instrument der Frühverrentung ist darüber hinaus die 58er Regelung zu nennen. Dabei handelt es sich um eine im Arbeitsförderungsgesetz (AFG) erstmals 1986 ein-

[441] Vgl. Gesetz zur Anpassung der Regelaltersgrenze an die demografische Entwicklung und zur Stärkung der Finanzierungsgrundlagen der gesetzlichen Rentenversicherung (RV-Altersgrenzenanpassungsgesetz-RVAGAnpG) vom 20.04.2007.

[442] Vgl. Esche et al. (2006), S. 34.

[443] Die Altersteilzeitarbeit soll dem älteren Arbeitnehmer einen gleitenden Übergang von der Erwerbsarbeit in die Alterrente ermöglichen (AltTZG §1).Das Altersteilzeitgesetz von 1996 führte zu einem exponentiellem Anstieg der Zugänge zur Altersteilzeit. Vgl. Esche et al. (2006), S. 41.

[444] Vgl. Tarifvertrag der chemischen Industrie zur Altersteilzeit vom April 2008. Demnach werden von den Arbeitgebern der chemischen Industrie betriebliche Fonds eingerichtet, die von den Arbeitgebern jährlich mit einem bestimmten Betrag pro Mitarbeiter gespeist werden. Aus den Fonds sollen die Rentenabschläge ausgeglichen werden können.

geführte Regelung, wonach ältere Arbeitslose ab dem 58. Lebensjahr auch dann weiterhin Arbeitslosengeld als Vorstufe zur Berentung erhalten, wenn sie sich bei der Arbeitsagentur abmelden.[445] Auch mit der Ablösung des AFG durch das Arbeitsförderungs-Reformgesetz (AFRG) und der Überführung des AFG in das dritte Buch (SGB III) des Sozialgesetzbuchs wurde diese stets befristete Regelung bislang immer wieder verlängert. Zuletzt erfolgte eine Verlängerung der Bezugszeiten des Arbeitslosengeldes für Personen älter als 58 Jahre mit der Umsetzung des Siebten Gesetzes zur Änderung des Dritten Sozialgesetzbuchs und anderer Gesetze (7. SGB-III-Änderungsgesetz zum 01. Januar 2008).

Arbeitsmarktpolitische Instrumente zur Förderung der Beschäftigung Älterer

Als Nachteile für die Beschäftigung Älterer werden in der Diskussion häufig die so genannte Senioritätsentlohnung und der strengere Kündigungsschutz angeführt. Um diesen Argumenten entgegen zu wirken, hat der Gesetzgeber diverse Konzepte zur Förderung der Beschäftigung entwickelt und verabschiedet.

So gab es im Rahmen der Hartz-Reformen für neu einzustellende ältere Arbeitnehmer bereits ab einem Alter von 52 Jahren die Möglichkeit, diese ohne Angabe von Gründen befristet einzustellen. Der Europäische Gerichtshof hat diese Regelung im Jahr 2005 allerdings für unzulässig erklärt, da es eine ungerechtfertigte Diskriminierung Älterer darstelle.

Um dem Problem der ggfs. zu hohen Lohnerwartungen Älterer entgegen zu wirken, wurden die Instrumente der Entgeltsicherung und der Beitragsbonus eingeführt, die in der Praxis jedoch kaum in Anspruch genommen werden und von ihrer Wirkung daher schwer einschätzbar sind.[446]

Im Hinblick auf die positive Bewusstseinsbildung für die Potenziale Älterer, aber auch hinsichtlich aktueller Diskriminierungstendenzen, erließ die EU Richtlinien zur Chancengleichheit, die in Deutschland mit der Verabschiedung des so genannten AGG (Allgemeines Gleichbehandlungsgesetz vom 14. August 2006) umgesetzt wurden. Ziel des Gesetzes ist es, die Benachteiligungen aus Gründen der Rasse, der ethnischen Herkunft, der Religion oder Weltanschauung, des Geschlecht und des Alters sowie der sexuellen Orientierung zu verhindern oder zu beseitigen. § 10 AGG lässt jedoch ausdrücklich eine „unterschiedliche Behandlung wegen des Alters“ unter bestimmten Voraussetzungen zu. Darüber hinaus hat die Bundesregierung im Jahr 2006 einen Antrag auf dreijährige Ver-

[445] Vgl. Esche et al. (2006), S. 40ff.

[446] Aus diesen Gründen werden diese hier auch nicht weiter vertieft. Für einen Überblick siehe Esche et al. (2006), S. 44ff.

längerung der Umsetzung der Richtlinie im Hinblick auf die Behandlung des Alters gestellt.

Letztlich ist es erforderlich, dass die von der Politik geschaffenen Rahmenbedingungen ein langfristiges und verlässliches Signal setzen, wie lange das Erwerbsleben dauern sollte und dass sie die Beschäftigung älterer Arbeitnehmer und nicht deren Freisetzung fördern.[447] Nur dann ist zu erwarten, dass auch die Personalpolitik seitens der Unternehmen auf Erhalt und Ausbau der Arbeitsfähigkeit über das gesamte Erwerbsleben gerichtet ist.

Familienpolitik

Familienpolitik ist ein stark national geprägtes Handlungsfeld. So spielen bei der Ausgestaltung der Instrumente kulturelle Einstellungen zu Ehe und Familie eine Rolle. Die dargestellten Veränderungen im Bevölkerungsaufbau und die Veränderungen hin zu vielfältigen Lebensformen in der Gesellschaft des 21. Jahrhunderts stellen auch die Familienpolitik vor neue Herausforderungen.[448] Aus dem Blickwinkel des demografischen Wandels spielt sie in zweierlei Hinsicht eine Rolle. So zeigen internationale Vergleiche (insbesondere mit skandinavischen Ländern), dass eine nachhaltige Familienpolitik in der Lage ist, zum einen die Geburtenentwicklung positiv zu beeinflussen und zum anderen die Verfügbarkeit von Frauen am Arbeitsmarkt zu erhöhen.[449] Bausteine sind hier die Bereitstellung von Budgets zur Zahlung eines Elterngeldes und die Entwicklung und Bereitstellung von guten Kinderbetreuungsmöglichkeiten, sodass eine Vereinbarkeit von Beruf und Familie für beide Elternteile möglich ist.

Mit einer Erwerbsbeteiligung von ca. 64% der 15- bis 64-jährigen Frauen im Jahr 2008 liegt Deutschland in der OECD-Statistik im europäischen Mittelfeld und hat Potenzial, zukünftig mehr Frauen im Arbeitsmarkt zu integrieren.[450]

Die Versorgung mit Ganztagesplätzen in der Kinderbetreuung ist in Deutschland nach wie vor ein politisch umstrittenes Thema. Der Ausbau der Kinderbetreuung wird seit 2006 von der Bundesregierung vorangetrieben. Die Situation der Versorgung stellt sich aktuell in West- und Ostdeutschland sehr unterschiedlich dar. Im Osten ist die Versorgungslage

[447] Vgl. Koller/Plath (2000), S. 123.

[448] Vgl. Bundesinstitut für Bevölkerungsforschung (2008), S. 60

[449] Vgl. Neyer et al. (2007), S. 27.

[450] Im Vergleich dazu waren 2008 in den Niederlande 70%, in Schweden 73% und in Norwegen 75% der Frauen berufstätig. In unseren Nachbarländern Frankreich und Italien waren jeweils nur 60 % bzw. 47 % in den Arbeitsmarkt integriert.

bereits heute ausgezeichnet, was sich auch in einer Vollzeit-Erwerbsbeteiligung der 25-44-jährigen Mütter in Ostdeutschland von fast 50% widerspiegelt. Im Vergleich ist diese Gruppe im Westen nur zu 25% Vollzeit beschäftigt.[451] Die Aussicht, sowohl vor als auch nach der Geburt eines Kindes berufstätig sein zu können, ist insbesondere für hoch qualifizierte Frauen ein Kriterium für die Entscheidung für oder gegen Kinder. So lag in den ostdeutschen Ländern der Anteil kinderloser Frauen, die über einen mittleren oder hohen Bildungsstand verfügen deutlich niedriger als in den westlichen Ländern. Anders als im Westen nimmt die Kinderlosigkeit im Osten nicht mit dem Niveau des Bildungsstandes zu, sondern ist sogar bei den Frauen mit mittlerer oder hoher Bildung (je 8%) niedriger als bei den Frauen mit niedriger Bildung (13%).[452] Zu der besseren Versorgungssituation bei der Kinderbetreuung ist im Osten auch eine andere Einstellung zur Müttererwerbstätigkeit festzustellen, insofern als im Osten eine signifikant höhere Zustimmung verzeichnet werden kann.[453]

Als Fazit ist festzuhalten, dass eine demografieorientierte Familienpolitik somit sowohl hinsichtlich der Bereitstellung von Infrastruktur als auch bei der Beeinflussung von Einstellungen zur Rolle der Frau in der Gesellschaft gefordert ist. Dies ist umso wichtiger, da Frauen in Deutschland in den letzten Jahren überdurchschnittlich von der Bildungsexpansion profitierten und bei Abitur und Hochschulabschluss mit den Männern gleich oder vorbei gezogen sind.[454] Damit stellen sie gerade in der bislang von Männern dominierten IT-Branche ein erhebliches Potenzial dar. Hinsichtlich der Geburtenentwicklung sind Effekte familienpolitischer Entscheidungen erst langfristig zu erwarten. Hinsichtlich der Erwerbsbeteiligung von Frauen können Maßnahmen bereits relative kurzfristig positive Effekte am Arbeitsmarkt hervorbringen.

Bildungspolitik

Für ein Hochlohnland wie Deutschland sind Bildung und die Gewährleistung von Humankapital gerade im demografischen Wandel ein zentraler Faktor zur Sicherung der Wettbewerbsfähigkeit. Die kontinuierlich schlechte Bewertung des schulischen Bildungssystems durch die OECD ist damit Handlungsauftrag für alle gesellschaftlichen Entscheidungsträger.[455]

---

451 Vgl. Tivig/Hetze (2007), S. 24.

452 Vgl. Statistisches Bundesamt (2007), S. 32.

453 Vgl. Kreyenfeld/Geisler (2006), S. 333ff.

454 Vgl. Tivig/Hetze (2007), S. 52. Im Jahr 2005 betrug der Anteil der Abiturientinnen 56,8%, der Anteil der Akademikerinnen 49,5%. Zum Vergleich betrugen die Anteile 1965: 36,5% Abitur, 33,8% Hochschulabschluss und 1990: 46,3% Abitur, 36,7% Hochschulabschluss.

455 Vgl. OECD (2009a).

Aus Sicht der IT-Industrie ist die Bildungspolitik ein zentrales Handlungsfeld für nachhaltige Wettbewerbsvorteile, da ein hoher Anteil von Akademikern an den Beschäftigten und ein kontinuierlicher Bedarf an Hochqualifizierten eine gute Bildungspolitik unabdingbar machen.

Deutschland liegt dabei im internationalen Vergleich bei der Zahl der Hochschulabsolventen und auch in der Weiterbildung zurück.[456] Die Zahl der Studienanfänger eines Jahrgangs lag 2007 bei 34%. Das ist einer der geringsten Werte innerhalb der OECD, noch geringer ist die Quote lediglich in der Türkei, Belgien und Mexiko. Zum Vergleich nehmen indes im Schnitt der 30 wichtigsten Industrienationen 56% eines Jahrgangs ein Studium auf. Bei der Absolventenquote verhält es sich ähnlich. So schlossen 2007 in Deutschland etwa 23% eines Altersjahrgangs ein Hochschul- oder Fachhochschulstudium ab (OECD Vergleich: Quote beträgt 36% für die Mitgliedsländer, für die entsprechende Zahlen vorliegen).[457]

In der IT-Branche stellen insbesondere Mitarbeiter mit IT-spezifischer, naturwissenschaftlicher oder ingenieurwissenschaftlicher Ausbildung bereits heute ein knappes Gut dar. Die Zahl der Studienanfänger im Fach Informatik ist seit 2000 um ca. 26% zurückgegangen.[458] Ein Grund für die niedrige Anfängerzahl ist der geringe Anteil an jungen Frauen, die Informatik studieren wollen. 2006 lag der Anteil der Frauen an den Studienanfängern dieser Fachrichtung in Deutschland bei 17%, Tendenz fallend.[459] So hat der Branchenverband BITKOM zusammen mit der Bundesregierung mehrere Initiativen gestartet, um vermehrt Mädchen für mathematisch-naturwissenschaftliche Fächer und Frauen für technische Studienrichtungen zu gewinnen.[460]

Eine weitere Herausforderung für die Bildungspolitik stellen darüber hinaus der Zusammenhang zwischen sozialer Herkunft und dem Zugang zu akademischer Bildung und die mangelnde Bildungsintegration von Zuwanderern in Deutschland dar.[461] In Deutschland fällt dabei vor allem die mangelnde Integration in der 2. Generation ehemaliger Im-

456 Vgl. o.V. (2009b).

457 Vgl. OECD (2009a).

458 Stand Januar 2007. Vgl. BITKOM (2007c).

459 Zum Vergleich: In Frankreich, Italien und Spanien liegt der Anteil bei ca. 30%. Vgl. BITKOM (2007c).

460 Vgl. BITKOM (2008).

461 Vgl. Tivig/Hetze (2007), S. 58ff.

migranten auf, wenngleich sich die gesamte Bildungssituation gemessen an Schulabschlüssen von Ausländern im letzten Jahrzehnt verbessert hat.[462]

Auch in der Weiterbildung hinkt Deutschland laut OECD hinterher. In anderen Industrieländern beteiligen sich erheblich mehr Ältere an hochqualifizierter Weiterbildung als in Deutschland.[463]

Als Fazit kann festgehalten werden, dass Weichenstellungen im Bereich der Bildungspolitik für Unternehmen mittelfristig zum Tragen kommen werden. Kurzfristig sind keine Auswirkungen auf dem Arbeitsmarkt zu erwarten. Langfristig beeinträchtigt Bildungspolitik jedoch die strategischen Optionen der Unternehmen in Europa. Die Versorgung mit ausreichend hoch qualifizierten Arbeitskräften bei einer generellen Verknappung junger Menschen ist ein zentraler Wettbewerbsfaktor für Unternehmen in der IT-Branche und ist aus politischer Sicht eine zentrale Ressource zur Förderung von Wachstum.

Zuwanderungspolitik

Bereits seit 1992 ist die Zuwanderung die wichtigste Quelle des Bevölkerungswachstums in der Europäischen Union, wobei das Ausmaß und die Zusammensetzung der Einwanderung dabei nur zu einem geringen Teil politische Entscheidungsgrößen sind. Zahlreiche internationale humanitäre Abkommen und Mobilitätsvereinbarungen beschränken den Raum für diskretionäre Einwanderungspolitik.[464] Wenngleich gering, hat der kontrollierbare Anteil jedoch einen hohen gesellschaftlichen Einfluss. So ist beispielsweise die Zuwanderung Hochqualifizierter in der Lage, die Wirtschaftskraft einzelner Regionen nachhaltig zu verbessern.[465]

Erstmals 2004 einigten sich Bund und Länder auf ein Zuwanderungsgesetz, das zum 01. Januar 2005 in Kraft trat. Ziel dieses ersten Zuwanderungsgesetzes ist es, sowohl die Integration der Einwandererbevölkerung zu fördern, als auch die Zahl der zuwandernden Hochqualifizierten und Selbständigen zu erhöhen. Hinsichtlich der letzteren hat sich das Gesetz bislang als unzureichend erwiesen. So hält die Debatte um eine Senkung der Hürden für eine dauerhafte Einwanderung von Hochqualifizierten an.[466]

Auch die europäische Union macht ihren Einfluss auf Migration und Integration durch Richtlinien und Gesetze (u. a. Gleichbehandlungsgesetz) weiter deutlich. Dabei ist der

[462] Vgl. Tivig/Hetze (2007), S. 59.

[463] Vgl. O. V. (2009b).

[464] Vgl. Tivig/Hetze (2007), S. 42f.

[465] Vgl. Schnur/Zika (2007), S. 1ff.

[466] Vgl. Özcan (2007), S. 6ff.

aktuell wichtigste Aspekt der EU-Integrationspolitik die Bereitstellung finanzieller Mittel, um integrationspolitische Maßnahmen und Programme in den Mitgliedstaaten zu unterstützen. Sollte der Reformvertrag von Lissabon eines Tages in Kraft treten, beinhaltet er auch das Ziel einer „gemeinsamen Einwanderungspolitik“ (Artikel 17 Lissabonner Vertrag). Dennoch besitzt die EU bis heute keine umfassenden gemeinsamen Regeln hinsichtlich der Aufnahme von Drittstaatsangehörigen sowie der Arbeitsmigration; Ausnahmen sind das Recht auf Familienzusammenführung und zwei Richtlinien zur Aufnahme von Studenten und Forschern. Stattdessen hat sich die Kooperation auf die Erarbeitung gemeinsamer Regeln bei der Überschreitung der Außengrenze konzentriert, worunter vor allem die gemeinsame Visapolitik fällt.[467]

Angesichts des bisherigen Widerstands gegen europäische Regeln zur Arbeitsmigration hat sich die Europäische Kommission auf die Bereiche konzentriert, deren Harmonisierung in den Augen der Regierungen der Mitgliedsstaaten einen klaren Mehrwert mit sich bringt. Dies betrifft in erster Linie die hoch qualifizierten Migranten, um deren Zuwanderung inzwischen ein internationaler Wettbewerb eingesetzt hat. So sieht die von der Europäischen Kommission vorgeschlagene „Blue Card“-Initiative für Hochqualifizierte aus Drittstaaten erleichterte und beschleunigte Aufnahmeverfahren und begünstigte Aufenthaltsrechte vor. „Blue Card“-Besitzer würden nach diesem Vorschlag sofort das Recht auf Familiennachzug erhalten sowie das Recht, nach zwei Jahren rechtmäßigem Aufenthalt in einem Mitgliedsland in den anderen Ländern der EU eine Arbeit zu suchen, ohne in ihr Heimatland zurückreisen zu müssen. Dabei haben die Mitgliedsstaaten seit Mai 2009 das Recht, die Erteilung einer „Blue Card“ von der Arbeitsmarktsituation im Lande abhängig zu machen sowie nationales Recht zur Besetzung freier Stellen anzuwenden.[468] Aufgrund der Wichtigkeit hochqualifizierter Zuwanderung für die IT-Branche, priorisiert der Branchenverband BITKOM das Thema immer wieder auf der politischen Agenda, um fehlende Qualifikation am heimischen Markt zu ersetzen und den Fachkräftebedarf mittelfristig zu sichern.

Fazit: Die europäische Asyl- und Migrationspolitik gehört heute zu den Prioritäten der Europäischen Union. Der Integrationsprozess verläuft nicht immer gradlinig und ohne Kontroverse. Zwei Kontroversen haben bisher die Entwicklung dieses Politikfelds bestimmt: die Spannung zwischen Vereinheitlichung auf der Basis supranationaler Regelungen einerseits, und die Spannung zwischen dem staatlichen Primat der inneren Sicherheit

[467] Vgl. Lavenex (2009), S. 7ff.

[468] Vgl. Council of the European Union (2009).

und universellen Menschenrechten, zwischen humanitären Werten und ökonomischen Prioritäten andererseits. Der anhaltende externe Migrationsdruck sowie die demografische Entwicklung in der EU werden weiterhin die Integration in Richtung einer gemeinsamen europäischen Asyl- und Einwanderungspolitik vorantreiben.[469]

Die Analyse der Umwelteinflüsse zeigt, dass ökonomische Trends wie z. B. die Globalisierung oder auch die Flexibilisierung von Beschäftigungsverhältnissen in der Branche schon weit fortgeschritten sind, während der demografische Wandel in seinen ganzheitlichen Auswirkungen noch wenig wahrgenommen wird.

In der aktuellen Diskussion werden die demografischen Veränderungen in Europa bzw. Deutschland gerade in IT-Unternehmen in erster Linie als Fachkräftemangel wahrgenommen (speziell bei jüngeren Ingenieuren und technischen Fachkräften), denn als Älterwerden des Arbeitskräfteangebots insgesamt.[470] Da die IT-Branche auch weiterhin wächst und mithin weiter Bedarf an entsprechend qualifiziertem Humankapital hat, wird die regionale Schrumpfung des Angebots den Wettbewerb um qualifizierten Nachwuchs weiter verschärfen.[471] Grundsätzlich treten dabei für einige Unternehmen Kapazitätsrisiken auf, die auch deren Innovationsfähigkeit negativ beeinflussen können.

Die jüngste Generation der „Digital Natives", die in den nächsten Jahren in den Arbeitsmarkt eintreten wird, spielt für die Branche aufgrund ihrer Sozialisation und des Umgangs mit Technologie eine besondere Rolle. Auch das Potenzial weiblicher Arbeitskräfte wird in der Branche noch nicht ausreichend ausgeschöpft. Für die Erschließung aller Arbeitskraftpotenziale sind deshalb auch die politischen Rahmenbedingungen entscheidend, insofern diese mit bildungs- und familienpolitischen Maßnahmen aber auch mit einer adäquaten Zuwanderungspolitik für qualifizierte Bewerber dazu beitragen können, das Wachstum der Branche sicherzustellen. Die weit fortgeschrittene Globalisierung der Branche birgt außerdem Chancen, Arbeitskräfte in anderen Regionen der Erde zu gewinnen und diese in weniger regulierten Arbeitsmärkten zu beschäftigen.[472] Auch diese Tendenzen sind zu berücksichtigen, wenn über zukünftige Arbeitsmarkt- und Belegschaftsstrukturen gesprochen wird. Verfügbarkeit und Qualifikation von Arbeitskräften

[469] Vgl. Birg (2005), S. 97ff. zur Ethik von Zuwanderungspolitik.

[470] Vgl. O.V. (2008). Nicht selten beeinträchtigt „Facharbeitermangel" bereits heute die Wettbewerbsfähigkeit von KMU erheblich (Vgl. isd (2008), Buck/Kistler/Mendius (2002), S. 39, Rammer (2002)), wenn er nicht sogar die Existenz kleinerer Handwerksbetriebe bedroht (vgl. Ax (2000), S. 151, Mendius (2000), S. 167, Packebusch/Weber (2002), S. 41, Packebusch (2000), S. 262ff.).

[471] Vgl. Athey et al. (2004), S. 3, The Economist (2009).

[472] Siehe rasanter Anstieg der Beschäftigten in der IT-Branche in Indien.

werden dann nicht nur im Rahmen eines strategischen Human Resource Management entscheidungsrelevant, sondern können auch Standortentscheidungen mit beeinflussen.

Struktur und Umfang des Arbeitskräftepotenzials beeinflussen letztlich auch die Organisationsdemografie[473] der IT-Unternehmen.[474] Die Veränderungen der Personalstrukturen werden damit auch Einfluss auf die Ressourcen der Innovationsfähigkeit von IT-Unternehmen haben. Im Folgenden werden die unterschiedlichen Ressourcen und die Auswirkung des demografischen Wandels auf die Ressourcenbasis erklärt.[475]

3.4 Interne Perspektive: Ressourcen der Innovationsfähigkeit

Die Frage nach den Quellen und der Entstehung von Innovation ist sowohl in der Praxis als auch in der Forschung immer wieder Gegenstand von empirischen Erhebungen.[476] Nach einer Umfrage des Fraunhofer Instituts für System- und Innovationsforschung aus dem Jahre 2003 sind für zwei Drittel der Unternehmen betriebliche Innovationen untrennbar mit den individuellen Kompetenzen einzelner oder weniger Mitarbeiter verbunden sind.[477] Nur wenige Unternehmen, verankern ihre Innovationskompetenz durch Strukturen und Prozesse personenunabhängig.[478] Steigt der Anteil an hochqualifizierten Beschäftigten (Universitäts- und Fachhochschulabsolventen) im Unternehmen, wie es in Hightech-Unternehmen der IT-Branche i.d.R. der Fall ist, existieren häufiger Organisationsstrukturen zur Verankerung betrieblicher Innovationskompetenz, was in der Konsequenz häufig zu mehr Beschäftigungswachstum führte. Die Bedeutung, die der Entwicklung organisationaler Kompetenzen im Hinblick auf die Wettbewerbsfähigkeit zukommt, spiegelt sich in

[473] Die Begriffe Organisationsdemografie und Personalstruktur werden im Folgenden synonym verwendet. Personalstruktur bezeichnet hier die Struktur des betrieblichen Personals hinsichtlich sozialer Parameter wie Alter, Betriebszugehörigkeit, Nationalität, Geschlecht oder Qualifikation.

[474] Vgl. hierzu die Darstellung von Nienhüser (1998), S. 7ff.; zum Begriff der Organisationsdemografie siehe auch die Ausführungen von Leblebici (1992).

[475] Eine detaillierte Betrachtung zu Ursachen und Wirkungen von Personalstrukturen findet sich bei Nienhüser (1998). In Kapitel 3.5 wird der Stand der Forschung hierzu im Hinblick auf die Themenstellung noch ausführlicher reflektiert.

[476] Vgl. Hauschildt (2004), S. 371ff., Rammer (2002), Rammer et al. (2004), Wahren (2004).

[477] Vgl. Kinkel et al. (2004). Das Fraunhofer Institut für System- und Innovationsforschung (ISI) führt seit 1993 alle zwei Jahre eine Erhebung zu „Innovation in der Produktion" durch. Sie richtet sich an Unternehmen der Metall- und Elektroindustrie, der Chemischen und Kunststoffverarbeitenden Industrie Deutschlands. Untersuchungsgegenstand sind die verfolgten Produktionsstrategien, der Einsatz innovativer Organisations- und Technikkonzepte in der Produktion, Fragen des Personaleinsatzes und der Qualifikation sowie Fragen zur Leistungstiefe und zum Management der Produktionsmodernisierung. An der Erhebungsrunde 2003 beteiligten sich 1450 Unternehmen, die einen repräsentativen Querschnitt aus den genannten Kernbereichen des verarbeitenden Gewerbes darstellen.

[478] Vgl. Kirner/Wengel/Kinkel/Armbruster (2005), S. 13ff.

der Tatsache, dass Betriebe, die bei der Produktinnovation sowohl auf eine breite personelle (personelle Redundanzen) als auch auf organisatorisch strukturelle Kompetenzverankerung setzten, ein doppelt bis dreifach so hohes Beschäftigungswachstum und somit deutliche Wettbewerbsvorteile aufweisen.[479] Die Studien belegen damit, dass die Fähigkeit der Organisation, nachhaltige Wettbewerbsvorteile durch Innovationen zu generieren, eine mehrdimensionale Analyse von Ressourcen der Innovationsfähigkeit bedingt.

Im Folgenden wird zunächst ein integratives Modell der Ressourcenbasis vorgestellt, das die Wirkungszusammenhänge zwischen den einzelnen Bestandteilen der Ressourcenbasis (vgl. Modell Abbildung 8) erklärt. Dieses ist notwendig, um im Anschluss daran den mittelbaren Einfluss von Alter und Personalstruktur über die Ressourcenbasis auf die Innovationsfähigkeit zu erklären.

3.4.1 Ein integratives Modell der Ressourcen zur Innovation

In der IT-Branche stellen die Mitarbeiter mit ihrem Wissen und ihren Kompetenzen die wichtigste Ressource dar.[480] So sind es die Entscheidungsträger und Arbeitnehmer in diversen Funktionsbereichen, die den Erfolg am Markt umsetzen.[481]

Vor allem das implizite Wissen der Mitarbeiter einerseits als auch die sozialen Beziehungen zu Kollegen, Kunden und Konkurrenten andererseits haben im Hinblick auf den Imitationsschutz von Kompetenzen eine besondere Bedeutung. Implizites Wissen besitzt die Eigenschaft, dass seine Weitergabe erschwert ist. Das Individuum kann Begründungen von Handlungen bei implizitem Wissen nicht oder nur ungenau und unter erheblichem Zeit- und Kostenaufwand explizieren.[482] Dieses gilt sowohl für die Weitergabe nach außerhalb des Unternehmens (Isolationseffekt, Schutz vor Imitation) aber auch nach innerhalb. Diese Isolationsmechanismen sind nach außen durchaus erwünscht. Nach innen stellen sie die Unternehmung aber auch vor erhebliche Probleme. Unter dem Aspekt der Kompetenzentwicklung als Ausgangspunkt für Innovationen verlangt die Nutzung von implizi-

[479] Vgl. ebenda, S. 17f.

[480] Vgl. Kapitel 2 dieser Arbeit, ferner Oechsler (2004), Wright/Dunford/Snell (2001), Ulrich (1999), Schuler/Jackson (2006), Scholz (2008).

[481] Probst et al. (2000), S. 13f. Diese Überlegungen knüpfen unmittelbar am Resource-Based-View an und unterstreichen einmal mehr die strategische Bedeutung des Human Resource Management, vgl. Laske/Habich (2004), Sp. 1009.

[482] Vgl. Lierow (2006), S. 81.

tem Wissen letztlich nach dem Einbezug der Wissensträger selbst in neue Anwendungen des Wissens.[483]

Erst durch die Fähigkeit, Inputgüter (materielle und immaterielle wie z. B. Wissen) in der Interaktion mit anderen durch Kompetenzen zu transformieren, entstehen für das Unternehmen einzigartige Marktpotenziale[484]. Voraussetzung hierfür ist neben dem Wissen um Produkte, Kunden und Märkte häufig auch die langjährige persönliche Beziehung zwischen einzelnen Mitarbeitern. Häufig gelingt es erst durch die Interaktion mit anderen, relevantes Wissen in der Organisation für die Organisation zu erschließen, dieses zu verteilen und neu zu kombinieren. Die strukturellen Dimensionen der Netzwerke bilden dabei den Rahmen für innovationsförderliche oder –hinderliche Prozesse der Wissensintegration. Führungskräfte sind dabei in ihrer Rolle besonders gefordert, die Prozesse des Lernens und der Wissensintegration zu steuern und zu unterstützen. Dabei gehen ihre Kognitionen und Wahrnehmungen auch auf das Regelwerk der Organisation zurück und speisen sich aus den Erfahrungen von Erfolgen und Misserfolgen aus der Vergangenheit. Auf der anderen Seite geben sie mit Ihren Handlungen wiederum den Rahmen für die Kompetenzentwicklung und das innovative Handeln der Mitarbeiter vor.

Personalstrukturen beeinflussen mithin auch das Soziale Vermögen[485] der Organisation.[486] Soziale Heterogenität oder auch Gruppendominanz als mögliche relationale Dimensionen der Personalstrukturen können sich negativ auf das Sozialkapital auswirken. Derartige Hypothesen implizieren folglich personalpolitische Maßnahmen, die diese negativen Effekte verhindern sollen.[487] Die spezifische Struktur des Personalbestands einer Organisation erzeugt in allen Dimensionen des sozialen Kapitals Effekte, die es zu bewerten und gegebenenfalls zu beeinflussen gilt. Die Betrachtung von Beziehungen und Austauschprozessen ermöglicht darüber hinaus, Erkenntnisse von individuellen und kollektiven Lernprozessen zu verbinden. Zwischen den einzelnen Vermögensbestandteilen existieren Interdependenzen.[488] So kann zum Beispiel das soziale Vermögen in Form von Teamzugehörigkeiten oder Netzwerkbeziehungen Einfluss auf die Entwicklung von

[483] Vgl. Lierow (2006), S. 82.

[484] Diese Marktpotenziale werden in anderem Zusammenhang auch als Kernkompetenzen bezeichnet.

[485] Die Begriffe Sozialvermögen und Sozialkapital werden im Folgenden synonym verwendet.

[486] Vgl. Schmidt-Rathjens/Stegmaier (2005), S. 2, Bolino/Turnley/Bloodgood (2002), S. 505ff., Nahapiet/Ghoshal (1998), S. 242ff., ferner grundlegend zum Begriff des Sozialkapitals Coleman (1988). Zur Bedeutung des Sozialkapitals für die Innovationsfähigkeit vgl. Abschnitt 3.5.2 dieser Arbeit.

[487] Vgl. Nienhüser (1998), S. 303.

[488] Vgl. Probst et al. (2003), S. 15ff.

neuem humanem Vermögen haben.[489] Die auf verschiedene Individuen verteilten „Wissensbestände" sind im Allgemeinen wiederum komplementär und beeinflussen sich sowohl in ihrer Entstehung als auch in ihrer Weiterentwicklung gegenseitig. Human Resource Management Systeme unterstützen in vielfacher Weise sowohl individuelles als auch kollektives Lernen. Sie fördern somit die Entstehung von humanem (Wissen, Fähigkeiten und Fertigkeiten der Mitarbeiter), sozialem (Beziehungen zwischen den Mitarbeitern) und organisationalem (Prozesse und Routinen der Organisation) Vermögen.[490] Organisationales Kapital[491] ist das Ergebnis langfristiger wissensbasierter und organisationsspezifischer Lernprozesse.

In Anlehnung an *Adner* und *Helfat* (2003) sind die oben genannten Quellen der Innovation über Prozesse des Wissensaustauschs und der Rollenwahrnehmung in diesen Prozessen miteinander verbunden (vgl. Abbildung 12).[492] Sie sind geeignet, Innovationen zu generieren und deren Umsetzung zu unterstützen.[493]

Damit sind die Ressourcen spezifiziert, die die Basis für die Entstehung von Innovationsfähigkeit bilden. Identifikation und Entwicklung von Wissen sind dabei ganz stark mit individuellem Lernen der Mitarbeiter verbunden. Die Akteure mit ihrem Wissen und ihren individuellen Kompetenzen sind mithin Ausgangspunkt der Innovationsfähigkeit. Der Austausch in Netzwerken, die Akkumulation und der Transfer von Wissen sowie von den Akteuren übernommene Rollen und Handlungsmuster sind die Teilprozesse, die zur Integration des Wissens in eine organisationale Wissensbasis beitragen. Dies bleibt auch auf der individuellen Ebene nicht ohne Rückwirkungen, so dass diese Prozesse wieder zur Wissensentwicklung auf individueller Ebene beitragen.[494]

[489] Vgl. Krogh/Grand (2004), Sp. 1653, Nahapiet/Ghoshal (1998), S. 248f.

[490] Vgl. Leonard-Barton (1992), Wright et al (2001), S. 716ff. In ihrem 2001 entwickelten Modell sprechen Wright et al. hinsichtlich des immateriellen Vermögens vom "Stock of knowledge".

[491] Organisationales Vermögen und organisationales Kapital werden im Folgenden synonym verwendet.

[492] Vgl. Adner/Helfat (2003), S. 1022ff.

[493] Vgl. Abbildung 4 zur Innovationsfähigkeit (eigene Darstellung).

[494] Vgl. Krogh/Grand (2004), Sp. 1653.

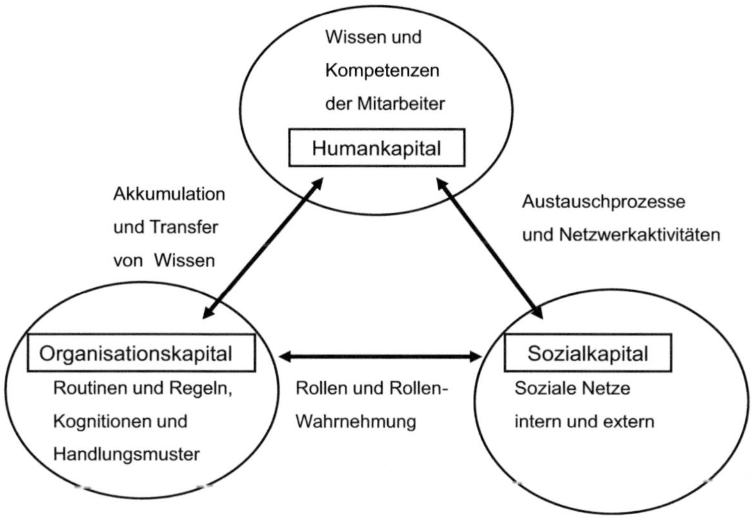

Abbildung 12: Interdependenz der Ressourcen für Innovationen
Quelle: In Anlehnung an Ridder/Bruns/Hoon (2005), S.51 und Adner/Helfat (2003), S. 1022

Im Zentrum der weiteren Betrachtung steht nun die Frage, wie sich Veränderungen in der Unternehmensumwelt und hier speziell der demografische Wandel auf das Personal in seiner Gesamtheit und somit auf die oben beschriebene Ressourcenbasis auswirkt. Hat das fortschreitende Lebensalter einen Einfluss auf die individuelle Innovationskompetenz der Mitarbeiter? Werden sich die demografischen Entwicklungen in den Gesellschaften der industrialisierten Welt (Alterung, Schrumpfung) zwangsläufig negativ auf die Innovationsfähigkeit der Unternehmen auswirken?[495] Um Entscheidungen im Rahmen des Human Resource Management, das an der Schnittstelle zwischen internem und externem Arbeitsmarkt agiert, vorzubereiten, ist zunächst die Frage zu klären, ob und welchen Einfluss Alter und Verschiebungen in der Organisationsdemografie auf die Kompetenz zur Innovation haben werden.

Während zur Leistungsfähigkeit im Alter eine differenzierte arbeitspsychologische Forschung vorliegt, existiert eine ähnlich breite Forschung zu Innovationsfähigkeit bislang

[495] Vgl. Hölz (2006); auf der Jahrestagung von econsense bezeichnet er die demografische Entwicklung als „eine der Achillesfersen einer nachhaltigen Entwicklung“.

nicht. Insbesondere in der IT-Branche sind Erfahrungen mit älteren Mitarbeitern oder auch älteren Mitarbeitergruppen bislang wenig oder gar nicht vorhanden. Eine Prognose der individuellen wie organisationalen Konsequenzen kann sich daher bislang nur auf allgemeine arbeitswissenschaftliche oder gerontologische Forschungsergebnisse und/oder auf soziologische und organisationspsychologische Studien stützen. Ähnlich verhält es sich bei der Frage nach den Auswirkungen der Alterung der Belegschaften auf Sozial- und Organisationskapital.

Die folgenden Abschnitte 3.4.2 bis 3.4.4 stellen den Stand der Forschung zur Frage dar, welche Eigenschaften und Rahmenbedingung eines innovierenden Systems Innovationen fördern beziehungsweise behindern. Dabei wird unterschieden in die Ebene der Akteure (Humankapital), der Netzwerke und Gruppen (Sozialkapital) und der Organisation als Ganzes (organisationales Kapital). Die für die Innovationsforschung relevanten Perspektiven (Wissen, Prozesse, Konflikte) finden Eingang in die Erklärungen der Ressourcen und Kompetenzentwicklung auf der jeweiligen Ebene. Eine Darstellung des Einflusses von Alter und Organisationsdemografie auf die Ressourcenbasis erfolgt am Ende des jeweiligen Abschnitts. Da die Erklärung von Zusammenhängen zwischen Ressourcenbasis und Innovationsfähigkeit ein Bestandteil der empirischen Forschung dieser Arbeit ist, werden in den folgenden Abschnitten Annahmen auf Basis der Literaturarbeit formuliert, die in der Fallstudie in Kapitel 4 weiter verfeinert werden.

3.4.2 Akteure und ihre individuelle Kompetenz zur Innovation

Schumpeter legt in seiner Monographie „Theorie der wirtschaftlichen Entwicklung“ von 1911 dar, dass es die motivationale Grundhaltung des Unternehmers ist, neue Kombinationen hervorzubringen.[496] Diese Sichtweise stellt die handelnden Akteure mit ihrer kreativen Leistung ins Zentrum der Innovationsforschung und stellt bis heute einen wichtigen Zweig der Innovationsforschung dar: Welche individuellen Kompetenzen sind in Innovationsprozessen als erfolgskritisch anzusehen?

Im Allgemeinen beschreibt die individuelle Kompetenz der Mitarbeiter die Fähigkeit, *„[...] situationsadäquat zu handeln. Kompetenz beschreibt die Relation zwischen den an eine Person oder Gruppe herangetragenen oder selbst gestalteten Anforderungen und ihren Fähigkeiten bzw. Potenzialen, diesen Anforderungen gerecht zu werden.“*[497]

[496] Vgl. Schumpeter (1987), S. 138ff.

[497] North (2005), S. 29. Die Kompetenzforschung auf der individuellen Ebene geht im angloamerikanischen Raum auf McClelland zurück Vgl. McClelland (1973), Erpenbeck/Rosenstiel (2003), Pawlowsky/Menzel/Wilkens (2005). Sie hat im Allgemeinen eine differentialpsychologische und eignungsdiagnostische Perspektive. Im deutschsprachigen Raum liegt der Ursprung eher in der Qualifikations- und Berufsbildungsforschung mit zunehmender Hinwendung zur Personalentwicklung. Das BMBF fördert seit 2000 im Rahmen des Forschungsprogramms "Lernkultur Kompetenzentwicklung"

Hinzu kommt, dass die Person die Bereitschaft haben muss, das vorhandene Potenzial, in Handlungen umzusetzen. Erst das Zusammenspiel von Können und Wollen (Motivation) führt zur Problemlösung bzw. zur Wertschöpfung. Kompetenzen sind diesem Verständnis nach also nicht „objektiv“ bei Menschen vorhanden. Sie resultieren aus der soziobiografischen Entwicklung mit ererbten und erworbenen Elementen. Für die Kompetenzentwicklung heißt das, dass der jeweilige Akteur befähigt werden muss, seine Stärken und Schwächen zu erkennen und weiter zu entwickeln. Notwendige Voraussetzung hierfür sind Lernprozesse (Kompetenzentwicklungsprozesse), die aufgrund der hohen Komplexität der Anforderungen und der Umfelddynamik selbst organisiert und weitgehend informell (z. B. in der Arbeit, im sozialen Umfeld) ablaufen.[498]
Hinsichtlich der zu erwartenden Alterung der Belegschaften stellt sich damit die Frage, welcher Einfluss von Alter auf die individuelle Kompetenz zur Innovation in der IT-Branche erwartet wird, bzw. ab wann in der Branche ein Mitarbeiter als älterer Mitarbeiter gilt.
Nach einer Definition der OECD gehören zu den älteren Arbeitnehmern Personen in der zweiten Hälfte des Berufslebens, die das Pensionsalter noch nicht erreicht haben.[499] Unternehmensleitungen und Betriebsräte zählen meist Arbeitnehmer ab dem 50. Lebensjahr hinzu.[500] Für das IAB sind es jene Betriebsangehörige, die das 45. Lebensjahr bereits überschritten haben, wobei hier eine fließende Grenze von 45 bis 55 Jahren gesetzt wird.[501]

Letztlich ist die Zuordnung zur Gruppe älterer Arbeitnehmer berufs-, betriebs-, tätigkeits- und geschlechtsspezifisch sowie von epochalen Faktoren abhängig.[502] In der IT-Branche ist der größte Anteil der Beschäftigten der Altersgruppe der 25- bis 35-Jährigen zuzurechnen. Dort werden in der Regel Mitarbeiter ab dem 45. Lebensjahr zu den älteren Mitarbeitern gerechnet.[503]

diverse Forschungsprogramme zur Messung, Charakterisierung und Beschreibung von Kompetenzen als Grundlage staatlicher, nationaler und regionaler Programme zur Aus- und Weiterbildung.

498 Vgl. Bergmann (2000), S. 19f., Bergmann/Daub (2006), S. 75.

499 Vgl. Lehr/Wilbers (1992), Sp. 203.

500 Vgl. Naegele/Frerichs (2004), Sp. 82ff.

501 Vgl. Becker et al. (2004), S. 2f. Einige Autoren setzen noch differenziertere Altersgrenzen: Vgl. hierzu Frerichs (2002), Ilmarinnen (2000), Nienhüser (2002), S. 65ff.

502 Vgl. Lehr (2007), S. 211, aber auch Frerichs (2002). Zur Erwerbstätigbeteiligung Älterer und der politischen Dimension siehe die Ausführungen in Kapitel 3 dieser Arbeit

503 Vgl. De Hoog/Platman/Taylor/Vogel (2004), Dostal (2006), Rohde (2008).

3.4.2.1 Kreativität und Innovationskompetenz

Häufig werden für den Begriff der individuellen Innovationsfähigkeit Persönlichkeitsbeschreibungen herangezogen, die innovativ mit kreativ gleichsetzen.[504] Kreativität wird allgemein als eine Disposition zum Hervorbringen origineller, schöpferischer Leistungen in Form von neuen Ideen oder Produkten bezeichnet.[505] Innovative Mitarbeiter werden deshalb aus Sicht der Eignungsdiagnostik häufig mit folgenden Adjektiven beschrieben: intelligent, erfinderisch, originell, unkonventionell. Außerdem werden persönliche Dispositionen hinzugefügt, wie z. B.: selbstbewusst, hohe Ambiguitätstoleranz, die Fähigkeit mit Unsicherheit und Konflikten umzugehen.[506]

Kreativität und Innovation stehen im allgemeinen Verständnis in einer Mittel-Zweck-Beziehung. Empirisch belegen lässt sich dies z. B. mit dem für den Forschungs- und Entwicklungsbereich ermittelten positiven Zusammenhang zwischen Kreativität und der Anzahl eingereichter Patente.[507] Dabei wird mit dem Begriff der Kreativität im Allgemeinen eine Eigenschaft einer Person verstanden. Dieses Verständnis führt dazu, dass Prozessen der Eignungsdiagnostik und damit Selektionsprozessen, eine besondere Bedeutung zukommt. Das Problematische an einer derart individuumsbezogenen Sichtweise ist, dass sie sich ausschließlich auf Persönlichkeitsmerkmale konzentriert und zwei Typen von Mitarbeitern konstruiert: innovative und nicht innovative, ohne förderliche und hinderliche Bedingungen für innovatives Verhalten zu berücksichtigen.[508] Aus betrieblicher (und gesellschaftlicher) Sicht ist jedoch auch die Frage zustellen, welche Arbeitsbedingungen oder Rahmenbedingungen vorliegen müssen, damit Kreativität sich im Leistungserstellungsprozess entfalten kann. Beide Fragestellungen sind relevant, führen hinsichtlich der Forschung jedoch in völlig unterschiedliche Richtungen. Das Konzept des schöpferischen Menschen, das Kreativität als Bestandteil der Persönlichkeit sieht, lässt sich dabei bis in die Antike zurückverfolgen.[509] Die Frage nach kreativitätshemmenden und –fördernden Eigenschaften hat zu zahlreichen Testverfahren geführt und beschäftigt Forscher im personalpsychologischen Kontext bis heute. So werden kognitive Fähigkeiten (z. B. Intelli-

---

504 Vgl. Düzgün (2008), S. 157ff.

505 Vgl. Aschenbrücker (2004), Sp. 1025f.

506 Vgl. Jasper/Fitzner (2000), S. 143ff.

507 Vgl. Guldin (2006), S. 310f.

508 Vgl. Jasper/Fitzner (2000), S. 142ff.

509 Vgl. Schuler/Görlich (2007), S. 10f. Schon im 19. Jahrhundert entstehen erste Forschungsarbeiten zur Begabungsforschung.

genz) um Erfahrungswissen und motivationale Anteile (Neugier, Wissbegierde, intrinsische Motivation) ergänzt. [510]

Darüber hinaus ist Kreativität eine zwar notwendige, aber nicht eine hinreichende Bedingung für Innovation.[511] Untersuchungen zu Eigenschaften erfolgreicher Innovatoren deuten darauf hin, dass bei der Befähigung zur Innovation teilweise Eigenschaften erforderlich sind, die denen kreativer Personen diametral entgegenstehen.[512] Genannt werden hier z. B. Überzeugungskraft, verkäuferisches Geschick, Teams und Koalitionen bilden können, Mikropolitik betreiben, Realitätssinn.[513]

Kritisch ist außerdem anzumerken, dass die reine Diskussion um innovative Eigenschaften vernachlässigt, dass das situative Umfeld die Innovationsbereitschaft mit bestimmt, die ebenfalls eine Voraussetzung für das Hervorbringen von Innovation ist. Entscheidend für die individuelle Innovationskompetenz sind demnach sowohl die Bedingungen für den kreativen Prozess als auch die Voraussetzungen für die Implementierung neuer Ideen. Die individuelle Kompetenz hat damit sowohl eine Dimension die als „kreatives Potenzial" (oder Ressource) beschrieben werden kann, als auch eine Prozessdimension, in der Motivation, Handlungsspielräume und Wissen der Person eine Rolle spielen.[514]

Bei der Frage nach der Wahrnehmung der Innovations- und Leistungsfähigkeit älterer Mitarbeiter stellt *Reindl* den Unternehmen eine auffällige „Political Correctness" aus.[515]

> *„Summa summarum können wir festhalten, dass in den Unternehmen kaum Ressentiments und Aversionen gegen Ältere existieren. [...]dennoch [...] eine große Kluft zwischen der kognitiven Wahrnehmung, die auf Inklusion der Älteren gerichtet ist, und der betrieblichen Praxis, die die Exklusion der Älteren bewirkt, besteht [...]"* [516]

Ähnliche Befunde finden sich auch in anderen Studien zur geäußerten Wahrnehmung der Personalverantwortlichen zur Leistung Älterer.[517] Herrscht in der allgemeinen Diskussion

---

510 Vgl. Grewer et al. (2007), S. 95ff. Auch andere Merkmale spielen eine Rolle. Die Frage, welche Merkmalsausprägungen im günstigen Fall vorliegen sollten, wird zum großen Teil widersprüchlich beantwortet, da auch die anderen Konstrukte (wie z. B. Intelligenz) nicht einheitlich definiert werden und die Vergleichbarkeit der Ergebnisse so nicht möglich ist.

511 Vgl. Bonn (2002), S. 147.

512 Vgl. Schuler/Görlich (2007), S. 19ff.

513 Vgl. Plattner et al. (2009), S. 72ff.

514 Vgl. Guldin (2006), S. 311ff., ferner Japser/Fitzner (2000), S. 144ff.

515 Vgl. Reindl (2000a), S. 272.

516 Reindl (2000a), S. 273.

517 Vgl. Boockmann/Zwick (2004), S. 1. In der Studie des ZEW auf Grundlage des IAB-Betriebspanels für Baden-Württemberg für 2002 attestieren die Personalverantwortlichen den älteren Mitarbeitern Defizite bei

oftmals noch das so genannte „Defizit-Modell" des Alterns (verringerte Leistungsfähigkeit) vor, geht die gerontologische Forschung heute davon aus, dass sich die individuelle Leistungsfähigkeit im Zeitablauf qualitativ verändert und je nach Verlauf der Biografie große interindividuelle Unterschiede aufweist.[518] Wenige Studien befassen sich allerdings explizit mit den Zusammenhängen von Alter und beruflicher Leistung.[519] Das häufigste Ergebnis von Studien, die sich mit diesem Zusammenhang befassen, ist das Fehlen von Altersunterschieden oder ihre nur geringe Ausprägung.[520]

Negative Alterskorrelationen, d.h. eine nachlassende Leistungsfähigkeit bei tempoabhängigen Basisfunktionen, werden von älteren Erwerbstätigen häufig durch den Einsatz anderer Arbeitsmethoden kompensiert. So besteht eine Kompensationsmöglichkeit für Leistungseinbußen in der Mechanik der Intelligenz im Einsatz von Vorwissen und Expertise. Zum einen nehmen Experten anders wahr, und zwar handlungsbezogen und in größeren Einheiten. Zum anderen ermöglicht das bereits erworbene Wissen den Ablauf von intellektuellen Routinen, die weniger Arbeitsgedächtniskapazität beanspruchen.[521]

Darüber hinaus gibt es Hinweise, dass der Zusammenhang zwischen Alter und Leistung über die Art der ausgeführten Tätigkeit vermittelt wird.[522] Welche Hinweise gibt es nun konkret auf den Zusammenhang von Alter und Kreativität?

Lange Zeit wurde Kreativität als Teil der Intelligenz behandelt, da fluide Intelligenz[523] und Kreativität eng miteinander verbunden sind.[524] Frühe Ergebnisse aus der Intelligenzforschung zeigen, dass die fluide Intelligenz, d.h. die „Flüssigkeit" der Umstellung, Wendigkeit, Kombinationsfähigkeit und dergleichen, altersabhängig nachlässt, währenddessen sich die kristalline Intelligenz (diese umfasst Erfahrungswissen, Wortschatz, Sprachverständnis u. a.) als altersstabil erweist.[525] Längsschnittuntersuchungen zur Kreativität zeigen dagegen sowohl eine Abnahme als auch eine Konstanz des gemessenen Konstrukts

Belastbarkeit, Lernbereitschaft und Flexibilität. Überlegen gegenüber jüngeren Kollegen schätzen sie die Älteren in den Bereichen Erfahrung, Qualitätsbewusstwein und Loyalität ein.

[518] Vgl. Buck/Dworschak (2003), S. 37f., Lehr (2007), S. 76ff., Hacker (1996).

[519] Eine Zusammenfassung zum Forschungsstand siehe bei Kruse/Packbusch (2006), S. 425ff., eine Zusammenfassung aktueller Studien siehe bei Schuler/Görlich (2008), S. 48.

[520] Vgl. Bergmann (2001), S. 23.

[521] Vgl. Neuweg (1999), S. 267f., Bergmann (2001), S. 25ff., Lehr (2007), S. 219ff.

[522] Vgl. Dittmann-Kohli et al. (1997), S. 199ff., Olbrich (1987), S. 320ff., Skirbekk (2004), Börsch-Supan et al. (2006).

[523] Zum Begriff der fluiden Intelligenz vgl. Lehr (2007), S. 78.

[524] Vgl. Lehr (2007), S. 130ff.

[525] Vgl. Adenauer et al. (2006), Lehr (2007), S. 78, Bergmann (2001), S. 19ff.

mit zunehmendem Lebensalter. Zur Messung von Kreativität werden häufig Art und Anzahl von wissenschaftlichen oder künstlerischen Produktionen zugrunde gelegt.[526]

Simonton (1998) nimmt eine Korrektur an der Modellvorstellung früherer Längsschnittuntersuchungen vor, indem er seine Untersuchungen nicht auf das Lebensalter, sondern auf das Karrierealter aufbaut. Nach seiner Analyse liegt der Höhepunkt der Kreativität ja nach Arbeitsgebiet 20 bis 40 Jahre nach Karrierebeginn, folglich im Alter zwischen 40 und 60 Jahren. Je komplexer und assoziationsreicher die Materie, umso später liegt der Höhepunkt.[527]

Aktuelle Forschungsergebnisse, die eine Auswertung der Altersstruktur von Patentanmeldern vornehmen, betonen die Erkennbarkeit sektoraler Unterschiede.[528] So sind Patentanmelder in wissensintensiven Hochtechnologiebereichen (wie z. B. Bio- oder Informationstechnologie) tendenziell jünger als ihre Kollegen im Bereich der Landwirtschaft oder Metallurgie.[529] *Tivig* und *Henseke* führen dieses Ergebnis auf unterschiedliche Einflussfaktoren zurück. Das für alle Bereiche relativ hohe Einstiegsalter deutet darauf hin, dass für erfolgreiche Forschung und Entwicklung sowohl Wissen als auch ein gewisser Erfahrungsschatz notwendig sind. Ein weiterer Erklärungsansatz unterstellt aber auch einen Zusammenhang zwischen den vorherrschenden Aus- und Weiterbildungssystemen und dem Ergebnis. Danach könnten Veränderungen im Ausbildungsbereich den *„Lebenszyklus der kreativen Produktivität“* deutlich verändern.[530] Diese Einschätzung deckt sich auch mit der Annahme, dass die individuelle Kompetenz abhängig ist von kontexturellen (z. B. Arbeits- und Lernfelder) und soziobiographischen Einflüssen.[531]

3.4.2.2 Wissen und Innovationskompetenz

Kontextwissen beteiligter Akteure ist aus Sicht der Forschung Voraussetzung für die Umsetzung neuer Ideen.[532] Dieses umfasst sowohl eine Einschätzung über den externen Kontext, in dem sich das Unternehmen bewegt, als auch Wissen über die strategischen

[526] Vgl. hierzu Lehr (2007), S. 130ff. Lehr führt u. a. Untersuchungen von Lehmann 1953 an, der den Gipfel der Forschungsschaffens in einem Alter von 25 bis 35 Jahren ansiedelte, und dabei die Häufigkeit des Zitiertwerdens von Kollegen als Kriterium anlegte.

[527] Vgl. Lehr (2007), S. 131ff.

[528] Vgl. Henseke/Tivig (2007), S. 82ff.

[529] Das Maximum der Altersverteilung der Patentanmelder liegt im Niedrigtechnologiebereichen bei 47 Jahren und im Hochtechnologiesektor bei 39 Jahren. Vgl. ebenda, S. 83.

[530] Vgl. ebenda.

[531] Vgl. Kapitel 3.4.1.

[532] Vgl. stellvertretend North/Reinhardt (2005), S. 30f.

Prioritäten der eigenen Organisation.[533] Kompetente Personen oder auch Experten zeichnen sich insbesondere dadurch aus, dass sie in der Lage sind, Problemlösungen auch bei neuartigen Aufgaben zu erarbeiten. Sie sind also befähigt, vorhandenes Wissen für neue Aufgaben umzukonstruieren, anzupassen oder sogar neues Wissen zu generieren, was in hohem Maße Lernbereitschaft und –fähigkeit voraussetzt.[534] Eine Zusammenstellung vielfältiger Studien zur Lernfähigkeit zeigt, dass es zwar Unterschiede im Lernverhalten von jüngeren und älteren Personen gibt, dass diese aber ganz entscheidend von einer Vielzahl von somatischen, sozialen, pädagogischen und biographischen Einflussfaktoren beeinflusst sind.[535] Diese sind für die individuelle Lernfähigkeit grundlegender als das biologische Alter des Mitarbeiters.

Sowohl das Vorhandensein von Kontextwissen als auch die Definition von Experten werfen die Frage nach der Bedeutung von Erfahrung im Innovationsgeschehen auf. Die Rolle von Erfahrungswissen für das Hervorbringen von Innovationen wird in der arbeitspsychologischen Forschung konträr diskutiert. Einige Forscher gehen davon aus, dass Erfahrungswissen bei reproduktiv-optimierenden Aufgaben zu „Energieeinsparungen" führt und eine Quelle für die Kompensation abnehmender physisch-psychischer Leistungsfähigkeit ist, auf der anderen Seite aber bei der Einführung von Innovationen eher kontraproduktiv wirkt.[536] Andere beschreiben dagegen Erfahrungswissen als Voraussetzung dafür, Widersprüche und Grenzen zu erkennen, deren Überschreitung zu Neuem wahrzunehmen und zu bewerten und somit Innovation erst zu ermöglichen.[537] Erfahrungswissen ist im Hinblick auf Innovation offensichtlich janusköpfig, je nachdem, welches Arbeitsumfeld und welche Arbeitsgestaltung vorherrschen. In einem von Technik getriebenen Innovationsumfeld, in dem technisches Wissen auch relativ schnell veraltet, wurde Erfahrungswissen bislang eher gering geschätzt.[538] Je komplexer die Anforderungen im Innovationsprozess hinsichtlich von Geschäftsprozessen und Kundenanforderungen werden, umso wichtiger erscheint auch die Erfahrungskomponente des Wissens zu werden.[539]

Wenn vom Bedeutungszuwachs des Erfahrungswissens gesprochen wird, beziehen sich die Aussagen in aller Regel auf die zunehmende Komplexität von Fertigungsprozessen.[540]

---

[533] Vgl. Ridder/Bruns/Hoon (2005), S. 52f. Diese verweisen auf diverse Studien zum Konstrukt Kontextwissen.

[534] Vgl. Bergmann (2000), S. 21f.

[535] Vgl. Lehr (2007), S. 94ff.

[536] Vgl. Kruse (2000), Jasper/Fitzner (2000), S. 150.

[537] Vgl. Holtgrewe (2000), S. 176.

[538] Vgl. Koller/Plath (2000), S. 121ff., Schütte/Schlauch (2004), S. 274ff.

[539] Vgl. hierzu Ahrens (2004), Böhle et al. (2004), Vahs (2005), S. 382ff., außerdem die Ausführungen zur Lead-User Methode in Kapitel 3.3.2.

[540] Vgl. Schütte/Schlauch (2004), S. 273ff.

Diese sind nicht ohne weiteres auf IT-Berufe zu übertragen. So lehnen einige Forscher jegliche Analogien und Rückschlüsse von Forschungsergebnissen in stofflichen Fertigungsprozessen auf IT-Arbeitsplätze sogar ab.[541] Sie begründen diese Haltung unter anderem auch damit, dass sich IT-Arbeit in einem „doppelten Handlungsfeld" bewegt.[542] Nicht zuletzt deshalb können erste Ergebnisse explorativer Forschungsarbeiten zu Erfahrung und Innovation nur der Ausgangspunkt für eine weitere Kontextualisierung und Anpassung auf das Untersuchungsfeld sein.[543]

Erfahrungswissen ist eine hoch entwickelte Form des Handlungswissens, das i.d.R. durch eine Tätigkeit erworben wird. Es besteht sowohl aus explizitem praktischem und theoretischem Wissen als auch aus implizitem nur schwer explizierbarem Wissen. Es bezieht sich sowohl auf Sachverhalte als auch auf Vorgehensweisen.[544] Aufgrund seiner hohen Komplexität und seiner Implizitheit ist es vor Imitationen hervorragend geschützt und kann unter Wettbewerbsaspekten eine wertvolle Ressource darstellen. Auf der anderen Seite unterliegt es dadurch auch für die Unternehmung selbst einer schweren Zugänglichkeit. Hinzu kommt, dass auch Erfahrungswissen einer Halbwertzeit unterliegt und seine Gültigkeit zum Teil verliert. Dann gilt es, dieses vorhandene aber zum großen Teil nicht explizierbare Wissen zu „entsorgen". Schnelle technische und organisatorische Veränderungen bedingen, dass sowohl der Erwerb als auch die „Entsorgung" dieses komplexen und dynamisch angelegten Wissens nicht einem kompletten Selbstlauf überlassen werden sollten. Lerngelegenheiten und Lernfelder in der Arbeit sind vielmehr so zu gestalten, dass Erfahrungswissen entsprechend den Anforderungen sowohl weiter entwickelt als auch ausgesondert, reorganisiert oder umstrukturiert werden kann.[545]

Erfahrungen werden aus arbeitspsychologischer Sicht als Ergebnis kognitiver Konstruktion angesehen. Sie werden in dem Moment im Arbeitsprozess generiert, in dem auf sie zurückgegriffen wird.[546] Sie sind sowohl Quelle von Erfahrungswissen als auch integraler Baustein der Kompetenzentwicklung einer Person, indem sie Werte und Einstellungen produzieren, die wiederum handlungsleitend für das Individuum sein können. Im Hinblick

541 Vgl. Boes/Baukrowitz (2001), Schütte/Schlauch (2004), S. 277.

542 „Doppeltes Handlungsfeld" bezeichnet dabei die Tatsache, dass sich Ergebnisse der IT-Arbeit in einem symbolischen Referenz-Handlungsfeld ergeben, indem Rückmeldungen unterbleiben oder unvollständig sind.

543 Vgl. Ausführungen zur Fallstudienmethodik in Kapitel 1.

544 Vgl. Koller/Plath (2000), S. 121.

545 Vgl. Koller/Plath (2000), S. 122ff.

546 Vgl. Jasper/Fitzner (2000), S. 146.

auf innovatives Verhalten stehen Wissen und Erfahrung nach *Wehner* und *Waibel* in einem Austausch- und Transformationsprozess. Wiederholungen von Handlungen führen bei Menschen zur Optimierung von Handlungskompetenz. Dabei handelt es sich hier nicht um eine reine Reproduktionskompetenz, sondern auch um die Kompetenz, Korrekturen im Sinne von Anpassung, Optimierung und Bedeutungszuweisung vorzunehmen. Innovatives Verhalten ist jedoch nicht identisch mit kumulierten Korrekturhandlungen, sondern bedeutet Abkehr von Erreichtem und Vorwegnahme von Zukünftigem.

Erfahrung und Innovation befinden sich demnach in einem spannungsvollen Wechselverhältnis.[547]

- Erfahrung ist Vorausaussetzung für innovatives Handeln.

- Erfahrung verhindert das für Innovationen erforderliche Experimentieren.

Das Erkennen von Widersprüchen und Grenzen im aktuellen Handeln stellt die Voraussetzung für grenzüberschreitendes innovatives Handeln dar. [548] Ob dieses gelingt, hängt jedoch vom Reservoir an Können und Wissen ab, welches zum individuellen Zeitpunkt verfügbar und aktivierbar ist. Um sich in der Ambivalenz zwischen Bewahren und Verändern für das Letztere zu entschieden, sehen die Autoren drei Voraussetzungen:[549]

(1) das Erkennen von Grenzen und Widersprüchen;

(2) der Wissensaustausch über Teamgrenzen hinweg, da er innerhalb des Teams oftmals selbstbestätigend ist;

(3) das Explizieren des Erfahrungswissens.

Die Fähigkeit zu Innovation erfordert folglich sowohl eine Handlungs- und Prozessreflexion auf der individuellen als auch auf der Gruppenebene, die mit einer Bewertung einhergeht, so dass Neues entstehen und sich auch entfalten kann.[550]

Erfahrungswissen in der Softwareentwicklung ist nicht zwangsläufig an das Lebensalter gebunden, sondern setzt voraus, dass Erfahrungen in einem bestimmten Tätigkeitsfeld über eine längere Dauer gesammelt werden können. Diese tätigkeits- oder betriebsspezifische Zugehörigkeitsdauer korreliert häufig mit dem Lebensalter, weshalb Personalverantwortliche Erfahrungswissen i.d.R. älteren Mitarbeitern zuschreiben.[551]

---

[547] Vgl. Wehner/Waibel (1997), S. 73ff.

[548] Vgl. Wehner/Waibel (1997), S. 73ff.

[549] Vgl. ebenda, S. 74.

[550] Vgl. Jasper/Fitzner (2000), S. 149.

[551] Vgl. Jasper/Fitzner (2000), S. 146ff., ferner Boockmann/Zwick (2004).

Aufgrund der „Janusköpfigkeit von Erfahrung“ für Innovation (Erkennen von Widersprüchen versus geringe Experimentierfreudigkeit) sollte die empirische Untersuchung auch die wahrgenommene Bedeutung von Erfahrung und Innovation in einem betrieblichen Kontext erkunden.[552]

3.4.2.3 Arbeitsprozess und Innovationskompetenz

Während Fakten-, Strategiewissen und Wissen um theoretische Zusammenhänge abgekoppelt von Arbeitsprozessen erworben werden können, gilt dies für die Aneignung von implizitem Wissen und Erfahrungen nicht.[553] Diese können nur im Prozess der Arbeit durch die Mitarbeiter erworben werden. Auch die Motivation, „Neues“ zu erproben bzw. sich weiter zu entwickeln, ist nicht von der Person allein abhängig, sondern wird von der jeweiligen Situation und den Zielen bestimmt, die sich ihrerseits aus der Arbeitsaufgabe und dem Arbeitsprozesse ergeben.[554] Das Interesse, die Zusammenhänge zwischen Arbeitsaufgabe, Arbeitshandeln und Arbeitsergebnis zu erkunden, rückte bereits in den 1970er Jahren in den Fokus arbeitspsychologischer Betrachtung.[555] Das Konzept des Handlungsspielraums liefert dabei grundlegende Einsichten. So wird die Arbeitsorganisation häufig sowohl durch den Automatisierungsgrad als auch durch den Handlungsspielraum der Akteure beschrieben.[556] Dieser ist durch die Aufgabenstruktur, die Einflussstruktur und die Interaktionsstruktur beeinflusst und wird im Allgemeinen durch die Dimensionen Entscheidungs- und Kontrollspielraum[557] (abhängig von der Einflussstruktur) und Tätigkeitsspielraum[558] (abhängig von der Arbeitsaufgabe) und Interaktionsspielraum[559] (abhängig von der Interaktionsstruktur) beschrieben.[560] Der Handlungsspielraum beein-

---

552 Vgl. Interviewleitfaden Innovationsmanager. Erfahrungskomponente wird in unterschiedlichen Kontexten mit den Befragten reflektiert.

553 Vgl. Bergmann (2000), S. 11ff., Rosenstiel (2003), S. 88ff., Staudt/Kriegesmann (2002).

554 Vgl. Schreyögg (2004), Sp. 351ff., Bergmann (2000), S. 24ff., Staudt/Kriegesmann/Muschik (2002), S. 295ff.

555 Die Human-Relations-Bewegung rückte die Aspekte der Arbeitsqualität und –zufriedenheit und die Zusammenhänge zwischen Humanisierung und Produktivität in den Mittelpunkt betriebswirtschaftlicher Diskussionen.

556 Zum Konzept des Handlungsspielraums vgl. Oechsler (2006), S. 297ff. Das hier angeführte dreidimensionale Konzept basiert auf dem zweidimensionalen Konzept von Ulich (vgl. Ulich/Groskurth/Bruggemann (1973)) und erweitert dieses um den Interaktionsspielraum.

557 Beschreibt das Ausmaß an selbständiger Planungs-, Organisations- und Kontrollbefugnisse, vgl. Oechsler (2006), Schreyögg (2004), Sp. 351.

558 Hierunter wird der Grad der Varietät in der Tätigkeit verstanden, z. B. die Unterschiedlichkeit der zu verrichtenden Aufgaben.

559 Beschreibt den Freiraum zur sozialen Kontaktfähigkeit.

560 Vgl. Oechsler (2006), S. 297.

flusst das Arbeitshandeln der Person und damit mittelbar das Arbeitsergebnis, wobei bislang keine eindeutigen Kausalzusammenhänge zwischen den Schritten nachgewiesen werden konnten. *Hackman* und *Oldham* (1974) stellen fest, dass für die Motivation zur beruflichen Weiterentwicklung interessante Aufgaben mit Spielräumen für eigene Zielvorstellungen erforderlich sind.[561] Vielseitigkeit der Tätigkeit, Ganzheitlichkeit und Bedeutsamkeit der Aufgabe spielen nach ihrem Konzept ebenso eine Rolle wie die Autonomie der Akteure und deren Möglichkeiten der Rückkopplung der Arbeitsergebnisse.[562] Selbstorganisations- und Selbstoptimierungsprozesse werden in vielen Charakterisierungen von Expertise und Kompetenz als Voraussetzung für deren Entwicklung beschrieben. In der Kombination von Lernen und Motivation befähigen sie kompetente Personen, offen zu sein für neue Aufgaben und damit wiederum für neue Lernfelder.[563] In den letzten 40 Jahren haben sich zahlreiche Studien der empirischen Sozialforschung mit der Wirkung bestimmter Arbeitsbedingungen auf die Kompetenzentwicklung der Mitarbeiter befasst.[564] So geht man heute davon aus, dass arbeitsimmanente Kompetenzentwicklung an bestimmte Aufgabenvoraussetzungen gebunden ist. Dazu gehören der Tätigkeitsspielraum, die Rückmeldung über den Erfolg selbst entwickelter Arbeitsmethoden und die Gelegenheit zum dialogischen Lernen bzw. zur kooperierenden Bewältigung problemhaltiger Aufgaben.[565]

Auf den ersten Blick scheinen diese Voraussetzungen in der IT-Branche weit verbreitet, da selbstorganisierte Arbeit hier einen großen Raum einnimmt. In der Branche haben die Tätigkeitsfelder Softwareentwicklung und –beratung, Kundenberatung und –betreuung sowie Wartungstätigkeiten in den letzten Jahren kontinuierlich zugenommen, was sich in einer steigenden Anteil an Mitarbeitern in diesen Bereichen und in einer zunehmenden Akademisierung niederschlägt.[566] Der Grad der Selbstorganisation in der Branche ist allerdings heterogen und richtet sich nach dem Leistungsspektrum der Geschäftseinheit. Nach wie vor gibt es Bereiche, die eher „neo-tayloristische" Arbeitsstrukturen aufweisen wie z. B. die Arbeit in technischen Kundenzentren, in Call Centern und in Shared Service Bereichen. Dagegen herrscht in den klassischen Entwicklungsbereichen als prägende Organisationsform die Projektarbeit vor, die *Boes* und *Baukrowitz* treffend folgendermaßen bezeichnen:

---

[561] Vgl. Hackman/Oldham (1974), ferner die Ausführungen hierzu bei Bergmann (2000), S. 22f., Kulik/Oldham (2004), Sp. 2044ff., Rosenstiel (2003), S. 87ff.

[562] Vgl. Kulik/Oldham (2004), Rosenstiel (2003).

[563] Vgl. Hacker (1998).

[564] Für einen Überblick vgl. Bergmann (2000), S. 26ff., Rosenstiel (2003), S. 224ff.

[565] Vgl. Hacker (1998), Bergmann (1998), Bergmann (2000), S. 34.

[566] Vgl. Boes/Baukrowitz (2001), S. 95ff.

„Projekte sind – so gesehen – die organisierte Veränderung“.[567]

Projekte zeichnen sich aus durch eine gewisse Einmaligkeit, einen geringen Standardisierungsgrad, begrenzte Planbarkeit und hohe Flexibilisierungsanforderungen. Die Selbstorganisation in der Projektgruppe ist Bestandteil der Aufgabenbewältigung und stellt somit ein konstitutives Element dar. Neue Leitungs- und Managementmethoden entwickeln sich im Projektumfeld und fokussieren weniger auf die Formulierung und Durchsetzung von Arbeitsanweisungen als vielmehr darauf, die notwendigen unternehmensinternen Rahmenbedingungen zu schaffen und eine persönliche Bindung der Mitarbeiter an die Projekt- und Unternehmensziele zu erreichen. Die Arbeitsprozesse sind nur begrenzt für Führungskräfte durchschaubar und steuerbar. Letztlich ist es deren Aufgabe, eine „verlässliche“ Selbststeuerung der Beschäftigten zu gewährleisen.[568] Als zentrale Managementmethoden herrschen in der Projektorganisation das Führen über Zielvereinbarungen, eine weitgehend offene Kommunikationskultur und kurze Kommunikationswege vor.[569] Diverse Kommunikations- und Informationsforen in Form regelmäßiger Meetings dienen der informellen Koordination von Teilarbeitsprozessen und der Bewältigung von Störungen im Projektablauf. Das Führen über Ziele ist in den meisten Fällen auch mit einer zielorientierten Leistungsbeurteilung und Gehaltsfindung verbunden,[570] wodurch beispielsweise die Arbeitszeit als Leistungskriterium an Bedeutung verliert.

Das im Softwarebereich angelegte grundsätzliche Planungsproblem wird durch die starke Fokussierung auf die Zielerreichung somit zum großen Teil auf die Mitarbeiter externalisiert. Für die Aufrechterhaltung der Projektabwicklung sind sie gezwungen, Störungen im Projektablauf und unvorhergesehene Kundenwünsche unter anderem durch die Ausdehnung der Arbeitszeit zu kompensieren. Die Einhaltung von Arbeitsschutzregeln wird der Einfachheit halber häufig auf den Mitarbeiter delegiert, was sie faktisch außer Kraft setzt.[571]

Die Ausführungen machen deutlich, dass in der IT-Branche das Konzept der Selbstorganisation zwar verbreitet ist, dass jedoch die auf den ersten Blick großen Handlungsspielräume und die ausgeprägte Kommunikation nicht zwangsläufig auch die Kriterien einer innovationsförderlichen Umgebung darstellen. So geht die augenscheinlich hohe Autono-

[567] Boes/Baukrowitz (2001), S. 109.

[568] Vgl. ebenda, S. 112.

[569] Vgl. Oechsler (2000).

[570] Vgl. Oechsler (2006), Boes/Baukrowitz (2001), S. 117f.

[571] Vgl. Boes/Baukrowitz (2001), Hien (2008).

mie häufig damit einher, dass kein Einfluss auf die wichtigen Entscheidungen wie Ressourcenzuteilung, Priorisierung und Zeitplanung genommen werden kann.[572] Mitarbeiter neigen in dieser Situation häufig zu Selbstüberforderung, was sich auf Dauer negativ auf die Gesundheit der Mitarbeiter und damit auch auf die Produktivität und die Fähigkeit zur Innovation auswirkt.

Die berufliche Leistungsfähigkeit ist keinesfalls nur eine Funktion der Kognition. Als Leistung der ganzen Person ist sie auch als Funktion der Motivation und der Bewertung, welche die Berufsarbeit durch die Person erfährt, anzusehen. Diese Wertung hat sowohl rationale als auch emotionale Aspekte. So gesehen ist die berufliche Leistung auch eine Funktion von Emotionen:[573]

> *„Die Motivationsabhängigkeit gilt für Lern- und Gedächtnisleistungen erst recht für komplexe berufliche Leistungen, zu denen auch innovative Leistungen von Personen gehören."* [574]

Innovationsleistungen sind somit das Produkt einer Person und abhängig davon, welche Ziele sich Personen in ihrer Berufstätigkeit setzen. Damit ist verbunden, dass Personen Aufgaben nicht nur abarbeiten, sondern auch Einfluss auf das Aufgabenspektrum nehmen, sich selbst neue Aufgaben auswählen oder entwickeln, dabei Defizite in ihrem Wissen und in ihren Fähigkeiten feststellen und aktiv an deren Überwindung arbeiten. Motivation ist nicht nur personenabhängig, sondern findet ihre Voraussetzungen auch in den Aufgaben und Bedingungen für deren Bearbeitung.[575] Betrachtet man die Arbeitssituation als Prädiktor für die Motivation, die wiederum die Leistungsfähigkeit erheblich determiniert, so kehrt sich auch die Diskussion um die Altersabhängigkeit der Leistung um. Alterungsprozesse werden mithin als Folge von Lebens- und Arbeitsgestaltung betrachtet.[576]

Langzeitstudien des finnischen Arbeitswissenschaftlers *Ilmarinen* haben gezeigt, dass die Arbeitsbedingungen sowohl positive als auch negative Effekte auf die Arbeitsfähigkeit des einzelnen entwickeln können.[577] So kann das Leistungsverhalten der Mitarbeiter unter bestimmten Voraussetzungen sogar verbessert werden. Im schlechteren Fall sinkt die Leistungsfähigkeit im Laufe der Erwerbsfähigkeit. Um mögliche negative Auswirkungen des Alterns zu vermeiden, schlägt er unterschiedliche „präventive Maßnahmen" aus den

---

[572] Vgl. Hien (2008), S. 18ff., Latniak/Gerlmaier (2006).

[573] Vgl. Weinert (1994).

[574] Bergmann (2001), S. 27.

[575] Vgl. Rosenstiel (2003), Ilmarinnen (2000).

[576] In der Psychologie wird hier vom Konzept des arbeitsinduzierten Alterns gesprochen. Vgl. hierzu Hacker (1996), Naegele (2000), Naegele/Frerichs (2004), Ilmarinnen (2000), Ilmarinnen/Tuomi (1993).

[577] Vgl. Ilmarinen/Tuomi (1993).

Bereichen Gesundheitsschutz, Arbeitsorganisation, Motivation, Führung, Lernen und Kompetenzentwicklung vor.[578] Diese Aufgabenfelder des Human Resource Management sind deshalb so zu gestalten, dass sie zur Vermeidung von negativen Folgen der Selbstorganisation beitragen, um die Kompetenz zur Innovation nachhaltig zu gewährleisten.

Merkmale und Voraussetzungen einer individuellen Kompetenz zur Innovation werden in Abbildung 13 zusammengefasst:

Individuelle Kompetenz zur Innovation…

… ermöglicht die Entwicklung neuer Ideen und Problemlösungen.

… ist ein subjektiver, relationaler Begriff.

… ist mehr als Kreativität.

… beschreibt die selbst organisierte Problemlösefähigkeit in komplexen Situationen.

… hat einen kognitive, eine motivationale und eine soziale Verhaltensdimension.

… beinhaltet auch Durchsetzungs- und Konfliktfähigkeit und vieles mehr.

… manifestiert sich in Handlungen.

… hat eine soziobiografische Komponente.

… schließt explizites und implizites (erfahrungs- und kontextbezogenes) Wissen ein.

… wird durch den Handlungsspielraum beeinflusst.

… entwickelt sich in selbst organisierten Lernprozessen (v. a. im Prozess der Arbeit).

… erfordert eine Handlungs- und Prozessreflexion auf individueller und Gruppenebene.

Abbildung 13: Charakteristika von individueller Kompetenz zur Innovation
Quelle: Eigene Darstellung

3.4.2.4 Zwischenfazit: Alterung und individuelle Innovationskompetenz

„Das Alter lässt sich nur in seiner Gesamtheit erfassen; es ist nicht nur eine biologische, sondern eine kulturelle Tatsache.“[579]

(Simone de Beauvoir)

Alter kann auf individueller Ebene je nach Lebens- und Berufssituation des Mitarbeiters Einfluss auf die Fähigkeit zur Innovation haben. Dabei ist das Lebensalter des Mitarbeiters nicht immer die maßgebliche Einflussgröße. So kann der Prozess der Arbeit selbst, das Altern sowohl unter biologischen als auch unter sozialen Aspekten beschleunigen

[578] Zum Konzept der „Arbeitsfähigkeit“ und des „Work-Ability-Index (WAI)“ vgl. Ilmarinen (2000), S. 88f. oder die Darstellung bei Jasper/Fitzner (2000), S. 141f.

[579] De Beauvoir (1970), S. 18.

oder verlangsamen (siehe umgekehrte Wirkung in Abbildung 14). Neben dem Lebensalter ist die Dauer der Berufstätigkeit oder der Betriebszugehörigkeit eine weitere Bestimmungsgröße, wenn es um die Beschreibung von Wirkungszusammenhängen geht. Hinsichtlich der Wirkung von Alter auf die Kreativität lassen sich weder überwiegend positive noch überwiegend negative Effekte (für die Dauer des Erwerbslebens) feststellen. Anders ist es im Hinblick auf die Wissenskomponente. Innovationsförderliches Kontextwissen nimmt im Verlauf des Berufslebens zu (positiver Effekt). Je nach Erfahrungswissen des Mitarbeiters kann sich dieses jedoch entweder in Beharrungstendenzen oder aber in der Offenheit zur Übernahme von neuen Aufgaben niederschlagen. Die Wirkungen sind hier stark von der jeweiligen Biografie des Mitarbeiters abhängig und nicht eindeutig zu spezifizieren. Tätigkeits- und Entscheidungsspielräume des Mitarbeiters bestimmen nicht nur wesentlich die Alterung im Arbeitsprozess. Sie tragen vielmehr auch dazu bei, dass der Mitarbeiter fähig und bereit ist, seine Kompetenzen selbst gesteuert weiterzuentwickeln (positiver Effekt). Eine Arbeitsorganisation, die – wie es häufig in Großunternehmen anzutreffen ist – ältere Mitarbeiter eher von innovativen Aufgabenstellungen ausschließt, als sie mit einzubeziehen, kann dann allerdings auch negative Effekte hervorrufen. Die persönlichen Netzwerke der Mitarbeiter, die sie in die Lage versetzen, Wissen von außerhalb und innerhalb des Unternehmens zu beschaffen und zu verteilen und dabei die eigene Kompetenz zu entwickeln, sind unabhängig vom Alter des einzelnen. Für die individuelle Innovationskompetenz sind sie positiv zu bewerten.

Die Ausführungen zeigen, dass dem Handlungsspielraum des Mitarbeiters als Einflussfaktor sowohl für den Prozess der arbeitsinduzierten Alterung als auch hinsichtlich dem Erwerb von Wissen, dem Umgang mit Erfahrung und der Motivation und Offenheit für Neues eine zentrale Rolle zu kommt. Für die Erkundung der Zusammenhänge von Alterung und Innovationskompetenz ist somit die Frage nach der Wahrnehmung und der Ausgestaltung der Handlungsspielräume mit entscheidend (vgl. Interviewleitfaden Innovationsmanager, Fragenblock 1).[580]

Vor dem Hintergrund der beschriebenen Gegebenheiten in der IT-Branche (u. a. starke Projektorganisation, weltweite verteilte Entwicklungszentren, Trend zur Standardisierung,

[580] Ferner vertiefend Fragen 2.5 und 2.13, 3.1.und 3.2 sowie 3.10 und 3.11. Dabei wird nicht direkt nach Handlungsspielräumen als Konstrukt gefragt. Vielmehr ist interessant, ob die Wahrnehmung der Entscheidungs- und Interaktionsspielräume bei den Stärken und Hindernissen eine Relevanzsetzung durch die Befragten erfährt (siehe dazu Ergebnisse in Kapitel 4.6.3).

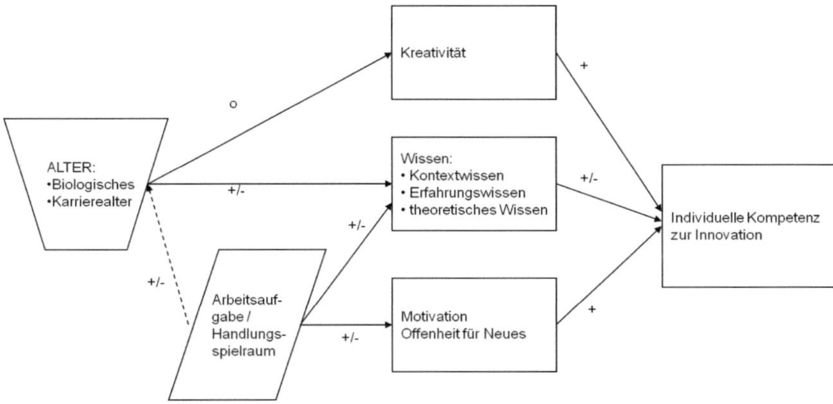

Abbildung 14: Auswirkung des Alters auf die individuelle Kompetenz zur Innovation

Quelle: Eigene Darstellung

Legende: o keine Auswirkung, + positive Wirkung, +/- negative und positive Wirkung möglich

„Lead User"-Methode) und der Forschungsfrage sollen die folgenden in der Theorie diskutierten Annahmen auch Eingang in die empirische Untersuchung finden.

Annahme Humankapital 1 (HK 1):[581]

Je komplexer die Anforderungen im Innovationsprozess der IT-Branche hinsichtlich von Geschäftsprozessen und Kundenanforderungen werden, umso wichtiger scheint auch in dieser Branche die **Erfahrungskomponente** des Wissens.

Annahme Humankapital 2 (HK 2):[582]

Die auf den ersten Blick großen **Handlungsspielräume** und die ausgeprägte Kommunikation stellen nicht zwangsläufig eine innovationsförderliche Umgebung dar, weil mit der augenscheinlich hohen Autonomie oft kein Einfluss auf Entscheidungen wie Ressourcenzuteilung und Zeitplanung verbunden ist.

581 Vgl. Interviewleitfaden für Innovationsmanager, Frage 2.4 bis 2.8 und 2.11 und 2.12.

582 Vgl. Interviewleitfaden für Innovationsmanager, Fragenblöcke 1 und 3, wobei die Befragten hier eine eigene Relevanzsetzung vornehmen können. Vgl. zur Methodik Abschnitt 4.3.

Angesichts der demografischen Entwicklungen wird Alterung nicht nur auf der individuellen Ebene eine Rolle spielen. Auch die organisationsdemografischen Strukturen in den Unternehmen verändern sich.

Als Personalstruktur bzw. Organisationsdemografie[583] wird in der betriebswirtschaftlichen Literatur die Größe und Zusammensetzung des Personalbestands nach bestimmten sozialen Merkmalen bezeichnet.[584] Solche sozialen Merkmale können z. B. das Alter, die Qualifikation, das Geschlecht, die Dauer der Betriebszugehörigkeit oder auch die Nationalität sein.[585] Neben einem qualitativen Aspekt, nämlich der Festlegung der Kriterien zur Bildung unterschiedlicher Arbeitskräftekategorien, hat die Personalstruktur jeweils auch eine quantitative Perspektive. Dabei geht es um die Anzahl der Arbeitskräfte in einer Kategorie, d.h. um die absolute und die relative Mächtigkeit einer Gruppe.[586]

Geht man davon aus, dass sich makrodemografische Komponenten, das heißt die Zusammensetzung des verfügbaren Arbeitskräftepotenzials, auch auf der Mikroebene der Organisation niederschlagen, so dürften die künftig zu erwartenden demografischen Entwicklungen und der Strukturwandel im „Reservoir“ der Arbeitskräfte auf dem externen Arbeitsmarkt auch die betrieblichen Strukturen verändern. Dabei ist die Organisationsdemografie keinesfalls ein bloßes Abbild der Makroebene. Vielmehr unterscheiden sich Unternehmen aufgrund ihrer Größe, ihrer Produkt-Markt-Strategie und ihrer Historie deutlich in ihren Personalstrukturen, auch bei gleichem externem Arbeitskräfteangebot.[587]

Damit stellt sich die Frage, ob und wie sich diese zu erwartenden Veränderungen in der Personalstruktur auf die Interaktion der Organisationsmitglieder und letztlich auf die Innovationsfähigkeit der Organisation als Ganzes auswirken.

3.4.3 Interaktion in Gruppen und Netzwerken als Quelle von Innovationen

Sich verändernde Personalstrukturen haben grundsätzlich Auswirkungen auf personalwirtschaftlich relevante Ergebnis- und Prozessvariablen, so z. B. auch auf die Fähigkeit zur Innovation.[588] Dabei ist es vor allem die Wirkung der Diversität,[589] die im Fokus des

---

[583] Die Begriffe Personalstruktur, Organisationsdemografie und Personalkonfiguration werden im Folgenden synonym verwendet.

[584] Vgl. Leblebici (1992), Sp. 1468f.

[585] Vgl. Nienhüser (1998), S. 1.

[586] Vgl. Kossbiel (2004), Sp. 1642.

[587] Vgl. Goedicke/Brose/Diewald (2006), S. 152ff.

[588] Vgl. Jans (2003), S. 53ff., Nienhüser (1998), S. 7ff., Kossbiel (2004), Sp. 1646.

Forschungsinteresses steht. Sowohl negative als auch positive Effekte der Diversität auf die Leistungsressourcen werden in unterschiedlichen Studien nachgewiesen.[590] Der Grund für die stark abweichenden Ergebnisse ist, dass die Organisationsdemografieforschung unter konzeptionellen Mängeln leidet bzw. einer weitergehenden theoretischen Fundierung bedarf.[591] So müssen Wirkungsvermutungen, z. B. von Altersheterogenität, weiter differenziert und um Kriterien ergänzt werden, die spezifizieren, welche Effekte der Diversität primär von Interesse sind. Darüber hinaus sind Interaktionshypothesen zu formulieren, um die wechselseitigen Abhängigkeiten der Diversitätsvariablen und deren Zusammenspiel im Hinblick auf die jeweiligen Ergebnis- und Prozessvariablen zu beschreiben. Beispielsweise zeigt die Studie von *Jehn et al.* (1999), dass es einen Unterschied macht, ob eine hohe kognitive Diversität mit einer geringen oder einer hohen Wertevielfalt gepaart ist. Sie zeigen auch, dass Unterschiede in den Merkmalen Alter und Geschlecht erst dann zum Tragen kommen, wenn diese mit einer hohen Wertevielfalt einhergehen.[592]

Auch in der Praxis messen zahlreiche Unternehmen dem Thema „Diversity“[593] eine hohe Bedeutung bei.[594] In einer im Auftrag der Europäischen Kommission im Jahr 2005 durchgeführten Studie geben Unternehmen ethische[595], rechtliche[596] und wirtschaftliche Gründe für die Förderung der Vielfalt im Unternehmen an. Darüber hinaus stellen die demografischen Entwicklungen in vielen europäischen Ländern die Unternehmen vor neue Herausforderungen bei der Gewinnung von Mitarbeitern aus den Kreisen, aus denen sie bislang ihre Belegschaft rekrutierten. Die größere Teilhabe von Frauen, ethnischen Min-

---

[589] Diversität bezeichnet hierbei den Grad, in dem die sich die Mitglieder einer Organisation oder Gruppe untereinander in Bezug auf bestimmte Merkmale unterscheiden, zum Bespiel hinsichtlich des funktionalen Hintergrundes. Im deutschen Kontext wird häufig der Begriff „Vielfalt“ synonym verwendet, so auch hier.

[590] Vgl. hierzu auch Gebert (2004), S. 176f., Jans (2003), S. 54ff., Nienhüser (1991), S. 773ff.

[591] Vgl. Gebert (2004), S. 178f., Jans (2003), S. 72ff.

[592] Zur Diskussion der Ergebnisse vgl. Jans (2003), S. 72ff.

[593] Im Deutschen „Vielfalt“.

[594] Vgl. Europäische Kommission (2005). Ziel der Untersuchung der Europ. Kommission war die Erfassung der Gründe, die Unternehmen für Aufwendungen für personelle Vielfalt anführen. Die Umfrage wurde in 2 Phasen durchgeführt und richtete sich im Jahr 2005 an Unternehmen der 25 Mitgliedstaaten der Europäischen Union (919 Antworten). In der ersten Umfrage wurden Fragebogen und persönliche Gespräche benutzt, um Beispiele für bewährte Verfahren am Arbeitsplatz in Bezug auf die Vielfalt am Arbeitsplatz zu finden. In der zweiten Umfrage wurden Onlinefragebögen zur Untersuchung der Aufgeschlossenheit und der Verfahren bzgl. aller Aspekte der Vielfalt in den Mitgliedsunternehmen des Europäischen Unternehmenstestpanels (EBTP) benutzt.

[595] Werten wie Integration, Achtung der Menschen, der Gemeinschaft und des Individuums messen viele Unternehmer eine entscheidende Bedeutung für den wirtschaftlichen Erfolg bei, vgl. Europäische Kommission (2005), S. 14f.

[596] Zum Beispiel die Einhaltung von EU-Richtlinien und einzelstaatlichen Rechtsvorschriften zur Förderung von Gleichstellung und Nichtdiskriminierung am Arbeitsplatz, vgl. Europäische Kommission (2005), S. 14f.

derheiten, älteren Menschen und Menschen mit Behinderung am Arbeitsmarkt erschließt den Unternehmen zum einen neue Arbeitskräfte, stellt sie zum anderen aber auch vor die Herausforderung, ein Umfeld zu schaffen, in dem Unterschiede anerkannt und produktiv genutzt werden. Der aus Unternehmenssicht erwartete wirtschaftliche Nutzen ist sowohl die Behebung des Arbeitskräftemangels als auch die Einstellung sowie die Bindung von hochqualifiziertem Personal.[597] Als weiteren großen wirtschaftlichen Nutzen erwarten sich die Unternehmensvertreter die Möglichkeit, Innovationen zu fördern, um neue Märkte zu erschließen.[598]

Eine wichtige Dimension der Diversität wird nach einhelliger Meinung von Experten das „Alter" in den Belegschaften sein.[599] Beachtet man zudem noch, dass das Phänomen der „alternden Belegschaften" kein deutsches ist, sondern sich weltweit in allen industrialisierten Ländern vollzieht[600], liegt der Schluss nahe, dass die Analyse aktueller und die Prognose zukünftiger Alters- und Qualifikationsstrukturen als Entscheidungsgrundlage im Rahmen des strategischen Human Resource Management an Bedeutung zunehmen werden.[601]

Bereits *Schumpeter* führt die Fähigkeit, „Neues" zu entwickeln, auf die beiden generischen Prozesse Austausch und Kombination zurück.[602] Die soziale Interaktion zwischen Individuen trägt grundlegend zur Akkumulation und zur Rekombination von Wissen bei. Während sich die traditionelle Innovationsforschung vor allem mit der Interaktion in F&E Teams als „Zentren" der Innovation beschäftigte, entwickelten sich daneben seit den 90er Jahren Konzepte des Sozialkapitals.

Soziales Kapital bezeichnet i.d.R. das Konstrukt, das die sozialen Relationen der Organisation reflektiert.[603] Dieses lässt sich anhand einer strukturellen (Netzwerkverbindungen),[604] einer beziehungsorientierten (Vertrauen, Identifikation)[605] oder einer kogniti-

---

[597] Vgl. Europäische Kommission (2005), S. 5ff. und 15ff.

[598] Mehr als 26% der auf die EBTP-Umfrage antwortenden Unternehmen führten Innovation und Kreativität als Nutzen an, vgl. ebenda, S. 6ff.

[599] Vgl. Drucker (1997), S. 20, Hölz (2006), Europäische Kommission (2007).

[600] Vgl. Engardio/Matlack (2005), Leipold/Voelpel (2006), S. 36ff.

[601] Vgl. Struß (2004), S. 11f., ferner Schinkel (2004), S. 3, Leendertse (2006), S. 141.

[602] Vgl. Nahapiet/Ghoshal (1998), S. 250.

[603] Vgl. Leana/van Buren (1999), S. 537f.

[604] Formale Strukturen und Abläufe bestimmen zu einem hohen Anteil auch die Dichte von Netzwerken und die Verfügbarkeit der Netzwerkpartner. Vgl. Nahapiet/Ghoshal (1998), S. 244ff.

[605] Die beziehungsorientierte Dimension wird in erster Linie durch die bereits stattgefundene Interaktion der Mitglieder etabliert. So können unterschiedliche Akteure die gleiche Netzwerkposition bei sonst gleichen Rahmenbedingungen einnehmen und aufgrund ihrer Erfahrungen mit anderen Netzwerkpartnern zu vollkommen unterschiedlichen Handlungsabsichten gelangen. Vgl. ebenda.

ven Dimension (geteilte Werte, gemeinsame Sprache)[606] charakterisieren.[607] Eine separate Betrachtung der kognitiven Dimension des Sozialkapitals ist vor allem im Hinblick auf die Entwicklung organisationaler Kompetenzen von Bedeutung.[608] Auch die Organisationskultur[609] im Sinne geteilter Werte und Überzeugungen kann danach als eine Facette des Sozialen Vermögens betrachtet werden.[610]

In Anlehnung an *Nahapiet/Goshal* beschreibt Sozialkapital

> *„[...] the sum of actual and potential resources embedded within, available through, and derived from the network of relationships possessed by an individual or social unit."*[611]

Soziales Kapital trägt über die Verbesserung der Informations- und Kommunikationswege nicht nur zur Effizienzsteigerung der Organisation bei, sondern ist darüber hinaus geeignet, Kreativität und Lernprozesse zu unterstützen und zu fördern. Diese Verbesserungen sind auch im Umfeld der IT-Branche, in dem Innovationsmanagement sehr häufig in (virtuellen) Projektteams und in Kooperation mit externen Partnern betrieben wird, anzuwenden. Der Zugehörigkeit zu einer Gruppe kommt auch in virtuellen Organisationen eine identitäts- und vertrauensstiftende Rolle zu. Diese ist unter anderem für die Freisetzung kreativer Leistungen und die Bereitschaft, Wissen mit Kollegen zu teilen, entscheidend. Erkenntnisse aus der Gruppenforschung finden darüber hinaus auch Anwendung in der Beschreibung spezieller Netzwerkkonstellationen. So wird ein Team definiert als Spezialfall eines intraorganisationalen Netzwerks, das an der Arbeitssituation ausgerichtet ist (Arbeitsnetzwerk).[612]

Aus Perspektive der Innovationsforschung ist vorrangig interessant, wie über soziale Interaktion der Zugang zu Ressourcen und deren „Veredelung" zu Kompetenzen auch bei unter sich verändernden strukturellen Gegebenheiten sichergestellt werden kann.

---

606 Diese spielt bei der Entstehung intellektuellen Kapitals eine wesentliche Rolle. Vgl. ebenda.

607 Vgl. Nahapiet/Ghoshal (1998), S. 245, ferner Schmidt-Rathjens/Stegmaier (2005), S. 3ff.

608 Nahapiet/Ghoshal verwenden hierfür in Anlehnung an den Begriff „Humankapital" den Begriff „Intellectual Capital". „[...] we use the term „intellectual capital" to refer to the knowledge and knowing capability of a social collectivity, such as an organization, intellectual community, or professional practice. [...] Intellectual capital thus represents a valuable resource and a capability for action based in knowledge and Knowing." (Nahapiet/Ghoshal (1998), S. 245).

609 Grundlegend zu Organisationskultur und deren Verhaltenswirkung siehe Behrends (2003), S. 241.

610 Vgl. Barney (2001), S. 645ff.

611 Nahapiet/Ghoshal (1998), S. 243.

612 Vgl. Köhne (2004), S. 108.

3.4.3.1 Netzwerkstrukturen und Innovationskompetenz

Häufigkeit und die Qualität der Austauschbeziehungen bestimmen das Vermögen, Wissen in der Organisation zu verteilen und durch (Re)kombination neues Wissen zu generieren. Welches Wissen zugänglich ist und somit für den Austausch zur Verfügung steht, wird von der Struktur von Netzwerken,[613] den Mitgliedern der Netzwerke sowie den Interaktionsmodalitäten im Netzwerk bestimmt.[614]

Austauschbeziehungen

Die Netzwerkstruktur wird im Allgemeinen durch die Dichte der Beziehungen der Mitglieder untereinander und mögliche Strukturbrüche beschrieben. Darüber hinaus umfassen sie den Status der Akteure, deren Zugang zu Ressourcen und spezifische Eigenschaften.[615]

Die Wirkung von Netzwerkstrukturen auf Innovationen ist u. a. Gegenstand einer Studie von *Reagans* und *Zuckermann*. Sie untersuchten die Kommunikationsstrukturen von 223 F&E-Teams aus 29 Unternehmen unterschiedlicher Branchen im Hinblick auf die Förderlichkeit von Innovationen (gemessen an Patenten, Prototypenentwicklung u. a.). Zur Beschreibung der Kommunikationsstruktur wurden dabei die beiden Variablen „Netzwerkdichte“[616] und „Netzwerkheterogenität“[617] herangezogen. Hohe Netzwerkheterogenität zeigte dabei an, dass der Kontakt mit Kollegen anderer **Zugehörigkeitsdauer** intensiver gepflegt wird als der mit Kollegen der gleichen Zugehörigkeitsdauer. Die Forscher gehen dabei davon aus, dass Kollegen unterschiedlicher Betriebszugehörigkeitsdauer auch unterschiedliches Wissen, Erfahrungshorizonte und Problemsichten mitbringen und somit eine Perspektivenerweiterung in die Prozesse einbringen, die für Innovativität förderlich sein kann.

Als Ergebnis der Untersuchung stellten *Reagans* und *Zuckerman* fest, dass sowohl die Dichte als auch die Heterogenität positiv mit der Innovativität korreliert waren, wobei die Konstrukte untereinander signifikant negativ korreliert sind. Als zusätzlichen Effekt be-

---

[613] Vgl. Wikipedei (2010d), als Netzwerke werden Systeme bezeichnet, deren zugrunde liegende Struktur sich mathematisch als Graph modellieren lässt und die über Mechanismen zu ihrer Organisation verfügen. Wikipedia ist ein Projekt freiwilliger und ehrenamtlicher Autoren zum Aufbau einer Enzyklopädie im Internet, welches von vielen Menschen als Informationsquelle im Alltag genutzt wird.

[614] Vgl. Gulati et al. (2000), S. 207ff. Gulati et al. gehen davon aus, dass es sich bei Netzwerken selbst um einmalige, pfadabhängige Muster handelt, die im Sinne des RBV nicht imitierbare und nicht substituierbare Ressourcen darstellen.

[615] Zur Spezifikation von strukturellen Netzwerkdimensionen vgl. Köhne (2004), S. 110f.

[616] Netzwerkdichte ist definiert als der Grad, in dem jeder mit jedem kommuniziert (Vgl. Reagans/Zuckerman (2001), S. 502).

[617] Netzwerkheterogenität ist definiert als die Häufigkeit, mit der Gruppenmitglieder mit solchen anderen Gruppenmitgliedern kommunizieren, die sich in Bezug auf die Dauer der Betriebszugehörigkeit von der eigenen Betriebszugehörigkeit deutlich unterschieden (vgl. ebenda).

obachten die Forscher allerdings auch, dass sich ein Interaktionseffekt zwischen beiden Variablen beobachten lässt.[618]

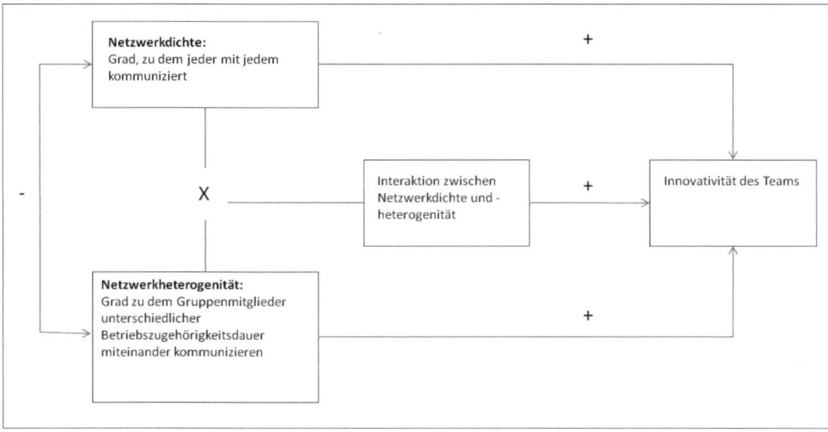

Abbildung 15: Netzwerkqualität und Innovation – empirische Beziehungen
Quelle: Gebert (2004), S. 158 nach Reagans & Zuckerman (2001), S. 510ff.

Eine hohe Netzwerkdichte ist offensichtlich dann förderlich, wenn ein hoher Abstimmungs- und Koordinierungsbedarf besteht. Diesem Zusammenhang gehen zum einen *Brodbeck* (2001) als auch *Högl* und *Gemünden* in Studien zur Softwareentwicklung nach.[619] Beide Studien weisen nach, dass sich die Netzwerkdichte in der IT-Branche innovationsbezogen funktional erweist, dass die Wirkung jedoch kontextabhängig variiert. So ist der Grad der Netzwerkdichte im Unterschied zu den frühen Projektphasen in den späten Projektphasen von erheblicher Bedeutung für den Projekterfolg.[620] Bei hoher Netzwerkdichte handelt es sich um Kooperationsmuster, die durch eine hohe Kohäsion getragen werden und durch wechselseitige Wertschätzung und starkes Vertrauen entstehen.[621]

Darüber hinaus spielt für den Prozess der Kombination auch die Diversität im Netzwerk eine Rolle. Die dazu vorliegenden Befunde sind uneinheitlich, da dem größeren Aus-

[618] Vgl. Reagans/Zuckerman (2001), S. 505 ff.

[619] Vgl. Brodbeck (2001), S. 73ff., Högl/Gemünden (2001), S. 35ff.

[620] Vgl. Brodbeck (2001), S. 86ff.

[621] Vgl. Gebert (2004), S. 157.

gangspotenzial an unterschiedlichen Lösungsansätzen nicht selten negative Effekte aufgrund von Stereotypen und Vorurteilen im Laufe der Austauschprozesse gegenüber stehen.[622]

Die Gründe hierfür stellt die folgende Abbildung dar.

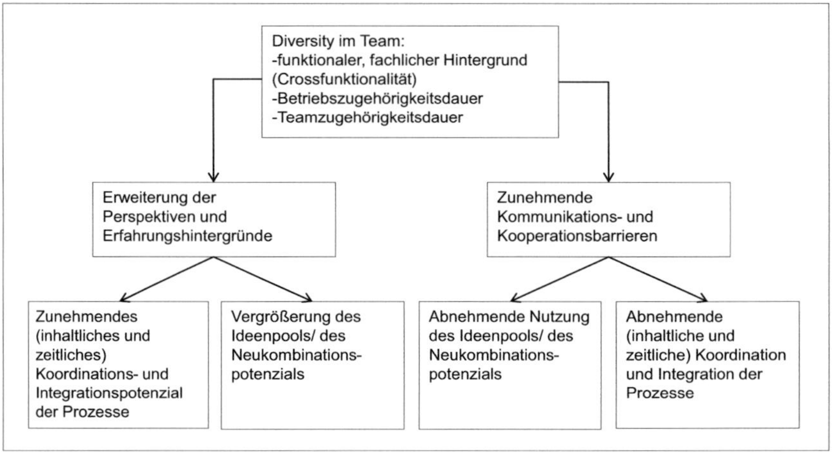

Abbildung 16: Positive und konterkarierende negative Effekte von Diversity
Quelle: Nach Gebert (2004), S. 181

Auch die „Absorbative Capacity", also die Fähigkeit, Informationen als neu zu erkennen und sie innerhalb der Organisation zu nutzen,[623] ist nicht nur von individuellen Dispositionen abhängig, sondern sie wird auch von der Art und Weise bestimmt, wie Personen miteinander in Kontakt treten.[624] Darüber hinaus lässt sich ableiten, dass Innovativität insbesondere dann unterstützt wird, wenn sich die Risiken und Chancen von Pluralität und Dissens einerseits und einer vertrauensbasierten Kohäsion im Netzwerk andererseits gegenseitig balancieren.[625] Beide Elemente für sich alleine genommen bergen Risiken, die Kommunikations- und Kooperationsprozesse negativ beeinflussen können.[626]

---

[622] Vgl. Gebert (2004), S. 176ff.

[623] Vgl. Cohen/Levinthal (1990).

[624] Vgl. Ridder/Bruns/Hoon (2005), S. 55.

[625] Gebert spricht hier vom „dilemmatischen Charakter" der Teamarbeit vgl. Gebert (2004), S. 159.

[626] Bei einer hohen Kohäsion können durch Groupthink verursacht, negative Sekundäreffekte entstehen. Hohe Diversität birgt dagegen ein hohes Konfliktpotenzial, das sich ebenfalls in negativen Sekundäreffekten auf die Kooperation im Netzwerk auswirken kann. Vgl. Schuler/Görlich (2007), Gebert (2004), S. 182ff., Jans (2003), S. 53ff.

Welche Effekte gehen demnach von der Altersstruktur bzw. der Altersheterogenität von Gruppen auf das Gruppenergebnis aus? Diese Aspekte werden bislang eher selten in Studien berücksichtigt. Eine Studie des *„Mannheim Research Institute for the Economics of Aging“* (kurz: MEA), die sich dem Zusammenhang von Altersstruktur und Produktivität von Gruppen widmet, kommt für die Fließbandfertigung zu dem Ergebnis, dass eine isolierte Betrachtung eines Alterseffektes (Durchschnittsalter von Gruppen) eindeutig negativ mit der Produktivität der Arbeitsgruppe korreliert ist.[627] Erfahrungseffekte, d.h. die isolierte Betrachtung der durchschnittlichen Erfahrung von Arbeitsgruppen, zeigen hingegen eindeutig, dass mit wachsender Erfahrung (gemessen an der Betriebszugehörigkeit der Gruppenmitglieder) die Arbeitsproduktivität positiv beeinflusst wird.[628] Der Gesamteffekt beider Effekte zeigt, dass die Produktivität vom Durchschnittsalter der Gruppen entkoppelt ist.[629] Ein eher überraschendes Ergebnis der Studie ist die Tatsache, dass altersgemischte Arbeitsgruppen eindeutig geringer produktiv waren als altershomogene.[630] Als Erklärung können hier die oben genannten negativen Effekte von Heterogenität herangezogen werden.

Die genannten Studienergebnisse können nicht ohne weiteres auf altersgemischte Teams in anderen Branchen übertragen werden. Sie zeigen jedoch eindeutig, dass die branchenspezifische Erforschung von Alterseffekten unabhängig von Stereotypen und unabhängig von der Annahme individueller Produktivitäts- bzw. Innovativitätsentwicklung erfolgen sollte. Gegenläufige Effekte von zunehmender Erfahrung und abnehmender fluider Intelligenz Einzelner können sich beispielsweise in der Gruppe überlappen und je nach Art der sozialen Interaktion zu unterschiedlichen positiven oder negativen Ergebnissen führen. Eine generelle Aussage zur Wirkung von Altersstruktur und Altersheterogenität in der IT-Branche ist auf Basis des aktuellen Forschungsstandes deshalb noch nicht möglich.

Zugänglichkeit von Wissen

Die Effektivität der Suche nach nützlichem Wissen bestimmt sich nach der Art und Weise, wie die Akteure innerhalb oder außerhalb der Organisation vernetzt sind. Man unterscheidet hier zwischen internem und externem sozialen Kapital. In diesem Zusammenhang wird auch die Bedeutung von festen und losen Kopplungen diskutiert. Neues Wissen wird

[627] Vgl. Börsch-Supan/Düzgün/Weiss (2009), S. 60f.

[628] Vgl. Reil-Held (2010), ferner Börsch-Supan/Düzgün/Weiss (2009), S. 60f., Düzgün (2008).

[629] Vgl. Börsch-Supan/Düzgün/Weiss (2009), S. 60f.

[630] Vgl. Börsch-Supan/Düzgün/Weiss (2009), S. 60f.

für die Organisation häufig erst über Kanäle zugänglich, die über lose Verbindungen einzelner Individuen zu meist externen Partner bestehen.[631] Neue Chancen und Gelegenheiten werden im Allgemeinen über derartige Netzwerkaktivitäten aufgespürt. Werden Wissensbestandteile aus diesen interorganisationalen Netzwerken beschafft, so trägt der persönliche Kontakt eines Akteurs i.d.R. zur Verbesserung der Qualität der Interaktion bei.[632] Starke Beziehungen innerhalb eines Teams haben sich vor allem dann als zweckdienlich erwiesen, wenn es um den Transfer von hoch komplexem und spezifischem Wissen ging.[633] Im Zuge der Verbreitung der „Lead User"-Methode in der IT-Branche ist dort die Qualität der Kooperation in interorganisationalen Netzwerken für den Erfolg von Innovationen von zunehmender Bedeutung.[634] Für die empirische Erhebung bedeutet das, in der Fallstudie zu erkunden, ob und welche Auswirkungen aufgrund des demografischen Wandels in der Kooperation mit Kunden erwartet werden.

Aus Effektivitäts- und Effizienzgesichtspunkten heraus sind Netzwerke von zwei Seiten zu betrachten: Stellen sie auf der einen Seite eine wertvolle Ressource dar, so können sie, folgt man der Komplexitätstheorie, auch negative Folgen für die Handlungsfähigkeit der Organisation mit sich bringen.[635] Die jüngere Sozialkapitalforschung legt nahe, dass zu unterschiedlichen Zeitpunkten unterschiedliche Beziehungssysteme relevant sein können. Dabei kann der Aufbau eines Netzwerkes durch die Pflege eines bestehenden Netzwerkes erschwert werden.[636] Auch kann der nicht zieldienliche Informationsfluss zwischen Netzwerkpartnern die zu bewältigende Komplexität unnötig erhöhen und innovatives Handeln verlangsamen.[637]

Je nach Verteilung von Alterskohorten innerhalb einer Organisation können demnach bestehende Netzwerke von älteren und langjährigen Mitarbeitern den Aufbau neuer Netzwerke durch jüngere Kohorten fördern oder hindern (siehe auch Ausführungen zur Gruppendominanz unten).

Neben dem ungebrochenen Trend hin zu interorganisationalen Netzwerken haben sich in der Praxis in den letzten Jahren auch intraorganisationale Netzwerke, so genannte

[631] Vgl. Ridder/Bruns/Hoon (2005), S. 55.

[632] Vgl. Gulati (1999), Hansen (1999).

[633] Vgl. Hansen (1999).

[634] Vgl. Grunwald/Kieser (2004); vgl. ferner Annahme Sozialkapital 2 unten.

[635] Vgl. Wilkens/Keller/Schmette (2006), S. 142ff.

[636] Vgl. Maurer (2003).

[637] Vgl. Grunwald/Kieser (2004), S. 369ff.

„Communities of Practice“ (CoP)[638], rapide verbreitet, die oftmals im Rahmen der Einführung von Wissensmanagementsystemen initiiert wurden.[639] Sie werden bewusst als Kontrast zu den häufig vorkommenden „Datenfriedhöfen“ als „lebendige Wissensnetzwerke“ wahrgenommen und rücken als themenspezifisches soziales Netzwerk den Wissensträger Mensch und soziale Lernprozesse in den Mittelpunkt eines sonst eher technologieorientierten Wissensmanagementverständnisses.[640] Nach wie vor stellt sich für Forschung und Praxis die Frage, wie das Potenzial, das den Communities im Hinblick auf die Gewinnung und Verbreitung von Wissen zugeschrieben wird, effektiv genutzt werden kann. Welche Faktoren beeinflussen die Prozesse in diesen Netzwerken und welche Wirkungen entfalten sie? Neuere Forschungsergebnisse zeigen, dass die Lebensphasen, die intraorganisationale Netzwerke durchlaufen, Einfluss auf die Intensität des Wissensaustauschs und der Art des erworbenen Wissens nehmen.[641] Darüber hinaus bestätigen sie frühere Ergebnisse der Netzwerkforschung und belegen, dass im Netzwerk die Faktoren Vertrauen und Kohäsion, aber auch Kommunikationsklima wie z. B. Offenheit, Rechtzeitigkeit und Genauigkeit der Information, Einflussfaktoren für die Interaktionsqualität in der Community darstellen. Hinsichtlich der Problemstellung dieser Arbeit ist interessant, ob hinsichtlich der Nutzung von Wikis unterschiedliche Ausprägungen in den Alterskohorten existieren.[642]

3.4.3.2 Teamklima und Innovationskompetenz

Über die Erreichbarkeit und den Austausch von Wissen hinaus stellt sich die Frage, wie das individuell vorhandene Wissen auf einer kollektiven Ebene integriert und nutzbar gemacht werden kann. Hierzu tragen das Engagement in Teams und eine formale, aufgabenbezogene Interaktion bei. Die Bedeutung der Teamebene für die Entstehung von Innovationen konstatieren auch *West et al.*:

> *„Some of the greatest innovations over the past century have sprung from creative juices of individuals. […] But these are exceptions to the rule. The overwhelming*

[638] Der Begriff „Community of Practice“ wurde erstmals 1990 von Lave/Wenger geprägt, die aus soziokultureller Perspektive Lernprozesse in Gruppen untersuchten und auf diesen Ergebnissen aufbauend eine „soziale Theorie des Lernens“ aufstellten (vgl. Zboralski (2007), S. 26ff., ferner Köhne (2004)).

[639] Vgl. Zboralski (2007), S. 4ff.

[640] Vgl. Zboralski (2007), S. 3.

[641] Vgl. Zboralski (2007), S. 38ff.

[642] Vgl. Interviewleitfaden Innovationsmanager, Fragenblock 2.

majority of successful innovations come not from individuals [...], but from team efforts [...]."[643]

Die kreative Leistung eines Teams resultiert letztlich aus dem „Geist", der in einem Team respektive einer Gruppe herrscht. Ein Team zeichnet sich dadurch aus, dass es die Personen, die in Interaktion miteinander stehen, eine gewisse Arbeitsteilung praktizieren, ansatzweise geteilte Werte entwickelt haben und ein Zugehörigkeitsgefühl zu ihrem Subsystem empfinden.[644]

Ein „Innovationsorientierter Teamgeist" weist dabei sowohl eine hohes Maß an kognitiver als auch an sozialer Dimension auf. So haben ständiges Lernen und selbstkritisches und proaktives Hinterfragen des Teams einen positiven Einfluss auf den Teamerfolg (kognitive Dimension).[645] In sozialer Hinsicht sind unter anderem eine hohe Identifikation der Gruppe mit der Aufgabe oder dem Projekt und ein guter Teamzusammenhalt förderlich.[646]

Die beiden Dimensionen sind wiederum nicht unabhängig von den jeweiligen strukturellen Rahmenbedingungen zu sehen. So stellen Aufgabenkomplexität, Gruppenautonomie, Aufgaben- und Ergebnisinterdependenz sowie Führung externe Inputfaktoren für den „Teamgeist" dar.[647]

Das Ergebnis (d.h. Leistung, Innovativität), das eine Gruppe hervorbringt, ist sowohl von den eingesetzten Ressourcen als auch von Prozessen abhängig. Zur Strukturierung der Einflussfaktoren und der Wirkungszusammenhänge soll das folgende Modell zu Bedingungen erfolgreicher Teamarbeit herangezogen werden.

Auf der Seite der Organisation stellen eine herausfordernde Aufgabenkomplexität und eine angemessene dezentrale Selbstregulation innovationsförderliche Rahmenbedingungen dar. Aber auch ein angemessener Führungsstil (hier: transformationale Führung[648]) und die Erkennbarkeit von Zusammenhängen zwischen Aufgabe und Ergebnis beeinflussen die Prozesse, die innerhalb der Gruppe ablaufen.

---

643 West et al. (1994), S. 269ff.

644 Vgl. Gebert/Rosenstiel (2002), S. 141ff. Als wesentliches Merkmal einer Gruppe kann ihre Größe gesehen werden. So gilt eine mittlere Gruppengröße von etwa 4 bis 10 Mitgliedern als förderlich für die Gruppenleistung und somit auch für deren Kreativität; vgl. Schuler/ Görlich (2007), S. 51ff.

645 Vgl. Gebert (2004), S. 25ff.

646 Vgl. ebenda, S. 27ff.

647 Auch hier weisen empirische Forschungsergebnisse zu Commuities of Practice in die gleiche Richtung (vgl. hierzu die Dissertation von Zboralski (2007), S. 233ff.).

648 Zum Begriff der transformationalen Führung vgl. Schuler/Görlich (2007), S. 54. Der transformationale Führer setzt auf Visionen, Anregungen, Inspiration, Vorbild, Wertschätzung. Der Geführte entwickelt eigenständig hohe Ziele und ein hohe Identifikation mit der Organisation. Er arbeitet mit Begeisterung an der Erfüllung seiner Aufgaben. Vgl. auch van de Ven (1986), S. 602. Zum Einfluss von Führung auf Innovationsklima und Innovation vgl. auch den Fragebogen von Kauffeld et al. (2004).

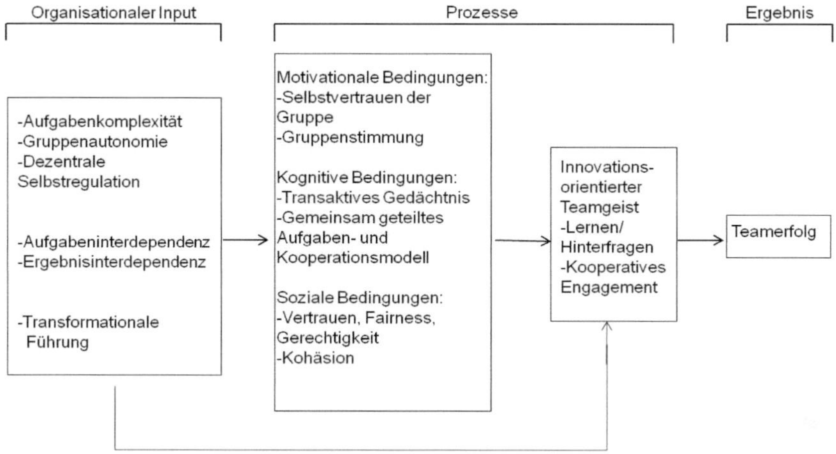

Abbildung 17: Bedingungen erfolgreicher Teamarbeit
Quelle: Gebert (2004), S. 23

Die Zusammensetzung von personalen Ressourcen lenkt dabei das Interesse auf die Personalauswahl- und Personalentwicklung von Teammitgliedern. Dabei geht es zum einen um deren kognitive Ressourcen (divergentes Denken, Offenheit für Erfahrungen, Ambiguitätstoleranz, Intelligenz und Problemlösungsfähigkeit)[649], zum anderen um motivationale (hohes Maß an intrinsischer Motivation) und soziale Ressourcen (hohes Maß an Sozialkompetenz).[650] Beim Zusammenfügen der Teammitglieder und mithin der verschiedenartigen Ressourcen, ergeben sich für die Gruppe durch die Tiefe und Breite der Wissensbestände zahlreiche Neukombinationsmöglichkeiten. Die Interaktion in der Gruppe befördert die individuelle Kreativität und aggregiert diese zu einer Kreativität der Gruppe, sofern kooperationsförderliche Bedingungen herrschen.

649 Vgl. Amabile (1996).

650 Der Begriff der Ressource ist hier gleichbedeutend mit dem individuellen Kompetenzbegriff vgl. Kapitel 3.5.1.

Während die Zusammensetzung der Teams, z. B. mit langjährigen, erfahrenen Kollegen und mit jungen Hochschulabsolventen, die Potenziale bestimmt, beeinflusst der Kontext das Gruppenklima[651], in dem Kooperations- und Austauschprozesse stattfinden.

So existieren zahlreiche Untersuchungen zum Zusammenhang von Klimafaktoren und Innovationsleistung von Gruppen. Stellvertretend seien hier die Studien von *Ekvall* (1996), von *West* und *Farr* (1990) bzw. *West* und *Anderson* (1998) oder auch von *West und Shipton et al.* (2004) erwähnt.

West und *Farr* (1990) unterscheiden in ihren Studien zum Innovationsklima vier Faktorengruppen, die Einfluss auf die Innovationsleistung von Gruppen nehmen.[652] Zum einen sind es Visionen, die Richtung und Fokus vermitteln. Sind die **Visionen** der Gruppe klar und werden sie von den Mitgliedern geteilt, so sind sie in der Lage, bessere Ergebnisse zu unterstützen. In enger Verbindung hierzu ist auch der zweite Faktor, nämlich die **Aufgabenorientierung** zu sehen. Dieser Faktor unterstreicht die Bedeutung eines gemeinsamen Qualitätsanspruchs an die zu erbringende Leistung, der durch entsprechende Methoden des Monitorings, der Beurteilung und des Feedbacks umgesetzt wird. Dritter Einflussfaktor ist die **„partizipative Sicherheit“**. Dieses Konstrukt umfasst die Beziehungen zwischen den Gruppenmitgliedern, die sich in einer angstfreien, vertrauensvollen und ermutigenden Atmosphäre an Entscheidungen aktiv beteiligen. Letztlich ist es noch die **Unterstützung von Innovation,** sowohl durch das Verhalten von Führungskräften als auch durch Politiken und Instrumente (z. B. in Beurteilungsinstrumenten), die einen positiven Effekt auf die Gruppenleistung ausüben.

West et al. (2004) entwickeln das Modell später weiter und formulieren ein Input-Prozess-Output Modell, das in seinen Bestandteilen wiederum dem oben dargestellten Modell von *Gebert* sehr ähnelt.[653] Auch in ihrem Prozessmodell wird deutlich, dass die Interaktion in Gruppen und Netzwerken (Prozesse) sehr stark von organisatorischen Kontextfaktoren abhängt. So geht ihr Modell davon aus, dass der Zuschnitt von Aufgaben, Führungsverhalten und Belohnungssysteme, die sich nicht unmittelbar in die Definition von sozialem Kapital einordnen lassen, in der Lage, die Entstehung und Umsetzung von Innovationen zu fördern oder zu behindern. Zum einen indem sie Akzeptanz für Neues und den produktiven Umgang mit Konflikten durch Strukturen und Führungsverhalten unterstützen,[654]

---

[651] Eine Darstellung von Definitionen, Studienergebnissen zu Messung und Wirkung von Klima würde im Rahmen dieser Arbeit zu weit führen. Gruppenklima wird hier verstanden als „[...] shared perceptions of organizational policies, practices, and procedures." (Anderson/West (1998), S. 236).

[652] Das Modell ist als TCI (Team Climate Inventory) oder auch als Four-factor Theory in der Literatur zu finden.

[653] Vgl. West et al. (2004), S. 274ff.

[654] Beispiele: Lernumgebung, Entlohnungssysteme u.a.

zum anderen indem sie den Rahmen für die Integration von Wissen vorgeben. Hierzu gehören gleichermaßen Prozesse der Sozialisation, Externalisierung und Internalisierung von Wissen, wie auch die Nutzung von organisationalen Speichermedien und Datenbanken.[655]

Die Zusammenfassung der zentralen Einflussfaktoren auf die Fähigkeit zur Innovation von Teams enthält Abbildung 18:

Die Innovationskompetenz eines Teams… … wird bestimmt von der Struktur der Gruppe (personale Ressourcen, verfügbare Wissensbestände und Potential) … wird bestimmt von Kooperations- und Kommunikationsprozessen (Gruppenprozessen) … wird bestimmt vom jeweiligen Kontext (Gruppenklima, Vernetzung der Gruppe, organisatorischer Kontext). Wesentliche *Klimafaktoren*, die die Innovationskompetenz des Teams beeinflussen sind… …Visionen … Aufgabenorientierung … partizipative Sicherheit … und die Unterstützung durch das Management. Verteilung von Alter und Erfahrung beeinflussen Struktur, Potential und Kooperationsprozesse im Team. Die Effekte einzelner Merkmale können sich dabei überlappen und sich gegenseitig neutralisieren.

Abbildung 18: Einflussfaktoren auf die Fähigkeit zur Innovation von Teams
Quelle: Eigene Darstellung

3.4.3.3 Zwischenfazit: Demografischer Wandel und Innovationskompetenz in Netzwerken und Teams

In der Forschung zum Sozialkapital liegen Ergebnisse empirischer Studien aus dem Bereich der Softwareindustrie zur Wirkung von Netzwerkstrukturen auf das Teamergebnis vor. Hinsichtlich der Wirkung von Altersstruktur und Altersheterogenität auf die Innovationsfähigkeit eines Teams existieren keine Studien. Die Aufarbeitung des Forschungsstandes lässt lediglich allgemeine Wirkungszusammenhänge zwischen Netzwerkstrukturen und Teamleistung erkennen. Spezifische Aussagen zum Einfluss von Altersstrukturen auf die Teamleistung insbesondere in der Softwareentwicklung lassen sich nicht herleiten. Die empirische Studie soll deshalb dazu beitragen, Hypothesen im Hinblick auf mögliche Einflüsse des demografischen Wandels auf das Sozialkapital zu entwickeln.

---

[655] Vgl. Nonaka (1994).

Ziel ist es, mögliche Zusammenhänge zwischen organisationsdemografischen Veränderungen und Netzwerkeigenschaften näher beschreiben zu können. So könnte eine in der Praxis zu vertiefende Annahme wie folgt aussehen:

> Annahme Sozialkapital (SK):[656]
>
> Netzwerke, die gleichzeitig eine hohe Kohäsion (geteilte Sprache, geteilte Werte) und eine hohe Heterogenität hinsichtlich Alter und Erfahrung aufweisen, sind für Innovationen förderlich.

Die Innovationskompetenz von Teams ist, wie gezeigt wurde, nicht allein von der Struktur und den Teamprozessen abhängig, sondern hängt darüber hinaus vom organisationalen Kontext ab.[657] Dieser organisationale Kontext selbst stellt wiederum eine Ressource dar (Organisationskapital), welche abhängig von der Struktur des Personals in seiner Gesamtheit ist. Die Zusammenhänge von Personalstruktur und Organisationskapital, die auch Teamklima beeinflussen, ist Gegenstand des nächsten Abschnitts. Dabei wird zunächst der Begriff des Organisationskapitals geklärt, bevor Auswirkungen von Personalstrukturen auf die Organisation als Ganzes diskutiert werden.

3.4.4 Organisationale Kompetenzen und die Fähigkeit zur Erneuerung

Die Fähigkeit zur Innovation ist in den Erfahrungen der Organisation mit Erfolgen und Misserfolgen verwurzelt und stark pfadabhängig.[658] So sind möglicherweise Erkenntnisse aus der Durchführung von Innovationsprojekten in der Vergangenheit in Regeln (z. B. Management von Reports, Umgang mit Abweichungen, Budgetierungsregeln usw.) und Routinen (z. B. Umgang mit Ideen der Mitarbeiter, Durchführung von Projektmanagementmeetings usw.) überführt worden, die wiederum den Kontext für zukünftiges Handeln und künftige Prozesse darstellen.[659] Die Frage nach der konkreten Entwicklung oder Gestaltung dieser organisationalen Kompetenzen im Spannungsfeld zwischen Stabilität und Erneuerung bleibt bislang weitgehend unbeantwortet.[660] Aufgrund der schweren Zugänglichkeit und mangelnden Operationalisierung des Konstrukts liegen bis heute keine Studien darüber vor, wie eine Kompetenz zur Innovation auf organisationaler Ebene

[656] Vgl. Interviewleitfaden Innovationsmanager, Fragenblock 1 und 3.

[657] Vgl. Ausführungen zum Prozessmodell von Gebert und dem Faktorenmodell von West et al.

[658] Vgl. Helfat/Peteraf (2003), Vahs (2005), S. 383ff.

[659] Vgl. Wang/Ahmed (2007), S. 38ff.

[660] Vgl. Ridder et al. (2005), S. 37.

konkret verankert werden kann. Die Studien sind in aller Regel auf einer sehr abstrakten Ebene von Konzepten und Modellen anzusiedeln.[661]

Inhaltlich nehmen die Unternehmens- und Geschäftsstrategie mit der Festlegung von Zielen für das Unternehmen Einfluss auf die Entstehung organisationaler Kompetenzen.[662] Akteure der strategischen Führung beeinflussen mit Entscheidungen zur Identifikation und Kombination von Ressourcen ganz grundlegend die Kompetenzbasis der Organisation. Damit werden die individuelle Kompetenz der Manager, ihre Wahrnehmung, ihre Werte, Erfahrungen, Wissen über Alternativen und Konsequenzen und ihre Netzwerke und Interaktionsmöglichkeiten zu Ressourcen für die organisationale Kompetenz.[663] Die empirische Studie wird deshalb auch der Frage nachgehen, inwiefern die Wahrnehmung von Führungskräften hinsichtlich des Alters der Beschäftigten eine Rolle für die Kompetenzentwicklung spielt. Folgende Annahme wird deshalb in die Erstellung eines Interviewleitfadens Eingang finden:

> Annahme Organisationskapital 1 (OK1):[664]
>
> Wahrnehmung, Werte und Kompetenzen der Führungskräfte hinsichtlich Alter und Erfahrung haben Einfluss auf Prozesse der Kompetenzentwicklung und spielen eine Schlüsselrolle für die Innovations- und Anpassungsfähigkeit der Organisation.

In einer wissensintensiven Branche ist die Entstehung von organisationalen Kompetenzen eng mit organisationalem Lernen und der Integration von individuellem Wissen in die organisationale Wissensbasis verbunden. Für die Identifikation und Weitergabe von Wissen ist es hierfür erforderlich, die nonpersonalen und personenorientierten Methoden des Wissenstransfers unternehmensspezifisch zu kombinieren.[665] Kommunikationsbarrieren bestehen nicht selten aufgrund der Tatsache, dass Unklarheit darüber besteht, welche Akteure über welches Wissen verfügen.[666] Die Unterstützung von Kommunikation sowohl durch technische Lösungen als auch durch personen- und kulturorientierte Methoden (wie z. B. Diskussionsrunden, „Best Practice Sharing", aber auch Pausenzonen für Mitarbeiter) trägt damit zur Effektivität und Effizienz der Prozesse des Wissenstransfers bei.

---

[661] Vgl. Eisenhardt/Martin (2000), Helfat/Peteraf (2003), Makadok (2001), Wang/Ahmed (2007).

[662] Vgl. Wang/Ahmed (2007), Makadok (2001).

[663] Siehe hierzu die vorangegangenen Ausführungen zu Human- und Sozialkapital.

[664] Siehe hierzu Interviewleitfaden Innovationsmanager Fragenblock 1 und 3.

[665] Vgl. Köhne (2004).

[666] Grant (1996) spricht in diesem Zusammenhang von „communication constraints", vgl. Grant (1996), S. 379.

Vor dem Hintergrund des demografischen Wandels ergeben sich aus konzeptioneller Sicht deshalb folgende Fragen zur Entstehung von Organisationsdemografie und Wirkung von Personalstrukturen auf das Organisationskapital bzw. die Ressourcenbasis.

- Welche Faktoren beeinflussen die Entstehung von heutigen und zukünftigen Personalstrukturen?
- Welche Wirkungen gehen von bestimmten Konstellationen und Veränderungen in der Personalstruktur (insbesondere der Altersstruktur) auf die Ressourcenbasis und Prozesse der Kompetenzentwicklung aus?

Der Stand der Forschung zu beiden Fragestellungen wird im Folgenden zusammengefasst, um Annahmen über die Wirkung der veränderten Personalstruktur in der IT-Branche treffen zu können.

3.4.4.1 Zustandekommen von Personalstrukturen

Struktur und Umfang des Arbeitskräftepotenzials auf dem externen Arbeitsmarkt, die wiederum eng mit der Bevölkerungsstruktur (Makroebene) zusammenhängen, bilden den Kontext für betriebliche Personalstrukturen.[667] Der externe Arbeitsmarkt stellt im Rahmen der Personalbeschaffung einerseits Mitarbeiter nach bestimmten Merkmalsausprägungen und in einer bestimmten Anzahl zur Verfügung, andererseits nimmt er auch freigesetztes Personal auf. Interne und externe Arbeitsmärkte sind somit über wechselseitige Ein- und Austritte bestimmter Arbeitnehmergruppen miteinander verbunden.[668] Dabei ist im Sinne eines strategischen Human Resource Management darauf zu achten, dass anstehende Entscheidungen nicht (allein) der Anpassung an externe Umweltzustände Rechnung tragen, sondern darüber hinaus antizipativ Flexibilisierungspotenziale und Handlungsalternativen für das Unternehmen generieren. Die systematische Beeinflussung bzw. Gestaltung des internen sowie externen Arbeitsmarktes wird als **Beschäftigungsmanagement** bezeichnet.[669] Die Varianz in der Personalstruktur von Unternehmen, bei offensichtlich ähnlichen Bedingungen auf dem externen Arbeitsmarkt lässt sich vor dem Hintergrund des strategischen Human Resource Management darauf zurückführen, dass ein systematisches Beschäftigungsmanagement in der Lage ist, Umwelteinflüsse zu managen und benötigte Ressourcen zu beschaffen und zu sichern. Folglich muss ein systematisches Beschäftigungsmanagement explizit darauf ausgerichtet sein, relevante externe Determinanten zu identifizieren und gleichzeitig selbst gestaltend auf die identifizierten Umwelt-

---

[667] Vgl. Nienhüser (1998), S. 7f.

[668] Vgl. hierzu auch die Ausführungen von Wiskemann zum Zusammenwirken möglicher Akteure auf dem externen und internen Arbeitsmarkt (Wiskemann (2000), S. 100ff.).

[669] Vgl. Wiskemann (2000), S. 99ff., ferner Bertelsmann-Stiftung (2001).

größen Einfluss zu nehmen.[670] Die Ausgestaltung des Beschäftigungsmanagement trägt somit einerseits zum Zustandekommen der Personalstruktur bei, andererseits bildet die Personalstruktur selbst den Kontext für die beschäftigungspolitisch zu treffenden Entscheidungen.[671]

Neben den verfügbaren Ressourcen auf dem externen Arbeitsmarkt und dem Beschäftigungsmanagement determinieren auch die unternehmerischen marktbezogenen Geschäftsprozesse und die eingesetzte Technologie den quantitativen Bedarf an Stellen und die hierzu benötigten Qualifikationen (qualitativer Personalbedarf). So ist die Struktur der Stammbelegschaft weitgehend auch durch die zukünftigen Qualifikationsanforderungen und die in der Vergangenheit verfügbaren und entwickelten Qualifikationen bestimmt.

Außerdem haben Branchen- und Unternehmenswachstum sowohl direkt wie auch indirekt Einfluss auf Dienst- und Lebensaltersstruktur der Belegschaft.[672] Bei starkem personellem Wachstum werden häufig zunächst jüngere Arbeitskräfte rekrutiert, was gleichermaßen das Durchschnittsalter und die mittlere Betriebszugehörigkeitsdauer senkt. Aber auch Personalabbauphasen hinterlassen ihre Spuren in der Personalstruktur. So haben Frühverrentung und die Möglichkeit zur Altersteilzeit in Deutschland bewirkt, dass in mehr als 50% der Betriebe keine Mitarbeiter älter als 57 Jahre anzutreffen sind.[673] Das Wachstum der Branche wirkt darüber hinaus im Sinne von Konkurrenz auf die betriebliche Personalstruktur. So werden vergleichsweise jüngere qualifizierte Arbeitskräfte mit geringer Betriebszugehörigkeitsdauer ein Unternehmen, das deutlich weniger wächst als die Branche, eher verlassen und mit der Erwartung von besseren Aufstiegschancen und mehr Gehalt zu anderen Unternehmen abwandern. In der Folge würde die Betriebszugehörigkeitsdauer kurzfristig zunehmen, nach Einstellung von Ersatz aus anderen Branchen jedoch auch wieder sinken.

Letztlich steckt auch der Gesetzgeber über den Erlass von Schutzgesetzen, Regelungen über Altersgrenzen und andere gesetzliche Regelungen den Handlungsspielraum für den Aufbau von Humankapital ab, welches sich in bestimmten Merkmalsausprägungen wider-

---

[670] Vgl. Pfeffer/Salancik (1978), S. 18ff., ferner Wiskemann (2000), S. 101ff.

[671] Vgl. Beck (2002), Bertelsmannstiftung (2001).

[672] Vgl. Pfeffer (1983), S. 311ff., ferner Nienhüser (1998), S. 30ff. und 266ff.

[673] In der IT-Branche ist das Bild noch dramatischer. Hier beschäftigen ca. 50% der Unternehmen in Deutschland niemanden, der älter ist als 50 Jahre. 55% der 55-jährigen und älteren „IT-Spezialisten" sind nicht mehr berufstätig (vgl. Schweizer (2007), S. 35).

spiegelt. So regulieren beispielsweise Altersbegrenzungen nach unten[674] oder nach oben[675] die verfügbare Menge an Arbeitskräften.

Die **Organisationsdemografie** eines Unternehmens ist somit eine **abhängige Variable**, die aus dem Zusammenspiel verfügbarer Ressourcen (bestimmt durch Arbeitsmarkt extern und intern, Wettbewerbsumfeld, Gesetzeslage) mit einmal getroffenen unternehmens- und personalpolitischen Entscheidungen (bestimmt durch die Anforderungen aus Strategie und Geschäftsprozessen) resultiert.[676] Dabei stellt die Organisationspopulation, die sich für jede Organisation aufgrund ihrer einzigartigen historischen Entwicklung ergibt,[677] den Kontext für das Handeln und Verhalten von individuellen Akteuren aber auch von ganzen Gruppen dar. Die Anforderungen an das Human Resource Management, das gesamtbetriebliche Arbeitsvermögen auch zukünftig sicherzustellen, wird somit maßgeblich durch die existierende Personalstruktur bestimmt.[678]

Im Rahmen einer empirischen Studie, die zur Formulierung von Anforderungen an ein Human Resource Management beitragen soll, müssen deshalb auch die o. g. Einflussfaktoren auf die Personalstruktur Eingang finden. Die spezifische Altersstruktur in einem Unternehmen, erreichbare Arbeitsmärkte und –potenziale und geplantes Wachstum sollten in eine Analyse einbezogen werden.[679]

Die Vielzahl der Parameter und die je nach Rahmenbedingungen divergierenden Studienergebnisse erlauben es an dieser Stelle nicht, einen Überblick über die Wirkung sämtlicher soziodemografischer Merkmale zu geben. Aufgrund des Schwerpunkts der Arbeit werden im Folgenden Modelle herausgestellt, die inhaltlich einen Bezug zur Untersuchung der Altersstruktur der Belegschaft aufweisen.

3.4.4.2 Erklärungsansätze zur Wirkung von Personalstrukturen auf das Organisationskapital

Die Wirkungsweisen von Personalstrukturen werden in der Literatur auf verschiedene Weise klassifiziert. Die folgenden Klassifizierungen und Beispiele werden unterschiedliche Mechanismen illustrieren. Danach werden zwei umfassendere Modelle zur Erklärung von Wirkungszusammenhängen diskutiert, die die organisationsdemografische Forschung in

674 Vgl. ILO Richtlinien zum Verbot von Kinderarbeit.

675 Z. B. Rentengesetzgebung.

676 Vgl. hierzu auch Oechsler (2006), S. 499ff.

677 Vgl. die Ausführungen zur Historizität und Path dependency in Kapitel 2.2.

678 Vgl. Nienhüser (1998), S. 9ff. und 155ff.

679 Vgl. Interviewleitfaden Human Resource Manager Fragenblock 1 zum externen Arbeitsmarkt und zu strategischen HR Themen, außerdem die Auswertung der Dokumente.

den letzten Jahrzehnten beeinflussten, zahlreiche empirische Studien prägten und auch die Merkmale Alter und Betriebszugehörigkeitsdauer adressieren.

Leblebici unterscheidet personalstrukturelle Effekte in strukturelle und dynamische Auswirkungen.[680] Strukturelle Auswirkungen beziehen sich dabei in erster Linie auf die in der Organisation errichteten Kontrollmechanismen[681], dynamische Effekte adressieren die Machtverteilung und die sich daraus ergebenden Konflikte in der Organisation. So beeinflusst die relative Größe von demografischen Gruppen auch die Verteilung von Macht zwischen den einzelnen Kohorten.[682]

Auch *Nienhüser* unterscheidet zwei Wirkungsarten von Personalstrukturen. Kontexteffekte beschreiben die direkten Auswirkungen der Organisationsdemografie auf das Verhalten von Organisationsmitgliedern.[683] Eine zweite Kategorie bilden Effekte, die sich auf das Human Resource Management als Funktion beziehen, so genannte Ressourceneffekte.[684] Diese werden zum Teil durch Kontexteffekte ausgelöst und haben das Bestreben, negativ zu erwartende Struktureffekte von Vornherein durch entsprechende Personalpolitiken zu vermeiden bzw. strukturelle Potenziale zu realisieren.

Personalstrukturelle Wirkungen fordern das Human Resource Management vor allem auf der strategischen Ebene, nämlich in der Ausschöpfung von Potenzialen und der Abwendung von Risiken, die weniger durch Individuen als vielmehr durch „Personenmehrheiten“ entstehen.

Eine Klassifizierung von Effekten erklärt jedoch noch nicht die Wirkungsmechanismen, die diesen zugrunde liegen. Als Erklärungsansätze zur Wirkung von organisationsdemografischen Merkmalen legen sowohl *Jans*[685] als auch *Pfeffer*[686] und andere[687] den Ähnlich-

---

680 Vgl. Leblebici (1992), Sp. 1473f.

681 Dabei geht es um eher formale, bürokratische oder eher soziale Kontrollsysteme, die auf betrieblicher Sozialisation beruhen.

682 Vgl. ebenda, Sp. 1474. Kohorten bezeichnen in diesem Zusammenhang Gruppen von Individuen, die in einem gleichen Zeitraum den gleichen Erfahrungen ausgesetzt sind und sich hinsichtlich bestimmter demografischer Daten, insbesondere des Alters und der Betriebszugehörigkeitsdauer, gleichen.

683 Vgl. Nienhüser (1998), S. 10ff. Unter anderem beschreibt er Effekte, die sich aufgrund der Zusammensetzung der Nationalitätenstruktur, des Frauenanteils und der demografischen Zusammensetzung des Topmanagements ergeben.

684 Vgl. hierzu Martin (1993), Nienhüser (1998), S. 13.

685 Vgl. Jans (2003), S. 53ff.

686 Pfeffer war der erste, der in den 80er Jahren versuchte, die Wichtigkeit organisationsdemografischer Merkmale für die Untersuchung von Organisationen stärker auf organisationstheoretische Konzepte zu beziehen (vgl. Pfeffer (1983)).

687 Vgl. Lawrence (1997), Jackson et al. (1991), Pelled/Eisenhardt (1999).

keits-Attraktivitäts-Ansatz zugrunde. *Pfeffer* strebt dabei die Verknüpfung zwischen der Individualebene einerseits und einer sozialstrukturellen Ebene andererseits an. Strukturelle Elemente seien einfach zu identifizieren und zu messen und ermöglichten die Konstruktion einfacher Modelle. Intervenierende Variablen (z. B. individuelle Einstellungen) könnten unter dem Rückgriff auf theoretische Hintergrundannahmen zu Konstrukten wie Kohäsion oder Integration bei der empirischen Erfassung ausgeblendet und gleichsam in eine „black-box" verwiesen werden.[688] *Jeffrey Pfeffer's* Konzept der „Organizational Demography"[689] hat die Organisationsdemografieforschung und die Erforschung von Wirkungszusammenhängen nachhaltig beeinflusst. Darüber hinaus spielt das Merkmal der „Betriebszugehörigkeit", welches auch für diese Arbeit relevant ist, in seinen Hypothesen eine Rolle. Das Modell wird daher im Folgenden kurz skizziert.[690]

Zwei theoretische Grundkonzepte werden im OD-Konzept als Hypothese für intervenierende Prozesse angewendet: Zum einen ist es die Idee der wahrgenommenen Ähnlichkeit, zum anderen die Konkurrenzidee.[691]

Gruppenbildung wird vor allem durch die Häufigkeit interpersonaler Kontakte sowie durch wahrgenommene Ähnlichkeit zwischen beteiligten Personen gefördert. Rückkopplungsprozesse führen dazu, dass eine wahrgenommene Ähnlichkeit wiederum zur Erhöhung der Kontakthäufigkeit führt.[692] Häufige Interaktionen zwischen ähnlichen Personen fördern dann wiederum die Integration und Kohäsion einer Gruppe.[693] *Pfeffer* folgert daraus, dass homogene Personalstrukturen, z. B. aufgrund von geringen Altersunterschieden innerhalb einer Arbeitsgruppe, häufigere Interaktionen implizieren und Integration und Kohäsion fördern, was sich in reduzierter Fluktuationsneigung niederschlagen kann.

Die Bildung dieser Gruppen – begünstigt durch Interaktionshäufigkeit und Ähnlichkeit – hat mithin jedoch nicht nur positive Folgen. *Schuler* fasst zusammen, dass die Entstehung von Gruppen in Organisationen damit erkauft wird, *„dass die Distanz zu Nichtmitgliedern dieser Gruppe vergrößert wird und somit auch Interessengegensätze überakzentuiert wahrgenommen werden, was wiederum die Wahrscheinlichkeit von Intergruppenkonflik-*

688 Vgl. Nienhüser (1998), S. 24ff., Lawrence (1997), S. 1ff., Pelled/Eisenhardt/Xin (1999), S. 3ff., ferner Pfeffer (1983), S. 301f.

689 Im Folgenden auch „OD-Konzept" genannt.

690 Pfeffers Konzept umfasst auch eine Bestandsaufnahme zu Ursachen der Personalstruktur, diese sind jedoch in diesem Abschnitt nicht Gegenstand des Interesses und werden deshalb nicht weiter ausgeführt.

691 Vgl. Pfeffer (1993), Nienhüser (1998).

692 Vgl. Schuler (1995), S. 323ff., Rosenstiel (2003), S. 277ff. Dabei ist die Ähnlichkeit eine wesentliche aber nicht hinreichende Bedingung zur Gruppenbildung.

693 Zum Begriff der Gruppenkohäsion vgl. Rosenstiel (2003), S. 293ff.

ten erhöht.“ [694] Auf die betrieblichen Personalstrukturen übertragen heißt dies, dass es zwischen zwei ähnlich stark besetzten Kohorten, die zu unterschiedlichen Zeitpunkten eingestellt wurden, aufgrund unterschiedlicher Wertvorstellungen und Präferenzen zu Wert- und Ressourcenkonflikten kommen kann. Konflikte zwischen den „Generationen“ können dann zu Frustration und Resignation führen, welche sich letztlich negativ auf Fluktuation und Leistung auswirken.[695]

Ähnlichkeits- und Konfliktideen, die als moderierende Effekte in Gruppenprozessen gelten, bilden den theoretischen Kern für *Pfeffers* Hypothesen zur Wirkung von Personalstrukturen. Als Merkmal der Personalstruktur zieht *Pfeffer* in seinem Modell Durchschnitt und Verteilung der Betriebszugehörigkeitsdauer heran.[696] Er formuliert sechs Hypothesen, die sich auf verschiedene Wirkungsbereiche beziehen.[697] Zwei der Hypothesen sind auch für diese Arbeit relevant. Dies ist zum einen Pfeffers Hypothese (1), die sich auf „Innovation, Adaption und Leistung“ bezieht:

> *„Organisationen, deren Belegschaften eine lange Betriebszugehörigkeitsdauer aufweisen, tendieren dazu, weniger anpassungsfähig und innovativ zu sein.“* [698]

Hier kommen sowohl ein Individual- als auch ein Struktureffekt zum Tragen. Zum einen bewirke die längere individuelle Betriebszugehörigkeit einen Rückgang an neuen Ideen. Für die Wirkung auf das Sozialsystem führt *Pfeffer* Untersuchungen von *Katz* an, der eine umgekehrt u-förmige Beziehung zwischen der Lebensdauer von Projektgruppen und deren Leistung fand. [699]

Aufgrund der Wichtigkeit von interorganisationalen Netzwerken für die Innovationsfähigkeit in der IT-Branche ist auch Pfeffers Hypothese (5) zu „Interorganisationalen Beziehungen“ interessant. Sie lautet:

> *„Organisationen, deren Belegschaften eine lange Betriebszugehörigkeitsdauer aufweisen und die eher eine interne Rekrutierungspolitik verfolgen, werden den*

[694] Schuler (1995), S. 324. Für die Fallstudie wird dieser Aspekt wichtig sein, da es hier aufgrund eines starken Mitarbeiterwachstums und einer anschließenden Stagnation im Wachstum erhebliche Unterschiede in der Kohortenbesetzung gibt.

[695] Vgl. Nienhüser (2002), S. 67ff.

[696] Aufgrund der hohen Korrelation zwischen Altersstruktur und Betriebszugehörigkeit als Merkmal der Personalstruktur ist das Modell auch aus Sicht dieser Arbeit von Relevanz.

[697] Für eine ausführliche Darstellung der Hypothesen siehe auch Nienhüser (1998), S. 34ff.

[698] Pfeffer 1983, S. 324.

[699] Vgl. Katz 1982, S.154f., Gebert (2004).

Transfer von extern vorhandenem Wissen weniger über den Aufbau von persönlichen Netzwerken zu anderen Unternehmen bewältigen können.“ [700]

Als Gründe hierfür wird zum einen der mangelnde Zufluss an neuen Mitarbeitern mit entsprechenden persönlichen Netzwerken genannt, zum anderen wird die möglicherweise fehlende Ähnlichkeit mit den externen Kontaktpersonen angeführt.

Beide Hypothesen aus dem Konzept werden in Form von Annahmen in die explorative Fallstudie eingehen, die im Rahmen der leitfadengestützten Interviews weiter spezifiziert werden sollen.

> Annahme Organisationskapital 2 (OK 2): [701]
>
> Ein Unternehmen, dessen Belegschaft eine lange Betriebszugehörigkeitsdauer aufweist, tendiert dazu, weniger innovativ zu sein.[702]
>
> Annahme Organisationskapital 3 (OK 3): [703]
>
> Ein Unternehmen, dessen Belegschaft eine lange Betriebszugehörigkeitsdauer aufweist und welches eher eine interne Rekrutierungspolitik verfolgt, wird den Transfer von extern vorhandenem Wissen weniger über den Aufbau von persönlichen Netzwerken zu anderen Unternehmen bewältigen können.[704]

Das „OD-Konzept“ ist ein erster Versuch, Wirkungen von Personalstrukturen (insbesondere aber nicht nur die Wirkung der Betriebszugehörigkeitsdauer) zu erklären und in einen übergeordneten Rahmen einzupassen. Die Leistung des „Organization Demography“-Konzepts besteht darin, dass eine Basis geschaffen wurde, empirische Forschungsergebnisse aus unterschiedlichen Forschungsrichtungen (z. B. Gruppen-, Organisations-, Arbeitsmarktforschung) zu integrieren.[705] Dennoch wird bereits in der kurzen Übersicht deutlich, dass die theoretische Fundierung des Ansatzes „sehr lose“ ist. Weder die Auswahl der Personalstrukturvariablen wird hinreichend begründet, noch wird deutlich, warum *Pfeffer* die sechs Bezugsgrößen für seine Hypothesen herausgreift, um Wirkungszusammenhänge zu beschreiben. Es überrascht angesichts der sehr allgemein gültigen Hypothesen und der mangelnden theoretischen Begründung auch nicht, dass sich sowohl empirische Arbeiten finden lassen, die hypothesenkonform sind, als auch solche, die nicht

---

[700] Pfeffer 1983, S. 340ff.

[701] Siehe hierzu Interviewleitfaden Innovationsmanager Fragenblock 1.

[702] In Anlehnung an Pfeffer 1983, S. 324.

[703] Siehe hierzu Interviewleitfaden Innovationsmanager Fragenblock 1 und 2.

[704] In Anlehnung an Pfeffer 1983, S. 340ff.

[705] Vgl. Nienhüser (1998), S. 50f.

konform sind. Kritisch ist auch die Vernachlässigung von Interdependenzen zu bewerten, sowohl hinsichtlich der Wirkungsmechanismen (Ähnlichkeit, Konflikt, Heterogenität) als auch für die Zusammenhänge von Struktur- und Wirkungsvariablen.

Zur Ergänzung von weiteren Aspekten zur Wirkung von Altersstrukturen wird im Folgenden noch das Kohortenkonzept vorgestellt,.

Die zentrale Annahme des Kohortenkonzepts ist, dass die Abfolge der Kohorten im Sinne einer „Regeneration" der Mitglieder, Organisationen prägt.[706] Lebens- und Dienstalter dienen als Strukturierungsmerkmal für die Belegschaft. Wachstum der Organisation und Fluktuation beeinflussen die „Regeneration" und verändern somit auch organisationale Prozesse und Strukturen. Soziale Beziehungen, Kommunikation und Sozialisationsbemühungen zur Integration neuer Mitarbeiter sind davon abhängig, mit welcher Geschwindigkeit und Dynamik die Ablösung der Kohorten erfolgt. Probleme sind insbesondere bei stark diskontinuierlichen Wachstums- oder Schrumpfungsprozessen zu erwarten. Solche „Regenerationssprünge" könnten dazu führen, dass bestimmte Gruppen besonders stark und andere sehr schwach besetzt sind, woraus wiederum größere Konflikte und Leistungsverluste im Vergleich zu einer ausgewogenen Altersverteilung zu erwarten sind.[707] Starke Wachstumsprozesse waren in den 90er Jahren in der New Economy zu beobachten. So können Unternehmen wie das Fallstudienunternehmen, das in dieser Zeit ebenfalls stark gewachsen ist, hierfür typische Strukturen aufweisen. Bislang liegen nur wenige empirische Arbeiten vor, die sich explizit mit dem Kohortenkonzept zur Erklärung des Wandels organisationaler Prozesse und Strukturen beschäftigen. Auch die theoretische Fundierung ist bei diesem Ansatz aus den 70er Jahren noch wenig systematisch. Positiv zu bewerten ist allerdings die dynamische Perspektive, die der Ansatz in die Forschung einbringt. So ist nicht nur eine bestimmte Konfiguration zu einem definierten Zeitpunkt von Relevanz, sondern auch der „Fluss" von Personen bzw. Personengruppen durch ein System beeinflusst die Gesamtwirkung. Darüber hinaus ist die Personalstruktur auch in Relation zur so genannten Stellenstruktur zu betrachten. D.h. Spannungszustände resultieren nicht allein aus der Relation von Gruppen zueinander, sondern können sich prinzipiell auch aus einem Missverhältnis von Positions- und Personalstruktur ergeben.[708]

---

[706] Vgl. McNeil/Thompson (1971).

[707] Vgl. McNeil/Thompson (1971), S. 634f.

[708] Studien, die sich explizit mit dem Zusammenwirken von Personen- und Stellenstrukturen beschäftigen finden sich u. a. auch in der Forschung zu innerbetrieblichen Arbeitsmärkten (vgl. hierzu Nienhüser (1998), S. 71ff.) Diese Richtung soll an dieser Stelle aber nicht weiter vertieft werden.

Neben den dargestellten Modellen, die den Anspruch haben, für verschiedene Strukturvariablen Gültigkeit zu besitzen, existieren weitere Ansätze, die sich in der Modellbildung auf spezifische Strukturdimensionen beziehen.[709] Da die Ansätze für die vorliegende Arbeit jedoch keinen weiteren Erkenntniswert liefern, werden sie hier nicht weiter ausgeführt.

Die dargestellten Problembereiche in der Auswahl relevanter Strukturmerkmale und einer fundierten Klassifizierung von Variablen zur Darstellung der Effekte veranlassten *Nienhüser* zu einer Weiterentwicklung der Modelle, indem er die theoretischen Defizite mit Erklärungen aus der Tausch- und Transaktionskostentheorie aufarbeitet, die unterschiedlichen Strukturmerkmale auf vier Merkmale verdichtet, die alle vier für die Fragestellung dieser Arbeit relevant sind. Diese vier Merkmale werden unterschiedlichen Wirkungsmechanismen zugeordnet, so dass eine Erklärung von potenziellen Auswirkungen von Strukturvariablen möglich wird.

3.4.5 Auswirkungen der Personalstruktur auf die Ressourcenbasis

Faktische Personalstrukturen in Unternehmen sind das Ergebnis eines Ausgleichsprozesses zwischen den Anforderungen an Arbeitskräften aus den betrieblichen Leistungsprozessen und dem Angebot von Arbeitskräften auf dem externen Arbeitsmarkt.[710] Merkmale der Personalstruktur beschreiben mithin das im Unternehmen vorhandene Humanvermögen.[711] Dieses bezeichnet in diesem Zusammenhang *„[...] das von Menschen durch Bildungsmaßnahmen und Berufserfahrung erworbene und erweiterte Potenzial an wirtschaftlicher Leistungsfähigkeit.“* [712] Während Nationalität und Geschlecht grundsätzlich keine Auswirkungen auf das individuelle Leistungsvermögen haben, können Qualifikationsstruktur aber auch Lebens- und Dienstalter durchaus als Indikatoren für die Kompetenzen der Mitarbeiter und somit mittelbar auch für die Leistungsfähigkeit der Organisation herangezogen werden.

Die Ausführungen im voranstehenden Abschnitt haben gezeigt, dass die Relation von Personengruppen einerseits wie auch das Spannungsverhältnis von Personen und Stellen andererseits auf die sozialen Beziehungen innerhalb des Unternehmens Einfluss

[709] Zu nennen sind hier die „Demographie der dominanten Koalition“ nach Hambrick/Mason, der Ansatz von Katz zur Wirkung von Tätigkeitsdauern, Konzepte zur Altersstruktur von Lawrence oder auch Zuckerman/Merton, zur Geschlechterverteilung von Kanter oder auch Theorien der Sozialstruktur. Eine ausführliche Darstellung der Konzepte findet sich bei Nienhüser (1998).

[710] Vgl. Nienhüser (1998), S. 155ff., Oechsler (2006), S. 211f., Bertelsmann Stiftung (2001), zum komplexeren Verständnis des Beziehungsgefüges von Human Resource Management und Arbeitsmarkt siehe Wiskemann (2000), S. 130ff.

[711] Die Begriffe Humanvermögen und Humankapital werden hier synonym verwendet.

[712] Oechsler (2006), S. 495ff.

nehmen. Im nächsten Abschnitt soll nun geklärt werden, welche Merkmale oder Merkmalskonstellationen hier wirksam werden und wie diese auf die Ressourcenbasis Einfluss nehmen. Eine umfassende Darstellung oder gar Erklärung des Zustandekommens von Arbeitsverhalten kann an dieser Stelle nicht geleistet werden. Zu viele unterschiedliche Theorieansätze existieren, als dass von einem(!) Erklärungsmodell ausgegangen werden könnte.[713] Vielmehr sollen in Anlehnung an *Nienhüser* zwei Annahmen aufgegriffen werden, die den Einfluss von Strukturen abbilden können.[714]

Zum einen beschränken oder erweitern Strukturen die Handlungsmöglichkeiten der Individuen, zum anderen beeinflussen sie auch die Erwartungen einzelner Angehöriger der Struktur. Grundsätzlich wird den Akteuren innerhalb der Organisation unterstellt, dass sie Interesse an der bestmöglichen Verwertung ihres jeweiligen Humankapitals haben, d. h., dass sie ihre Qualifikationen möglichst gut in materielle und immaterielle Ergebnisse umsetzen wollen. Außerdem wird angenommen, dass sie Interesse an der Interaktion mit anderen im Unternehmen zeigen.[715] Personalstrukturen eröffnen bzw. beschränken für Individuen den Zugang zu bestimmten Alternativen. So ist der Zugang zu materiellen (Zugang zu Weiterbildung oder zu alternativen interessanten Arbeitsaufgaben), sozialen (Möglichkeiten zu Kommunikation sozialen Kontakten) und kognitiven Ressourcen (Zugang zu Informationen) sowohl von der Stellen- als auch von der vorhanden Personalstruktur abhängig.[716] Zusätzlich werden die Erwartungen der Personen von der vorhandenen Personalkonfiguration beeinflusst, was in der Folge in Anpassungsreaktionen, z. B. in der Suche und Nutzung von Alternativen oder in der Anpassung des Anspruchsniveaus münden kann.[717]

Nicht alle Variablen, mit denen sich Personalstrukturen in qualitativer und quantitativer Hinsicht beschreiben lassen, sind gleich bedeutend für die Wirkung auf das Verhalten und somit die Effektivität und Effizienz der Organisation. Die in Abschnitt 3.4 dargelegten Zusammenhänge führen nach *Nienhüser* zur Auswahl der folgenden vier Dimensionen von Einflussfaktoren, um die Wirkung von Personalstrukturen weiter zu spezifizieren.[718]

---

[713] Für einen Überblick über unterschiedliche Theorieansätze vgl. Martin (2003a), zu Arbeit und individuellem Verhalten ferner Rosenstiel (2003), S. 55f.

[714] Vgl. Nienhüser (1998), S. 254, ferner Giddens (1997), S. 222.

[715] Vgl. ebenda, S. 254ff., außerdem Rosenstiel (2003), S. 129ff.

[716] Vgl. Nienhüser (1998), S. 257ff.

[717] Vgl. hierzu auch das Konzept der „Arbeitszufriedenheit" nach March/Simon 1958 (dargestellt u. a. bei Martin (2003b), S. 11ff.) oder das Konzept von Bruggemann et al. 1975 (ausführlich dargestellt bei Rosenstiel (2003), S. 444ff.).

[718] Vgl. Nienhüser (1998), S. 244ff.

(1) *Soziale Heterogenität*
beschreibt die Streuung eines oder mehrerer sozialer Merkmale, wie z. B. Geschlecht oder Alter. Sie beeinflusst bzw. beschränkt die Interaktionsmöglichkeit mit ähnlichen Partnern (Wirkung auf Informationsfluss, Kommunikationsprozesse u. a.).

(2) *Gruppendominanz*
beinhaltet die numerische und meist auch machtbezogene Dominanz einer Gruppe, z. B. der Altersgruppe. Sie beschränkt gegebenenfalls den Zugang zu materiellen Ressourcen, wie z. B. Aufstiegsmöglichkeiten.

(3) *Qualifikationsniveau*
umfasst den Bestand an Qualifikationen. Das Niveau beeinflusst Qualität und Kosten des Humankapitals.

(4) Alter (Dienst- und Lebensalter)
beschreibt den Anteil dienst- und lebensälterer Mitarbeiter. Kann als Hinweis für die Regenerationsgeschwindigkeit der Organisation gesehen werden. In aller Regel hat es Einfluss auf die Kosten. Es dient darüber hinaus als Indikator für berufs- bzw. unternehmensbezogenes Erfahrungswissen.

Während die ersten beiden Dimensionen relationaler Art sind und als „handlungsbeschränkende Umwelt" auf das Verhalten der Mitarbeiter wirken (Kontexteffekte), sind die letzteren nicht-relationaler Art und bewirken Ressourceneffekte, die über die Aggregation der individuellen Merkmale entstehen (vgl. hierzu auch Abbildung 19).

Die im Modell angewendeten Strukturdimensionen beschreiben eine horizontale, demografische Struktur des Mitarbeiterbestandes. Hierarchie im Sinne von Stellenstruktur (Sozialstruktur) spielt nur eine untergeordnete Rolle. Es wurde allerdings in der Argumentation bereits angedeutet, dass die Stellenstruktur bei bestimmten Fragestellungen (z. B. bei den Aufstiegserwartungen) von Relevanz ist. Sie wird daher als „Umweltfaktor" in die Systembeschreibung mit einfließen.[719]

---

[719] Vgl. Ausführungen zum Kohortenmodell, Nienhüser (1998), S. 249, außerdem Rosenstiel (2003), S.276f. „Obwohl der Plan einer Organisation selbst keine soziale Realität ist, beeinflusst er dennoch die soziale Realität."

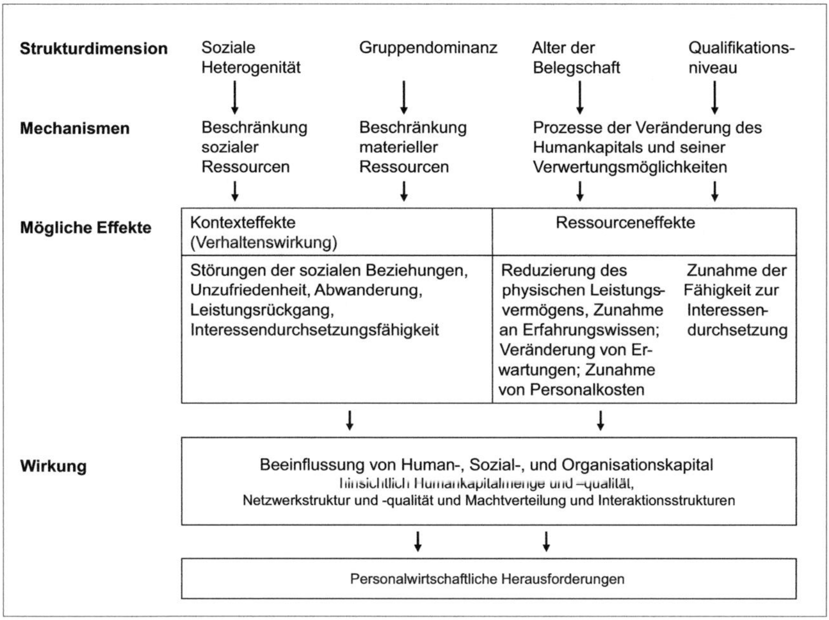

Abbildung 19: Typische Personalstrukturwirkungen
Quelle: In Anlehnung an Nienhüser (1998), S. 297

Das Modell von *Nienhüser* gibt einen Überblick über mögliche Mechanismen und Effekte, die auf die Ressourcenbasis einwirken. In Kapitel 2.2 wurde bereits dargelegt, dass sich Struktur und Veränderung der Ressourcenbasis unmittelbar auf die Fähigkeit zur Innovation auswirken. Als „Stock of Knowledge“ im Modell in Abbildung 9 ist die Ressourcenbasis eine Quelle von Innovationsfähigkeit und deren Gestaltung eine von Managemententscheidungen abhängige Größe. „Stock of Knowledge“ und „Flow“ sind wiederum von der Personalstruktur abhängig. Ein Human Resource Management, das „Stock“ und „Flow“ positiv beeinflussen möchte, muss deshalb Annahmen über Zusammenhänge zwischen Strukturdimensionen und Wirkung auf die Ressourcenbasis formulieren. Hierzu werden die Modellannahmen von *Nienhüser* herangezogen.

Wirkung von Sozialer Heterogenität

Die Effekte der Heterogenität waren bereits Gegenstand der Betrachtungen zum Sozialkapital in Kapitel 3.4.3. Gemeinsam mit dem Kriterium der Netzwerkdichte bestimmt die Heterogenität die Qualität eines Netzwerks. Nimmt die soziale Heterogenität in Gruppen oder Netzwerken zu, so kann in der Regel von einer höheren Neigung zu Innovationen ausgegangen werden.[720] Die Begründung liegt hier in der Annahme, dass auf ein größeres Potenzial an Wissenselementen zugegriffen werden kann.[721] Trifft die Heterogenität allerdings zusammen mit der Abwesenheit von „geteilten Werten“, so wirkt sie sich negativ auf die Innovationsleistung der Organisation aus. Stereotype und Vorurteile können in diesem Fall die positiven Effekte der Heterogenität aufheben.[722] Letztlich ist Heterogenität für Innovationen dann förderlich, wenn eine hohe Kohäsion (geteilte Sprache, geteilte Werte) und eine hohe Heterogenität gleichzeitig auftreten. Dargelegt wurde oben auch die zum Teil gegenteilige Wirkung von sozialer Heterogenität auf Kommunikations- und Kooperationsprozesse innerhalb von Gruppen und Netzwerken.[723] Soziale Heterogenität wirkt sich somit vor allem auf das Sozialkapital der Unternehmung aus. Die Richtung ihrer Wirkung wird vom jeweiligen Kontext der Organisation maßgeblich beeinflusst.

Wirkung von Gruppendominanz

Dominante Gruppen treten dann auf, wenn Unternehmen zu bestimmten Zeitpunkten eine relativ große Zahl von Beschäftigten gleicher Qualifikation und gleichen Alters einstellen. Große „Dienstalterskohorten“ bewirken zu späteren Zeitpunkten „Beförderungsstaus“. Sowohl innerhalb der großen Kohorte als auch in der nachfolgenden Kohorte führt dies zu einer erhöhten Konkurrenz um Aufstieg oder um als attraktiv wahrgenommene Stellen. Diese Ressourcenzugangsbeschränkung kann sowohl innerhalb der großen Kohorte als auch in anderen Kohorten zu Unzufriedenheit und einer erhöhten Fluktuationsneigung führen.[724]

Doch nicht nur hinsichtlich materieller Ressourcen beschränkt die größere Gruppe den Zugang für die kleinere. Diese Zugangsbeschränkung gilt oftmals auch für soziale und kognitive Ressourcen. So werden Minderheiten häufig von der Kommunikation ausgeschlossen.[725] Die soziale Interaktion innerhalb der eigenen Gruppe nimmt indes zu und fördert die Gruppenidentität mit der eigenen Gruppe. Die Wahrscheinlichkeit für Intergruppenkonflikte steigt.[726] Der Einfluss dominanter Kohorten ergibt sich demnach vor allem für das Sozialkapital und zwar durch die Auswirkungen der Kohortenverteilung auf Netzwerkdichte und Kommunikationsprozesse.

[720] Vgl. Gebert (2004), S. 158, ferner Reagans & Zuckerman (2001), S. 510ff.

[721] Vgl. Nienhüser (1998), S. 301ff., ferner Gebert (2004).

[722] Vgl. Kapitel 3.4.3.

[723] Vgl. Kapitel 3.4.3., Abbildung 16, ferner Gebert (2004).

[724] Vgl. Nienhüser (1998), S. 304ff., Pfeffer (1983).

[725] Vgl. Martin (1993), Nienhüser (1992b).

[726] Vgl. Nienhüser (1992a).

Wirkung von Alter und Alterung

Für die Innovationsfähigkeit einzelner Personen wurden die Effekte des Alters bereits näher spezifiziert.[727] Im Hinblick auf den Gesamtpersonalbestand sind weitere Effekte zu beachten, die personalwirtschaftliches Handeln induzieren, wie z. B. die derzeitige Verteilung des Alters und Erwartungen über die „Alterung" der Belegschaft. Hypothesen über die Effekte individuellen Alterns beeinflussen dabei die Erwartungshaltung der Entscheider über die Wirkungen der kollektiven Alterungseffekte.

So wird erwartet, dass die Alterung der Belegschaft direkte Auswirkungen auf die Produktivität des Humankapitals hat (Ressourceneffekt). Ein höheres Lebensalter und eine häufig damit einhergehende längere Betriebszugehörigkeit bedingen heute oftmals (jedoch nicht zwangsläufig) ein höheres Entgeltniveau und damit höhere Personalkosten für das Unternehmen. Die materielle Ausstattung der Mitarbeiter nimmt zu. Die Fluktuationsneigung nimmt in der Regel ab. Das im Betrieb vorhandene Erfahrungswissen nimmt zu; zunehmen können je nach Kontext auch die Beharrungstendenzen.[728]

Mit zunehmendem Alter des Personals verändern sich auch die Werte und Erwartungen der Beschäftigten. Dies ist zum einen zurückzuführen auf die Veränderungen individueller Werte und Präferenzen, zum anderen entsteht ein aggregierter Effekt je nach Größe und Verhältnis der im Betrieb vorhandenen Kohorten. Die längere durchschnittliche Betriebszugehörigkeit, die häufig mit der Alterung einhergeht, bewirkt in der Regel eine stärkere Identifikation der Arbeitnehmer mit ihrem Unternehmen (Sozialisationseffekt), was zusammen mit den Bedingungen auf dem externen Arbeitsmarkt häufig zu einer verminderten Fluktuation in den höheren Altersgruppen führt.[729] Liegt ein hoher Erneuerungsbedarf an Qualifikationen vor, stellt eine reduzierte Fluktuation unter Umständen ein Problem für die Organisation dar. Je nach Wachstumsgeschwindigkeit des Unternehmens werden der Austausch und die Erneuerung von Qualifikation deutlich erschwert. Arbeitsgestaltung und Personalentwicklung sind dann in besonderem Maße gefordert, den Erneuerungsbedarf zu bewältigen.

Das Klima für Innovationen wird neben den Werten und Einstellungen der Beschäftigten auch von den Wahrnehmungen und Hypothesen der Führungskräfte hinsichtlich des Zusammenhangs von Alter und Innovationsfähigkeit beeinflusst. *Astor et al.* unterscheiden

[727] Vgl. Kapitel 3.4.2.

[728] Vgl. Nienhüser (1998), S. 288ff.

[729] Vgl. Nienhüser (1998), S. 308ff.

hier verschiedene Innovationskulturen, die sich nicht zwangsläufig aus der Eigenlogik der Innovationsprozesse ergeben, sondern Ausdruck der so genannten „Betriebskonzeption" („organisationslose Organisation" bzw. „entgrenzte Organisationen") und personalpolitischer Muster (z. B. das Setzen auf den Anfänger) sind. Empirische Untersuchungen legen nahe, dass die Ausgrenzung von älteren Mitarbeitern aus dem Innovationsgeschehen überwiegend im High-Tech-Innovationsmilieu zu finden ist, während im mittelständisch geprägten Innovationsmilieu keine Ausgrenzung stattfindet.[730] Ausgrenzungstendenzen im großbetrieblichen und High-Tech-Umfeld sind umso erstaunlicher, da den älteren Mitarbeitern in Umfragen diesbezüglich keine Nachteile zugesprochen werden.[731] Aus ressourcenorientierter Sicht bedeutet eine solche „altersdiskriminierende Innovationskultur", dass vorhandenes Erfahrungs- und Kontextwissen nicht als Ressource für Innovationsprozesse genutzt werden kann, wenn die Akteure nicht in die entsprechenden Prozesse eingebunden sind. Hinzu kommt, dass gerade der Umgang mit Widerständen in Innovationsprojekten die Kompetenzen und Netzwerke der erfahrenen Mitarbeiter notwendig macht und eine Ausgrenzung von Erfahrung die Durchsetzung von Innovationen negativ beeinflussen kann.[732]

Somit sind es vor allem die Hypothesen und Erwartungen der Führungskräfte hinsichtlich negativer Konsequenzen der Alterung, die möglicherweise eine optimale Kompetenz- und Ressourcennutzung verhindern (vgl. hierzu auch Annahme OK1).

Wirkung des Qualifikationsniveaus

Vom Qualifikationsniveau geht keine immanente Wirkung auf die Ressourcenbasis aus, wie etwa vom Alter. Die Wirkung auf die Ressourcenbasis liegt hier in der Fähigkeit, die Beschäftigteninteressen durchzusetzen. Diese ist umso größer, je höher das Qualifikationsniveau ist. So können hochqualifizierte Arbeitnehmer aufgrund der hohen Transaktionskosten, die eine Abwanderung mit sich brächte, Veränderungen von Anreizen und Belastungen effektiver entgegentreten. Unternehmen mit hoch qualifizierten Arbeitnehmern sind in hohem Maß abhängig von ihren Beschäftigten. Probleme, die möglicherweise aus anderen Personalstrukturdimensionen resultieren, können hier besonders hohe Kosten verursachen.

Der demografische Wandel mit seinen Dimensionen Schrumpfung und Alterung spiegelt sich in den Unternehmen vor allem in den Strukturdimensionen soziale Heterogenität, Gruppendominanz und Alter wider. Veränderungen im Qualifikationsniveau der Beschäf-

[730] Vgl. Japser/Fitzner (2000), S. 141ff. Astor/Fröhner/Nawroth/Reindl (2000), S. 218.

[731] Vgl. Becker et al. (2004), Boockmann/Zwick (2004a), Sebald et al. (2007).

[732] Vgl. Kapitel 3.4.3.

tigten sind zunächst nicht als unmittelbare Folge des demografischen Wandels zu erwarten. Wenngleich die Schrumpfung des Arbeitskräfteangebots den Wettbewerb um Hochqualifizierte weiter verschärft und deren Möglichkeiten der Interessendurchsetzung fördert. Gerade in High-Tech-Branchen wird die Fähigkeit zur Erneuerung häufig damit verknüpft, in ausreichendem Umfang Hochqualifizierte zu gewinnen und zu halten.

Die Wirkungen der Strukturdimensionen auf die Ressourcen zur Innovation sind nicht unabhängig voneinander zu sehen. So können sie sich zum Teil verstärken, zum Teil in ihrer Wirkung jedoch auch aufheben. Eine grundlegende Aussage zur Richtung der Wirkung kann ohne die Betrachtung des einzelnen Kontexts nicht erfolgen. Die zusammenfassende Übersicht zeigt deshalb nur ein Wirkungsgeflecht, das im Einzelfall näher zu spezifizieren ist.

Zusammen mit den Erkenntnissen über Alterung auf die individuelle Kompetenz ergibt sich das in Abbildung 20 dargestellte Beziehungsgeflecht zwischen den Dimensionen der Personalstruktur und den Merkmalen der Ressourcenbasis für Innovation.

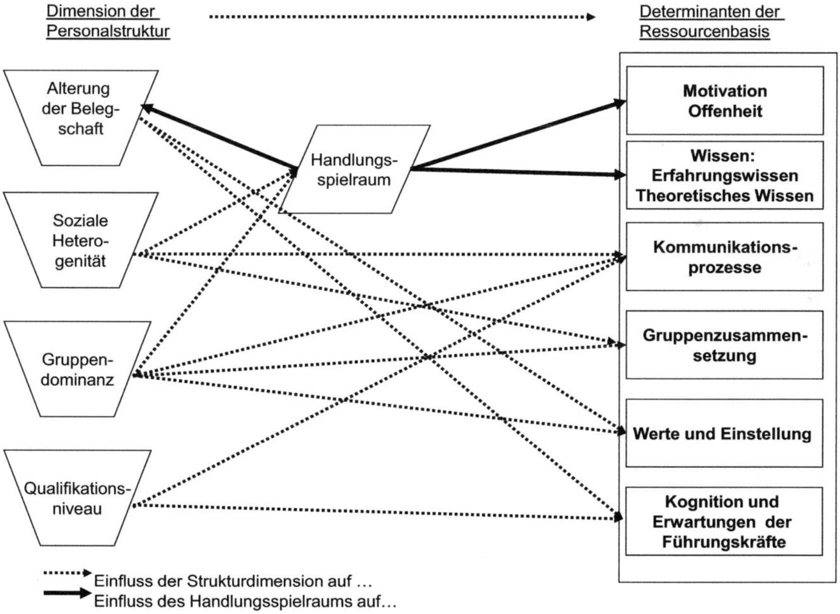

Abbildung 20: Wirkung von Personalstrukturdimensionen auf die Ressourcenbasis
Quelle: Eigene Darstellung

Die dargelegten Strukturmerkmale der Organisation beeinflussen demnach unmittelbar oder mittelbar über den Handlungsspielraum Eigenschaften der Ressourcenbasis und die damit verbundenen Austauschprozesse. Der Handlungsspielraum der Akteure ist dabei in zweierlei Hinsicht relevant. Zum einen nimmt er eine moderierende Stellung im Hinblick auf die Ressourcenmerkmale „Motivation“ und „Wissen/Erfahrung“ ein. Zum anderen ist das Alter der Belegschaft in absoluten Zahlen nicht vom Handlungsspielraum abhängig. Abhängig ist aber die Ausprägung, wie das Alter faktisch im Hinblick auf die Leistungserstellung zu bewerten ist. Der Handlungsspielraum wird durch die Art der Leistungserstellung und Maßnahmen der Arbeits- und Organisationsgestaltung festgelegt. Er ist damit von der Gestaltung eines Human Resource Management abhängig. Die folgende Abbildung dient dazu, die oben ausführlich dargelegten Zusammenhänge im Hinblick auf das Modell in Kapitel 2.2 einzuordnen.

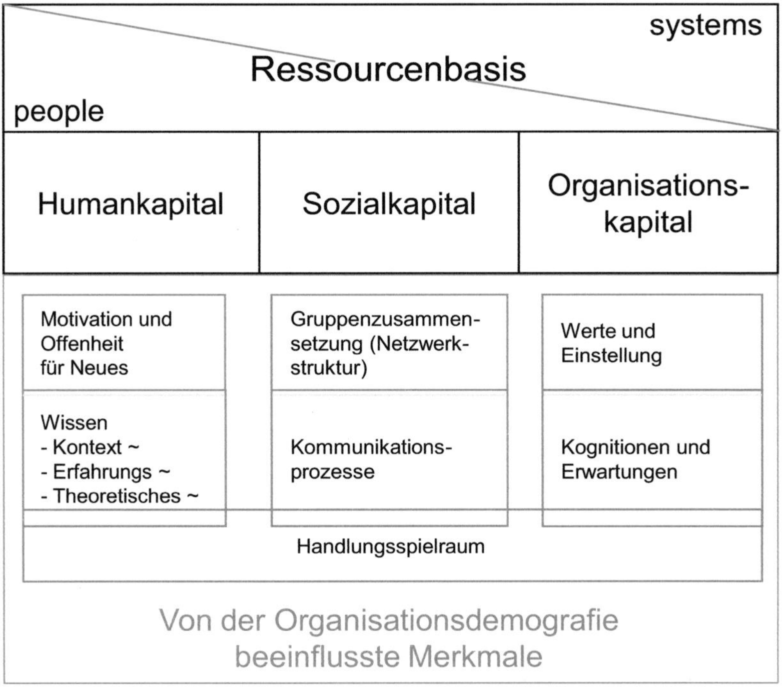

Abbildung 21: Organisationsdemografie und deren Einfluss auf die Ressourcenbasis
Quelle: Eigene Darstellung

3.4.6 Gestaltung von Personalstrukturen – Möglichkeiten und Grenzen

Um die Gestaltungsspielräume des Management auszuloten ist zunächst festzulegen, wie eine optimale Personalstruktur (Soll) aussieht. Anschließend ist zu klären, welche Ausgangssituation und welche Prognosen hinsichtlich der Entwicklung der Personalstruktur angenommen werden (Ist). Erst wenn dieser Abgleich erfolgt ist, lässt sich klären wie die mögliche Lücke zwischen Ist und Soll geschlossen werden kann.[733]

Quantitative und qualitative Personalplanungsinstrumente sind unabdingbar, will man die Gestaltungsaufgabe in der oben beschriebenen Form annehmen. Dabei ist jedoch die Bestimmung der „optimalen“ Personalstruktur allein schon ein nahezu „unlösbares“ Problem. Die Ausführungen im vorangegangenen Abschnitt haben gezeigt, dass heterogene Strukturen je nach Kontextbedingungen sowohl negative als auch positive Wirkungen haben können. Darüber hinaus entfalten sie zum Teil konträre Wirkungen in unterschiedlichen personalwirtschaftlichen Dimensionen. Eine „Zielfunktion“ der optimalen Personalstruktur ist somit „mehrdimensional“. Eine präzise Festlegung, welches Maß an sozialer Heterogenität bzw. welches Maß an Gruppendominanz oder Alterung noch akzeptabel oder gar wünschenswert wäre, ist aufgrund der engen Abhängigkeiten und wenig vorhersagbaren Wirkungen und Nebenwirkungen nicht möglich.

Die Frage nach dem derzeitigen Personalbestand ist quantitativ einfach zu beantworten. Antworten auf inhaltliche Fragen zur Entstehung der Struktur sind dagegen weitaus schwieriger. So zeigt eine Studie des Zentrums für Europäische Wirtschaftsforschung (ZEW), dass sich die betriebliche Altersstruktur nur zum Teil durch die Einschätzung der Personalverantwortlichen erklärt.[734] In größeren Betrieben sind es vor allem betriebliche Charakteristika wie Alter des Betriebs, Stand der Technologie und Vorhandensein einer betrieblichen Interessenvertretung, die die betriebliche Altersstruktur erklären.[735] Die ZEW-Studie legt den Schluss nahe, dass betriebliche Altersstrukturen bislang weniger

[733] Vgl. hierzu auch Nienhüser (1998), S. 498f.

[734] Vgl. Boockmann/Zwick (2004a), S.1. Bei genauerer Analyse stellen die Autoren fest, dass die Einschätzung der Personalverantwortlichen nur in kleineren Unternehmen mit weniger als 100 Beschäftigten einen signifikanten Erklärungsbeitrag liefert. Vgl. darüber hinaus auch Untersuchungen von Huber (2000), der zu dem Ergebnis kommt, dass gegenwärtige Alterstrukturen „ungeplante Resultate eines unkoordinierten Einsatzes von Maßnahmen insbesondere der quantitativen Personalanpassung seien“ (zitiert nach Köchling (2000), S. 47).

[735] Vgl. Boockmann/Zwick (2004b). Einflussgrößen für die unterschiedlichen Ergebnisse in kleineren und größeren Unternehmen sind unter anderem restriktivere Kündigungsschutzvorschriften, der geringere Handlungsspielraum der betrieblichen Akteure in größeren Unternehmen sowie das Mitbestimmungsrecht des Betriebsrats bei Kündigungen.

durch die aktive Gestaltung, denn vielmehr durch strukturelle und institutionelle Rahmenbedingungen bestimmt wurden.

Eine Prognose der zu erwartenden Wirkung der Veränderungen ist ebenfalls mit starken Unwägbarkeiten verbunden. So sind die Auswirkungen der Alterung des Personals für die Betriebe vom situativen Kontext der Organisation abhängig.[736] Je nach Arbeitsanforderungen und Aufgabenkomplexität wird das Alter der Mitarbeiter unterschiedlich wahrgenommen. Noch immer ist die Personalpolitik in den eher beschäftigungsexpansiven Betrieben der Softwarebranche vorwiegend jugendzentriert.[737] Die Arbeitsprozesse beinhalten ein hohes Verschleißrisiko bereits für „junge Alte", d.h. für 35-jährige und ältere Mitarbeiter.[738] Der Ausgliederungsdruck auf „Ältere" ist entsprechend groß. Die Beschäftigungschancen für die verschiedenen Altersgruppen weisen in dieser Branche wie auch in der übrigen „innovationsorientierten Qualitätsproduktion und –dienstleistung"[739] gravierende Unterschiede auf.[740] Daneben wirken auf die Wahrnehmung von Alter und Alterungsprozessen auch die jeweiligen Rahmenbedingungen auf externen und internen Arbeitsmärkten als Kontextfaktor. Die Grenzen, ab denen Arbeitnehmer als alt gelten, sinken in Phasen, in denen tendenziell ein Arbeitskräfteüberhang existiert.[741] In Phasen eines Arbeitskräftemangels werden dagegen stärker die Vorteile dieser Beschäftigtengruppe Aufmerksamkeit finden und deren Rekrutierungschancen erhöhen. Auf dem internen Arbeitsmarkt kommt neben dem Merkmal „Alter" auch noch das Verhältnis der Kohorten zueinander als Einflussfaktor hinzu. So kann es selbst bei einer grundsätzlich positiven Bewertung von Alter und Erfahrungswissen zu einem Ausgliederungsdruck auf Ältere aufgrund betrieblicher Aufstiegssysteme und Rituale kommen.[742] Prognosen der betrieblichen Personalstruktur werden offensichtlich nicht nur aufgrund objektiv vorhandener Kennzahlen und Relationen getroffen. Sie sind vielmehr auch von der Wahrnehmung des Merkmals „Alter" als Chance oder als Bedrohung beeinflusst.

Neben der Ziel- und Bestandsanalyse und der Bestandsprognose ist grundsätzlich die Frage nach der Manipulierbarkeit von Personalstrukturen zu stellen. Sind Eingriffe zur

---

[736] Vgl. Nienhüser (2002), S. 72f., Frerichs (2002), S. 55f., Köchling (2000), S. 43f.

[737] Zur Darstellung unterschiedlicher Altersstrukturtypen vgl. Köchling (2004) und Köchling (2000), S. 54f., ferner Buck/Schletz (2001a).

[738] Vgl. Reindl (2000a), S. 306ff., Boes et al. (2008c).

[739] Vgl. Frerichs (2002), S. 55. Frerichs unterscheidet die Beschäftigungssituation älterer Arbeitnehmer nach produktsregimespezifischen Gegebenheiten, um daraus Handlungsoptionen abzuleiten (vgl. hierzu Frerichs (1999)).

[740] Vgl. Frerichs (1999), Frerichs (2002), S. 50ff.

[741] Vgl. Lehr/Wilbers (1992), Sp. 203.

[742] Vgl. Nienhüser (2002), S. 75ff.

Gestaltung möglich und wenn ja auch wünschenswert? Legt man das in Abbildung 19 nachgezeichnete Modell von *Nienhüser* zugrunde, sind grundsätzlich drei unterschiedliche Ansatzpunkte der Manipulation denkbar. Zunächst könnte man an die unmittelbare Manipulation der Struktur durch selektive Rekrutierung, Freisetzung und Umsetzung denken, um unmittelbar das Verhalten der Individuen bzw. der Gruppen zu beeinflussen.[743] Eine ähnliche Alternative, die an den Strukturdeterminanten ansetzt, wäre die Veränderung interner Arbeitsmarktfaktoren, wie z. B. Veränderungen im Stellensystem oder bei Karrierepfaden. Beide Varianten setzen voraus, dass für die Veränderung der Struktur langfristige Betrachtungszeiträume zugrunde gelegt werden (strategische Perspektive) und ein ausreichendes Mengengerüst zum Austausch von Fachkräften vorhanden ist (Zusammensetzung des Arbeitskräftereservoirs) und benötigt wird (Wachstum der Organisation, Regeneration). Nur dann wären Veränderungen überhaupt nach einem längeren Zeitraum „spürbar“. Darüber hinaus sind Maßnahmen der Personaleinstellung, -freisetzung und -umsetzung im deutschen Arbeitsrecht-System stark reglementiert, was die Beeinflussbarkeit unter strukturrelevanten Aspekten schwierig macht. Hinzu kommt, dass Entscheidungen auf dem internen und externen Arbeitsmarkt in aller Regel anderen sachlichen und inhaltlichen Regeln folgen, als der Optimierung personalstruktureller Gegebenheiten. Direkte Eingriffe in die Struktur setzen also eine eingehende Strukturanalyse des Personalbestandes voraus; sichtbare Veränderungen sind mithin erst langfristig zu erwarten. Dabei werden durch die Veränderung der Zusammensetzung einzelner Kohorten auch Relationen in anderen Strukturmerkmalen (z. B. der Qualifikationsstruktur) verändert und soziale Beziehungen nachhaltig beeinflusst. Zusätzlich zu beabsichtigten Wirkungen (Veränderungen im Humankapitel) ist demnach auch immer mit „Nebenwirkungen“ (Einfluss auf Sozialkapital) zu rechnen.[744]

Neben einer direkten Manipulation der Struktur bleibt den Unternehmen als alternative Option eine Art „Kompensationsstrategie“. Diese setzt an den vermuteten Folgen bzw. Wirkungen der Personalkonfiguration an und hat zum Ziel, negative Folgen auszugleichen bzw. Potenziale zu erkennen und zu nutzen.[745] Im Hinblick auf die demografische Entwicklung des Erwerbspersonenpotenzials heißt dies, dass neben der strategischen Personalplanung auch andere Gestaltungsfelder in den Fokus des Human Resource Management rücken.[746] Vor dem Hintergrund der Erhöhung des gesetzlichen Rentenalters

[743] Vgl. hierzu auch die diversen Strategien bei Köchling (2004), S. 51ff.

[744] Vgl. Nienhüser (1998), S. 509ff.

[745] Vgl. Wirkungsmechanismen und Kontext- und Ressourceneffekten in Abbildung 20.

[746] Vgl. Nienhüser (2002).

und der damit einhergehenden Verlängerung der Lebensarbeitszeit gewinnen die Themen gesundheitsförderliche Arbeitsgestaltung[747] sowie Work-Life-Management an Bedeutung, um die Produktivität der Mitarbeiter über die gesamte Beschäftigungsdauer zu erhalten und zu fördern.[748] Auch Themen der Entgeltgestaltung können in diesem Zusammenhang nicht ausgeklammert werden.[749] Angesichts des vorhersehbaren Mangels an jungen Nachwuchskräften ist es erforderlich, angepasste Rekrutierungs- und Personalentwicklungsstrategien zur Ausschöpfung von Arbeitsmarktreserven auch in „neuen" Zielgruppen wie Frauen oder älteren Arbeitslosen zu entwickeln.[750] In Anbetracht der Tatsache, dass die Leistungsfähigkeit der Mitarbeiter insbesondere vom bisherigen Erwerbsverlauf und der Art der bisher ausgeübten Tätigkeiten abhängt,[751] werden gezielte Tätigkeitswechsel und mithin eine systematische Laufbahnplanung zukünftig unabdingbar.[752] Langfristig werden vor allem die Förderung der lebensbegleitenden Kompetenzentwicklung (durch zeitlich begrenzte und dauerhafte Tätigkeitswechsel) über Innovationsfähigkeit und Unternehmenserfolg entscheiden.[753] Die Förderung generationenübergreifender Zusammenarbeit sollte dazu beitragen, rechtzeitig die „Übergabe" von Erfahrung und Wissen künftig ausscheidender Mitarbeiter an potentielle Nachfolger sicher zu stellen.[754] Die hier nur kurz skizzierten demografischen Veränderungen werden demnach das personalpolitische Instrumentarium in allen Bereichen des Human Resource Cycles beeinflussen.[755]

Veränderungen von Personalstrukturen stellen somit ein personalstrategisches Arbeitsfeld dar, das die Ressourcenbasis der Organisation auf mehreren Ebenen beeinflusst. Dabei geht die ressourcentheoretische Betrachtungsweise über die Perspektive des Personalrisikomanagement hinaus.

> *„Im Rahmen des Ressourcenansatz des Strategischen Managements lassen sich solche Personalstruktur-Maßnahmen-Konfigurationen als organisationale Ressourcen interpretieren […], die, wenn sie eine geringe Abnutzbarkeit, Transferierbarkeit, Imitierbarkeit und Substituierbarkeit aufweisen, potentiell als*

---

[747] Vgl. Behrens (2001), S. 22, Henning (2006), S. 33.

[748] Vgl. Hempel et al. (2006), S. 28ff.

[749] Vgl. Bartscher (2006), S. 31, Kramer (2007), S. 33ff.

[750] Vgl. DGFP (2004), S. 17f., zur Charakterisierung eines bereits bestehenden Fachkräftemangels und zu resultierenden personalpolitischen Handlungsstrategien vgl. auch Backes-Gellner et al. (2000), Hartlapp/Schmid (2009), Backes-Gellner (2009).

[751] Vgl. Ilmarinen (2000), S. 88ff., Behrens (2001), S. 16 ff., Buck/Kistler/Mendius (2002), Lehr (2007), S. 213ff.

[752] Vgl. Behrens (2001), S. 22, Packebusch (2000),S. 262ff., Lünstroth (2001).

[753] Vgl. Staudt (2002), S. 25ff., außerdem DGFP (2004), S. 17.

[754] Vgl. Reinmann-Rothmeier (2004), S. 308ff.

[755] Vgl. Köchling (2004), S. 33ff., Leibold/Voelpel (2006), Eckardstein (2004).

Quelle von dauerhaften Wettbewerbsvorteilen in Frage kommen. Hierdurch kann der richtige Umgang [...] zu einer eigenständigen und wertvollen organisationalen Ressource werden."[756]

Das strategische Human Resource Management entfaltet daher unmittelbar Einfluss auf die Innovationsfähigkeit der Organisation.[757] Als Gestaltungsmöglichkeiten ergeben sich, wie beschrieben, entweder die direkte Manipulation der Strukturdaten oder Kompensationsmöglichkeiten entsprechend der Hypothesen über Auswirkungen des demografischen Wandels.

3.5 Implikationen für ein strategisches Human Resource Management im demografischen Wandel

Die gegenwärtigen Altersstrukturen der Belegschaften sind das Ergebnis vergangener Entwicklungen der Organisation (z. B. Wachstumsphasen, Konsolidierungsphasen) und vollzogener personalpolitischer Entscheidungen. Alterung und Schrumpfung des Erwerbspersonenpotenzials werden sich künftig je nach strategischer Ausrichtung des Unternehmens in der Organisationsdemografie widerspiegeln. Die Anforderungen, die sich daraus an das Human Resource Management ergeben, werden neben der Unternehmensstrategie von den erwarteten Risiken und Chancen der demografischen Entwicklungen bestimmt.

In den vorangegangenen Kapiteln wurden die möglichen Auswirkungen des demografischen Wandels auf die Ressourcenbasis eingehend analysiert. Nun sind die personalstrategischen Handlungsfelder nochmals näher zu spezifizieren, die sich aus den erwarteten Veränderungen ergeben. Hierzu wird das Beziehungsgefüge zwischen demografischem Wandel, Human Resource Management, Ressourcenbasis und Innovationsfähigkeit, das in Abschnitt 2.2.2 erarbeitet wurde,[758] um die beeinflussbaren von der Organisationsdemografie abhängigen Ressourcenmerkmale ergänzt. Dies trägt dazu bei, die relevanten Einflussfaktoren hinsichtlich der Ressourcenbasis für die empirische Arbeit zu identifizieren.

---

[756] Jans (2003), S. 72.

[757] Zum Einfluss des Human Resource Management auf Innovation vgl. auch Shipton et al. (2005) und (2006).

[758] Vgl. Abbildung 9.

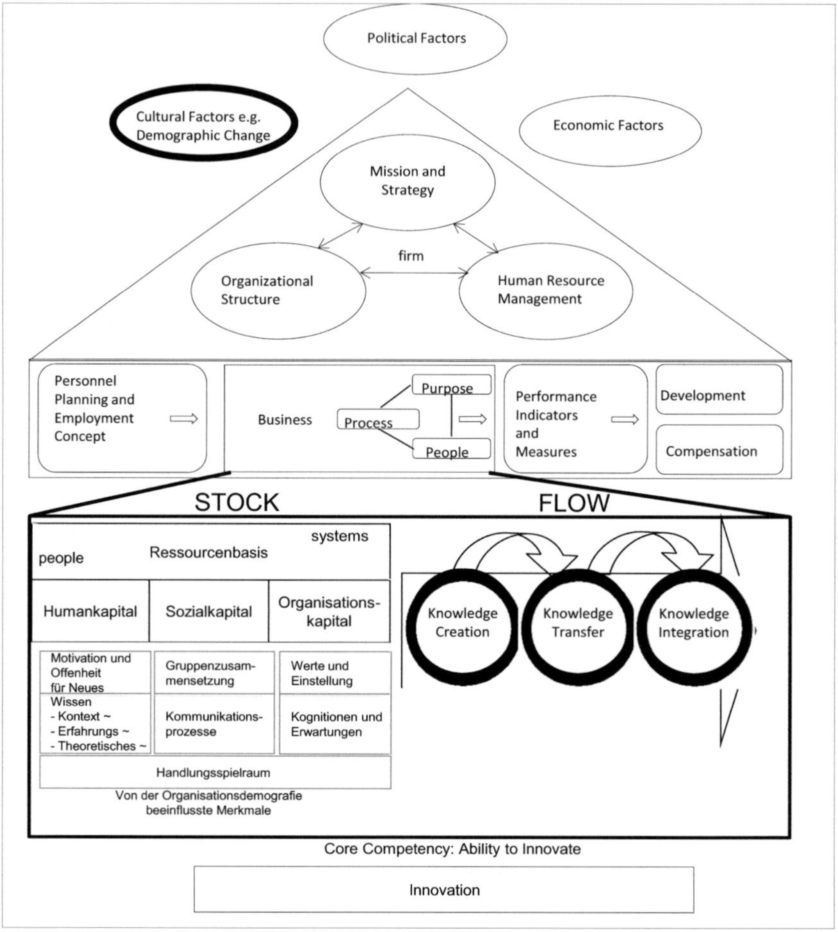

Abbildung 22: Strategisches Human Resource Management als Gestalter zwischen demografischem Wandel und Ressourcenbasis

Quelle: Eigene Darstellung

Im Sinne von *Ridder et al. (2001)* übernimmt das Human Resource Management eine moderierende und gestaltende Funktion, indem es Einflüsse aus der Umwelt antizipiert und die Organisation in die Lage versetzt, ihre Ressourcenbasis entsprechend anzupassen und die Kompetenzen adäquat zu entwickeln.[759] Dies geschieht sowohl in Prozessen

[759] Vgl. Ridder et al. (2001).

der Strategieentwicklung (Abstimmung zwischen Unternehmens- und Personalstrategie) als auch in den Prozessen der Ressourcen- und Kompetenzentwicklung.

So stellt die Schrumpfung des Erwerbspersonenpotenzials für die Unternehmung nur dann ein Kapazitätsrisiko dar, wenn das Unternehmen eine Wachstumsstrategie verfolgt. Haben Unternehmen für einen bestimmten Prognosezeitraum keinen oder nur geringen Ersatzbedarf, liegt kein unmittelbares Kapazitätsrisiko vor. Verfolgt das Unternehmen einen Wachstumskurs, so ist das Kapazitätsrisiko umso höher zu bewerten. Schrumpfung schlägt sich damit hauptsächlich als Verknappung von jungem Humankapital nieder. Können weniger junge Mitarbeiter eingestellt werden, als dies in der Vergangenheit der Fall war, so verschiebt sich die Altersstruktur der Betriebe in der Regel zu den älteren Jahrgängen. Im Gegensatz zur Dominanz von Kohorten mittleren Alters kann es innerhalb der Unternehmen dann zur Dominanz von Gruppen mit langer Betriebszugehörigkeit und „höherem" Alter kommen. Die soziale Heterogenität nimmt ebenso zu, wenn zur Kompensation des Mangels an Nachwuchskräften in der „Standardzielgruppe" der Rekrutierung (z. B. junge männliche Ingenieure) andere Arbeitnehmergruppen (z. B. weibliche Akademikerinnen) eingestellt werden.

Das regionale Auftreten von Schrumpfung und Alterung in Kombination vollzieht sich darüber hinaus sehr unterschiedlich. So kann beispielsweise die Bevölkerung in einer Region oder einem Land stark altern (gestiegene Lebenserwartung), ohne zu schrumpfen (ausreichende hohe Geburtenrate oder Nettozuwanderung), während andere Länder oder Regionen für einen bestimmten Prognosezeitraum eine überdurchschnittliche Alterung bei gleichzeitiger Schrumpfung aufweisen.[760] Je nach Beschäftigungspolitik des Unternehmens können sich die Strukturen an verschiedenen Standorten deshalb unterschiedlich entwickeln und ihrerseits wiederum strategische Entscheidungen beeinflussen.

Organisationsdemografie ist wie beschrieben nur zum Teil durch Beschäftigungsmanagement gestaltbar, zum Teil entwickelt sie sich aus den besonderen Umweltbedingungen, sodass Kompensationsstrategien notwendig werden. So kann eine Wachstumsstrategie angesichts schrumpfender Nachwuchsjahrgänge in Europa sowohl zur Neuausrichtung des Beschäftigungsmanagement als auch zu veränderten Standortpolitiken mit Auswirkungen auf die Freisetzung von Personal führen. Gestaltungsempfehlungen für ein Hu-

[760] Vgl. Tivig et al. (2008) und Kapitel 3.1 dieser Arbeit.

man Resource Management können deshalb nur unternehmensspezifisch ermittelt werden.[761]

Woran orientieren sich jedoch im Einzelfall die Lösungsansätze des strategischen Human Resource Management? Woraus lassen sich Ansatzpunkte für Gestaltungsempfehlungen entwickeln? Im Abschnitt 3.4 wurden die innovationshinderlichen und –förderlichen Einflüsse auf Seiten des Human-, Sozial- und Organisationskapitals beschrieben. Ein Human Resource Management, das Innovationen fördert, muss somit die getroffenen Annahmen über Zusammenhänge in der Ressourcenbasis in der Organisation validieren und mögliche Entwicklungen antizipieren.

Kreativität und Wissen der Mitarbeiter sind Voraussetzung für die **individuelle Kompetenz** zur Innovation. In Anbetracht eines geringeren Wachstums und einer Verknappung junger Arbeitskräfte stellt sich für das Human Resource Management die Aufgabe, die Potenziale der vorhandenen Mitarbeiter, die mit den Unternehmen älter werden, entsprechend zu nutzen und sich weiter am Wettbewerb um den Nachwuchs zu beteiligen. In der IT-Branche ist die Bedeutung von **Erfahrungswissen** für die Innovationskompetenz heute und für zukünftige Aktivitäten unklar. Aus den konzeptionellen Vorüberlegungen und der Aufarbeitung der vorliegenden Forschungsergebnisse sollte in der Praxis die Bedeutung der Erfahrungskomponente des Wissens in dieser Branche für den Innovationsprozess erkundet werden.

Je nach Bewertung seiner Bedeutung, werden sich für das Human Resource Management unterschiedliche Anforderungen im Bereich der Personalentwicklung und für die Arbeitsgestaltung ergeben.

Handlungsspielraum, soziobiografische Einflüsse und Arbeitsprozess stellen weitere Einflussfaktoren auf die individuelle Innovationskompetenz dar. Um mit einer wachsenden Anzahl von langjährigen Mitarbeitern in einer bislang auf „junge Innovierer" ausgerichteten Branche bestehen zu können, stellt sich für das Human Resource Management die Aufgabe, durch Maßnahmen der Arbeits- und Organisationsgestaltung das Spannungsfeld zwischen Förderung einerseits und Überforderung andererseits so zu gestalten, dass die Einflüsse aus dem Arbeitsprozess positiv auf die individuelle Innovationskompetenz ausstrahlen. Dabei spielen Maßnahmen des Gesundheitsmanagement ebenso eine Rolle wie Konzepte des kontinuierlichen Lernens.

Ein nächster Ansatzpunkt ist die Frage nach möglichen Veränderungen der **Kommunikationsprozesse** und **Gruppenzusammensetzungen** durch eine Veränderung der

[761] Vgl. Ausführungen zur forschungsmethodischen Basis in Kapitel 1.3 und 4 dieser Arbeit.

Kohortenverhältnisse. Hier kommen Stellenstruktur und Stellenbesetzungspraktiken (Beschäftigungsmanagement) aber auch die Führungskultur der Organisation in Spiel. Zunächst geht es darum, aus dem Status Quo Rückschlüsse auf das vorhandene Sozialkapital zu erhalten. Welche Kommunikationsprozesse und Gruppenkonstellationen sind für die Kompetenz zur Innovation aus heutiger Sicht relevant? Die Aufgabe des Human Resource Management ist es, in diesem Zusammenhang zu überprüfen, ob die implementierten Feedback-, Anreiz- und Entwicklungssysteme Innovationsprozesse fördern oder eher behindern. Darüber hinaus wäre aus organisationsdemografischer Sicht zu klären, ob beispielsweise die heutige Minderheit der IT-Beschäftigten, nämlich die Gruppe der über 50-Jährigen, durch die heute dominante Gruppe der 35- bis 45-Jährigen in ihrem Handlungsspielraum eingeschränkt ist und dadurch möglicherweise vorhandene Potenziale nicht genutzt werden. In einer auf die Zukunft gerichteten Perspektive stellt sich die Frage nach dem zukünftigen Erscheinungsbild der Organisation, wenn in ca. 10 Jahren der Anteil der über 50-Jährigen deutlich größer sein könnte. Die Verschiebung der Alterspyramide zusammen mit den Entwicklungen auf dem externen Arbeitsmarkt vergrößern die soziale Heterogenität (Verhältnis Männer-Frauen, Jüngere-Ältere, Millenials-Babyboomer) und haben Auswirkungen auf Handlungsspielräume und Netzwerke. Routinen und Regeln, die den Austausch und die Integration von Wissen bislang fördern, müssen darauf hin überprüft werden, ob sie auch in zukünftig veränderten Strukturen geeignet sind.

Mögliche Nachteile für interorganisationale Netzwerkstrukturen könnten für die Organisation auch aufgrund der längeren Betriebszugehörigkeiten entstehen. So geht *Pfeffer* davon aus, dass Unternehmen mit langjährigen Mitarbeitern einen Transfer von extern vorhandenem Wissen weniger über den Aufbau von persönlichen Netzwerken zu anderen Unternehmen bewältigen können.[762] Als Gründe hierfür wird zum einen der mangelnde Zufluss an neuen Mitarbeitern mit entsprechenden persönlichen Netzwerken genannt, zum anderen wird die möglicherweise fehlende Ähnlichkeit mit den externen Kontaktpersonen angeführt. Interorganisationale Netzwerkstrukturen spielen wie beschrieben für die Innovationsfähigkeit eine wichtige Rolle. Für Unternehmen ist es daher notwendig, nach einer Analyse der Organisationsdemografie auch personenunabhängige Netzwerkverbindungen zu etablieren. Für das Human Resource Management folgt aus diesen Risiken, dass die bestehenden Politiken in den Bereichen Beschäftigungsmanagement, Perfor-

[762] Vgl. Pfeffer 1983, S. 340ff. ferner Ausführungen in Kapitel 3.

mance Management und Personalentwicklung auf den Prüfstand zu stellen sind.[763] Außerdem sollten Anreizsysteme die Überwindung von bereichsspezifischem und kurzfristigem Denken fördern und auch den Beitrag der Mitarbeiter am Erfolg des Gesamtunternehmens berücksichtigen.[764]

Letztlich werden die Handlungsmuster der Akteure und ihre Interaktion **von** den **Werten** und **Einstellungen** der Mitarbeiter bestimmt. Diese sind für das Funktionieren der Austauschbeziehungen in den diversen Netzwerken von grundlegender Bedeutung. Heterogenität bei gleichzeitiger hoher Kohäsion ist ein Erfolgsfaktor innovativer Teams.[765] Eine Verschiebung der Altersstruktur und eine zunehmende Heterogenität der Belegschaft können geteilte Werte und Sprache negativ beeinflussen. So ist von Seiten der Unternehmensleitung dafür Sorge zu tragen, dass hier negative Konsequenzen abgewendet werden können. Das Human Resource Management sollte hier durch Beschäftigungs- und Diversity Management, Personalentwicklung und Anreizgestaltung mit Einfluss nehmen.[766]

Ilmarinen und andere Autoren weisen darauf hin, dass der mithin wichtigste Einflussfaktor für die Arbeitsfähigkeit älterer Mitarbeiter die Wertschätzung durch die Führungskräfte sei.[767] Die **Kognition** und das Handeln der **Führungskräfte** tragen damit ganz wesentlich dazu bei, dass sich die individuelle Kompetenz des Mitarbeiters entfaltet und die Austauschbeziehungen in den Netzwerken funktionieren. Für das Human Resource Management ist deshalb der Bereich der Führungskräfteentwicklung ein zentrales Handlungsfeld, wenn es um Kompensationsstrategien und Potenzialnutzung geht. Dabei steht die Führungskräfteentwicklung vor der Herausforderung, dass Führung sich in Zeiten der Bewältigung kontinuierlicher Turbulenzen in einem neuen Spannungsfeld zwischen Wandel und Stabilität befindet.[768] Der Umgang mit dem Produktionsfaktor Wissen erfordert auch neue Ansätze in der Führung von Mitarbeitern und selbststeuernder Teams. Die Forschung auf diesem Gebiet kann dabei nur Hinweise auf zukünftige Herausforderungen der Führungskräfte vorzeichnen. So ist es auch in der Praxis des Human Resource Management nötig, gemeinsam mit den Führungskräften Erfolgsfaktoren für die Führung in häufig widersprüchlichen Situationen zu erkunden und im Unternehmen zu fördern. Dabei

[763] Vgl. Jackson et al. (1991).

[764] Vgl. Devanna et al. (1984), S. 49f.

[765] Vgl. Gebert (2004).

[766] Vgl. Oechsler (2006).

[767] Vgl. Ilmarinen (2000), Düzgün (2008).

[768] Vgl. Pawlowsky (2009), S. 290ff.

werden Instrumente der Organisationsentwicklung zur Reflexion, zum Erproben von Neuem und zum Lernen auch in der Führungskräfteentwicklung an Bedeutung gewinnen.

Der demografische Wandel als Trend stellt für ein einzelnes Unternehmen nicht zwangsläufig ein Risiko dar. Vielmehr ist es das Wechselspiel zwischen Maßnahmen der Arbeits- und Organisationsgestaltung und externen Faktoren, die dazu führen, dass die Veränderungen im Umfeld entweder negative oder auch positive Einflüsse auf die Innovationsfähigkeit entfalten. Eine eingehende unternehmensspezifische Analyse und Entwicklung von Handlungsoptionen bietet hier die Möglichkeit, nicht nur Risiken frühzeitig zu antizipieren, sondern möglicherweise auch Potenziale der Personalstruktur und deren Wirkung offen zu legen.

Für die Entwicklung von Strategien stellt die aktuell geringe Anzahl von älteren Mitarbeitern in vielen Betrieben einen Engpassfaktor dar. Die Bedeutung und Wirkung von wachsenden Alterskohorten auf das Human-, Sozial- und Organisationskapital ist angesichts der bisherigen Erfahrungswerte schwer zu prognostizieren. Die Ausführungen haben jedoch auch gezeigt, dass Entscheidungen nicht nur aufgrund eines Status Quo und vorliegender Fakten getroffen werden. Vielmehr sind es Hypothesen über den Einfluss einer Entwicklung, die die Kognition und Handlungsmuster der Akteure prägen und Entscheidungen (auch hinsichtlich des Personalbestandes) beeinflussen. Es ist somit erforderlich, die Annahmen der Führungskräfte über die zukünftige Entwicklung der Anforderungsprofile im Innovationsprozess und ihre Wahrnehmung im Hinblick auf eine älter werdende Belegschaft zu kennen und in die Betrachtung mit einzubeziehen.[769]

[769] Vgl. Kapitel 4 dieser Arbeit.

Ressourcen-basis	HK	HK	SK	SK	OK	OK	OK
Einflussfaktoren auf Innovations-fähigkeit, auf die Organisations-demografie wirkt	Wissen - Kontext~ - Erfahrung~ - theoretisches	Motivation, Offenheit	Netzwerkstruktur (Heterogenität, Lose und feste Kopplungen, Zugang zu interorgani-sationalen Netzwerken)	Interaktion im Netzwerk hohe Kohäsion (geteilte Sprache, geteilte Werte), Kontext (Vision, partizipative Sicherheit, ...)	Handlungsspiel-räume der Akteure	Kognition und Erwartungen der der Führungskräfte	Werte und Einstellungen der Mitarbeiter
wirkende Personalstruktur-dimensionen	Alterung	Alterung	Soziale Heterogenität, Gruppendominanz, (Alterung, Betriebs-zugehörigkeit)	Alterung (Betriebs-zugehörigkeit) Gruppen-Dominanz Qualifikations-niveau	Soziale Heterogenität, Gruppendominanz > arbeitsinduzierte Alterung	Alterung, Qualifikations-niveau	Alterung, Gruppendominanz
Handlungs-felder des Human Resource Management	• quantitative und qualitative Personalplanung • Rekrutierung • Arbeitsgestaltung • Personal-entwicklung	• Arbeitsgestaltung • Personal-entwicklung (Laufbahn-planung)	• quantitative und qualitative Personalplanung • Rekrutierung • Personal-entwicklung	• Diversity-management • Rekrutierung • Personal-entwicklung • Anreizsysteme	• Arbeitsgestaltung • Gesundheits-management • Personal-entwicklung (Laufbahn-planung)	• Führungs-kräfteent-wicklung • Diversity-management • Personal-entwicklung	• Führungskräfte-entwicklung • Diversity-management • Personal-entwicklung

Abbildung 23: Konzeptionsgeleitete Übersicht über Zusammenhänge von Personalstrukturdi mensionen und personal-politischen Handlungsfeldern

Quelle: Eigene Darstellung

4. Empirische Erhebung: Einfluss des demografischen Wandels auf die Ressourcen von Innovation in der IT-Branche

In den vorhergehenden Kapiteln wurden zum einen aus theoretischer Sicht Einflussfaktoren auf die Innovationsfähigkeit abgeleitet, zum anderen wurden auf Basis einer Literaturrecherche Forschungsergebnisse aus anderen Forschungsdisziplinen (Volkswirtschaftslehre, Gerontologie, Arbeitspsychologie und -wissenschaft) herangezogen, um den Einfluss des demografischen Wandels auf Unternehmen zu erklären (vgl. Kapitel 2 und 3). Dennoch bleiben einige Fragen offen. So liegen in der IT-Branche nicht ausreichend Erfahrungen mit älteren Mitarbeitern vor, die eine Prognose der Entwicklung der Innovationskompetenz vor dem Hintergrund sich weiterentwickelnder Alterspyramiden stützen könnten. Einflüsse, die von Arbeitsmarkt und Kundenseite auf Innovationsstrategien und –prozesse in diesem Sektor zu erwarten sind, werden bislang wenig beschrieben. Die Komplexität sowie die starke Pfadabhängigkeit des Konstrukts „Innovationsfähigkeit" legen nahe, dass ein unternehmensspezifischer Ansatz erforderlich ist, um die Einflussfaktoren zu erfassen, mögliche Konsequenzen zu bewerten und Gestaltungsempfehlungen für ein strategisches Human Resource Management zu entwickeln.

Als grundlegende forschungsmethodische Basis der Arbeit wurde in Kapitel 1 bereits eine qualitative Vorgehensweise in Form einer Case Study vorgestellt.[770] An dieser Stelle werden nun methodische Aspekte skizziert, bevor die Einordnung der Fallstudie in einen größeren Kontext, die Auswahl der Untersuchungseinheiten in der Organisation sowie die Datenerhebungsformen und deren Auswertung vorgenommen werden. Das Kapitel schließt mit der Darstellung der Ergebnisse aus der empirischen Erhebung.

4.1 Einzelfallstudie als methodischer Forschungsansatz

Eine Case Study kann sich als Einzelfallstudie auf einen untersuchten Fall stützen oder als multiple Fallstudie mehrere Fälle umschließen. Aus der Einzelfallanalyse können keine Aussagen mit Geltung für andere Fälle abgeleitet werden. So gibt die Methode immer Anlass, die Generalisierbarkeit von Ergebnissen zu hinterfragen. Zu den Zweifeln an der Methode führt *Yin* an:

[770] Vgl. Kapitel 1.3 zur Forschungsmethodik.

„[...] concern about case studies is that they provide very little basis for scientific generalization. „How can they generalize from a single case?“ [...]The short answer is that case studies, like experiments, are generalizable to theoretical propositions and not to populations or universes. In this sense, the case study, like the experiment, does not represent a “sample”, and the investigator´s goal is to expand and generalize theories (analytic generalization) and not to enumerate frequencies (statistical generalization).“[771]

Einzelfallstudien haben trotz der angebrachten Kritik in der Wissenschaft bislang durchaus umfangreiche und akzeptierte Erkenntnisse gebracht.[772] Die Annahmen des ressourcenbasierten Ansatzes legen nahe, dass sich einzigartige, nicht imitierbare Ressourcen und Kompetenzen gerade nicht in einem Mehrfalldesign entdecken lassen.[773] Darüber hinaus erscheint das Vorgehen im Sinne eines postmodernen Organisationsverständnisses, das im Rahmen der Globalisierung an Bedeutung gewinnt, für den vorliegenden Forschungsgegenstand angemessen und viel versprechend.

Nach *Yin* gibt es drei Gründe, die das methodische Design einer Einzelfallstudie rechtfertigen. Nämlich wenn der Fall (a) ein extremer oder einzigartiger Fall ist, der aufgrund seiner Seltenheit oder Einzigartigkeit für eine Aufarbeitung geeignet ist, (b) einen relevanten Fall bildet, der es ermöglicht bisher selten erforschte Phänomene zu untersuchen, oder (c) einen kritischen Fall darstellt, der eine gut formulierte Theorie überprüfen kann.[774]

Im vorliegenden Fall sprechen gleich mehrere Gründe dafür, dass die Einzelfallstudie einen wertvollen Forschungsansatz darstellt: Die vorliegende Fallanalyse hat zum Ziel, kritische interne und externe Einflussgrößen auf die Innovationsfähigkeit in einem spezifischen Unternehmenskontext zu konkretisieren und somit auch den Einfluss des demografischen Wandels auf die Fähigkeit zur Innovation spezifizieren zu können. Diese Zusammenhänge sind bislang weitestgehend unerforscht. Das heißt, dass es keine Theorie gibt, die vorgibt, die Zusammenhänge zu erklären und aus der sich bereits überprüfbare Hypothesen ableiten lassen. Zum anderen bedarf das in Kapitel 2 erarbeitete Beziehungsgeflecht einer reflexiven Weiterentwicklung, durch die der soziale Kontext der Organisation in die Entwicklung von Annahmen einbezogen wird. Erst die Beschränkung auf ein einziges Unternehmen ermöglicht eine vertiefte Betrachtung im entsprechenden so-

[771] Yin (1989), S. 21.

[772] Vgl. Köhne (2004), S. 120ff., Yin (1989), ferner Nienhüser/Krins (2005), S. 115ff.

[773] Vgl. Rouse/Daellenbach (1999), S. 487. „The very nature of such variables suggests that large sample, [...] using secondary source of data will not help disentangle the key factors that may provide sustainable advantage."

[774] Yin (1989).

zialen Kontext. Die Untersuchung eines forschungsrelevanten Gegenstandes im realen Umfeld bedingt jedoch zweifelsfrei auch einen Zugang zu diesem. In dem für die Untersuchung ausgewählten Unternehmen SAP war der Zugang durch eine mehrjährige Forschungskooperation gegeben. Die Offenheit und das Interesse von SAP bildeten darüber hinaus ein positives Umfeld für die Untersuchung. Die Kooperationsbereitschaft des Unternehmens und die vertrauliche Behandlung der Daten waren umso wichtiger, als es sich bei Daten aus dem strategischen Human Resource Management um sehr sensible Informationen handelt.

Die Bearbeitung einer Einzelfallstudie nach *Yin* (1989) lässt darüber hinaus zu, dass unterschiedliche Untersuchungseinheiten in die Studie eingebettet sein können, die ihrerseits verschiedene Facetten des untersuchten Phänomens liefern können.[775] Bevor diese im vorliegenden Fall näher bestimmt werden, soll der Fall zunächst anhand der Kriterien von *Rouse/Daellenbach* in einen Kontext eingeordnet werden.[776]

4.2 Einordnung der Fallstudie im Branchenkontext

Um einen Beitrag auch zur allgemeinen RBV-Forschung leisten zu können, soll die vorliegende Fallstudie anhand eines vierstufigen Selektionsprozesses in einen größeren Kontext eingeordnet werden, der die Angemessenheit und Relevanz des ausgewählten Falls für die Fragestellung der Arbeit noch einmal unterstreicht.

1. Auswahl der Branche:

Die Bereitstellung von IT-Produkten und Dienstleistungen ermöglicht in klassischen Industrie- und Dienstleistungsbranchen häufig erst Innovationen.[777] Die IT-Branche selbst ist von einem hohen Innovationstempo gezeichnet, welches Innovation zum ausschlaggebenden Wettbewerbsfaktor werden lässt.[778] Die Ausgaben für Innovationen in der IT-Branche stiegen in den vergangenen 10 Jahren kontinuierlich an, was in diesem Ausmaß bislang in keiner anderen Branche zu beobachten war.[779] Bei der Realisierung neuer Unternehmenskonzepte und im Wandel der Arbeit und der Arbeitsbeziehungen über-

[775] Siehe hierzu Kapitel 4.3.

[776] Vgl. Rouse/Daellenbach (1999) und die Ausführungen in Kapitel 1.3.

[777] Boes et al. (2008), S. 5ff. ferner Dostal (2006), Boes/Baukrowitz (2002), S. 11f., Bläsche (2006), S. 17ff. und Kapitel 2.2 dieser Arbeit.

[778] Vgl. ZEW (2008), S. 1.

[779] Vgl. ebenda, S. 3ff.

nimmt die IT-Branche eine Vorreiterrolle, weshalb sie für die vorliegende Arbeit besonders geeignet erscheint.

2. Strategietyp des Unternehmens:

War das Unternehmen in den ersten 20 Jahren seiner Existenz überwiegend auf Deutschland und seine Nachbarländer ausgerichtet, so verfolgt es seit Beginn der 90er Jahre eine konsequente Internationalisierungsstrategie, wobei der Stammsitz weiterhin in Deutschland angesiedelt ist. Innovation war bisher der wichtigste Wachstums- und Wettbewerbsfaktor. Das Wachstum am Markt wurde überwiegend durch Neuproduktentwicklung erzielt. Das außerordentliche Wachstum der Mitarbeiterzahl fand hauptsächlich durch organisches Wachstum und nicht durch größere Akquisitionen statt. „Wachstum durch Innovation" als Strategie führte dazu, dass kontinuierlich Investitionen in Innovationen getätigt wurden und werden, die die Grundlagen für die nächste Wachstumsphase schaffen sollen. Innovationen definieren sich hierbei für das Unternehmen *„als durch neue Produkte oder Leistungen geschaffene Kundennutzen, die sich in einem rentablen Geschäft niederschlagen in Verbindung mit einer nachhaltigen Differenzierung gegenüber Wettbewerbern über Zeit"*.[780] Dabei setzt das Unternehmen weiterhin auf organisches Wachstum, strategische Akquisitionen und Co-Innovation.[781] Co-Innovation bezeichnet dabei ein Forschungsmodell das auf kollaborativer Forschung aufbaut.[782]. Die Technologiestrategie der SAP ist eine Plattformstrategie, die als Ziel die Technologieführerschaft verfolgt. Die Entwicklungsstandorte des Unternehmens sind heute weltweit verteilt.[783]

3. Beschreibung von Leistungsparametern des Unternehmens:

Das Unternehmen gehört zu den Unternehmen mit mehr als 45.000 Mitarbeitern weltweit und ist im DAX30 gelistet. 1972 von fünf ehemaligen IBM-Mitarbeitern in Deutschland gegründet, ist es weder der so genannten „New Economy" zuzurechnen, noch ist es „kulturell" mit den Softwareanbietern zu vergleichen, die sich aus großen Technologiekonzernen heraus entwickelt haben.[784]

SAP ist weltweit führender Anbieter für Unternehmenssoftware und drittgrößter unabhängiger Softwareanbieter der Welt. Bei SAP standen Mitte 2008 den bilanzierten Vermögenswerten ungefähr das Viereinhalbfache an Marktkapitalisierung (in Euro) gegenüber,

---

[780] SAP (2003), S. 6.

[781] Vgl. SAP AG (2009g).

[782] Das Modell der Co-Innovation wird in der detaillierten Beschreibung der Fallstudie noch weiter ausgeführt. Nähere Informationen finden sich unter SAP AG (2010d).

[783] Siehe hierzu SAP AG (2010d).

[784] Vgl. hierzu Boes/Baukrowitz (2002). Beispiele hierfür sind Ausgründungen aus Konzernen wie Siemens oder Daimler.

was die Bedeutung immaterieller Vermögenswerte für das Unternehmen unterstreicht. Mehr als die Hälfte des Umsatzes wurde 2008 in EMEA[785] generiert, etwa ein Fünftel davon entfiel auf Deutschland.

Die Mitarbeiteranzahl entwickelte sich in den letzten 10 Jahren bis 2008 kontinuierlich nach oben. Ende 1998 beschäftigte SAP ca. 19.300 Mitarbeiter (gerechnet in Vollzeitstellen).[786] Ende 2008 waren es mehr als 50.000 weltweit.[787] Von den Mitarbeitern sind mehr als die Hälfte in der Region EMEA beschäftigt, ca. 30% in Deutschland. Nach Funktionsbereichen gegliedert arbeiten ca. 30% der Belegschaft in den Bereichen Forschung und Entwicklung. Der größte Forschungsstandort nach Mitarbeiterzahlen ist im Jahr 2008 Deutschland, gefolgt von Indien, USA und China.[788]

SAP ist nicht tarifgebunden. Die Interessen der Beschäftigten werden durch die Mitglieder der Arbeitnehmervertreter im Aufsichtsrat (nach MitbestG76) wahrgenommen. In Deutschland wurde erstmals 2007 ein Betriebsrat gewählt. Seit 2007 existiert außerdem ein Sprecherausschuss der Leitenden Angestellten, der die Interessen der Leitenden vertritt.

4. Einordnung als High Performer innerhalb der Bezugsgruppe:

Als Marktführer für Standardsoftware weltweit ist das Unternehmen als High Performer in der Bezugsgruppe zu nennen. In der Beliebtheit als Arbeitgeber gilt SAP ebenfalls als eines der besten Unternehmen in seiner Kategorie, nicht nur in Deutschland sondern auch in anderen Regionen weltweit.[789]

Die vier dargestellten Kriterien unterstreichen die Relevanz des ausgewählten Unternehmens. Es ist aufgrund seiner Größe und Markstellung ein wichtiger Repräsentant der Branche (High Performer, global tätiges Großunternehmen) und bzgl. seiner strategischen Ausrichtung (Innovation als Eckpfeiler der Wachstumsstrategie) für die Bearbeitung der Fragestellung zur Innovationsfähigkeit besonders geeignet.

785 Zur Region EMEA gehören alle Länder in Europa, im Mittleren Osten und in Afrika.

786 Vgl. SAP AG (2005a).

787 Vgl. SAP AG (2009j).

788 Vgl. SAP AG Corporate Fact Book (2008).

789 Vgl SAP AG (2009j).

4.3 Untersuchungsdesign

Die Ausführungen im konzeptionellen Teil dieser Arbeit haben gezeigt, dass es sich im Falle der „Innovationsfähigkeit" einer Organisation um ein Mehrebenenphänomen handelt, dessen soziale Komplexität und Pfadabhängigkeit einen Zugang sehr schwierig erscheinen lassen. Aus der Konzeption wurden Ansatzpunkte dazu abgeleitet, welche Einflüsse der demografische Wandel auf die Innovationsfähigkeit auf unterschiedlichen Ebenen haben könnte. Die Übersicht in Abbildung 26 strukturiert die zuvor erörterten Erkenntnisse, um diese systematisch mit weiteren Erkenntnissen und Erklärungsmodellen aus der Sicht von Beschäftigten der IT-Industrie anzureichern. Ziel der vorliegenden qualitativen Untersuchung ist es, die subjektiven Sichtweisen von Akteuren im betrieblichen Umfeld, wie z. B. von betroffenen Führungskräften und Human Resource Managern, in die Erkundung der Zusammenhängen einzubeziehen[790] und damit die in der Theorie hergeleitete Relevanz von Einflussfaktoren zu hinterfragen, ggf. zu ergänzen oder zu spezifizieren. Methodisch lässt sich dieser Ansatz der qualitativen Sozialforschung auch mit dem Konstrukt der Subjektiven Theorie beschreiben. Dabei besteht die Annahme, dass jeder Mensch eigene subjektive Theorien über komplexe Zusammenhänge sowie deren Funktion und Wirkung in der Umwelt entwickelt.[791] Diese haben zum einen eine handlungsleitende Funktion, indem sie die Möglichkeit der Orientierung und Erklärung bieten. Zum anderen werden die theoretischen Konstrukte aber auch kontinuierlich in den Handlungen überprüft und validiert. Um nun spezifische subjektive Theorien der betrieblichen Akteure zugänglich und für die Arbeit nützlich zu machen, ist ein qualitatives methodisches Vorgehen notwendig, welches im Rahmen der Datenerhebung (Abschnitt 4.4) näher ausgeführt wird.[792]

Für die Nachvollziehbarkeit und Interpretation der Ergebnisse im Rahmen der sehr offenen Vorgehensweise der qualitativen Forschung, ist es unerlässlich, dass der Forschungsprozess einer bestimmten Logik folgt, die sich in den folgenden Kapiteln wiederfindet. [793]

[790] Vgl. Flick (2005), S. 35ff.

[791] Vgl. Hartmann (2000), S. 29ff., Flick (2005), S. 36ff.

[792] Vgl. Hartmann (2000), S. 29ff., Flick (2005), S. 36ff.

[793] Vgl. Lamnek (2005), S. 139ff.

4.3.1 Inhaltlicher Aufbau

Inhaltlich wird bei der Verfolgung des Forschungsziels in zwei Schritten vorgegangen, die sich aus dem Beziehungsgeflecht aus Abbildung 9 ergeben.

Zum einen geht es darum, noch weitere Erkenntnisse über die Zusammenhänge von Ressourcen und Innovationsgeschehen zu erhalten. Hier stehen die folgenden Fragen im Vordergrund:

1. Welche Ressourcen und Prozesse nehmen die Führungskräfte hinsichtlich der Innovationsfähigkeit ihrer Organisation war (Humankapital, Sozialkapital, Organisationskapital)?
   Welche Einflüsse erwarten die Führungskräfte von demografischen Veränderungen innerhalb und außerhalb der Organisation auf das Innovationsgeschehen?

Aus der konzeptionsgeleiteten Erkundung dieser Zusammenhänge in der Praxis sollen Handlungsfelder für das strategische Human Resource Management abgeleitet werden. Dies bildet den zweiten inhaltlichen Schwerpunkt.

2. Wie nehmen Human Resource Manager den Einfluss des demografischen Wandels auf das Unternehmen und dessen Innovationsfähigkeit wahr?

   Welche Handlungsfelder werden von Führungskräften und Human Resource Managern in diesem Zusammenhang als strategisch bedeutend wahrgenommen?

Um unterschiedliche Perspektiven und Erfahrungen in die Erkundung und Erklärung der Zusammenhänge einzubeziehen, werden in der Praxis die Wahrnehmungen und Erwartungen sowohl der Führungskräfte im Innovationsbereich als auch der HR Manager einbezogen.

4.3.2 Auswahl der Probanden

Entsprechend der explorativen Zielsetzung ist die Repräsentativität der Stichprobe kein Auswahlkriterium. Wichtig sind dagegen die Auswahl typischer Fälle und die Angemessenheit der Fälle für die Fragestellung. Die Führungskräfte wurden daher für die Interviews bewusst mit dem Ziel der Erweiterung bzw. dem Hinterfragen der bestehenden theoretischen Annahmen ausgewählt. Einige prinzipielle Auswahlkriterien wurden dabei zugrunde gelegt.

So sollten für die Expertengepräche im Bereich Human Resource Management solche Personen ausgewählt werden, die sich als Leiter von Funktionsbereichen oder Teams mit strategischen Fragestellungen beschäftigen. Darüber hinaus sollten sich die Experten durch ihre Nähe zu den Bereichen Research und Development auszeichnen, was zur Auswahl der befragten Funktionsmanager im Center of Excellence und der globalen HR Business Partner führte.

Befragt wurden insgesamt zwölf Experten, davon sechs HR Business Partner mit globaler Verantwortung und sechs Verantwortliche aus HR Funktionsbereichen, die den gesamten HR Cycle abdecken (von Global Workforce Planning über Recruiting bis Total Rewards und People Development). In der Altersstruktur deckten die Experten die Altersspanne von 25 bis 54 Jahren ab. Kein Experte war älter als 55 Jahre, alle waren männlich. Die Dauer der Betriebszugehörigkeit variierte zwischen 2,5 und 25 Jahren und lag im Durchschnitt bei den Experten etwas über dem allgemeinen Durchschnitt der Belegschaft. Die befragten HR Manager werden in der Auswertung mit H 1 bis H 12 bezeichnet.

Für die Interviews mit Managern aus Innovationsbereichen mussten zunächst die Bereiche näher bestimmt werden, die für das Innovationsgeschehen des Unternehmens relevant sind.

Für ein High-Tech-Unternehmen ist dies unter anderem der Bereich Forschung, hier genannt „SAP Research". Der Bereich lässt sich wie folgt charakterisieren:

> *„SAP Research ist die globale Forschungsorganisation von SAP mit einem Netzwerk von 15 Forschungszentren auf fünf Kontinenten. Die einzelnen Zentren befinden sich jeweils in unmittelbarer Nähe eines SAP-Entwicklungszentrums oder auf dem Campus einer Universität. Der Forschungsbereich trägt durch die Erschließung richtungweisender IT-Trends und Technologien wesentlich zum Lösungsportfolio von SAP bei.*
>
> *Im Gegensatz zu den Produktentwicklungsgruppen, die an neuen Funktionen und Versionen arbeiten, untersuchen die Forscher zukunftsweisende Themen, um bestehende Anwendungen substantiell zu erweitern oder komplett neue Lösungen vorzubereiten.*
>
> *Das Forschungsmodell von SAP Research basiert auf gemeinsamer Innovation durch kollaborative Forschung (Co-Innovation): Im Schulterschluss mit renommierten Universitäten, Partnern, Kunden und den SAP Produktgruppen verfolgen*

die Mitarbeiter von SAP Research die Entwicklung wegweisender Ideen und erstellen Prototypen – immer mit Blick auf den größtmöglichen Kundennutzen in aktuellen und zukünftigen Märkten. Dabei werden einzelne Kunden im Rahmen spezieller Leuchtturmprojekte frühzeitig in Forschungsvorhaben eingebunden, während in so genannten Living Labs die Forschungsergebnisse unter Praxisbedingungen demonstriert und konkrete, „greifbare" Einblicke in zukünftige SAP-Lösungen gewährt werden." [794]

Der zeitliche Horizont der Forschung bis zur Generierung von Neugeschäft für SAP ist dabei in der Regel mittel- bis langfristig zu sehen (in der Regel länger als 3 Jahre). In dem Bereich sind weltweit mehr als 500 Mitarbeiter tätig.[795]

Der zweite für das Innovationsgeschehen von SAP relevante Bereich ist der Bereich Business Solutions and Technology (BST), der für die Entwicklung der Produkte für Großunternehmen und den Mittelstand sowie der Technologieplattform verantwortlich ist.[796] Im Vordergrund steht dabei die Innovation, die durch die Weiterentwicklung der bestehenden Produkte zu neuem Produkt- und erweitertem Kundennutzen führen. Der Bereich wird von einem Mitglied des Vorstands geführt und umfasst weltweit mehr als 14.000 Mitarbeiter.

Neben den genannten Bereichen, die Innovation als ihr „Kerngeschäft" betreiben, existieren strategische Programme und Projekte, die das Hervorbringen von Innovationen gezielt und nachhaltig unterstützen sollen, so zum Beispiel strategische Projekte zum Wissensmanagement und zur Organisationsentwicklung.

Das Sample der Interviewpartner aus den Innovationsbereichen wurde heterogen nach Alter und Hierarchieebene zusammengestellt. Aufgrund der inhaltlich eher strategischen Fragestellungen wurden ausschließlich Führungskräfte befragt, die unterschiedliche Hierarchieebenen repräsentieren. So konnten Gespräche sowohl mit Managern geführt werden, die kleinere Teams führen als auch mit Managern, die vorstandsnah große Geschäftsbereiche verantworten. Darüber hinaus konnten Personen aus den Bereichen Wissens- und Veränderungsmanagement als Experten einbezogen werden. Diese wurden mit dem gleichen Fragebogen befragt und werden auch aus Gründen der Anonymisierung in die Reihe der Innovationsmanager einsortiert. Sie sind damit nicht als Experten zu identifizieren. Es wurden 8 Männer und eine Frau befragt.

---

794 SAP AG (2009i).

795 Vgl. SAP AG (2010d), S. 11.

796 Stand Ende 2009.

In der Altersstruktur deckten die Führungskräfte die Altersspanne von 35 bis 65 Jahren ab. Kein Manager war jünger als 35 Jahre. Die Dauer der Betriebszugehörigkeit variierte zwischen 4 und 28 Jahren und lag im Durchschnitt deutlich über dem allgemeinen Durchschnitt der Betriebszugehörigkeit. Die Befragten werden in der Auswertung aus Gründen der Anonymität mit IN 1 bis IN 9 bezeichnet.

4.4 Datenerhebung

Zur Gewinnung der Daten gibt es vielfältige Erhebungstechniken, die je nach Forschungsdesign unterschiedlich einsetzbar sind. Zu den Erhebungstechniken gehören z. B. Partizipation, Beobachtung, Interview, Dokumentenanalyse, aber auch Filme, Fotos, Umfragen, psychologische Tests usw. Für die Fallstudie eignen sich insbesondere die vier erstgenannten. Dabei eröffnet der Einsatz mehrerer Methoden einen breiteren Zugang zum Forschungsfeld.[797] *Lamnek* konstatiert indes, dass Datenerhebung nicht alleine die Analyse von Daten bedeutet, sondern auch zu einer gewissen Sozialisierung des Forschers führt, die wiederum Voraussetzung für das Verstehen der Abläufe im Feld ist.[798] So folgen qualitative Studien meist einer zirkulären Strategie der Datenerhebung. D.h. der jeweils nächste Schritt hängt vom Ergebnis des vorherigen Schrittes ab.[799]

Als Erhebungstechnik kommen im Hinblick auf das Ziel der Fallstudie sowohl die Dokumentenanalyse als auch das problemzentrierte Interview und das Experteninterview in Frage.[800]

4.4.1 Dokumentenanalyse

Die **Dokumentenanalyse** dient der Erhebung von Kontextfaktoren und wertet im Rahmen der Sekundärforschung unterschiedliche Dokumente wie zum Beispiel Geschäftsberichte, Innovationsberichte, Kennzahlen und Statistiken, Strategiepapiere und interne Unterlagen von Unternehmen aus.[801] In der vorliegenden Untersuchung sind hier insbesondere Unterlagen aus den Bereichen Strategie, Innovation und Human Resource Management von Interesse. Zur Vorbereitung der Interviews sowie zur anschließenden Interpretation des Interviewmaterials werden in der Fallstudie sowohl Kennzahlen zum Stand und zur Entwicklung der Belegschaftsstruktur analysiert, als auch Ergebnisse von Mitarbeiterbefra-

[797] Vgl. Yin (1994).

[798] Vgl. Lamnek (2005), S. 195ff.

[799] Vgl. ebenda, S. 197f.

[800] Vgl. Martin (1994), S. 178.

[801] Vgl. Schnell/Hill/Esser (2005), S. 238ff., ferner Mayrhofer (1993) S. 19ff.

gungen herangezogen, die einen engen thematischen Bezug zum Forschungsgegenstand aufweisen.[802]

Zentrales Erhebungsinstrument der Untersuchung sind aufbauend auf der Dokumentenanalyse qualitative Interviews. Dabei wird in der qualitativen Sozialforschung auf eine konkrete Hypothesenbildung verzichtet, mit der der Forscher bestimmte Aspekte vorab festschreiben würde. Vielmehr geht es darum, die Offenheit für die Aussage der Probanden zu ermöglichen und das Antwortverhalten der Probanden frei und valide zu gestalten.[803]

4.4.2 Art der Interviews

Bei den eingesetzten Erhebungsinstrumenten handelt es sich sowohl um problemzentrierte Interviews[804] als auch um Experteninterviews[805].

Die problemzentrierten Interviews werden im Sinne einer offenen halbstrukturierten Befragung durchgeführt und dienen der Erkundung der Einflussfaktoren im Innovationsprozess und der Konkretisierung möglicher Auswirkungen. Der Interviewer orientiert sich dabei an einem vorab anhand theoretischer und empirischer Analysen erstellten Leitfaden, sodass möglichst keine relevanten Aspekte ausgelassen werden. Im Anschluss an das Interview ermöglicht es dem Interviewer, unterschiedliche Erzählsequenzen einzelnen Themenbereichen zuzuordnen. Der Vorteil der Methode liegt dabei in ihrer Flexibilität ad hoc je nach Gesprächsverlauf Fragen aufzugreifen, die von Bedeutung für die Problemstellung sein können.

Um dem Konstrukt der subjektiven Theorien der befragten Rechnung zu tragen, kommen idealerweise drei Arten von Fragen zum Einsatz:

- Offene Fragen, auf die der Befragte i.d.R. mit dem explizit verfügbaren Wissen reagiert;
- Theoriegeleitete Fragen, mit deren Hilfe der Interviewer auf Basis seiner Vorannahmen zu impliziten Annahmen des Individuums gelangen möchte;

[802] Vgl. Hempel et al. (2006), S. 30ff.

[803] Vgl. Flick (2005).

[804] Vgl. Flick (2005),S. 134ff., ferner Modrow-Thiel (1993), S. 133f.

[805] Vgl. Flick (2005), S. 139.

- Konfrontationsfragen, die es dem Befrager im Verlauf des Interviews ermöglichen, den Interviewten mit konkurrierenden Annahmen oder alternativen Sichtweisen zu konfrontieren und Annahmen noch einmal deutlich herauszuarbeiten.

Diesem Vorgehen liegt die Annahme zugrunde, dass das „Wissen“ des Interviewten sich aus expliziten, verfügbaren Inhalten einerseits und impliziten Annahmen andererseits zusammensetzt.

Der Leitfaden kann deshalb auch nur eine Struktur für das Interview geben, um bestimmte Themen zu gestalten. Nach *Lamnek* können auch die Reihenfolge der Fragen und die Anzahl der Fragen variieren. Sie sollten an die Interviewsituation angepasst werden.[806]

Da sowohl Führungskräfte als auch Human Resource Manager Einfluss auf die Ressourcenbasis nehmen, sollten die Aspekte in beiden Gruppen erörtert werden.

Hierzu wurden parallel zu den problemzentrierten Interviews im Innovationsbereich die Ergebnisse aus dem konzeptionellen Teil der Arbeit einer Expertenbefragung in der Praxis unterzogen. Die Experten agierten dabei als Repräsentanten einer Gruppe, z. B. als Repräsentant der Gruppe der „Personalbeschaffer“ oder der „Personalentwickler“. Ziel der Befragung dieser Experten war es, zum einen die theoretisch hergeleiteten Zusammenhänge einer Beurteilung beziehungsweise einer Anreicherung durch die Praxis zu unterziehen.[807] Zum anderen sollten die Experten anhand von Szenarien zukünftiger Entwicklungen auf dem Arbeitsmarkt und Szenarien der Personalstruktur mögliche Anforderungen an Strategien des Human Resource Management bzw. an spezifische Bereichspolitiken formulieren, die sich für das Unternehmen aufgrund der seiner Konstellation (Produkt-Markt-Konstellation, Umgebungseinflüsse) ergeben.

4.4.3 Einsetzbarkeit von Gütekriterien

In der qualitativen Forschung werden wie auch in der quantitativen Forschung Gütekriterien herangezogen, um Ergebnisse von Studien „intersubjektiv nachprüfbar“ [808] zu machen. Dabei erweisen sich nach *Mayring* die Gütekriterien der quantitativen Forschung als wenig geeignet.[809] Er empfiehlt deshalb sechs andere Kriterien, die auch auf die vorliegende Untersuchung angewendet werden sollen.[810]

---

[806] Vgl. Lamnek (2005), ferner Flick (2005). Dies wurde auch je bei den durchgeführten Interviews im Innovationsbereich so angewandt.

[807] Vgl. Flick (2005), S. 139ff., Gläser/Laudel (2006), S. 107ff.

[808] Lamnek (2005), S. 146.

[809] Vgl. Mayring (2008), S. 100ff., ferner Lamnek (2005), S. 146.

[810] Vgl. Lamnek (2005), S. 146ff., Mayring (2002).

(1) Verfahrensdokumentation

Die Verfahrensdokumentation bedarf bei der qualitativen Forschung einer sehr detaillierten und weitgehenden Darstellung des Vorgehens, damit der Forschungsprozess intersubjektiv nachvollziehbar wird.

Diesen Dokumentationsanforderungen wird durch die in diesem Abschnitt bereits dargelegten Ausführungen zur inhaltlichen Ausgestaltung der Interviews, zur Auswahl der Probanden und zu den Erhebungsinstrumenten nachgekommen. Darüber hinaus werden die Interviewleitfäden und die einzelnen Auswertungsschritte und Kategorien in Kapitel 4.5 detailliert dargestellt. Dadurch sollte die Nachvollziehbarkeit und Rekonstruktion der Vorgehensweise gegeben sein.

(2) Argumentative Interpretationsabsicherung

Um dem Vorwurf der Beliebigkeit und Willkür entgegen zu treten, müssen die sehr umfangreichen Interpretationen so dokumentiert werden, dass auch hier die Intersubjektive Nachvollziehbarkeit gewährleistet werden kann.

Dies wird zu einer sehr detaillierten Darstellung der Interpretationen führen. So soll die Schlüssigkeit der Interpretation überprüft werden.

(3) Regelgeleitetheit

Hierunter versteht *Mayring* eine systematische, schrittweise Bearbeitung des Analysematerials, möglichst nach vorab festgelegten Strukturen und Analyseschritten.

Durch den Einsatz von Interviewleitfäden, Auswertungskategorien und der Festlegung von Untersuchungsschritten ist die Arbeit an bestimmte Regeln gebunden.

(4) Nähe zum Gegenstand

Die Nähe zum Probanden ist in der qualitativen Forschung von besonderer Bedeutung. So muss die Forschung daraufhin überprüft werden, ob sie auf die Lebenswelt der Betroffenen gerichtet ist und deren Interessen und Relevanzsysteme einbezogen hat.

Die Nähe ist in der Arbeit durch mehrere Aspekte gewährleistet. So ist die Interviewerin seit mehreren Jahren im HR-Bereich des Unternehmens als Doktorandin in Demografieprojekten tätig und kannte die meisten Interviewten. Ein gegenseitiges Vertrauen konnte daher aufgrund der langjährigen und anhaltenden Beschäftigung der Interviewerin im Unternehmen schnell hergestellt werden. Es ist zu vermuten, dass durch dieses Vertrauensverhältnis die Aussagen zu einem hohen Grad die tatsächliche subjektive Meinung der Probanden widerspiegeln und sozial erwünschtes Verhalten minimiert werden konnte. Weiterhin fand die Forschung direkt im „Feld“ der Arbeitswelt statt, d.h. die Interviews wurden in den Büros der Probanden oder in anderen Räumlichkeiten des Unternehmens während der Arbeitszeit durchgeführt. So war die Nähe zum Gegenstand des Interviews in jedem Fall gewährleistet.

(5) Kommunikative Validierung

Dieses Gütekriterium meint die Rückkopplung der Interpretationen an die Befragten und die Diskussion und kritische Reflexion mit diesen.

Dieses Gütekriterium konnte aus Umsetzungsgründen nicht in allen Fällen realisiert werden. Mit einigen Gesprächspartnern fand jedoch im Nachhinein eine kritische Reflexion der Ergebnisse statt, sodass Rückschlüsse auf die Relevanz der Ergebnisse möglich sind.

(6) Triangulation

Dieses Kriterium fordert die Absicherung und umfassende, gründliche Erfassung eines Phänomens durch den Abgleich mit verschiedenen Theorien, Methoden und Datenquellen.

Da diese Arbeit in sich bereits unterschiedliche Funktionsbereiche und Berufsgruppen zur Erkundung der Fragestellung heranzieht, ist eine umfassende Erkundung angelegt. Die vorangegangenen Ausführungen zum Thema der Alterung und der Innovation beinhalten Erkenntnisse aus mehreren Forschungsdisziplinen (Arbeitspsychologie, Soziologie, Wirtschaftswissenschaften), so dass die Ergebnisse mit Erkenntnissen unterschiedlicher Forschungsrichtungen verglichen werden. Darüber hinaus trägt der Einsatz unterschiedlicher Erhebungsmethoden (Dokumentenanalyse, Interviews) dem Kriterium Rechnung.

Nach den aufgezeigten Kriterien ist in der vorliegenden Arbeit eine ausreichende Validität und Reliabilität der Daten gewährleistet.

4.4.4 Erhebungsphase

Die Durchführung der Interviews fand von März bis Mai 2009 an deutschen Standorten des Unternehmens statt. Alle Interviews wurden in deutscher Sprache durchgeführt. Interpretationsfehler aufgrund fehlerhafter Übersetzung oder mangelnder Sprachkenntnisse können daher ausgeschlossen werden.

Die ca. 90-minütigen Interviews mit Führungskräften in Innovationsbereichen wurden sämtlich von der Autorin durchgeführt, schriftlich skizziert, mit Tonband aufgezeichnet (Ausnahme: Ein Gespräch nur mitgeschrieben) und anschließend wörtlich transkribiert. Die Interviews fanden alle im persönlichen Gespräch als Einzelinterview in den Räumlichkeiten des Unternehmens statt. Der Gesprächsleitfaden wurde zunächst in einem Pretest mit zwei nicht in der Stichprobe enthaltenen Personen getestet, die wie die späteren Interviewten jeweils Manager im Innovationsbereich waren. In diesen Interviews konnten „Schwachstellen" des ursprünglichen Leitfadens noch beseitigt werden. Die finale Erhebung fand mit dem Leitfaden statt, der der anschließenden Dokumentation beigefügt ist.

Die ca. 60-minütigen Expertengespräche im HR-Bereich wurden ebenfalls von der Autorin im Einzelinterview geführt, aufgezeichnet (Ausnahme: Ein Gespräch nur mitgeschrieben) und anschließend wörtlich transkribiert. Die Dokumentation der Gesprächsergebnisse erfolgte außerdem stichwortartig in einer Tabelle, um auch die Ergebnisse der Experteninterviews in einer sequentiellen und systematischen Auswertung zu ermitteln. Die Gesprächssituationen waren aufgrund der Stellung der Autorin als mehrjährige Projektmitarbeiterin des Unternehmens von großer Offenheit und Vertrauen geprägt, sodass die Gesprächsverläufe sehr flexibel an unterschiedliche Aspekte angepasst und je nach Verantwortungsbereich des Interviewten vertieft werden konnten.

4.5 Auswertung

Die qualitative Auswertung der durch Dokumentenanalyse, Experteninterviews und problemzentrierte Interviews erhaltenen Informationen sowie die kritische Reflexion der Erkenntnisse bilden den letzten Schritt in der Durchführung der Einzelfallstudie.[811]

Für die Auswertung der Interviews im Innovationsbereich wurde die strukturierende Inhaltsanalyse nach Mayring angewandt.[812] Bei dieser Methode handelt es sich nicht um ein Standardinstrument, sondern vielmehr um eine strukturierte Vorgehensweise, die an den konkreten Gegenstand, das vorhandene Material und die spezifische Fragestellung angepasst werden muss.

---

[811] Vgl. Eisenhardt (1989), Yin (1989).

[812] Vgl. Mayring (2008), S. 43ff., ferner Lamnek (2005), S. 526, Flick (2005), S. 234ff. Die strukturierende Inhaltsanalyse ist eine von drei Grundformen der qualitativen Inhaltsanalyse: so ist zwischen zusammenfassender, explizierender und strukturierender Inhaltsanalyse zu unterscheiden.

Die Inhaltsanalyse ermöglicht es, Kommunikation in einer systematischen regel- und theoriegeleiteten Weise zu analysieren, um Rückschlüsse auf bestimmte Themen zu ziehen.[813] Um die Analyse im vorliegenden Fall zu strukturieren, wurden aus der Theorie Kategorien abgeleitet, welche empirisch analysiert werden sollen.[814]

Bei der Analyse der Interviews im Innovationsbereich wird zunächst eine Kategorie „Ressourcenbasis" analysiert, um zu verstehen, welche Ressourcen die Probanden als grundlegend für die Innovationsfähigkeit wahrnehmen. Darüber hinaus wurde der Prozess der Wissensgenerierung und –integration als strategischer Kernprozess bei der Entstehung von Innovationen identifiziert. Die Ausgestaltung und erwartete Veränderungen werden daher in einer Kategorie „Wissensmanagement" analysiert. Aus der Theorie wurde abgeleitet, dass der demografische Wandel in verschiedenen Ressourcenbereichen zu Veränderungen führen wird. Um diesen Veränderungen nachzugehen, werden die Kategorien „Humankapital", „Sozialkapital" und „Organisationskapital" näher beleuchtet.

In einem nächsten Schritt werden Ankerbeispiele ermittelt, die verdeutlichen sollen, welche Aussagen in eine Kategorie fallen, sodass diese voneinander unterschieden werden können. Dort wo Abgrenzungsprobleme auftauchen, werden weitere Kodierregeln formuliert.[815] Alle Textbestandteile, die durch die Kategorien angesprochen wurden, werden so systematisch aus dem Datenmaterial extrahiert. Das Material kann dadurch auf einige Kernaspekte reduziert werden.

Die Interviews im HR-Bereich wurden als Expertengespräche geführt. Um den oben genannten Gütekriterien Rechnung zu tragen, werden die Interviews systematisch im Hinblick auf die sich aus den konzeptionellen Vorüberlegungen abgeleiteten Fragestellungen ausgewertet. Um eine intersubjektive Nachvollziehbarkeit der Ergebnisse zu ermöglichen, wird ein inhaltsanalytisches Verfahren angewendet, das die Extraktion der Information aus dem Text in den Vordergrund stellt. *Gläser* und *Laudel* beschreiben das Verfahren in den folgenden drei Schritten: Im ersten Schritt werden aus den vorliegenden Transkripten und Dokumenten die Informationen entnommen, die anhand des theoriegeleiteten Kategoriensystems für das Forschungsvorhaben relevant sind.[816] Diese Extraktion bildet den Kern des Verfahrens. Da sich im Laufe des Verfahrens neue Aspekte ergeben können, ist das Kategoriensystem offen und die Kategorien des Suchrasters können auch während der Extraktion noch verändert oder ergänzt werden. Als Ergebnis der Extraktion entsteht eine

---

[813] Vgl. Mayring (2008), S. 58ff., ferner Lamnek (2005), S. 526, Flick (2005), S. 234ff.

[814] Siehe Abbildung 23, S. 170.

[815] Vgl. Nuorluoto (2007), S. 75.

[816] Vgl. Gläser/Laudel (2009), S. 197ff.

neue, strukturierte Informationsbasis, die ausschließlich Informationen enthält, die für die Untersuchung relevant sowie kleiner sind als die Ausgangsbasis. Im zweiten Schritt werden die extrahierten Rohdaten sortiert und auf Widersprüche und Dopplungen untersucht. Anschließend werden die so reduzierten Daten den Themenbereichen zugeordnet, sodass sie einer systematischen Interpretation zugänglich sind.[817]

Der aus der Theorie abgeleitete Interviewleitfaden umfasst die folgenden Themenbereiche, die bei der Kategorisierung der Antworten unterstützen sollen. Der erste Bereich betrifft den erwarteten Einfluss des demografischen Wandels auf das Unternehmen. Hierbei soll differenziert werden zwischen den Auswirkungen der Alterung und denen der Schrumpfung der Bevölkerung auf die Ressourcenbasis. Außerdem soll beleuchtet werden, wie sich die aktuelle Ausgestaltung der Arbeitsbedingungen und HR-Instrumente derzeit auf eine arbeitsinduzierte Alterung und die individuelle lebensphasenspezifische Kompetenzentwicklung auswirken. In einem zweiten großen Themenfeld geht es um mögliche erfolgskritische strategische Handlungsfelder des Human Resource Management und Kompensationsstrategien des Unternehmens, mit denen das Unternehmen den Veränderungen begegnen wird. Daraus ergeben sich für die Extraktion des Materials aus den Expertengesprächen die folgenden vier Kategorien:

1) Erwarteter Einfluss durch Schrumpfung des Arbeitskräfteangebots
2) Erwarteter Einfluss durch Alterung der Belegschaft auf das Unternehmen
3) Erwartete Auswirkung der Arbeitsbedingungen auf arbeitsinduzierte Alterung und individuelle Kompetenzentwicklung
4) Strategische Handlungsfelder des Human Resource Management und mögliche Kompensationsstrategien

Die Darstellung der Ergebnisse wird einen Überblick darüber geben, wo die Experten des HR-Bereichs grundsätzlich Handlungsbedarf aus den demografischen Entwicklungen für ihr Unternehmen ableiten. Wie in Kapitel 3 dargelegt wurde, werden nicht alle Unternehmen gleich stark betroffen sein. So ist es unabdingbar, die Einschätzung der Wirkung auf das spezifische Unternehmen von Experten beurteilen zu lassen.

Eine kritische Reflexion aller gewonnenen Ergebnisse wird zum einen in der Gegenüberstellung der Ergebnisse mit den in der bestehenden Literatur gewonnen Erkenntnissen bestehen. Zum anderen wird eine Gegenüberstellung der unterschiedlichen Ergebnisse

[817] Das Verfahren ist ausführlich in Gläser/Laudel (2009), S. 197ff. beschrieben.

aus den Innovations- und HR-Bereichen es ermöglichen, umfassendere Erkenntnisse zu den unterschiedlichen Kategorien zu erhalten. Mögliche Gestaltungsempfehlungen können dann sowohl die Perspektive der Experten als auch die Perspektive der Führungskräfte berücksichtigen.

4.6 Ergebnisse

Dieser Abschnitt stellt die gewonnenen Erkenntnisse aus der Erhebung dar, die aus der bei SAP durchgeführten Einzelfallstudie resultieren. Zunächst werden kurz einigen Daten und Fakten zum Unternehmen SAP gegeben, um den Kontext der Untersuchung dazustellen (vgl. Abschnitt 4.6.1). Dabei sind ausgehend vom konzeptionellen Ansatz der Arbeit sowohl Daten zur Produkt-Markt-Strategie relevant als auch vor allem Daten zur Belegschaftsstruktur. Diese können an dieser Stelle nur insoweit verfügbar gemacht werden, als sie vorab in Geschäftsberichten, Nachhaltigkeitsberichten, Internetportalen oder Pressemitteilungen veröffentlicht wurden. In einem nächsten Schritt werden die Ergebnisse der Experteninterviews dargestellt. Sie zeigen auf, welchen Einfluss des demografischen Wandels Verantwortliche im HR-Bereich erwarten und welche strategischen Optionen aus ihrer Sicht im Unternehmen vorhanden sind (vgl. Abschnitt 4.6.2). Als dritter Baustein zum Erkenntnisgewinn werden die Ergebnisse aus den problemzentrierten Interviews dargestellt, die die Ressourcen der Innovationsfähigkeit von SAP näher untersuchen. Dabei werden sowohl die Ressourcen als auch vorhandene Prozesse des Wissensmanagement dargestellt und Zusammenhänge erklärt (vgl. Abschnitt 4.6.3).

4.6.1 Das Unternehmen SAP als Kontext der Fallstudie

Zur Einordnung der Fallstudie wurde das Unternehmen SAP in Abschnitt 4.2 bereits mit grundsätzlichen Leistungsparametern beschrieben. Diese werden nun um kontextrelevante Informationen ergänzt.

4.6.1.1 Innovationen als Motor der Unternehmensentwicklung von SAP

Als international führender Anbieter für Unternehmenssoftware betreut SAP Unternehmenskunden in unterschiedlichen Branchen in mehr als 120 Ländern.[818] Das rasante Wachstum, das sich gleichermaßen bei Kunden, Umsatz und Mitarbeitern beobachten lässt, war in der Vergangenheit eng mit der Entwicklung und erfolgreichen Markteinführung neuer Produkte verbunden. 1972 startete das Unternehmen mit 9 Mitarbeitern und dem ersten Produkt. Auch Anfang der 80er Jahre war das Unternehmen mit 60 Mitarbeitern und 50 Kunden in zwei Ländern noch ausschließlich national tätig. Die erste große

[818] Vgl. SAP Geschäftsbericht 2008.

Wachstumsphase setzte mit der Entwicklung von „R/3" ein. Das neue Produkt war für Großunternehmen, die zunehmend größere Datenmengen zu verwalten hatten eine regelrechte Revolution.[819] Basierend auf der in dieser Zeit technologisch innovativen Client-Server-Technologie setzte das Produkt neue Maßstäbe in der integrierten Geschäftsprozessunterstützung durch eine einheitliche Softwarelösung. Der Kundenstamm wuchs auf mehr als 2.500 Kunden in 35 Ländern an. Die Anzahl von SAP-Beschäftigten stieg in diesen Jahren auf mehr als 3000 Mitarbeiter. Auch die nächste Wachstumswelle erlebte das Unternehmen mit der Einführung eines neuen Produkts. Um die Jahrtausendwende war SAP mit 25.000 Mitarbeiter und 15.000 Kunden in 120 Ländern zu einem echten „Global Player" geworden.[820] Auch in den Jahren zwischen 2000 und 2008 verdoppelte SAP nahezu erneut seine Mitarbeiteranzahl auf weltweit ca. 50.000 Beschäftigte, die Anzahl der Kunden verdreifachte sich in diesem Zeitraum. Innovation, Wachstum und Beschäftigung waren in der Vergangenheit von SAP somit nachweislich untrennbar miteinander verbunden.[821]

Das Kerngeschäft von SAP ist der Vertrieb von Nutzungsrechten an den SAP-Softwarelösungen und von damit verbundenen Support-Leistungen.[822] In der Produkt-Markt-Strategie setzte das Unternehmen ursprünglich auf die Entwicklung und den Vertrieb von Software, die insbesondere komplexe Strukturen und Prozesse von Großunternehmen unterstützte. Die heutige Strategie trägt den veränderten Marktbedingungen Rechnung. Das aktuelle Portfolio umfasst daher sowohl Lösungen für Großunternehmen wie auch für den Mittelstand.[823]

Der Konzern SAP verfügt über zahlreiche Tochterunternehmen in mehr als 50 Ländern. Die Mitarbeiter der SAP AG arbeiten überwiegend in den Funktionsbereichen Forschung, Produktentwicklung, Produktmanagement, Service und Support sowie in den Bereichen Finanzen, Human Resource Management und Communication. Mitarbeiter in Vertrieb und Beratung sind in so genannten Landesgesellschaften beschäftigt. Die Umsetzung der Strategie erfolgt in einem Partnernetzwerk, dem „SAP Ecosystem", einem der größten Netzwerke in der Softwarebranche, das sich aus Softwarepartnern, Systemintegratoren

[819] Vgl. Siegele/Zepelin (2009), S. 28ff.

[820] Vgl. Siegele/Zepelin (2009), S. 64, außerdem SAP AG (2010b).

[821] Vgl. Siegele/Zepelin (2009), S. 71ff.

[822] Vgl. SAP Geschäftsbericht 2008, S. 69f.

[823] Vgl. ebenda, S. 72f.

und Systemhäusern, Technologiepartnern, Entwicklern, Branchenexperten und Anwendern zusammensetzt.

Die Entwicklungsstandorte von SAP sind weltweit verteilt und befinden sich auf fünf Kontinenten. Insgesamt beschäftigt SAP mehr als 14.000 Entwickler.[824] Die neun Hauptentwicklungsstandorte befinden sich in Walldorf/Rot (Deutschland), Palo Alto (USA), Montreal/Toronto (Canada), Vancouver (Canada), Budapest (Ungarn), Sofia (Bulgarien), Shanghai (China), Ra'anana (Israel), Bangalore (Indien), Levallois (Frankreich).[825]

Der Vorstand bestand im Zeitraum der Datenerhebung aus 5 männlichen Mitgliedern.[826] Er ist international (Europäer, US-Amerikaner, Inder) besetzt. Der Vorstandsvorsitz besteht aus einer Doppelspitze, die in der Ressortverantwortung jeweils die Bereiche Entwicklung bzw. den Vertrieb repräsentieren. Alle Vorstände waren bereits seit mehreren Jahren bzw. Jahrzehnten für SAP in unterschiedlichen Managementfunktionen tätig.

Visionen und Werte spielen in der Führung des Unternehmens seit seinem Bestehen eine große Rolle. Sie haben sowohl nach innen (innerhalb der Belegschaft) für die Mitarbeitermotivation und –bindung als auch nach außen für die vertrauensvolle Zusammenarbeit mit Kunden und Partnern eine zentrale Bedeutung.

Neben der Vision werden im Unternehmen in unterschiedlichen Formen Werte kommuniziert, die Führungskräften und Mitarbeitern als Orientierung für ihr Verhalten dienen. Diese Werte sind Integrität, Exzellenz, Partnerschaft, Offenheit und Innovation.[827] Von Beginn an Grundwerte von SAP baut die SAP-Kultur auf diesen auf. Im Geschäftsbericht 2008 wird die Kultur folgendermaßen beschrieben.

> *"Wir bei der SAP fördern ein Umfeld, das sich durch Respekt, Vertrauen und Offenheit auszeichnet und unsere Mitarbeiter motiviert, ihr Wissen und ihre Erfahrungen mit anderen auszutauschen, sich voll und ganz in das Unternehmen einzubringen und dadurch unsere Innovation voranzutreiben. Auf diese Weise profitieren nicht nur wir selbst, sondern auch unsere Kunden und Partner von der Vielfalt in unserem Unternehmen."*[828]

Als äußeres Zeichen einer Kultur, die auf Partnerschaft, Integrität und Offenheit aufbaut, kann beispielsweise das seit Bestehen von SAP praktizierte Vertrauensarbeitszeitmodell

824 Vgl. SAP AG (2009b).

825 Vgl. SAP AG (2009b), S. 76ff.

826 Stand 31.12.2009. Seit dem 01. Juli 2010 hat erstmals eine Frau das Vorstandsressort Human Resources übernommen. Der Vorstand besteht danach aus 6 Mitgliedern.

827 Vgl. SAP AG (2009b).

828 SAP AG (2009b).

gelten. Zahlreiche weitere Aspekte für die Umsetzung der Grundwerte nach innen werden im Abschnitt 4.6.1.3 beschrieben werden. Die Nennung von „Exzellenz" und „Innovation" unterstreichen einmal mehr die Bedeutung, die dem Thema Innovation für den Unternehmenserfolg zukommt.

Vergleicht man die Marktkapitalisierung des Unternehmens mit seinen materiellen Vermögenswerten, so gewinnt die häufig verwendete Aussage vom *„Mitarbeiter als wertvollstem Vermögenswert"* eine besondere Bedeutung, die das Unternehmen auch in seinem Nachhaltigkeitsbericht betont.

> *"There is a business cliché that says people are a firm's greatest asset. At SAP, the cliché happens to be true. In fact, we believe that our people and the intellectual property they produce are our only assets. Our success depends on the innovative ideas of our employees, which they incorporate into SAP products to provide value to our customers. Software is more than just bytes of code, it is the simple translation of customer understanding into creative solutions, a process that starts and ends with our workforce."*[829]

4.6.1.2 Die Belegschaft von SAP

Die Belegschaft von SAP umfasste Ende 2009 weltweit mehr als 45.000 Mitarbeiter, von denen ca. 50% in der Region EMEA und 30% in Deutschland arbeiten.[830] Wenngleich die Forschungsstandorte weltweit verteilt sind, arbeitet noch immer das Gros der Mitarbeiter in Forschung und Entwicklung am Standort Deutschland.[831]

Vergleichende Analysen der Standorte von SAP im Rahmen dieser Arbeit haben gezeigt, dass der demografische Wandel und die Alterung der Belegschaft in den nächsten Jahren vor allem den Standort Deutschland betreffen werden. Zusammen mit der Erkenntnis, dass Forschung und Entwicklung ihren personellen Schwerpunkt in Deutschland haben, wird sich die vorliegende Forschungsarbeit hierauf fokussieren, ohne die globale Situation außer Acht zu lassen. Im Folgenden werden deshalb einerseits die weltweiten Strukturen der Belegschaft erläutert und zum anderen die Strukturdaten für Deutschland näher ausgewiesen, da sie für die weitere Analyse von besonderer Bedeutung sind.

[829] SAP (2008).

[830] Siehe unter SAP (2009j), SAP (2009l).

[831] Vgl. SAP (2009b).

Der Anteil an Akademikern weltweit ist mit mehr als 80% sehr hoch. Im Forschungs- und Entwicklungsbereich herrschen branchenüblich vor allem Hochschulabschlüsse in Informatik, Wirtschaftsinformatik und in naturwissenschaftlichen Studiengängen vor.[832]

Mit einem Frauenanteil von ca. 30% liegt SAP ebenfalls im Branchendurchschnitt. Ein Großteil der hochqualifizierten Frauen arbeitet in den Bereichen Personal, Kommunikation oder in anderen Dienstleistungsbereichen.[833] Weltweit sind ca. 19% der Führungskräfte weiblich, wobei dieser Anteil in den nächsten Jahren durch gezielte Maßnahmen erhöht werden soll.[834]

SAP zeigt als globales Unternehmen eine hohe kulturelle Vielfalt. Die Mitarbeiter repräsentieren weltweit mehr als 120 Nationalitäten. Aber auch innerhalb einzelner Standorte ist die Vielfalt groß. So arbeiten am Standort Deutschland Mitarbeiter aus mehr als 75 Nationen.[835] Die am häufigsten vertretenen Nationen im Headquarter in Walldorf sind Deutsche, US-Amerikaner, Briten, Inder und Chinesen. Die weltweit am stärksten vertretenen Herkunftsländer der Belegschaft sind Deutschland, USA und Indien.[836]

Weltweit liegt das Durchschnittsalter der SAP-Belegschaft bei ca. 38 Jahren.[837] So verfügt SAP weltweit über eine sehr junge Mitarbeiterschaft, in der insbesondere die 25- bis 40-Jährigen stark vertreten sind. Mehr als 50% der Belegschaft in Deutschland findet sich in der Altersgruppe der 35- bis 45-Jährigen.[838] Weltweit ist der Anteil der über 50-Jährigen mit ca. 9% gering.[839] Auch in Deutschland sind nur ca. 9% der Belegschaft älter als 50 Jahre. Das Durchschnittsalter der SAP-Belegschaft in Deutschland liegt mit ca. 38 Jahren (2008) deutlich unter dem Bundesdurchschnitt (Bundesdurchschnitt der Personen zw. 19 und 65 Jahren: 42,1 Jahre). Betrachtet man das Durchschnittsalter und die Altersverteilung in den weltweiten Regionen (EMEA, APJ, Americas), werden unterschiedliche Strukturen sichtbar. Während in APJ die Altersstruktur eher als jugendzentriert[840] zu bezeichnen ist (Altersdurchschnitt ca. 31 Jahre), finden sich in den Regionen EMEA und Americas eher komprimierte Altersverteilungen, in denen sich der überwiegende Anteil

[832] Vgl. SAP (2009l), ferner Wiskemann/Kleefeld (2007), S. 93ff.

[833] Vgl. Kleefeld/Wiskemann (2006).

[834] Vgl. SAP AG (2009l).

[835] Vgl. SAP AG (2009l), ferner Lotzmann (2007), Kleefeld (2010).

[836] Vgl. SAP AG (2009l).

[837] Vgl. SAP AG (2009a).

[838] Vgl. Staff (2009), Kleefeld (2008a).

[839] Vgl. SAP AG (2009a).

[840] Vgl. Buck/Kistler/Mendius (2002), Köchling (2004).

der Mitarbeiter im Alter zwischen 30 und 40 bzw. zwischen 35 und 45 Jahren befindet.[841] Differenziert man in der Altersstruktur nach dem Geschlecht zeigen sich ebenfalls Unterschiede. Unter den jüngeren Mitarbeitern (unter 30 Jahre) sind die Frauen beispielsweise in Deutschland überdurchschnittlich vertreten. Das Durchschnittsalter bei den Frauen in Deutschland beträgt 37,6 Jahre, das der Männer 39,2 Jahre.[842]

4.6.1.3 SAP als Arbeitgeber

> *"Attracting, training, and retaining the very best and brightest employees and ecosystem of SAP professionals is not only our social responsibility, it is key to our sustainable success. Our growth and market penetration truly depends upon the availability and motivation of all SAP talent – both inside the company and across the ecosystem."*[843]

Regelmäßige Marktanalysen untersuchen das Image von SAP als Arbeitgeber bei Bewerbern und Mitarbeitern im Vergleich zu anderen Branchen und Unternehmen. Dabei schneidet SAP seit mehreren Jahren in unterschiedlichen Ranglisten sehr gut ab. So verzeichnet das Unternehmen weltweit mehrere Auszeichnungen in verschiedenen Ländern (u. a. Indien, Japan, Peru) in den Wettbewerben „Great Place To Work". Auch beim renommierten Absolventenbarometer „Trendence" erreicht SAP in den letzten Jahren unter IT-Studenten einen Platz unter den attraktivsten Arbeitgebern.[844]

Bei der Einschätzung des Unternehmens durch die Mitarbeiter stehen neben dem Erleben der Unternehmenskultur und der Arbeitsbedingungen auch die Bewertung von strategischem Human Resource Management und dessen Umsetzung im Fokus der Befragten. Um regelmäßig eine Einschätzung der Unternehmenskultur für das Management darzulegen, führt SAP in der Regel alle zwei Jahre eine globale Mitarbeiterbefragung durch. Im Jahr 2006 beteiligten sich daran 80% der Mitarbeiter weltweit.[845] Die Ergebnisse zeigen eine hohe Zustimmung der Belegschaft zu ihrem Unternehmen. Mehr als 90% der Mitarbeiter gaben an, von den Produkten und Services überzeugt zu sein. Ungefähr 86% sind stolz, für SAP arbeiten zu können. 79% empfehlen SAP als einen *„großartigen Arbeitge-*

[841] Auswertungen interner Statistiken im Rahmen dieser Arbeit.

[842] Stand 1.1.2009.

[843] SAP AG (2009k).

[844] Vgl. SAP AG (2009c) und SAP AG (2009k).

[845] Diese ausgewählten Ergebnisse der Mitarbeiterbefragung von 2006 sind über die Homepage des Unternehmens verfügbar. Die Ergebnisse der Umfrage 2009 sind allerdings noch nicht öffentlich verfügbar.

ber". Mehr als 72% empfinden, dass ihnen SAP Möglichkeiten für ihre persönliche Weiterentwicklung bietet.[846] Diese Zahlen machen deutlich, dass die Kultur von SAP von einer hohen Zustimmung der Mitarbeiter zu den Produkten und Unternehmenszielen getragen wird.

Im Rahmen der Globalisierung des Unternehmens wurde in den letzten Jahren auch die Harmonisierung der global eingesetzten HR-Instrumente vorangetrieben. Historisch und kulturell bedingt sind in den einzelnen Regionen dennoch auch unterschiedliche Ausprägungen von HR-Instrumenten vorzufinden. Im Folgenden werden vor allem die Ausprägungen von Instrumenten am Standort Deutschland beschrieben und der Analyse zu Grunde gelegt, da dieser Standort im Fokus der vorliegenden Arbeit steht. Eine differenzierte Darstellung auf globaler Ebene würde den Rahmen dieser Arbeit übersteigen.

Zentrales Element der Kultur von SAP ist die Betonung der Eigenverantwortung des Mitarbeiters. Dies spiegelt sich auch in den Rahmenbedingungen des Arbeitsumfelds wider.

So findet in dem Unternehmen keine Zeiterfassung statt. Vertrauensarbeitszeit gilt für alle Mitarbeiter unabhängig von Rolle und Hierarchie. Langzeitarbeitskonten ermöglichen Mitarbeitern die Inanspruchnahme von Sabbaticals zur persönlichen Weiterqualifizierung oder zur Regeneration. Sie werden darüber hinaus auch eingesetzt, um vorübergehende Arbeitszeitreduzierungen ohne Entgeltverlust auszugleichen. Die Führung der Mitarbeiter erfolgt weitgehend über Ziele, die in jährlichen Performance Reviews vereinbart werden. Virtuelle global verteilte Teams führten im Rahmen der Globalisierungsstrategie von SAP für die Mitarbeiter häufig zu einer Ausweitung der Arbeitszeiten, um über mehrere Zeitzonen hinweg mit Teamkollegen zu kommunizieren. Um nachhaltig mögliche negative Auswirkungen auf die Effektivität der Kommunikation und die Gesundheit der Mitarbeiter zu vermeiden, wurden daher organisatorische Maßnahmen eingeleitet, die der Ausweitung der Arbeitszeiten entgegenwirken sollen.[847]

Unternehmen und Mitarbeiter verfügen über langjährige Erfahrung beim mobilen Arbeiten von diversen Standorten aus. Die Nutzung der vielfältigen Möglichkeiten obliegt dabei in der Regel der Absprache zwischen Führungskraft und Mitarbeiter. Ein hoher Anteil an hochqualifizierten Freelancern ermöglicht dem Unternehmen eine flexible Anpassung an Kapazitätsschwankungen in allen Unternehmensbereichen. Außerdem werden so Möglichkeiten genutzt, sich für neue oder sehr spezifische Fragestellungen Expertise von au-

[846] Vgl. SAP AG (2009a).

[847] Als Beispiel kann hier die Guidance „One product, one location" genannt werden, mit der u. a. vermieden werden soll, dass Produktentwicklungsteams über mehrere Kontinente und Zeitzonen hinweg verteilt an einem Produkt arbeiten.

ßen zuzukaufen, verbunden mit dem Risiko, diese Expertise relativ kurzfristig auch wieder zu verlieren.

Auf seiner Webseite bekennt sich das Unternehmen ausdrücklich zu familienfreundlichen Grundsätzen.[848] Zahlreiche Möglichkeiten zur Teilzeit, Homeoffice, Kooperationen mit Kinderbetreuungseinrichtungen und ein Eltern-Kind-Büro tragen dazu bei, die Vereinbarkeit von Familie und Beruf zu verbessern.

Bei der Karriereplanung und der persönlichen Weiterbildung betont SAP stark die Eigenverantwortung der Mitarbeiter. So unterstützt das „Corporate Portal“ (das Intranet) durch einen Stellenmarktplatz die Transparenz des internen Stellenmarkts. Für die persönliche Weiterbildung stehen zahlreiche online-basierte Trainingseinheiten, so genannte „Webinars“, zu einer großen Vielfalt von Themen zur Verfügung, die individuell genutzt werden können.[849] Alle Angebote sind über einen zentralen Zugang, das so genannte „Career Succes Center“ im Corporate Portal erreichbar.[850]

Die Zusatzleistungen von SAP bestehen sowohl aus monetären Zusatzleistungen (wie z. B. finanzielle Erfolgsbeteiligung, Aktienoptionsprogramme, Altersvorsorgeprogramme) als auch aus nicht-monetären Zusatzleistungen (wie z. B. diverse Gesundheits- und Freizeitangebot, kostenfreies Mittagessen, kostenfreie Getränke in der Nähe der Arbeitsplätze usw.).[851]

Die 2006 durchgeführte weltweite Mitarbeiterbefragung bestätigte ein sehr hohes „*Employee Engagement*“.[852] Dies gilt auch im Vergleich zu externen Benchmarks, die für dieses Kriterium existieren.[853]

4.6.1.4 Human Resource Management der SAP AG

Ein erheblicher Teil der oben aufgeführten Merkmale, die das Unternehmen als Arbeitgeber auszeichnen, sind mit dem Human Resource Management verbunden. Dieses ist bei

---

848 Vgl. SAP AG (2009c).

849 Vgl. SAP AG (2009e), ferner Staff (2009).

850 Vgl. Staff et al. (2010), S. 130ff. „The „Career Success Center“ provides a one stop-shop for all career related topics“ (siehe ebenda, S. 131).

851 Vgl. SAP AG (2009f).

852 Vgl. hierzu die Definition von CLC Human Resources (2010): „Engagement is the extent to which employees commit to something or someone in their organization and how hard they work and how long they stay as a result of that commitment“. Eine Employee Survey 2008 wurde aufgrund der Wirtschaftskrise nicht durchgeführt und auf Ende 2009 verschoben. Die Daten der Employee Survey 2009 wurden damit erst nach der empirischen Untersuchung im Rahmen dieser Arbeit erhoben und noch nicht veröffentlicht.

853 Als Beispiel sei hier die Gallup Studie 2006 genannt.

SAP global aufgestellt und folgt in seiner strukturellen Ausgestaltung dem Modell von *Dave Ulrich*[854] mit den Säulen (1) HR Center of Excellence (HR COE), (2) HR Operations und (3) HR Business Partners (HR BP).[855]

Die HR Business Partner arbeiten dabei als strategische Partner der Geschäftsbereiche und unterstützen diese in ihren spezifischen Anforderungen hinsichtlich der Beschaffung und Betreuung von Führungskräften und Mitarbeitern. Der Bereich HR Operations umfasst drei regionale Shared Service Center Organisationen für die Regionen EMEA, APJ und Americas. Diese wickeln HR Standardprozesse der Mitarbeiterbetreuung (wie z. B. Lohn- und Gehaltsabrechnung) zentral für die jeweiligen Regionen ab. Das HR Center of Excellence ist von seiner Struktur her funktional organisiert.[856] Zu den Kernbereichen, die durch die HR CoE Organisation abgedeckt werden, gehören eine strategisch orientierte Personalplanung,[857] Prozesse des Employer Branding und Recruiting, Organizational Effectiveness, Learning & Talentmanagement, Total Rewards, HR Reporting, Health, Diversity, Vocational Training und ein Employee Relations Office.[858]

Die Erkundung der Strategie und der eingesetzten HR Instrumente im Hinblick auf die Herausforderungen des demografischen Wandels ist Gegenstand der Experteninterviews im Bereich Human Resource Management. Um den Ergebnissen der Interviews hier nicht durch eine allgemeine Darstellung aller HR Prozesse vorweg zu greifen, werden die Strategie und relevante Instrumente im Zusammenhang mit den Interviewergebnissen näher ausgeführt. Hierzu werden dann auch Dokumente aus dem Unternehmen herangezogen.

4.6.2 Dokumentenanalyse und Experteninterviews im HR-Bereich

Im Bereich Human Resource Management beschäftigt sich das Unternehmen seit mehr als fünf Jahren mit den Auswirkungen des demografischen Wandels und dessen Implikationen für das Unternehmen im Ganzen sowie für das Portfolio des Human Resource Management im Besonderen. Hiervon zeugen sowohl die Beteiligung an Projekten in unternehmensübergreifenden Kooperationen,[859] die Beteiligung an diversen Netzwerken, die

[854] Vgl. Ulrich/Brockbank (2005), S. 177ff.

[855] Stand 2009. Vgl. Staff et al. (2010), S. 127. Im Jahr 2010 kam als weitere Säule ein COO HR-Bereich hinzu, der sich insbesondere um die Themen Governance, Guidance und Prozesse kümmert.

[856] Vgl. Staff et al. (2010), S. 127.

[857] Vgl. Staff (2009), ferner Wiskemann/Kleefeld (2007), S. 98.

[858] SAP-Interne Dokumente, ferner Staff (2009).

[859] SAP beteiligte sich in den Jahren 2004 bis 2006 an einem durch den Europäischen Sozialfonds geförderten Projekt zum Thema „Active Ageing", das unter dem Namen „active@work" in verschiedenen Veröffentlichungen Erwähnung fand (vgl. Hempel et al. (2006), Wiskemann/Kleefeld (2007)), Lotzmann

sich zum Thema demografischer Wandel etabliert haben[860] als auch Interviews von Unternehmensverantwortlichen in diversen Zeitschriften oder Beiträge in der Fachliteratur innerhalb der letzen Jahre.[861]

in den Experteninterviews soll deshalb ein differenzierter Blick auf die erwarteten Wirkungen des demografischen Wandel geworfen werden. Bereits ergriffene oder potentiell mögliche Kompensationsstrategien sind in den Interviews zu erkunden.

4.6.2.1 Erwarteter Einfluss durch Schrumpfung des Arbeitskräfteangebots

Das Unternehmen beschreibt in seinem Nachhaltigkeitsbericht die demografischen Veränderungen im Umfeld als tiefgreifend, insbesondere die Alterung in Europa und Japan. Diese seien Auslöser für gezielte Strategien, insbesondere im Bereich Human Resource Management.

> *"Deep-seated demographic shifts, particularly among the aging workforces of Europe and Japan, are creating an urgent need to create entry-level talent pipelines, seek out employees from nontraditional sources, and design robust recruitment and retention processes."*[862]

Aufgrund der demografischen Verschiebungen werden als dringende Handlungsfelder die Bereiche Personalbeschaffung und die Nutzung von nicht-klassischen Personalreserven angeführt. Diese Handlungsfelder tragen i.d.R. dazu bei, Engpässe zu beseitigen, die sich im Falle des demografischen Wandels aus der Schrumpfung des Erwerbspersonenpotenzials ergeben.

Hinsichtlich des Einflusses von „Schrumpfung und Verknappung von Arbeitskräfteangebot in Europa" zeichnen die Experten aus dem Human Resource Management ein sehr differenziertes, aber keinesfalls einheitliches Szenario für das Unternehmen.[863]

(2007)). Seit 2008 engagiert sich das Unternehmen auch im BMBF-geförderten Projekt "Demografischer Wandel und Gesundheitsprävention in der IT-Branche" (vgl. DIWA-IT (2010)).

[860] SAP beteiligt sich seit 2007 am „Laboratory Demographic Change" im Rahmen einer Kooperation mit econsense, BASF und evonik. Das Laboratory entstand aufgrund einer Initiative von „CSR Europe", einem Forum für Unternehmen in Europa zum Thema Nachhaltigkeit (Laboratory Demographic Change (2009)). Darüber hinaus engagiert sich SAP seit 2009 auch im Netzwerk „DDN – Demographie-Netzwerk" (vgl. DDN (2009)), das aus einer Initiative („INQA") des Bundesarbeitsministeriums hervorging.

[861] Vgl. Müller (2008), Siehoff (2008), Schweizer (2007).

[862] SAP AG (2008).

[863] Vgl. Fragen 1.4 bis 1.7 des Fragebogens für HR-Experten.

So führen alle HR-Experten unisono an, dass aufgrund diverser Faktoren SAP weniger als vergleichbar große Unternehmen in Deutschland vom Fach- und Führungskräftemangel betroffen ist.[864] Bei der Begründung werden unterschiedliche Faktoren angeführt: Zum einen führen die Experten es auf das gute Arbeitgeberimage in zahlreichen Arbeitsmarktsegmenten zurück,[865] zum anderen auf die Möglichkeit global zu rekrutieren[866] und auf die Tatsache, dass man großen Wert auf SAP-eigene Berufsausbildung lege.[867] Punktuelle Engpässe in bestimmten Arbeitsmarktsegmenten sind nach Meinung der Experten bereits heute erkennbar, aber weniger dem demografischen Wandel als Ursache zuzuordnen. Vielmehr sind bestimmte Bewerberprofile auch schon heute nur in einem eng begrenzten und hart umkämpften Arbeitsmarktsegment zu finden.[868] Die Verknappung bestimmter Profile wird mittelfristig (in den nächsten 3-5 Jahren) nach Annahme aller Experten zunehmen, wobei man für diesen Zeitraum nur einen geringen Risikozuwachs annimmt. Auch mittelfristig sieht man den demografischen Wandel weniger als Einflussfaktor.[869] Erste Verknappungstendenzen aufgrund demografischer Veränderungen erwartet man erst in ca. 8-10 Jahren.[870] Die nur geringe erwartete Risikozunahme wird ähnlich der aktuellen Einschätzung u. a. begründet mit den bereits aufgeführten Wettbewerbsvorteilen auf den Arbeitsmärkten und dem globalen „Sourcing".[871] Als Voraussetzung für eine nach wie vor gute Positionierung von SAP als Arbeitgeber wird zusätzlich der anhaltende wirtschaftliche Erfolg des Unternehmens gesehen, um nachhaltig wenig betroffen zu sein.[872]

Die Aussage *„seek out employees from nontraditional sources"* im Nachhaltigkeitsbericht zeigt, dass SAP die Notwendigkeit zur Erschließung von Arbeitsmarktreserven bereits erkannt hat. In arbeitsmarktbezogenen Studien zu den Auswirkungen des demografischen Wandels wird häufig die Rekrutierung von Frauen als Antwort auf das schrumpfende Arbeitskräfteangebot an jungen Männern in Europa gesehen.[873] Die Strategie der SAP, den Frauenanteil in der Belegschaft auszubauen, trägt unter anderem dazu bei, die Vielfalt in der Belegschaft zu erhöhen und die Potenziale, die heterogene Teams hinsichtlich Inno-

[864] Vgl. Ausführungen in Kapitel 2 und 3.2 dieser Arbeit.

[865] Vgl. Antworten auf Frage 1.4. von H2, H3, H4, H9, H10.

[866] Vgl. Antworten auf Frage 1.4. von H7 und H10 und auf Frage 1.5 von H8.

[867] Vgl. Antworten auf Frage 1.4. von H2 und H9.

[868] Vgl. Antworten auf Frage 1.4 von H3, H4, H6, H9, H12.

[869] Vgl. Antworten auf Frage 1.5 von H2, H4, H5, H6, H9, H10, H12.

[870] Vgl. Antworten auf Frage 1.5 von H2, H4, H5, H6, H9, H10, H12.

[871] Der Begriff „Sourcing" bezeichnet im Beschaffungsmanagement die Möglichkeit, aus unterschiedlichen Beschaffungsquellen zu wählen. Hier beschreibt er die Option Hochqualifizierte auf globalen Arbeitsmärkten zu beschaffen.

[872] Vgl. Antworten auf Frage 1.5 von H6, H9, H10.

[873] Vgl. Kuhn/Ochsen (2009), S. 210ff.

vationen bergen, zu nutzen. So unterstützt SAP gezielt auch den Zugang von Mädchen zu naturwissenschaftlichen Studiengängen und den „Girls Day" der Bundesregierung zur beruflichen Orientierung von Schülerinnen und jungen Frauen in klassischen Männerberufen. Darüber hinaus ist SAP im so genannten *genderdax®* gelistet, einer Plattform für hochqualifizierte Frauen, mit der SAP seine Attraktivität als Arbeitgeber gerade in diesem Arbeitsmarktsegment ausbauen möchte.[874] Unternehmen, die im *genderdax®* gelistet sind, müssen dabei nachweisen, dass sie gezielte Maßnahmen anbieten, um Frauen einen attraktiven Arbeitsplatz zu bieten und diese in ihrer Karriere zu unterstützen. Die von SAP nachgewiesenen Aktivitäten sind neben der Verankerung des Ziels der Frauenförderung in der Unternehmensstrategie die Existenz von Leitlinien zur Förderung von Frauen, Gender-Trainings und Mentorenprogramme und ein Mitarbeiterinnen-Netzwerk „Business Women's Network@SAP".[875]

Neben der Förderung von Frauen ist auch die Förderung der Vielfalt in anderen Dimensionen im Unternehmen ein strategisches Unternehmensziel, mit dem man zum einen der Vielfalt auf Seiten der Kunden begegnet und sich zum anderen auch das Arbeitsmarktsegment der Hochqualifizierten anderer Nationalitäten sichern möchte. So gehört SAP zu den Unterzeichnern der „Charta der Vielfalt", einer Initiative der Bundesregierung, die für kulturelle Vielfalt im Unternehmen als Wettbewerbsfaktor wirbt und „Best Practice Sharing" hierzu auf zahlreichen Veranstaltungen sowie online ermöglicht.[876] Auch für Anstrengungen und innovative Konzepte im Bereich des Diversity Management wurde das Unternehmen bereits mehrfach mit Sonderpreisen ausgezeichnet.[877] SAP verweist auf einer Portalseite darüber hinaus auf einen Diversity-Kodex als Ausdruck von Wertorientierung. SAP führt explizit dessen Auswirkungen auf die Personalbeschaffung wie folgt aus:

---

874 Genderdax ist eine Informationsplattform für hochqualifizierte Frauen. Sie ist im Frühjahr 2005 an den Start gegangen. Für die Aufnahme in den Genderdax können sich alle Unternehmen in Deutschland bewerben, die im Rahmen ihrer Personalpolitik und ihres Diversity-Managements weibliche Fach- und Führungskräfte fördern. Entwickelt und aufgebaut wird genderdax an der Helmut-Schmidt-Universität Hamburg. Genderdax ist verlinkt mit dem Bundesfrauenportal www.frauenmachenkarriere.de und wurde 2005 und 2006 vom Bundesministerium für Familie, Senioren, Frauen und Jugend gefördert (vgl. Genderdax (2010)).

875 Vgl. SAP AG (2010a). Die Zielsetzung des Netzwerks wird auf der Homepage wie folgt beschrieben: "[...] Frauen in allen Bereichen des Unternehmens mit einzubeziehen wird die Firmenkultur von SAP nachhaltig zu verbessern und zu unserem wirtschaftlichen Erfolg beitragen. Dieses Netzwerk ist eine Plattform für Frauen um Erlebnisse auszutauschen, sich gegenseitig zu unterstützen und ihren Beitrag zum Unternehmenserfolg von SAP gezielt darzustellen." Weitere Maßnahmen finden sich unter Genderdax (2010), der Portalseite von SAP im Genderdax.

876 Vgl. O. V. (2010).

877 Vgl. SAP AG (2009d).

„Gleichstellung und Fairness

> *Bei der Einstellung neuer Mitarbeiter verfolgt SAP einen ganzheitlichen Ansatz und zieht für jede offene Stelle ein möglichst breites Spektrum an qualifizierten Bewerbern in Betracht. In jeder unserer Regionen werden unsere Stellenanzeigen so geschaltet, dass sie von den vielfältigsten Zielgruppen aufrufbar sind; wir veröffentlichen sie, wenn möglich auch in Medien, die gezielt spezielle Volksgruppen ansprechen. Die globalen Einstellungsrichtlinien der SAP decken alle gängigen Richtlinien für die interne und externe Personalbeschaffung ab.“*[878]

Der demografische Wandel ist damit kein Auslöser für das Unternehmen, sich Frauen als neuer Arbeitnehmergruppe zuzuwenden. Auf Diversität ausgerichtete Personalbeschaffung, die vielfältige Potenziale des Arbeitsmarktes erschließt, ist integraler Bestandteil der Human Resource Strategie.

Der europäische Arbeitsmarkt, der anders als indische, chinesische und amerikanische Arbeitsmärkte langfristig stark von einer Verknappung des Erwerbspersonenpotenzials betroffen sein wird,[879] wird von den HR-Experten in seiner heutigen und zukünftigen Bedeutung in Nuancen unterschiedlich eingeschätzt, wenngleich nicht gänzlich konträr. Die Relevanz des Marktes ergibt sich heute und zukünftig aus der relativen Größe der Belegschaft in Europa und vor allem aus dem daraus resultierenden Ersatzbedarf.[880] So fanden in 2009 mehr als die Hälfte der Personalbeschaffungsmaßnahmen auf den europäischen Arbeitsmärkten statt.[881] Die relative Bedeutung wird sich nach Auffassung der Experten im Zuge des Wachstums in anderen Regionen zukünftig etwas verändern. Die Betonung der europäischen Wurzeln des Unternehmens durch Vorstand und Aufsichtsrat unterstreichen jedoch die Aussagen der Experten, dass die kulturelle Bedeutung des europäischen und deutschen Arbeitsmarktes dennoch hoch bleiben sollte.[882] So werden auch in den Interviews von diversen Experten in Europa bzw. Deutschland *„die Wurzeln der SAP“,*[883] das *„Kernland“*[884] *oder* der *„Homedrive der SAP“*[885] gesehen. Dies spricht dafür, dass sich die zahlenmäßige Relation möglicherweise verändern wird, die generelle Relevanz jedoch

---

[878] Auszug aus dem Diversity-Kodex (vgl. SAP AG (2010e)).

[879] Vgl. Tivig/Kühntopf (2009).

[880] Vgl. Antworten auf Frage 1.7 von H1 bis H10 und die Ausführungen zur Belegschaft in Abschnitt 4.6.1.

[881] Vgl. Antworten auf Frage 1.7 von H1, H2, H4.

[882] Vgl. Antworten auf Frate 1.7 von H1, H2, H3, H4, H5, H6, H7, H9, H10, H12.

[883] Vgl. Antworten auf Frage 1.7 von H7, H9, H10.

[884] Vgl. Antworten auf Frage 1.7 von H9, H12.

[885] Vgl. Antwort auf Frage 1.7 von H5.

erhalten bleibt. Wie sich die Bewertung des europäischen Marktes und der zugehörigen Arbeitsmarkttrends zukünftig entwickeln wird, ist für die Experten abhängig von

- der zukünftigen Standortstrategie (welche Geschäftsprozesse werden an welchen Standorten verrichtet),
- der Innovation und dem damit verbundenen Wachstumspotenzial in bestehenden Kernmärkten und in gesättigten Märkten
- und den politischen Rahmenbedingungen.[886]

Aufgrund des oben dargestellten Wettbewerbsumfelds, des immensen Belegschaftswachstums in den vergangenen Jahren und der engen Arbeitsmarktsegmente, auf denen sich das Unternehmen bereits heute bewegt, existieren im Bereich Human Resource Management Strategien und Erfahrungswerte zur gezielten und nachhaltigen Anwerbung und Gewinnung von Fachkräften. Als Grundlage für einen effektiven Beschaffungsprozess kommt aus Sicht des Human Resource Management der strategischen Personalplanung eine besondere Rolle zu, in dem sie zum Ziel hat, in Abstimmung mit der mittelfristigen Produktstrategie und der Standortstrategie, die Pläne der Geschäftsbereiche mit Personalbestand, -bedarf und Beschaffungsmöglichkeiten in Einklang zu bringen.[887]

Als bereits implementierte Strategien und Instrumente werden darüber hinaus die folgenden genannt: die Optionen, global Talente zu beschaffen,[888] eine ausgezeichnete Arbeitgebermarke,[889] der wirtschaftliche Erfolg von SAP als Attraktivitätskriterium für an Hochleistung interessierten Mitarbeitern,[890] Investitionen in die eigene Ausbildung,[891] enge Kooperationen mit Universitäten, insbesondere in den Bereichen Research und Development,[892] Stellenangebote für Doktoranden[893] und das bislang erfolgreiche Retentionmanagement in Verbindung mit der Entwicklung und Förderung von Talenten.[894]

886 Vgl. Antworten auf Frage 1.7 von H3, H6, H9, H11 und H12, ferner Staff (2009).

887 Vgl. Antworten auf Frage 1.6 von H2 und H3 und Antworten auf Frage 1.1: 10 von 12 Experten nennen die Personalplanung als eine der drei strategisch wichtigsten HR Aufgaben.

888 Vgl. Antwort auf Frage 1.6 von H8.

889 Vgl. Antworten auf Frage 1.6 von H1, H2, H4, H6, H7, H10.

890 Vgl. Antworten auf Frage 1.6 von H9, H10.

891 Vgl. Antworten auf Frage 1.6 von H8, H9.

892 Vgl. Antworten auf Frage 1.6 von H3, H9, H12.

893 Vgl. Antworten auf Frage 1.6 von H9, H12, ferner SAP Research Report 2009/2010, S. 17ff. und SAP AG (2009h).

894 Vgl. Antworten auf Frage 1.6 von H1, H2, H3, H5, H7, H8.

Erfolg und Tragfähigkeit der Strategien und Konzepte werden überwiegend positiv eingeschätzt. Als Belege hierfür werden die Ergebnisse, die man in Surveys und Marktstudien, z. B. beim Employer Branding erreiche, angeführt.[895] Manche Strategien seien noch *„in den Kinderschuhen“* und müssten ihre Tragfähigkeit noch unter Beweis stellen,[896] andere Konzepte, die erfolgreich seien, wie beispielsweise das der Ausbildung, sollten weiter global ausgedehnt werden.[897] Zusätzlich zu den oben genannten Strategien, die mehr oder weniger direkt auf die Beschaffung oder das Binden von Mitarbeitern zielen, geben die Interviewten aber auch Hinweise darauf, dass sich aufgrund der Geschwindigkeit technologischer Neuerungen in der Branche, der zukünftige Bedarf an Kompetenzen und Qualifikationen zum Teil schwer prognostizieren lässt. Wachsender Bedarf an Hochqualifizierten zusammen mit einem schrumpfenden Angebot auf dem deutschen Arbeitsmarkt könnten als gegenläufige Trends mittel- bis langfristig noch zum Risiko werden. Darüber hinaus müssten auch die Führungskräfte kontinuierlich unterstützt und aufgefordert werden, Mitarbeitern herausfordernde Aufgaben zu geben und die Mitarbeiterbindung in allen Generationen zu fördern.[898]

Zusammenfassend lässt sich feststellen, dass die prognostizierte Schrumpfung des Erwerbspersonenpotenzials in Deutschland und Europa aus Sicht der befragten HR-Experten des Unternehmens keine neuen strategischen personalwirtschaftlichen Entscheidungen erfordern. Vielmehr baut man auf ein bestehendes System von erfolgreichen Strategien und Instrumenten auf, das man auch mittelfristig für tragfähig hält. Ein Erkunden alternativer Personalreserven, wie z. B. die gezielte Einstellung von Älteren oder Frauen, wird aus demografischen Gründen nicht genannt. Unabhängig von Demografiefragen ist die Erhöhung des Frauenanteils im Unternehmen und deren Förderung in Managementfunktionen im Besonderen erklärtes Ziel von SAP. Sie ist unabhängig von der Schrumpfung des Arbeitskräfteangebots Teil der strategischen Zielsetzung für das Humankapital und wird bereits heute mit einer Reihe von Maßnahmen angegangen.

4.6.2.2 Erwarteter Einfluss durch Alterung der Belegschaft

Die Analyse der Altersstruktur der Belegschaft in Deutschland zeigt aktuell ein sehr homogenes Bild. So ist etwa die Hälfte der Mitarbeiter zwischen 35 und 45 Jahre alt. Der Anteil der über 50-Jährigen ist mit ca. 9% relativ niedrig im Vergleich mit anderen Unter-

[895] Vgl. SAP AG (2009f).

[896] Vgl. Antwort auf Frage 1.6 von H2.

[897] Vgl. Antwort auf Frage 1.6 von H9.

[898] Vgl. Antworten auf Frage 1.6 von H5, H6, H7.

nehmen, die in klassischen Branchen agieren.[899] Auch im regionalen Vergleich innerhalb des Unternehmens ist der Anteil dieser Kohorte geringer als zum Beispiel der entsprechende Anteil in der Region Americas bzw. in den USA.[900] Je nachdem, welche Annahmen über die Einstellungsquoten in den unterschiedlichen Alterskohorten getroffen werden, ergeben Prognosen unterschiedliche Entwicklungen hinsichtlich der Belegschaftsstruktur in 5 Jahren. Nach einem möglichen Szenario, das von einer relativ konstanten Einstellpraxis in Deutschland im Hinblick auf die Ersatzbeschaffung ausgeht, wird der Anteil der über 50-Jährigen in Deutschland nach 2015 deutlich gestiegen sein. Ein Szenario mit einer Rekrutierungspolitik, die zukünftig verstärkt auf sehr junge Mitarbeiter ausgerichtet ist, ergibt entsprechend andere Verteilungen für die nächsten Jahre. Sowohl die aktuelle Darstellung der Altersstruktur global und nach Regionen verteilt als auch unterschiedliche Prognoseszenarien stellen den Hintergrund dar, vor dem die Interviews geführt wurden.

Die Auswirkungen, die die Experten aufgrund der Alterung der Belegschaft erwarten, sind im Antwortverhalten der HR-Experten nicht ausschließlich von deren Wissen und der Beobachtung ihres Umfelds geprägt. Vielmehr spiegeln Beurteilungen von Auswirkungen des Alters auch eine persönliche Wahrnehmung bzw. Einstellung gegenüber der Leistungsfähigkeit im Alter und gegenüber dem eigenen Alter wider. Diese Haltung beeinflusst sowohl die Beurteilung des notwendigen Umgangs mit älteren Mitarbeitern als Individuen als auch die Einschätzung der Wirkung der Organisationsdemografie. Die Antworten zu diesem Themenfeld ergeben sich deshalb zum Teil indirekt aus den Fragen 1.1 bis 1.3 und aus dem Fragenblock 2.1 bis 2.5 des Interviewleitfadens.

Hinsichtlich der Erfolgspotenziale, die sich aus der spezifischen Altersstruktur von SAP ergeben, sind sich alle Experten darüber einig, dass sich sowohl aus der heutigen Mischung von jüngeren und älteren Mitarbeitern als auch aufgrund der großen Gruppe der 35- bis 45-Jährigen relative Wettbewerbsvorteile und Potenziale ergeben.[901] Der hohe Anteil von „erfahrenen Professionals“ und das im Vergleich junge Durchschnittsalter der Gesamtbelegschaft werden als Indizien für hohe Leistungsbereitschaft und -fähigkeit genannt.[902] Auch die Wertschätzung des Kunden für eine erfahrene Mannschaft wird dabei

[899] Vergleiche konnten im Rahmen der Netzwerkaktivitäten (active@work, econsense) mit den entsprechenden Projektpartnern angestellt werden; z. B. mit BASF, Deutsche Bank, Evonik aber auch anderen. Genehmigungen für die Veröffentlichungen der Zahlen der Partnerunternehmen wurden im Rahmen dieser Arbeit nicht eingeholt, da sie für die Einzelfallstudie nicht von Bedeutung sind.

[900] Vgl. interne Dokumente wie z. B. die „Roadmap Demographics“.

[901] Vgl. Antworten auf Frage 2.1 von H1 bis H12.

[902] Vgl. Antworten auf Frage 2.1 von H2, H3, H4, H5, H11.

angeführt.[903] Jeder der Experten bezeichnet dabei die „*Erfahrung*" langjähriger Mitarbeiter als sehr positiven Wert. Positiv gesehen wird auch die große Verfügbarkeit von Prozesswissen und spezifischem, in Deutschland entwickeltem fachlichen Produktwissen.[904] Allerdings setzen die Experten das Vorhandensein von großer „*Erfahrung*" und „*Wissen*" nicht mit der „Leistungsfähigkeit" von älteren Kollegen gleich. Mehrfach wird Handlungsbedarf hinsichtlich alternativer Rollen und Karrierewege für langjährige und ältere Kollegen konstatiert, um einerseits deren „*Erfahrung*" optimal zu nutzen, andererseits aber auch deren „*vielleicht nicht mehr so vorhandene Leistungsfähigkeit*" auszugleichen.[905] Diese Beschreibungen deuten darauf hin, dass sich die HR-Experten hier in einem Spannungsfeld befinden. So ist nicht klar, ob sie eher veränderte Kompetenzen („Erfahrung nutzen") oder Defizite im Vordergrund sehen, wenn sie über ältere Mitarbeiter sprechen. Sie schließen mögliche Leistungsdefizite zumindest mit in ihre Überlegungen ein.

Als Risiken werden weiterhin der Abgang von Erfahrung und Wissen in den nächsten Jahren genannt, wobei alle davon ausgehen, dass dies erst nach einer Zeit von mehr als 10 Jahren eintreten wird und somit ein eher langfristig auftretendes Risiko darstellt.[906] Im Gegensatz dazu stellt die zunehmende Bereitschaft der Mitarbeiter zu längerer Betriebszugehörigkeit für einige Experten auch ein Risiko dar, da aufgrund des verlangsamten Unternehmenswachstums in Deutschland weniger Hochschulabsolventen eingestellt werden als in der Vergangenheit.[907] Zum einen wird dies für den Zufluss von neuem Wissen als Risiko von Seiten der HR-Experten bewertet. Zum anderen stelle die daraus erwartete Verschiebung der Gruppendominanz hin zu einer dominierenden Gruppe von älteren Mitarbeitern Risiken für die Durchsetzung neuer Ideen dar.[908] Als weitere aufkommende Herausforderungen wird dann auch das Führen von älteren Kollegen durch jüngere Führungskräfte beschrieben.

Keine Erwähnung findet in den Gesprächen das Risiko einer Dequalifizierung der bestehenden Belegschaft zum Bespiel aufgrund des hohen Tempos in der Neuentwicklung von Technologien, Programmiersprachen usw. Da SAP auch die Schulung von Kunden in der Software als ein Geschäftsfeld von Beginn an betreibt, ist die Entwicklung von Trainings- und Qualifizierungsmaßnahmen sowohl von Seiten HR für die Mitarbeiter als auch von Seiten der Geschäftsbereiche ein seit vielen Jahren professionell bearbeitetes Hand-

[903] Vgl. Antworten auf Frage 2.1 von H9, H10.

[904] Vgl. Antworten auf Frage 2.1 von H6, H10, H11.

[905] Vgl. Antworten auf Frage 2.1 von H3, H4, H12.

[906] Vgl. Antworten auf Frage 2.1 von H2, H5, H9, H10.

[907] Vgl. Antworten auf Frage 2.1 von H4, H5, H6.

[908] Vgl. Antworten auf Frage 2.1 von H4, H9, H12.

lungsfeld. Dadurch verfügt SAP seit vielen Jahren über ein vielfältiges und sehr differenziertes Angebot von Qualifizierungsmaßnahmen aller Arten. Es gibt eine Vielzahl von Entwicklungsmöglichkeiten, wobei alle darauf ausgerichtet sind, die Leistung aller Mitarbeiter unabhängig von Position und Alter im Sinne der Unternehmensziele zu fördern.

> *„Von Arbeitgeberseite ist es in diesem Zusammenhang wichtig, Lernanreize zu schaffen und den Mitarbeitern zu vermitteln, dass Entwicklungsmaßnahmen kein auferlegtes zwanghaftes Lernen darstellen, sondern eine große Chance zum Ausbau des eigenen Potenzials und zur Verbesserung der individuellen Aufstiegsmöglichkeiten.*“[909]

Das grundlegende Instrument zur Weiterentwicklung aller Mitarbeiter weltweit ist das „SAP Career Success Center“. Als ‘All-in-One’ Lösung im Intranet umfasst das Career Success Center sechs Bereiche, die ausführlich von *Staff* beschrieben werden.[910] Der Mitarbeiter ist hierbei ausgesprochen autonom in der Frage, welche Lerninhalte er wann und wie konsumieren will.[911] Transparenz und einfacher Zugang zu aktuellen Lerninhalten werden kontinuierlich weiterentwickelt. Die fortlaufende Qualifizierung in neuen Themenfeldern in allen Funktionsbereichen ist damit seit vielen Jahren Bestandteil der SAP-Philosophie und gelebte Praxis der Mitarbeiter.[912]

Zusammenfassend bewerten die HR-Experten die aktuelle Altersstruktur der Gesamtbelegschaft als großes Potenzial. Die verbleibende Reaktionszeit während der Alterung der Belegschaft wird als ausreichend gesehen, um dieser mit mittelfristigen Kompensationsstrategien zu begegnen und die erwarteten Risiken wie Wissensabfluss, mangelnder Wissenszufluss, mögliche Gruppendominanz oder Konflikte aufgrund von sozialer Heterogenität entsprechend zu verringern. Als mögliche Strategien werden hier die Beschaffung bestimmter Skill-Profile durch M&A-Aktivitäten, das globale Sourcing, die lebenslange begleitende Qualifizierung und die Anpassung von Karriere- und Rollenmodellen genannt. Für die Innovations- und Wettbewerbsfähigkeit insgesamt wird die aktuelle Mischung als positiv beurteilt.[913] Eine Prognose, wie sich Alterung und Schrumpfung hier auswirken werden, fällt eher positiv aus und wird klar in Abhängigkeit davon gesehen, wie es dem Unternehmen gelingen wird, eine Mischung von Erfahrungen und *„frischen Ideen*“ in der

909 Staff (2009), S. 5

910 Vgl. Staff (2009), S. 10, Staff et al. (2010), S. 124ff.

911 Vgl. hierzu Staff et al. (2010), S. 128ff.

912 Vgl. ebenda, S.130f.

913 Vgl. Antworten auf Frage 2.3 von H4, H5, H9.

bestehenden Belegschaft zu gewährleisten. Wenn diese „*Mischung*" und „*Auffrischung*" homogener bestehender Gruppen kontinuierlich sichergestellt würde, könnten die Netzwerke und Erfahrungen durchaus positiv auf die Innovation wirken aus Sicht der HR-Experten.[914]

In Frage 2.5 sollten die HR-Experten eine Einschätzung darüber abgeben, wie „Alter" als Kriterium bereits heute ihre Arbeit beeinflusst bzw. in welchen HR-Produkten oder HR-Prozessen es eine Rolle spielt.

Alle Experten machten zunächst für sich geltend, dass sie Alter in ihrer Rolle als Führungskraft oder auch gegenüber Kunden als *„unerhebliches*" Kriterium sehen, das für sich genommen keinen Einfluss auf Entscheidungen hat.[915] Im Zusammenhang mit der zum Teil geäußerten *„möglichen geringeren Leistungsfähigkeit"* sind diese Aussage eher als sozial erwünscht einzustufen. Sie verdeutlichen noch einmal die noch vorhandenen Widersprüche in der Wahrnehmung von Alter. Hinsichtlich der HR-Produktpalette kommt Alter in allen Funktionsbereichen und auch im Umfeld der HR-Business Partner eine Rolle zu. So ist Alter als Merkmal im HR-Portfolio direkt oder indirekt in den Themen Altersvorsorge und Vorruhestand, Diversity Management, HR Reporting, Employer Branding, Recruiting und Gesundheitsmanagement von Bedeutung.[916] Im Umgang mit Managern und Mitarbeitern ist festzustellen, dass Seniorität auf bestimmten Management Ebenen geschätzt wird und es auch Funktionsbereiche gibt (wie z. B. den Produkt-Support), in denen Kunden und Manager Seniorität sehr schätzen.[917] Auf Seiten der Mitarbeiter sei angesichts der aktuellen gesetzlichen Rahmenbedingungen (Wegfall der Altersteilzeit) vor allem das Thema *„alternative Ausstiegsszenarien im Alter*" ein persönliches Anliegen.[918] Die Experten gehen davon aus, dass in den nächsten Jahren durch eine Verschiebung der Altersstruktur auch andere Anforderungen an HR-Produkte gestellt werden. Sie stellen dabei in Rechnung, dass ein Mitarbeiter, der seine berufliche Laufbahn nach Abschluss des Studiums startet, andere Bedürfnisse hat, als ein Mitarbeiter, der seit zehn oder fünfzehn Jahren im Unternehmen tätig ist und ein höheres Lebensalter erreicht hat.

---

[914] Vgl. Antworten auf Frage 2.6 von H4, H9, H12.

[915] Vgl. Antworten auf Frage 2.5 von H1 bis H12.

[916] Vgl. Antworten auf Frage 2.5 von H2, H5, H6, H7, ferner Lotzmann (2007), S. 70ff.

[917] Vgl. Antworten auf Frage 2.5 von H9 und H10.

[918] Vgl. Antworten auf Frage 2.5 von H6 und H12.

4.6.2.3 Erwartete Auswirkung der Arbeitsbedingungen auf arbeitsinduzierte Alterung

Grundsätzlich werden die Arbeitsbedingungen bei SAP von den Mitarbeitern als sehr positiv wahrgenommen. So weisen die überwiegend auf Mitarbeiterbeurteilungen basierenden Auszeichnungen bei den Wettbewerben zum „*Employer of Choice*" darauf hin, dass die Mitarbeiter die Unternehmenskultur und Arbeitsbedingungen als sehr vertrauensvoll und förderlich wahrnehmen.[919] Auch die befragten HR-Experten beurteilen die Arbeitsbedingungen als ausgesprochen gesundheitsförderlich und führen als Beispiele vorhandener Ressourcen Vertrauensarbeitszeit, ergonomische Ausstattung der Büroarbeitsplätze, Angebote zur Entspannung und Erholung, Sportangebote und ein umfassendes Angebot zur Gesundheitsvorsorge an.[920] Diese Einschätzung teilen alle Experten. Einige Experten ergänzen diese Sicht jedoch durch kritische Anmerkungen über die in der Branche und auch bei SAP sich verändernden Arbeitsbedingungen: So werden die hohe Leistungsdichte, teils sehr lange Arbeitszeiten, die damit verbundene schwierige Vereinbarkeit von Beruf und Familie und das „*hohe Tempo*" angeführt, die aus Sicht der Experten eine gleichbleibende Tätigkeitsausführung auf „*dem gleichen Produktivitätsniveau*" bis zum Rentenalter unwahrscheinlich machen.[921] Vielfältige Ressourcen stehen somit hohen Anforderungen und Belastungen gegenüber.[922] So verwundert es nicht, dass ein Teil der Experten die Einschätzung abgibt, „*dass man gut alt werden kann*" und sich ein anderer Teil „*das nicht vorstellen kann*". Diese widersprüchlichen Einschätzungen der Experten legen nahe, dass aufgrund der noch jungen Belegschaft und des jungen Firmenalters Bedarf besteht, die langfristigen Auswirkungen der Arbeitsbedingungen auf Gesundheit und Beschäftigungsfähigkeit näher zu erkunden bzw. zu erforschen.

Ein Forschungsprojekt, in dem sich SAP daher unter Leitung des Human Resource Management als Anwenderunternehmen engagiert, ist das vom BMBF geförderte Projekt „*DIWA-IT – Demografischer Wandel und Prävention in der IT-Branche*".[923] Ziel des Projekts ist es:

---

919 Vgl. Lotzmann (2007), S. 76ff., Siegele/Zepelin (2009).

920 Vgl. Antworten auf Frage 2.6 von H2, H5, H6, H7, H9 und H10; ferner Lotzmann (2007), S.76ff., Staff (2009), Wiskemann/Kleefeld (2007).

921 Vgl. Antworten auf Frage 2.6 von H3, H5, H6, H9, H10, H11, H12. Die Antworten werden auch durch Ergebnisse von neueren Mitarbeiterumfragen unterstützt.

922 Vgl. Lotzmann (2007), S.76ff., Staff (2009), Wiskemann/Kleefeld (2007).

923 Vgl. DIWA-IT (2010); Veröffentlichungen aus dem Projekt sind auf der Homepage verfügbar. Eine Abschlussdokumentation liegt vor unter Gerlmaier/Latniak (2011).

> *„[...], innovative Ansätze einer demografiegerechten und präventiven Personalpolitik in der IT-Wirtschaft zu identifizieren, weiterzuentwickeln und zu verbreiten. Im Mittelpunkt steht dabei die Entwicklung von Konzepten, die die besonderen Rahmenbedingungen moderner „Wissensarbeit" angemessen berücksichtigen, und die geeignet sind, die Gesundheit und Beschäftigungsfähigkeit der „Wissensarbeiter" über den gesamten Erwerbsverlauf hinweg zu fördern und zu erhalten."*[924]

Die zugrunde liegende Annahme über die Arbeitsbedingungen ist dabei:

> *„Die IT-Wirtschaft kennzeichnet sich durch wachsenden internationalen Wettbewerb, kurze Innovationszyklen und projektförmige Arbeitszusammenhänge. Daraus resultieren Arbeitsbedingungen, die mit ihren hohen Flexibilitätsanforderungen auf Dauer auch hochgradig psychisch belastend sein können. Bei einer wachsenden Zahl von IT-Fachleuten lassen sich deshalb immer häufiger Erschöpfungssymptome, gesundheitliche Beeinträchtigungen und vorzeitige Leistungseinbußen beobachten.*
>
> *Dabei erweisen sich viele klassische Methoden der Arbeitsgestaltung oder Stressprävention im Bereich der „Wissensarbeit" als „zahnlose Tiger". [...] Insbesondere die spezifischen Anforderungen und Problemlagen unterschiedlicher Altersgruppen in der Belegschaft der IT-Unternehmen bleiben dabei oftmals unberücksichtigt - je nach Karrierephase, beruflicher Rolle und Lebenssituation können sich hier jedoch die Präventionsbedarfe für die Beschäftigten der IT-Wirtschaft [...] deutlich unterscheiden."*[925]

Das Projekt bei SAP hat dabei das Ziel, sowohl Erkenntnisse aus den Erhebungen der Forscher zu gewinnen als auch erste Umsetzungsprojekte zur Nutzung der Ressourcen auf individueller, Team- und Organisationsebene zu evaluieren. Hierzu wurden Pilotprojekte in den Bereichen Softwareentwicklung und Beratung angestoßen. Ergebnisse stehen noch aus.[926] Die Erhebungen des ISF haben gezeigt, dass auch die SAP-Belegschaft von den Veränderungen der Arbeitsbedingungen betroffen sind, wie sie in Kapitel 3.2 aufgrund der Globalisierung und Flexibilisierungstendenzen beschrieben wurden.

---

[924] Vgl. DIWA-IT (2010).

[925] Vgl. DIWA-IT (2010).

[926] Vgl. DIWA-IT (2010); SAP interne Daten zu den Pilotprojekten können aufgrund des laufenden Projekts an dieser Stelle nicht veröffentlicht werden und unterliegen der Verschwiegenheitspflicht der Verfasserin. Die umfassende Beteiligung der Verfasserin an diesem Projekt und die Kooperation mit dem ISF München e.V. ermöglichten allerdings einen umfassenden Erkenntnisgewinn zum Thema im Allgemeinen, der quasi als „Felderfahrung" der Interviewerin und Verfasserin in diese Dissertation mit einfließt. Ein Projektabschlussbericht ist verfügbar unter Lotzmann/Klein-Magar/Kleefeld (2011).

Im Vergleich zu anderen am Projekt beteiligten Unternehmen verfügt SAP jedoch heute über ein Gesundheitsmanagement, das national und europäisch vielfach für seine Leistungen ausgezeichnet wurde.[927] Die vom Gesundheitsmanagement angebotenen Maßnahmen werden von den Mitarbeitern als wertvolle Unterstützung beim Erhalt ihrer individuellen Gesundheit und der Förderung individueller Ressourcen wahrgenommen.[928] Die Beteiligung an Forschungsprojekten wie z. B. DIWA-IT ermöglicht es SAP darüber hinaus, aus den Gestaltungsprojekten zu lernen und sich strategisch und präventiv durch geeignete Maßnahmen der Arbeitsgestaltung, der Führung und der Organisations- und Personalentwicklung auf die Herausforderungen einer arbeitsinduzierten Alterung einzustellen.

4.6.2.4 Strategische Handlungsfelder des Human Resource Management im demografischen Wandel und mögliche Kompensationsstrategien

Die Strategie des Human Resource Bereiches von SAP leitet sich aus den ökonomischen Umfeldbedingungen, den Entwicklungen in der IT-Branche und der mittelfristigen Unternehmensstrategie ab.[929] Sie basiert somit auf den Unternehmenswerten und steht in unmittelbarem Bezug zu den Unternehmenszielen.[930] Ziel ist es, mit geeigneten Strategien und Instrumenten die Belegschaft zu befähigen, bestmöglich zum Erreichen der Unternehmensziele beizutragen.

Bei der Beurteilung, in welchem Maße dem Human Resource Management insgesamt eine Rolle für den Unternehmenserfolg zukommt, nennen die Experten auf einer Skala von 1 „*sehr wichtig*“ bis 5 „*vollkommen unwichtig*“ den Wert „wichtig“ (Durchschnitt: 2,1).[931] Dieses deckt sich auch mit der Fremdbeurteilung durch die Interviewten im Innovationsbereich hinsichtlich der „*Wichtigkeit von HR Politik für den Unternehmenserfolg*“. Die Nennungen ergeben hier im Durchschnitt den Wert 1,8.[932]

Als derzeit wichtigste strategische Handlungsfelder im Unternehmen lassen sich aus den Experteninterviews folgende Prioritäten erkennen:

[927] Vgl. Lotzmann (2007), S. 69ff.

[928] Vgl. Initiative Neue Qualität der Arbeit (2010).

[929] Vgl. unveröffentlichtes internes Strategiepapier „SAP HR Strategie 2014“, ferner Staff (2009).

[930] Vgl. ebenda.

[931] Vgl. Antworten auf Frage 2.8 im Leitfaden für HR-Experten.

[932] Vgl. Antworten auf Frage 3.13 im Leitfaden für Innovationsmanager.

1. Von fast allen Experten wird eine strategische Personalplanung auf globaler Basis unter den drei wichtigsten Themen genannt.[933]
2. Das Themenfeld Talent-Development, Mitarbeiterentwicklung, Learning, Skillmanagement, Karriereplanung ist das zweite von fast allen Experten genannte Top-Themenfeld.[934]
3. Das Thema Leadership und Leadership Development ist für die Mehrheit der Experten ein Top-Thema.[935]

Weitere Themen, die für die Experten von hoher strategischer Bedeutung sind, sind

1. die Harmonisierung der HR Produkte und Prozesse auf globaler Ebene,[936]
2. der Umgang mit Mitarbeitervertretungen weltweit,[937]
3. der Erhalt und Ausbau der starken Arbeitgebermarke und die Anpassung der Rekrutierungspolitik im Hinblick auf neue Mitarbeitergenerationen,[938]
4. der Umgang mit interkultureller Vielfalt.[939]

Gefragt nach Ihren Erwartungen, welche strategischen Handlungsfelder sie in ca. 5 Jahren auf der Agenda sehen, unterstreichen auch hier alle die konstant hohe und bleibende Bedeutung von **strategischer Personalplanung,** möglicherweise mit einer inhaltlichen Weiterentwicklung oder Verschiebung hin zu mehr qualitativen Elementen der Qualifikations- und Kompetenzplanung.[940] Insgesamt werden die oben genannten Themen aber als weiterhin präsent und über die nächsten fünf Jahre als dominierend angesehen. Einige Experten fügen hinzu, dass möglicherweise aufgrund demografischer Entwicklungen das Thema „War for Talents“ wieder eine Rolle spielen könnte oder auch der Umgang mit einer älteren Belegschaft neue Herausforderungen stellen wird.[941] Darüber hinaus wird erwartet, dass einerseits die angestrebte Harmonisierung von Prozessen und andererseits

[933] Vgl. Antworten auf Frage 1.1 von H1, H2, H3, H5, H6, H7, H8, H10, H11, H12.

[934] Vgl. Antworten auf Frage 1.1 von H1, H2, H3, H5, H6, H7, H8, H9, H10.

[935] Vgl. Antworten auf Frage 1.1 von H5, H7, H8, H9, H10, H11.

[936] Vgl. Antworten auf Frage 1.1 von H1, H5, H6, H10, H12.

[937] Vgl. Antworten auf Frage 1.1 von H2, H12.

[938] Vgl. Antworten auf Frage 1.1 von H4, H5, H8.

[939] Vgl. Antworten auf Frage 1.1 von H8.

[940] Vgl. Antworten auf Frage 1.2 von H1, H2, H3, H5, H6, H7, H8, H10, H11, H12.

[941] Vgl. Antworten auf Frage 1.2 von H2, H3, H4, H9.

neue technologische Entwicklungen weitere Optionen von Shared Services für HR-Kunden eröffnen werden.[942]

Zusammenfassend zeigt sich bei der Benennung der strategisch wichtigsten Themen eine hohe Übereinstimmung der Experten. Auch hinsichtlich der Erwartungen von zukünftig wichtigen Handlungsfeldern sind ähnliche Haltungen festzustellen, wobei die Streuung von Nennungen hier etwas weiter ausfällt. Auffallend ist, dass das Thema „Demografischer Wandel" nicht explizit als Herausforderung benannt wird. Erst wenn die Experten eine mittel- bis langfristige Zukunftsperspektive einnehmen, können sie sich Auswirkungen der demografischen Entwicklungen auf strategische Handlungsfelder vorstellen. Dies spiegelt die Haltung wider, die auch in den vorherigen Abschnitten 4.6.3.1 und 4.6.3.2 bereits dargestellt wurde. Darüber hinaus schätzen die HR-Experten die Fähigkeit von SAP *„gute Mitarbeiter zu gewinnen"* als *„gut"* bis *„sehr gut"* ein (Mittelwert: 1,9) und die Bedeutung dieser Fähigkeit für den Unternehmenserfolg als *„sehr hoch"* (Mittelwert: 1,2).[943] Hinsichtlich der Beurteilung, wie geeignet die heutige HR-Politik bereits auf die Alterung der Belegschaft vorbereitet, sind die Nennungen eher breit gestreut.[944] Im Mittel wird hier ein Wert von 3,4 auf einer Skala von 1 bis 5 erreicht.[945] Bei dieser Frage fallen die Beurteilungen der Linienmanager im Innovationsbereich positiver aus. Diese sehen das Human Resource Management im Hinblick auf diese Fragestellung zwischen *„noch gut"* bis *„durchschnittlich"* aufgestellt (Mittelwert: 2,7).[946] Zwar sind diese Ergebnisse in keiner Weise repräsentativ. Dennoch deutet die Abweichung zu der sehr positiv beurteilten Situation auf der Beschaffungsseite darauf hin, dass bei den Experten im Hinblick auf die Alterung der Belegschaft noch mehr Unsicherheiten in der Beurteilung der Auswirkungen vorliegen. So erwarten einige Experten, dass die Alterung Auswirkungen haben wird, die heute noch schwer vorhersehbar sind und auf die man heute noch nicht ausreichend vorbereitet sei. Hier knüpfen auch die Antworten auf Frage 1.3 des Fragebogens an.

Auf die Frage nach den *„größten Herausforderungen für die Wettbewerbsfähigkeit des Humankapitals"* nannten die Experten ein ganzes Spektrum an Einflussfaktoren und Handlungsfeldern, die sich größtenteils mit den als am wichtigsten erachteten strategi-

[942] Vgl. Antworten auf Frage 1.2 von H10, H12.

[943] Vgl. Antworten auf Frage 2.8 im Leitfaden für HR-Experten.

[944] Siehe Frage 2.7 zum Ankreuzen: „Beurteilen Sie die derzeitige HR-Politik bei von SAP im Hinblick auf eine älter werdende Belegschaft auf einer Skala von 1 bis 5 (1=bereitet optimal auf zukünftige Herausforderungen vor, 5= in keiner Weise geeignet)".

[945] Vgl. Antworten auf Frage 2.7 im Leitfaden für HR-Experten.

[946] Vgl. Antworten auf Frage 3.12 im Leitfaden für Innovationsmanager.

schen Handlungsfeldern doppeln.[947] Mehrfach genannt wurden dabei die Gewinnung und Bindung der „besten“ Talente.[948] Als Instrumente wurden hier der Erhalt und Ausbau des sehr guten Arbeitgeberimages auf allen relevanten Arbeitsmärkten und transparente und herausfordernde Personalentwicklungsaktivitäten genannt.[949] Besondere Erwähnung fanden auch der weitere Aufbau einer strategischen Personalplanung sowie die Gestaltung langfristiger Karrierepfade.[950] Als weitere Herausforderung wurde genannt, dass HR mit dazu beitragen solle, die Stärken, die sich aus der spezifischen und gelebten Unternehmenskultur (Offenheit, Vertrauenskultur) bislang ergaben, weiter zu fördern.[951] Die Standardisierung, Steuerung und Regelung von globalen Prozessen stellten weitere Nennungen dar.[952]

Um den Fokus noch einmal mehr auf personalpolitische Handlungsfelder im Hinblick auf die Alterung zu legen, wurden die Experten, eingebettet in den Fragenteil zur Auswirkung der Alterung der Belegschaft, ausdrücklich noch einmal auf die diesbezüglich zu erwartenden strategischen Handlungsfelder angesprochen.[953] In den Antworten wurden daraufhin vermehrt die möglicherweise veränderten Erwartungen und Bedürfnisse älterer oder langjähriger Mitarbeiter als Herausforderungen für das Personalmanagement benannt.[954] Daraufhin gaben einige Experten an, dass die bestehende Produktpalette von HR-Produkten und –Services hinsichtlich ihrer Akzeptanz und Eignung für veränderte Belegschaftsstrukturen evaluiert und angepasst werden sollte.[955] Außerdem wurden Begriffe wie „*lebensphasenbezogene Karrieremodelle*“ und „*erfahrungsadäquater Einsatz*“ genauso genannt, wie eine „*Sensibilisierung der Führungskräfte für einen adäquaten Einsatz und Umgang mit erfahrenen Kollegen*“ oder eine „*adäquate Gestaltung der Arbeitsplätze*“.[956] Das Thema „*Gesundheitserhaltung*“ der Mitarbeiter stellte für einige Befragte unter dem Aspekt des nachhaltigen Erhalts der Produktivität eine unabdingbare Voraussetzung dar. Während sich einige Experten Chancen für erfahrene und ältere Kollegen insbesondere im Kundenkontakt vorstellen konnten, war diese Vorstellung für andere Experten gar nicht denkbar. Die Alterung auf der Kundenseite wurde zur Argumentation auf

[947] Vgl. Interviewleitfaden Frage 1.3.

[948] Vgl. Antworten auf Frage 1.3 von H2, H5, H6, H9, H10.

[949] Vgl. Antworten auf Frage 1.3 von H3, H5, H6, H7, H8, H10, H11, H12.

[950] Vgl. Antworten auf Frage 1.3 von H3, H4, H6, H9, H12.

[951] Vgl. Antworten auf Frage 1.3 von H11, H12.

[952] Vgl. Antworten auf Frage 1.3 von H1, H5, H6.

[953] Vgl. Interviewleitfaden für HR-Experten Frage 2.4.

[954] Vgl. Antworten auf Frage 2.4 im Leitfaden für HR-Experten.

[955] Vgl. Antworten auf Frage 2.4 von H3, H4, H5, H6, H10.

[956] Vgl. Antworten auf Frage 2.4 von H4, H6, H7, H12.

der Seite der Chancen angeführt. Die hohen Mobilitätsanforderungen und veränderte lebensphasenbedingte Erwartungen an die Arbeit wurden als Hindernisse für den kundennahen Einsatz vor allem in der Beratung benannt. Interessant ist, dass in diesem Kontext erstmals auch das Verhältnis der Kohorten *„jüngere“* und *„ältere“* Mitarbeiter thematisiert wurde. So wurde zum einen angeführt, dass man darauf achten solle, dass in einem Unternehmen mit zunehmend älteren Mitarbeitern die Attraktivität für junge Mitarbeiter erhalten bleibe, in das Unternehmen einzutreten. Zum anderen wurde eine ausgewogene Mischung, eine Balance von Jüngeren und Älteren als anzustrebendes Ziel erwähnt. Weitere Themen waren die Erarbeitung von flexiblen Ausstiegsmodellen nach Wegfall der gesetzlich geförderten Altersteilzeit, die Überprüfung der Vergütungsmodelle und der Zusatzleistungen hinsichtlich ihrer gewünschten Bindungswirkung und der Dialog mit der Politik, insbesondere hinsichtlich des Themas Altersvorsorge und der Gestaltung von geeigneten Rahmenbedingungen für die vielfältigen Generationen im Unternehmen.

Zusammenfassend zeigten sich für die Experten vor dem Hintergrund der Alterung vier Themenblöcke:

- Produktivität durch Gesundheitsmanagement, Qualifizierung, geeignetes Performance Management und „erfahrungsadäquaten“ Einsatz erhalten
- Produktive Mischung von älteren und jüngeren Kollegen durch entsprechende Personalplanung, Rekrutierung und Karrieremodelle erhalten
- Bewussten und offenen Umgang mit dem Thema *„Generationen“* mittels Training und Coaching von Führungskräften fördern, Integration unterschiedlicher Generationen im Unternehmen unterstützen
- Flexible Ausstiegsmodelle für eine individuelle Gestaltung des Übergangs vom Erwerbsleben in die Nichterwerbstätigkeit erarbeiten

4.6.2.5 Zusammenfassung und kritische Würdigung der Ergebnisse der Experteninterviews im Bereich Human Resources

Hinsichtlich der erwarteten Auswirkungen von Schrumpfung und Alterung der Belegschaft lassen sich folgende empirische Befunde festhalten.

Befund 1: Auswirkungen der Schrumpfung und resultierende Handlungsfelder

Da sich SAP in Deutschland auch in der Vergangenheit bei schnellem Wachstum der Belegschaft in einem sehr engen Arbeitsmarktsegment im Wettbewerb *„um die besten Köpfe“* befand, kann sie im Handlungsfeld Beschaffung und insbesondere Nachwuchsrekrutierung auf eine fundierte, an Vielfalt orientierte Strategie und ein umfassendes technologisch und strategisch weit entwickeltes Instrumentarium zurückgreifen. Eine systematische quantitative und qualitative Personalplanung kann zentraler Ausgangspunkt zukünftiger Anpassungen sein.

Die Stärkung und der Erhalt der Arbeitgebermarke auf einem hohen Niveau, eine globale Beschaffungsstrategie und die Fortführung und der Ausbau der eigenen Ausbildung sind zur Sicherstellung von Humankapitalzufluss von entscheidender Bedeutung. Die SAP verfügt in diesem Bereich über umfassende und langjährige Erfahrung und baut dabei auf ein bestehendes System auf, welches auch bei schrumpfenden Arbeitsmärkten in Europa Kompensationsmöglichkeiten eröffnet.

Über die Beschaffung hinaus gewinnt der Prozess an Bedeutung, neue Kollegen effektiv in die Organisation zu integrieren und die heterogenen Wertesysteme der unterschiedlichen Generationen produktiv zusammen zu führen. Hinsichtlich des so genannten „Onboarding" liegen ebenfalls langjährige Erfahrungen vor. Als Herausforderung wird hinzukommen, die Fluktuation von nachrückenden Leistungsträgern auf geringem Niveau zu halten. Hierzu ist es erforderlich, persönliche Entwicklungsperspektiven auch bei flacher werdenden Hierarchien, die im Rahmen neuer Softwareentwicklungskonzepte praktiziert werden, aufzuzeigen, die Expertenkarriere zu stärken und die Attraktivität horizontaler Entwicklungspfade sicherzustellen.

Die Erschließung des weiblichen Arbeitsmarktpotenzials ist strategisches Ziel und wird mit unterschiedlichen Maßnahmen verfolgt. Hierdurch eröffnen sich auch Kompensationspotenziale in schrumpfenden europäischen Arbeitsmärkten.

Befund 2: Erwartete Auswirkungen der Alterung auf Produktivität und Innovationsfähigkeit

Das Unternehmen sieht sich mittelfristig einem wachsenden Anteil von langjährigen und älteren Mitarbeitern vor allem in Deutschland gegenüber.

Die zukünftige Alterung der Belegschaft wird nicht grundsätzlich als Risikoszenario eingestuft. Die damit korrelierte Zunahme der Dauer der Betriebszugehörigkeit wird von den Experten als Herausforderung wahrgenommen, die sich insbesondere aus dem schnellen Wandel in Skill- und Kompetenzprofilen ergibt, welcher die Vorhersage zukünftig benötigter Kompetenzprofile erschwert und eine kontinuierliche Anpassung der Skills und Kompetenzen der Mitarbeiter erforderlich macht. Erwartet werden aber auch in Teilen veränderte Bedürfnislagen der Beschäftigten und kulturelle Herausforderungen durch die Verschiebung der Gewichtung der Alterskohorten.

Kreativität, Wissen und Motivation sind auf der individuellen Seite Voraussetzungen für die Innovationskompetenz der Mitarbeiter. Wissen und Motivation werden dabei vor allem vom jeweiligen Handlungsspielraum der Mitarbeiter beeinflusst. Die Herausforderung bei einer zunehmenden Anzahl älterer und erfahrener Mitarbeiter besteht darin, sowohl die individuellen Ressourcen über die Beschäftigungszeit zu erhalten oder zu erhöhen als auch die dazu gewonnene Erfahrung der Mitarbeiter für die Prozesse effektiv zu nutzen.

Um die individuellen Ressourcen zur Innovation gerade auch bei langjährigen Mitarbeitern aufrecht zu erhalten, liegen die Herausforderungen nach Ansicht der Experten für das Human Resource Management in den Bereichen Personalentwicklung, Führung, Gesundheitsmanagement und Performance Management. Nach Einschätzung der Experten ist SAP in jedem einzelnen Funktionsbereich für die aktuelle Situation sehr gut aufgestellt, hinsichtlich ihrer Zukunftsfähigkeit sollten sie überprüft und ggf. weiterentwickelt werden.

Um die Erfahrungen der langjährigen Mitarbeiter zu nutzen, sei es notwendig, die Mitarbeiter kontinuierlich an herausfordernden Aufgabenstellungen zu beteiligen. Durch die Sensibilisierung der Führungskräfte für die Zusammenhänge von Teamerfolg ist sicherzustellen, dass Teams von heterogenen Erfahrungshorizonten profitieren können. Hier kommt dem HR-Management als Partner der Führungskräfte die Aufgabe zu, in der Kommunikation mit Mitarbeitern und Führungskräften Wissen über die Besetzung von Teams und die Zusammenarbeit in heterogenen Teams zu vermitteln. Darüber hinaus hat das Human Resource Management die Chance, in Kooperation mit den Mitbestimmungsorganen des Unternehmens, bei laufenden Transformationsprozessen positiv auf eine nachhaltig gesundheitsförderliche Arbeitsumgebung einzuwirken. Neben den individuellen Ressourcen für die Gesundheit, die durch das existierende Gesundheitsmanagement von SAP bereits sehr stark unterstützt werden, bieten Veränderungsprozesse die Chance, auch die Zusammenarbeit im Team und die Führungskultur durch Maßnahmen der Organisations- und Personalentwicklung entsprechend zu beeinflussen.

Befund 3: Erwartete Auswirkungen der Alterung auf das HR Portfolio

Mit einer größeren Anzahl langjähriger und älterer Mitarbeiter, deren Anteil an der Gesamtbelegschaft insbesondere in Deutschland deutlich steigen wird, liegen im Unternehmen wenige Erfahrungen vor. So konnten die Experten lediglich die Hypothese äußern, dass unter den Aspekten des Produktivitäts- und Innovationserhalts die Weiterentwicklung der eingesetzten Instrumente im HR-Bereich notwendig sein wird.

Dabei überwiegt zunächst die Erkenntnis, dass sämtliche eingesetzten HR-Instrumente auf den Prüfstand sich verändernder „Mitarbeiterbedürfnisse und -erwartungen" sollten. Mittels einer strategischen Personalplanung ist zunächst zu ermitteln, wie sich die Belegschaftsstruktur in einzelnen Regionen und Funktionsbereichen entwickeln wird, um datenbasiert Vorhersagen treffen zu können.

Die Herausforderung bei der Ausgestaltung des HR-Portfolios wird darin bestehen, einen geeigneten Mix zu finden, der sich nicht überwiegend an einer dominanten Gruppe orientiert, sondern unter Beachtung des Wettbewerbsumfeldes, der Unternehmensziele und der prognostizierten Personalstruktur den heterogenen Bedürfnislagen der Mitarbeiter gerecht wird.

Welche Anforderungen beispielsweise auf das Gesundheitsmanagement zukommen, wenn zunehmend mehr *„Wissensarbeiter"* mit langjährigen Betriebszugehörigkeiten in einem globalisierten Umfeld arbeiten, ist heute noch schwer prognostizierbar. Auch bei der Erkundung, welche Ausprägungen Instrumente des Performance Management aufweisen sollten, um den veränderten Bedürfnislagen langjähriger Mitarbeiter Rechnung zu tragen, stehen Unternehmen noch am Anfang. Auch wenn keine Vergütungssysteme im Unternehmen vorhanden sind, die Seniorität entlohnen, ist dennoch eine höhere Gehaltssumme bei ansteigender Betriebszugehörigkeit nicht auszuschließen. Wenn diese erwartete höhere Gehaltssumme nicht gleichzeitig mit einer höheren Produktivität einhergeht, ist daraus resultierend mit einem Produktivitätsrisiko zu rechnen.

Die Übernahme von „Best Practices" aus anderen Branchen, die bereits früher hohe Anteile an älteren Beschäftigten aufweisen, wird aufgrund der Besonderheiten der IT-Branche nicht für alle HR-Handlungsfelder tragfähige Lösungen hervorbringen. Beispielsweise führt die fehlende Tarifbindung zu deutlich größeren Spielräumen im Bereich „Performance Management" und Altersversorgungssysteme. Aber auch Lernen und Fortbildung sind deutlich weniger reglementiert als in anderen Branchen. Diese Spielräume gilt es zum Erhalt der Beschäftigungsfähigkeit der Mitarbeiter und im Wettbewerb um die besten Mitarbeiter durch geeignete Konzepte entsprechend zu nutzen.

Die empirischen Befunde geben einen ersten Einblick in die Herausforderungen, die von Seiten der Praxis im Unternehmen erwartet werden. Zusammenfassend lassen sich drei Herausforderungen erkennen, die in Kapitel 5 noch eingehend beschrieben werden.

1. Kontinuierliche Sicherstellung und Integration von Humankapital
2. Gestaltung der Arbeitsbedingungen zum Erhalt von Gesundheit, Kreativität und Mitarbeitermotivation
3. Anpassung der Produkte des HR-Portfolios an veränderte Bedürfnisstrukturen unterschiedlicher Kohorten

Im Folgenden werden die Ergebnisse der Interviews zum Themenfeld „Innovation" dargestellt, um die o. g. Befunde weiter empirisch zu spezifizieren.

4.6.3 Dokumentenanalyse und Interviews in Innovationsbereichen

Die Interviews mit Führungskräften aus den Innovationsbereichen des Unternehmens thematisieren in den einzelnen Themenbereichen nicht explizit den demografischen Wandel als zusammengesetztes Konstrukt aus Schrumpfung und Alterung. Vielmehr geht es im Kern darum, Einblicke zu gewinnen in die Wahrnehmung erfolgskritischer Ressourcen (4.6.3.1)[957] und in die in der Organisation verankerten Prozesse des Wissensaustauschs (4.6.3.2).[958] Die parallel durchgeführte Dokumentenanalyse von Geschäftsberichten, Online-Dokumenten, dem SAP Research Report und internen Medienberichten ermöglicht es, in einem ersten Schritt, Ressourcen der Innovationsfähigkeit näher zu beschreiben. Die Interviews spiegeln darin die subjektive Sicht der Manager auf die Ressourcen der Innovationsfähigkeit, die aktuellen Chancen und Risiken und zu erwartende Veränderungen wider. Auswirkungen der zunehmenden Verknappung des Angebots an jungen Hochqualifizierten in Deutschland oder die Alterung der Belegschaft als Einflussfaktor auf das Innovationsgeschehen werden als Einflussfaktoren in den Interviews erfragt.[959] Vor dem Hintergrund einer zunehmenden Betriebszugehörigkeit und eines zunehmenden Alters der Belegschaft ist, wie in Kapitel 3.5 dargelegt, von Bedeutung, welche Einschätzung die Experten zum Thema „*Erfahrung*" im Hinblick auf Innovation teilen. Um die moderierende oder kompensierende Wirkung von Human Resource Management im Hinblick auf die Beziehung von demografischem Wandel und Innovationsfähigkeit einschätzen zu können, soll erkundet werden, welche Erwartungen die Führungskräfte allgemein im Hinblick auf die Alterung der Belegschaft haben und wie sie Strategien und Instrumente aus

[957] Vgl. Teil eins des Interviewleitfadens für Innovationsmanager.

[958] Vgl. Teil zwei des Interviewleitfadens für Innovationsmanager.

[959] Vgl. Teil Fragen 2.7. bis 2.12. des Interviewleitfadens für Innovationsmanager.

dem Human Resource Management heute wahrnehmen.[960] Da im Branchenumfeld neben den Veränderungen auf den Arbeitsmärkten auch Veränderungen hinsichtlich technologischer und organisatorischer Trends zu erwarten sind, ist dies eine weitere Perspektive zur Beurteilung zukünftiger Konsequenzen.[961]

4.6.3.1 Wahrgenommene Ressourcen der Innovationsfähigkeit

SAP zählt „Innovative Thinking" zu den Kernkompetenzen.[962] Ein Interviewter umschreibt die Kernkompetenz von SAP in seinen Worten als die Fähigkeit *„Betriebswirtschaft und Geschäftsprozesse zu verstehen, was braucht eigentlich der Kunde, was braucht eigentlich der Markt, um diese in Software zu gießen".*[963] Die Frage nach den Ressourcen dieser Kernkompetenz bringt Antworten auf ganz unterschiedlichen Ebenen zu Tage. Die Beschreibung des Interviewten benennt mit den Elementen Zugang zum Kunden, Kompetenz der Erfassung von Prozessen und der Erarbeitung von IT-gestützten Lösungsmöglichkeiten bereits einige Ressourcen, die im Weiteren noch näher analysiert werden.

Zunächst ermöglicht die Dokumentenanalyse im Folgenden einen Überblick über die organisatorischen Rahmenbedingungen, unter denen Innovation bei SAP entsteht. Dokumente aus dem Bereich Research belegen, dass das Forschungsmodell von SAP ausdrücklich auf die enge Zusammenarbeit mit Kunden, Partnern und akademischen Einrichtungen wie z. B. renommierten Universitäten ausgerichtet ist.[964] Die Zusammenarbeit mit Wissenschaftlern umfasst neben Forschungsprojekten unter anderem auch ein dezidiertes Doktorandenprogramm, das SAP Kontakte zu einer Vielzahl junger Talente schafft.[965] Neben der gemeinsamen Forschungsarbeit stellt das *„SAP University Alliances Programm"* den Hochschulen Werkzeuge und Hilfsmittel zur Verfügung, um Studierenden Einblicke zu geben, wie neue Technologien integrierte Geschäftsprozesse ermöglichen und strategisches Denken unterstützen. Hinzu kommen Hosting-Dienste und die Unterstützung der Hochschulen bei der Entwicklung neuer Lehrpläne. Mehr als 150.000 Studierende an 700 Hochschulen weltweit besuchen Kurse, die auf SAP-Software basieren.[966] Die Unterstützung von „Spin-Offs" aus Universitäten heraus ist ein weiterer Schwerpunkt,

---

[960] Vgl. Fragen 1.8, 1.9, 2.14, 3.14 und 3.15 im Interviewleitfaden für Innovationsmanager.

[961] Vgl. Fragen 3.9 bis 3.11 im Interviewleitfaden für Innovationsmanager.

[962] Vgl. interne Präsentation zu Kompetenzen der Unternehmung.

[963] Vgl. Antwort auf Frage 1.1 von IN5.

[964] Vgl. SAP AG (2009i) und Zitat auf S. 194 dieser Arbeit.

[965] Vgl. SAP AG (2010d), S. 16ff.

[966] Vgl. SAP AG (2010d), S. 20ff.

mittels dessen SAP exzellente Wissenschaftler unterstützt, sich mit ihren Ideen im SAP-Umfeld und im SAP-Partnernetzwerk zu etablieren.[967]

Ein anderer Schwerpunkt der Forschungskooperation bezieht Kunden von Anfang an als Pilotkunden in die systematische Weiterentwicklung neuer Produktlösungen oder in die Erkundung neuer technologischer Lösung mit ein – stellvertretend hierfür können die so genannten *„Living Labs"* genannt werden. Ein Teil der Forschung bezieht sich dabei unmittelbar auf die Erweiterung bestehender SAP-Lösungen und findet in enger Kooperation mit den jeweiligen SAP-Produktgruppen statt. Zum Teil werden Forschungsergebnisse durch interne Transferprojekte an SAP-Produktgruppen weitergegeben.[968] Darüber hinaus pflegt SAP strategische Forschungspartnerschaften unter anderem mit IBM oder Intel, um an komplexen Zukunftsthemen wie zum Beispiel *„Cloud Computing"* gemeinsam zu arbeiten oder aber für neue Forschungsfelder öffentliche Fördermittel gemeinsam zu beantragen.[969]

In den vergangenen Jahren konnte sich SAP Research als Meinungsführer im Bereich der IT-Forschung etablieren, so dass SAP heute öffentliche Institutionen bei der Erstellung von Forschungsagenden unterstützt, wissenschaftliche Papiere veröffentlicht, regelmäßig Konferenzen mit so genannten „Keynote"-Sprechern besetzt und die EU-Kommission in der Auswahl neuer Forschungsprojekte berät. Ziel ist es, die Möglichkeiten, die sich durch ITK-Forschung ergeben, ständig zu erweitern und zu erkunden, wie die IT zur Verbesserung von Umwelt und Gesellschaft beitragen kann.[970]

Die Dokumentenanalyse legt somit nahe, dass es sowohl die Kooperation mit exzellenten Wissenschaftlern einerseits als auch der enge Kontakt zu den Kunden andererseits sind, die die Innovationsfähigkeit von SAP ausmachen. In den Interviews werden die beiden Aspekte ebenfalls aufgegriffen, es kommen allerdings auch weitere organisationsinterne Aspekte als Ressourcen der Innovationsfähigkeit hinzu.

---

[967] Vgl. SAP AG (2010d), S. 27ff.

[968] Vgl. SAP AG (2010d), S. 29ff.

[969] Vgl. SAP AG (2010d), S. 28ff. Das Konzept des Cloud Computing kann vereinfacht wie folgt beschrieben werden: Die IT-Landschaft (wie z. B. Rechenzentrum, Datenspeicher, Mail- oder Kollaborationssoftware, Entwicklungsumgebungen, aber auch Spezialsoftware wie Customer-Relationship-Management (CRM) oder Business-Intelligence (BI)) wird durch den Anwender nicht mehr selbst betrieben oder bereitgestellt, sondern von einem oder mehreren Anbietern als Dienst gemietet. Die Anwendungen und Daten befinden sich nicht mehr auf dem lokalen Rechner oder im Firmenrechenzentrum, sondern in der (metaphorischen) Wolke (engl. „cloud"). Der Zugriff auf die entfernten Systeme erfolgt über ein Netzwerk, beispielsweise das Internet. Es gibt aber im Kontext von Firmen auch so genannte „Private Clouds", bei denen die Bereitstellung firmenintern und somit nur bedingt über das Internet erfolgt. (Vgl. Wikipedia (2010e)).

[970] Vgl. SAP AG (2010d), S. 38ff.

Auch von den Innovationsmanagern werden mehrfach die langjährigen Kundenbeziehungen, die gewachsene Nähe und der Zugang zum Kunden als erfolgskritische Ressource zur Erlangung von Wettbewerbsvorteilen durch Innovation angeführt.[971] Die Zusammenarbeit mit Anwendergruppen (so genannten User Groups) und einzelnen Kunden ermögliche darüber hinaus Einblicke in innovative Prozesse bei Kunden, die dann von SAP in innovative Standards umgesetzt werden können.[972] Dabei wird unter anderem betont, wie notwendig der Zugang zu bestimmten Personen beim Kunden sei. So sei nicht grundsätzlich der Zugang zum Kunden relevant, sondern dort auch die Vernetzung *„zu schlauen Köpfen beim Kunden“*, um gemeinsam mit diesen deren Markt- und Prozess-Knowhow bestmöglich für Innovationen zu nutzen.[973] Auch der enge Bezug von Entwickler oder Forscher zum Kunden wird als erfolgskritisch von den Experten eingebracht.[974] Gerade die enge Verbindung von Kundennähe und ausgeprägter technologischer und wissenschaftlicher Kompetenz führe dazu, dass Innovation zum Nutzen des Kunden entwickelt werden können. Von SAP-Seite genießt der Kundennutzen dabei Vorrang vor der größtmöglichen technologischen Innovation.[975]

Eine weitere Ressource von SAP sei, dass generell ein hohes Qualifikationsniveau in der Belegschaft vorhanden ist.[976] Der hohe Anteil an Promovierten[977] sei darüber hinaus ein Indiz dafür, dass sehr viele Mitarbeiter Erfahrung mit innovativen Aufgabenstellungen und innovativem Arbeiten mitbringen.[978]

Erfolgskritische Kompetenzen für Mitarbeiter, die in Teams an Innovationen arbeiten, seien außerdem eine ausgesprochene Teamfähigkeit und die Begeisterungsfähigkeit für das neue Projekt oder Produkt.[979] Die Begeisterungs- und Durchsetzungsfähigkeit sind im optimalen Fall verbunden mit der Kompetenz zu professionellem Projektmanagement. Darüber hinaus werden als innovationsförderlich genannt: Offenheit, Aufgeschlossenheit für Neues, Kundenverständnis und die Fähigkeit zuhören zu können, Risikofähigkeit und Fehlertoleranz, aber auch ausgeprägte Kommunikationsfähigkeiten, um neue Ideen zu

---

[971] Vgl. Antwort auf Frage 1.1 von IN1 und IN4, IN9.

[972] Vgl. Antwort auf Frage 1.1 von IN4.

[973] Vgl. Antwort auf Frage 1.1 von IN5.

[974] Vgl. Antwort auf Frage 1.1 von IN3 und IN5.

[975] Vgl. Antwort auf Frage 1.1 von IN3.

[976] Vgl. Antwort auf Frage 1.1 von IN2 und IN7, ferner die Ausführungen zur Belegschaft von SAP in 4.6.1.

[977] Von den ca. 80 Akademikern sind etwa ¼ promoviert (vgl. Lotzmann/Kleefeld/Klein-Magar (2010)).

[978] Vgl. Antwort auf Frage 1.1 von IN2, ferner die Ausführungen zur Belegschaft von SAP in 4.6.1.

[979] Vgl. Antwort auf Frage 2.4 von IN1, IN3, IN4, IN5, ferner die Ausführungen zur Belegschaft von SAP in Kapitel 4.6.1.

diskutieren und überzeugen zu können.[980] Die Mitarbeiterkompetenzen, die im Entwicklungsprozess als erfolgskritisch genannt werden, seien so vielfältig, dass *„man sie selten alle bei einem Mitarbeiter gleichzeitig findet“*.[981] Daher sei in jedem Fall die Zusammensetzung der Teams der entscheidende Faktor. *„Die Mischung macht es.“* [982]

Die Teams bei SAP profitieren nach Aussage der Experten von einem vielfältigen Mix an Alter, Ausbildung und Kompetenz. So wird als besonders wertvoll empfunden, dass neben den typischen Studiengängen der Informationstechnologie auch Physiker, Geologen, Geographen, Geisteswissenschaftler und andere akademisch Ausgebildete in der Entwicklung arbeiten und bei spezifischen Kundenanfragen auch auf deren fachliches Knowhow außerhalb der Softwareentwicklung zurückgegriffen werden kann.[983] Über die weltweite Verteilung der Entwicklungslabore von SAP eröffnet sich die Chance, globale Trends und Entwicklungen an Märkten und Technologien aufzunehmen und diese innerhalb des Netzwerks von SAP zur Verfügung zu stellen („Global Channeling“).[984]

Neben diesen Aspekten der Organisation und Belegschaftsstruktur werden von den Experten im Weiteren Ressourcen benannt, die in der Unternehmenskultur von SAP verankert sind. Betont wird in diesem Zusammenhang sehr stark die offene Kultur. Dies wird durch Beispiele unterlegt, wie z. B.: *„Offene Türen unabhängig von Hierarchien“*, *„dass man einfach mal jemanden anrufen kann zum Brainstormen oder um sich in der Kaffee-Ecke zu treffen“*.[985] Neben der Offenheit seien die *„Freiräume zum Denken“* und der *„Respekt vor der Freiheit“* des Einzelnen und seiner Kreativität, die bei SAP aus der Historie heraus gewachsen seien, innovationsförderlich.[986]

Die Unternehmensführung pflegt darüber hinaus einen partizipativen Führungsstil. Dieser schlägt sich zum Beispiel in regelmäßigen Surveys[987] nieder, aus denen gemeinschaftlich Maßnahmen erarbeitet werden. Außerdem „bloggen“ auch Vorstandsmitglieder und Mitglieder des „Executive Leadership Teams“[988] und fordern Mitarbeiter regelmäßig auf, sich

[980] Vgl. Antwort auf Frage 2.4 von IN1, IN3, IN4, IN5, IN6, IN9.

[981] Zitat aus Antwort auf Frage 2.4 von IN3.

[982] Zitat aus Antwort auf Frage 2.4 von IN3.

[983] Vgl. Antwort auf Frage 1.1 von IN1 und IN2.

[984] Vgl. Antwort auf Frage 1.1 von IN1.

[985] Vgl. Antworten auf Frage 1.1 von IN1, IN7 und IN8.

[986] Vgl. Antworten auf Frage 1.1 von IN1, IN6, IN7 und IN8.

[987] Unter anderem vierteljährlicher „Pulse Check“, 2-jährliche globale Mitarbeiterbefragung.

[988] Das Executive Leadership Team von SAP setzt sich aus Managern zusammen, die direkt an den Vorstand berichten.

zu bestimmten Themen zu äußern. In einer offenen, und diskursfördernden Atmosphäre laufen auch die vierteljährlichen globalen „All Hands Meetings“ ab, in denen Vorstandsmitglieder zum aktuellen Status des Unternehmens Stellung beziehen und Fragen beantworten.[989]

Ein weiterer kultureller Faktor sei das Selbstverständnis der Mitarbeiter von SAP. Zum Hervorbringen von Innovationen würden „*Unternehmer im Unternehmen*“ benötigt. Diese hohe Anforderung an die Eigenverantwortung der Mitarbeiter, an das „*Thinking as an Entrepreneur*“, wird durch die Art der Aufgabenstellung und zahlreiche HR-Instrumente unterstützt.[990]

> „*[...] und wenn man das Unternehmen oder sich selbst als Profit-Center [...] sieht, dann hast Du so Themen wie Weiterbildung und wo entwickele ich mich hin, [...], das ist natürlich auch eine Aufgabe vom Manager, aber bei uns ist es in erster Linie auch die Aufgabe des Mitarbeiters, dafür zu sorgen, dass er von seinem Wissen, von seinem Knowhow her immer Up-to-Date bleibt, um quasi attraktiv für andere Aufgaben zu sein.*“ [991]

Die Arbeitsumgebung und eingesetzte HR-Instrumente tragen dazu bei, dass die Mitarbeiterbindung und die Loyalität zum Unternehmen einen vergleichsweise hohen Wert erreichen.[992] Als Beleg dafür, kann die konstant niedrige Fluktuationsrate in Deutschland gesehen werden.[993]

Nach der Definition von Ressourcen sollen diese jedoch nicht nur werthaltig und selten, sondern auch nicht-imitierbar und nicht-substituierbar sein.[994] Die Experten wurden deshalb auch nach ihrer Wahrnehmung gefragt, ob und wie SAP die von ihnen genannten Quellen der Innovationsfähigkeit schützt.[995] Als einen Schutzmechanismus nannten die Manager die Patentierung, die vor allem für den Bereich „Research“ und mithin für die IP (Intellectual Property) relevant ist.[996] Der Schutz der IP wird allerdings insgesamt eher als zweiseitige Angelegenheit gesehen. So setzt die enge Kooperation mit Entwicklungspart-

---

[989] „Global All Hands“ sind Mitarbeiterversammlungen, die vom Vorstand einberufen werden und live weltweit über das SAP eigene TV ausgestrahlt werden.

[990] Vgl. Antworten auf Frage 1.1 von IN1 und IN6.

[991] Interview IN6 (Z40-Z46).

[992] Vgl. Kleefeld (2010), S. 4.

[993] Vgl. SAP AG (2008). Die Fluktuation in Deutschland schwankte in den vergangenen 5 Jahren regelmäßig zwischen 3 und 5 % p.a., was für die IT-Branche ein vergleichsweise niedriges Niveau ist.

[994] Vgl. Barney (1991) und Kapitel 2.3 dieser Arbeit.

[995] Vgl. hierzu Frage 1.2 im Fragebogen für Innovationsmanager.

[996] Vgl. Antworten auf Frage 1.2 von IN1, IN3, IN4.

nern und Kunden voraus, dass eine Menge IP weitergegeben wird. Darüber hinaus ist für die Neuentwicklung von Produkten ein hoher Mehrwert in der Diskussion in diversen Netzwerken anzunehmen. Schutz von Ideen und Mehrwert durch das Teilen der Ideen befinden sich also in einem kontinuierlichen Spannungsfeld, aus dem verwertbare Innovationen generiert werden sollen.[997] Dazu sind weitere Ressourcen notwendig, die *„nicht so leicht nachgebaut werden können und im Produkt 10 bis 20 Jahre Erfahrung beinhalten"*. Dazu gehören z. B. Softwareeigenschaften wie *„Enterprise Readiness, Robustheit oder Stabilität"* oder eine *„Trusted Advisor Relationship"* und ein *„weltweiter Support"*.[998] Darüber hinaus entstehen für SAP über dessen Größe und Stellung am Markt Vorteile, die das Unternehmen in die Lage versetzt, mit einer Entwicklung nicht immer am schnellsten am Markt sein zu müssen. Vielmehr wird ein Mehrwert der Neuentwicklung über die Integration in die bestehende Produktpalette geschaffen, was bisweilen einen späteren Markteintritt ermöglicht.[999] Hinsichtlich der innovationsförderlichen Kultur des Unternehmens wird als ein Schutzmechanismus die Gestaltung der Arbeitsumgebung zum Beispiel durch entsprechende Zusatzleistungen (Benefits), konkurrenzfähige Gehälter, Vertrauensarbeitszeit und weiteres genannt, was sich in einer niedrigen Fluktuationsrate insbesondere in Deutschland ausdrückt.[1000]

Aufschlussreich waren neben den wahrgenommenen Ressourcen der Innovationsfähigkeit auch die Antworten zu Faktoren, die aus Sicht der Manager derzeit das Hervorbringen von Innovationen erschweren. Im Umkehrschluss führen diese Erkenntnisse zu aktuell ungenutzten Potenzialen oder zukünftig möglichen Ressourcen. In eine ähnliche Richtung zielt auch die Frage 1.4 nach zukünftigen Herausforderungen und Chancen für die Innovationsfähigkeit. Bei der Beantwortung der Fragen äußern die Interviewten explizit oder implizit ihre Befürchtungen und Hoffnungen im Hinblick auf Entwicklungstendenzen und reflektieren auch mögliche Optionen, diesen Herausforderungen und Hindernissen zu begegnen.

Das starke Wachstum von SAP war in den letzten Jahren begleitet von einem wachsenden Bedürfnis nach Transparenz und Regulierung, verbunden mit der Notwendigkeit, weiterhin flexibel in einem dynamischen Markt zu agieren. Dieser Trade-Off zwischen Transparenz und Flexibilität wurde nach Auffassung einiger Interviewter zum Teil mittels

[997] Vgl. Antwort auf Frage 1.2 von IN1, IN3, IN4.

[998] Vgl. Antwort auf Frage 1.2 von IN4.

[999] Vgl. Antwort auf Frage 1.2 von IN1 und IN8.

[1000] Vgl. Antwort auf Frage 1.2 von IN6.

Prozessen geregelt, die als zu aufwendig, zu lang und *„entpersonifiziert“* wahrgenommen werden: *„Der direkte Kontakt des Entwicklers zum Kunden geht verloren, Anfragen laufen über Spezifikationspapiere“, „die formale Seite im Entwicklungsprozess wird übertrieben“, „je weiter weg die Entwicklung vom Kunden ist, umso schwieriger ist es, technologische Entwicklungen in neue Produkte zu transferieren“.*[1001] Diese Nennungen unterstreichen, wie erfolgskritisch offensichtlich der direkte Dialog zwischen Entwicklern respektive Forschern und Kunden für die Innovationsfähigkeit in der Wahrnehmung der Manager ist.

Ein weiterer Faktor, der als Herausforderung aber auch als Potenzial genannt wird, ist die Überwindung von *„Abschottungstendenzen“* und *„Silodenken“* und eine bessere Bearbeitung der Schnittstellen, insbesondere zwischen Research und einzelnen Entwicklungsgruppen.[1002] Darüber hinaus wünschen sich die Interviewten eine Stärkung der Eigenverantwortung und der Freiräume der Entwicklergruppen und Teams, um Kreativität Platz zu geben.[1003] Auch diese Antworten bestätigen die Ergebnisse der ersten Fragen nach den Ressourcen, bei der die unternehmerische Grundhaltung der Mitarbeiter und die Freiheit des Einzelnen häufig genannt wurden. Hinsichtlich der Zusammensetzung der Belegschaft werden weitere Herausforderungen gesehen, die auch die Wahrnehmung der Befragten hinsichtlich langjähriger Mitarbeiter widerspiegeln. So wird angeführt, dass die Gewinnung von neuen und jungen Mitarbeitern und deren erfolgreiche Integration eine Voraussetzung für die zukünftige Innovationsfähigkeit und den *„Refresh der Company“* sein werden.[1004] Diese Erneuerung sei umso wichtiger, als vergangene Erfolge einerseits zukünftige Handlungsspielräume schaffen, andererseits aber auch zu Beharrungstendenzen führen können, sodass möglicherweise Innovationspotenziale nicht umgesetzt werden.[1005] So sollte nach Auffassung der Interviewten der Aufbau von Innovationspotenzialen eine Kernaufgabe der Führungskräfte sein.[1006] Darüber hinaus sei die Vernetzung junger Mitarbeiter mit neuen Ideen und aktuellem technologischen Wissen mit erfahrenen Wissensträgern, die Erfahrung in der Skalierung von Projekten und dem Produktportfolio von SAP mitbringen, unabdingbar, um technologische Entwicklungen auch in die SAP Produktpalette zu überführen.[1007] Die Arbeitgeberattraktivität (incl. der Attraktivität der

[1001] Vgl. Antwort auf Frage 1.3 von IN6, IN5, IN4, IN3.

[1002] Vgl. Antwort auf Frage 1.3 von IN7, IN5, IN4, IN1.

[1003] Vgl. Antwort auf Frage 1.3 von IN6, IN5, IN4, IN8, IN9. Die im Jahr 2010 eingeleiteten Transformationsprozesse wie z. B. die Einführung von Lean und agilen Methoden in der Entwicklung tragen diesen Punkten Rechnung und stärken die Eigenverantwortung und Freiräume der Teams.

[1004] Vgl. Antwort auf Frage 1.3 von IN2, IN3, IN4, IN5, IN7, IN8, IN9.

[1005] Vgl. Antwort auf Frage 1.3 von IN2, IN4.

[1006] Vgl. Antwort auf Frage 1.3 von IN2, IN4.

[1007] Vgl. Antwort auf Frage 1.3 von IN3, IN4, IN5.

Technologie) und die Kooperation mit Universitäten in weltweit allen Regionen werden dabei als strategisch relevant eingestuft, insbesondere vor dem Hintergrund der Schrumpfung europäischer Nachwuchsjahrgänge.[1008] Weiterhin werden als Zukunftsherausforderungen für die Innovationsfähigkeit genannt: die produktive Bearbeitung des Spannungsfelds zwischen Stabilität und Erneuerung der Strategie, zwischen Größe der Organisation und Flexibilität am Markt und zwischen Shareholdererwartung und Investitionserfordernissen.[1009]

Nimmt man die Ergebnisse der Dokumentenanalyse und der Interviews zusammen, so ergibt sich hinsichtlich der vorhandenen Ressourcen der Innovationsfähigkeit, die von Unternehmensvertretern wahrgenommen werden, folgendes Bild:

1. Die enge Kooperation in der Neuproduktentwicklung zwischen Kunden und Forschung und Entwicklung ist sowohl institutionell, organisatorisch als auch auf der persönlichen, zwischenmenschlichen Ebene in Unternehmensprozessen und -kultur langjährig verankert. Diese Netzwerke sind weder leicht imitierbar noch substituierbar.

2. Netzwerke sowohl mit Kunden als auch mit strategischen Kooperationspartnern, akademischen Partnern und der öffentlichen Hand sind integraler Bestandteil des Forschungsansatzes und der Innovationsstrategie, um neue Produktideen zu generieren und Prototypen zu entwickeln. Es gibt sowohl lose als auch feste Kopplungen mit Kooperationspartnern. Diese Netzwerke sind bereits seit mehreren Jahren gewachsen und lassen sich nicht imitieren.

3. Die Unternehmenskultur stellt aufgrund der starken Betonung von Offenheit und Freiräumen und der Forderung nach eigenverantwortlichem Handeln der Mitarbeiter eine innovationsförderliche Umgebung dar, die nicht zu imitieren ist.

4. Das hohe Qualifikationsniveau der Mitarbeiter und die große Vielfalt in Qualifikation, Herkunft und Alter sind eine erfolgskritische Quelle der Innovationsfähigkeit. Arbeitsumgebung und eingesetzte HR Instrumente tragen dazu bei, dass die Mitarbeiterbindung und die Loyalität zum Unternehmen einen hohen Wert erreichen. Mitarbeiter insbesondere von Universitäten bringen eine „innovationsorientierte" Arbeitsweise mit ins Unternehmen.

[1008] Vgl. Antwort auf Frage 1.3 von IN2, IN4, IN5, IN7, IN8.

[1009] Vgl. Antwort auf Frage 1.3 von IN1, IN4, IN6, IN7.

5. Für die kontinuierliche Erneuerung sind sowohl die erfolgreiche Integration neuer Mitarbeiter von außen als auch der interne Transfer von Mitarbeitern zwischen den einzelnen Geschäftsbereichen und Entwicklungsgruppen grundlegende Voraussetzungen. Durch interne Wechsel können Schnittstellenthemen ebenso bearbeitet werden, wie die Transferbegleitung von Projekten. Die weltweite Gewinnung und Integration von Talenten ist ein Thema, das neben dem Global Sourcing durch das Human Resource Management auch durch die Kooperationsbeziehungen und Förderprogramme des Bereichs Research mit renommierten Universitäten weltweit unterstützt wird.
6. Für die schnelle Umsetzung und den Transfer neuer Projekte ist die Vernetzung von Mitarbeitern über Generationen und Geschäftsbereichsgrenzen hinweg notwendige Voraussetzung.
7. Der Aufbau von Innovationspotenzialen ist im Unternehmen eine Führungsaufgabe. Der angestrebte Führungsstil ist mitarbeiterorientiert und partizipativ.

Die Aufzählung zeigt, dass sowohl im Unternehmen als auch bei den befragten Managern ein hohes Maß an Bewusstsein für die Verankerung der Ressourcen der Innovation im Humankapital sowie auch im Sozial- und Organisationskapital vorhanden ist. Dieses entspricht in der konzeptionellen Darstellung von Kapitel 2.2 dem „Stock of Knowledge", welcher in „Veredelungsprozessen" des „Knowledge Management" zur Kernkompetenz „Innovationsfähigkeit" weiter entwickelt wird („Flow of Knowledge").[1010] Von zentraler Bedeutung erscheint in den Interviews sowie bei der Durchsicht der Dokumente dabei das Sozialkapital zu sein, das sich in der Praxis unter anderem in einer „kollaborativen Entwicklung" in diversen Netzwerken darstellt. In diesen Netzwerken werden Wissen und Erfahrungen aus unterschiedlichen Kontexten zwischen den Akteuren getauscht, neu kombiniert und in bestehende Bestände integriert.[1011] Wissensmanagement stellt damit wie in der Konzeption[1012] beschrieben den zentralen strategischen Prozess zur Veredelung der Ressourcen dar. Im Folgenden werden die Interviewergebnisse aus der Prozessperspektive des Wissensmanagement dargestellt, bevor das Datenmaterial abschließend unter dem Aspekt „Erwarteter Einfluss des demografischen Wandels auf Ressourcen und Prozesse" ausgewertet wird.

[1010] Vgl. Ausführungen in Kapitel 2.2 und Abbildung 7 und 8 dieser Arbeit.

[1011] Vgl. Ausführungen in Kapitel 2.2 und Abbildung 6.

[1012] Vgl. Kapitel 2.2.

4.6.3.2 Praktische Umsetzung von Wissensmanagement als Kernprozess der Innovationsfähigkeit

Im Modell, das dieser Arbeit zugrunde liegt,[1013] wird der Wissensmanagementprozess in die drei Phasen Wissensgenerierung (Identifikation und –entwicklung), Wissenstransfer und Wissensintegration aufgeteilt. Die Interviews gehen daher zunächst der Frage nach, wie relevantes Wissen identifiziert und entwickelt wird,[1014] welche Routinen und Regeln es zum Transfer gibt[1015] und wie Wissen auch personenunabhängig nutzbar gemacht wird.[1016]

Für die Identifikation von Wissensbeständen, die für Neuproduktentwicklungen relevant sind, sehen die Manager die Verantwortung in erster Linie im Bereich Research.[1017] Dabei sei es nicht von Anfang an klar, welche neuen Trends und Themen für die Innovation bei SAP relevant sind. So werden neue Themen und Trends, die von Analysten oder dem Bereich „Corporate Market Intelligence" als relevante Zukunftsthemen erkannt werden, zunächst intensiv bei Research geprüft. Die Offenheit der SAP-Kultur und die Freiräume der Mitarbeiter ermöglichen es, dass auch einzelne Mitarbeiter eigenverantwortlich an Kongressen und Konferenzen teilnehmen und sich extern über neue Trends informieren können. Das hohe Maß an Eigenverantwortung setzt dabei auch ein hohes Maß an Eigeninitiative voraus. Die Manager aus dem Bereich Research geben an, dass Impulse für neue Themen überwiegend von außerhalb, zum Beispiel im Dialog mit Kunden, an SAP herangetragen werden und eine Bewertung und Prüfung durch Research stattfindet.[1018] Die Manager aus den Zentralbereichen und den Entwicklungsgruppen nehmen den Prozess der Wissensgenerierung weniger als strategisch und organisiert war. Sie äußern ihren Eindruck, dass Wissen zufällig und stark abhängig von der Eigeninitiative des Mitarbeiters aufgenommen wird. Dies entspricht eher einem „BottomUp"-Prozess der Wissensidentifizierung und –aneignung. Darüber hinaus sehen sie Optionen für die Aufnahme von neuem Wissen in den Entwicklungsgruppen durch die Neueinstellung von Mitarbeitern, sowie durch globale Zusammenarbeit in Kunden- und Partnernetzwerken.[1019]

[1013] Vgl. Abbildung 9.

[1014] Vgl. insbesondere Frage 2.1, 2.4, 2.5 des Fragebogens für Innovationsmanager.

[1015] Vgl. insbesondere Frage 2.2 des Fragebogens für Innovationsmanager.

[1016] Vgl. insbesondere Frage 2.3 des Fragebogens für Innovationsmanager.

[1017] Vgl. Antwort auf Frage 2.1 von IN1, IN3, IN9.

[1018] Vgl. Antworten auf Frage 2.1 von IN1, IN3, IN9.

[1019] Vgl. Antworten auf Frage 2.1 von IN4, IN6, IN7, IN9.

Die Interviewergebnisse machen deutlich, dass im Unternehmen Wissensidentifizierung und –aneignung sowohl „Bottom Up" und damit selbstgesteuert als auch „Top Down" auf Basis systematischer Suche und Bewertung existieren.

Für die Weiterentwicklung des Wissens und zur Kompetenzentwicklung einzelner Mitarbeiter wird das umfassende Trainings- und Personalentwicklungsangebot angeführt. Die zeit- und ortsunabhängige Nutzung von virtuellen Klassenräumen ist dabei im Mittelpunkt des Konzepts.[1020] Darüber hinaus werden Mentoren- und Coaching- Programme angeführt. Die Rolle der Führungskräfte bei der Kompetenzentwicklung ihrer Mitarbeiter ist einerseits institutionalisiert, indem die Manager so genannte „Talent Reviews" (Mitarbeitergespräche) führen. Bei diesen Gesprächen wird zwischen Mitarbeiter und Manager der persönliche Entwicklungsbedarf besprochen und Maßnahmen werden geplant. Der Manager hat dabei über die Rahmenbedingungen zu entscheiden, während der Mitarbeiter als eigenverantwortlicher „Entrepreneur" Ideen und Bedarfe einbringt. Unterstützt werden die Manager durch die Angebote des „Leadership Curriculum" von SAP.[1021] Auf der anderen Seite nehmen die Manager ihre Verantwortung „On the Job" im Sinne eines Mentors oder Coach wahr, indem sie den Mitarbeitern Freiräume für eigenständige Ideen gewähren und ihm Zeit und „Rückendeckung" geben, neue Ideen auch innerhalb des Teams vorzustellen und „unbürokratisch" Feedback von außen einzuholen.[1022]

Zukünftig benötigte Kompetenzen werden darüber hinaus auch von Trends in der Softwareentwicklung, wie Industrialisierung und Standardisierung beeinflusst.[1023] Diese Trends beobachten die Manager im Allgemeinen auch bei SAP.[1024] Hauptsächlich sehen sie den Einfluss dabei auf der Standardisierung globaler Prozesse für eine global verteilte Entwicklung und eine noch stärkere Betonung der Kunden- und Marktperspektive im Entwicklungsprozess. Eine Auswirkung auf benötigte Kompetenzen konnte nicht konkret benannt werden, da noch keine ausreichenden Erfahrungen vorlagen. Die Manager gehen jedoch davon aus, dass die Wertschätzung der Expertise und der Experten ein zentraler Erfolgsfaktor bei der Einführung der neuen Konzepte sein wird.[1025] Außerdem könnten durch die Standardisierungstendenzen auch neue Aufgabenfelder entstehen, die beson-

[1020] Vgl. Ausführungen zu „Skills on Demand" in Kapitel 4.6.2, siehe Antworten auf Frage 2.2. von IN4, IN6.

[1021] Vgl. Staff et al. (2010), ferner Antworten auf Fragen 2.4 und 2.5 von IN4, IN6, IN3, IN7, IN9.

[1022] Vgl. Antworten auf Frage 2.5 von IN4 und IN6.

[1023] Vgl. Poppendieck/Poppendieck (2003).

[1024] Vgl. Antworten zu Fragen 3.9 bis 3.11 im Fragebogen für Innovationsmanager.

[1025] Vgl. Antworten auf Frage 3.9 bis 3.11 von IN1, IN4, IN5, IN6, IN7, IN8.

ders ältere und erfahrene Kollegen ansprechen und in denen diese ihr Wissen und ihre Erfahrung entsprechend einbringen können.[1026]

Für die Weitergabe von Wissen führen alle Interviewten in erster Linie die vorhandenen Instrumente wie zum Beispiel Wikis,[1027] Portale[1028] oder „Collaboration-Rooms"[1029] (so genannte „C-Rooms") an.[1030] Darüber hinaus hat SAP zur Unterstützung der Innovationsfähigkeit ein „SAP Community Network" installiert, welches unter anderem ein „SAP Developer Netzwerk" (SDN) enthält. Das SDN bildet eine Plattform für Entwickler im SAP-Umfeld weltweit, auf dem Informationen von SAP zur Verfügung gestellt werden, auf dem aber auch Fragen gestellt und „Blogs" zu unterschiedlichen Themen angeboten werden können.[1031] Darüber hinaus haben sich unternehmensintern „Communities of Practice" zu einzelnen Themenbereichen gebildet, in denen virtuell zu beliebigen Themen diskutiert werden kann.[1032] Über die Nutzung der Instrumente existieren unterschiedliche Wahrnehmungen auf Seiten der Interviewten. Während einige die Entwicklung und Nutzung sehr positiv beurteilen, äußern andere Bedenken. So ist das Auffinden von relativ unstrukturierten Informationen häufig sehr zeitaufwendig, was bei gleichzeitiger Zeitknappheit die Motivation zur Nutzung erheblich beeinträchtigt.[1033] Auf der anderen Seite gibt es auch Wissen und Erfahrung, welche sich aktuell mit den Instrumenten nicht abbilden lassen. *„Das Wissen ist in den Köpfen".*[1034] Die Motivation der Mitarbeiter, ihr Wissen zu teilen, das ihnen nicht selten einen Expertenstatus sichert, ist eine weitere Herausforderung. Insbesondere Experten empfinden es oftmals als wichtig, dass der Inhalt, den sie weitergeben, auch mit ihrem Namen und mit ihrer Person verbunden wird. So ist nach Einschätzung der Manager die Vorgehensweise, Inhalte ohne Namenszuordnung in Por-

[1026] Vgl. Antworten auf Frage 3.9 bis 3.11 von IN8; denkbar sind z. B. Aufgaben im Bereich Qualitätsmanagement, welcher bei Standardisierungstendenzen eine zunehmende Rolle spielt.

[1027] Ein „Wiki" ist ein Hypertext-System für Webseiten, dessen Inhalte von den Benutzern nicht nur gelesen sondern auch online direkt geändert werden können. Im Unternehmensumfeld werden diese Systeme als Enterprise-Wiki bezeichnet und dienen insbesondere der Wissenssammlung und –verteilung (vgl. Wikipedia (2010a)).

[1028] Der Begriff „Portal" bezeichnet in der Informatik ein Anwendungssystem, das sich durch Integration von Anwendungen, Prozessen und Diensten auszeichnet. Es koordiniert unter anderem die Suche und die Präsentation von Informationen (vgl. Wikipedia (2010b)).

[1029] „Collaboration Rooms" sind virtuelle Projektarbeitsräume, d.h. es handelt sich um eine webbasierte Software für das Projektmanagement. Die Software verbindet Projektbeteiligte via Internet mit dem Ziel, Prozessaktualität, Geschwindigkeit, Dokumentation und Transparenz zu erhöhen (vgl. Wikipedia (2010c)).

[1030] Vgl. Antwort auf Frage 2.2.von IN1, IN3, IN4, IN6, IN7, IN9.

[1031] Vgl. Cmehil, C (2008), S. 183 und SAP AG (2010c).

[1032] Zu Communities of Practice vgl. Kapitel 3.4.3.

[1033] Vgl. Antwort auf Frage 2.2.von IN3, IN7, IN9.

[1034] Auszug aus der Antwort auf Frage 2.2 von IN3.

talen verfügbar zu machen, sowohl ein Nachteil für die Motivation der „Teilenden“ als auch ein Hindernis für die Nutzung, da nur eingeschränkt die Möglichkeit zu Rückfragen existiert.[1035] Der aktive Austausch von Wissen in nicht virtuellen Kontexten sollte aus Sicht der Manager noch systematischer betrieben werden. Je nach „Teamlead“ oder Projektleiter haben Teams die Freiräume, sich zu treffen, um neue Themen vorzustellen und zu diskutieren. Eine gezielte Gestaltung von nicht virtueller Kommunikation sollte aus Sicht der Manager die virtuelle ergänzen. Denkbar sind hier zum Beispiel Zeiträume in Regelmeetings oder Veranstaltungen, bei denen Mitarbeiter systematisch von ihren Erfahrungen und „Lessons learned“ berichten können.[1036]

Auch für die Integration des Wissens in die organisationale Wissensbasis sind die vorhandenen softwaregestützten Instrumente wie „Wikis“ und „Communities of Practice“ zentrale Bausteine. So schaffen sie eine hohe Transparenz und Verfügbarkeit von Inhalten für vielfältige Nutzer im Unternehmen. Die Frage ist jedoch, ob auch „erfolgskritisches Wissen“ bzw. „erfolgskritische Wissensträger“ identifiziert und integriert werden. Hier ergibt sich in den Interviews ein eher unscharfes Bild. Zur Identifizierung von Talenten und Leistungsträgern als mutmaßliche Träger von erfolgskritischem Wissen wird auf HR-Instrumente wie das Top Talent Management Programm hingewiesen. Außerdem wird bestimmten Job Rollen (wie z. B. „Architects“, „Solution Architects“ u. a.) eine notwendiger Weise vorhandene große Expertise zugesprochen. Weniger klar ist, ob und wie diese Experten motiviert und befähigt werden, ihr Wissen weiterzugeben. Einig sind sich die befragten Manager, dass „Expertise“ eine länger andauernde Betriebszugehörigkeit voraussetzt, wobei sich hier keine genauere Nennung ergibt. Trotz dieser geäußerten Verbindung von „Expertise“ und „Betriebszugehörigkeit“ befürchtet keiner der Manager einen kritischen Knowhow-Verlust, wenn langjährige Mitarbeiter aus dem Unternehmen ausscheiden. Alle befragten Manager gehen davon aus, dass die Organisation den Wissensverlust gut kompensieren kann.[1037] Darüber hinaus sei die Mitarbeiterbindung sehr hoch, sodass auch Experten meist langfristig im Unternehmen verbleiben. Außerdem sehen neuere, in der Implementierung befindliche Organisationskonzepte in der Softwareentwicklung vor, Expertenwissen, das nicht ohne weiteres dokumentierbar ist, unabhängig von einzelnen Personen verfügbar zu machen und auf mehrere Teammitglieder zu übertragen.[1038]

[1035] Vgl. Antworten auf Frage 2.2.von IN1, IN7.

[1036] Vgl. Antworten auf Frage 2.2.von IN1, IN3, IN7.

[1037] Vgl. Antworten auf Frage 2.6 und 2.7 von IN1, IN3, IN4, IN6, IN7, IN9.

[1038] Dieser Ansatz wird durch die aktuelle Einführung von Lean und agilen Methoden in der Softwareentwicklung nachhaltig unterstützt. Methoden sind u. a. Scrum, Pair-Programming u. a.

4.6.3.3 Erwartete Einflüsse des demografischen Wandels auf die Innovationsfähigkeit

Hinsichtlich der Dimensionen Schrumpfung und Alterung des demografischen Wandels sind die erwarteten Auswirkungen auf das Unternehmen unterschiedlich.

Obwohl die Manager für den Prozess der Wissensgenerierung und der Erneuerung Neueinstellungen von jungen Mitarbeitern für sehr bedeutsam halten, erwarten sie durch die Schrumpfung der Absolventenzahlen in Europa keine Probleme für die Innovationsfähigkeit des Unternehmens.[1039] Sie verweisen in diesem Zusammenhang auf die Möglichkeit „*global auszuweichen*" und auf das „*starke Arbeitgeberimage*" von SAP in Deutschland.[1040] So gehen die Manager davon aus, dass auch in Deutschland und Europa ausreichend junge Mitarbeiter gewonnen werden können. Es wird letztlich auch eine Frage der Kosten sein, die aufgrund der geringeren Anzahl von Absolventen für die Gewinnung von jungen Talenten steigen werden. Im Zusammenhang mit der Bindung von Nachwuchstalenten befürchten einige Manager, dass die aktuelle Altersstruktur, verbunden mit dem existierenden Karrieremanagement von SAP nicht ausreichend flexibel ist, um den Bedürfnissen einer nachwachsenden Generation gerecht zu werden. Sie erwarten, dass das aktuelle Karrieremanagement bei flachen Hierarchien und einer großen Anzahl von 45- bis 55-Jährigen für nachwachsende Generationen kaum attraktive Entwicklungspfade darstellen wird. Die Stärkung von Fachkarrieren und Projektkarrieren über Geschäftsbereichsgrenzen hinweg werden deshalb als unmittelbare Herausforderung benannt. Die Manager sehen darin eine Option, Experten und Nachwuchstalente an das Unternehmen zu binden und den Verlust von Knowhow und wertvollem Humankapital zu begrenzen.[1041]

Die Alterung der Belegschaft wird von den Managern hinsichtlich des Innovationsgeschehens aus unterschiedlichen Perspektiven bewertet. Hier muss hinzugefügt werden, dass die Manager in Research und auch diejenigen in den Entwicklungsbereichen eine Altersstruktur in ihrem Arbeitsumfeld vorfinden, die von der Gesamtbelegschaft abweicht. Betrachtet man den Altersdurchschnitt der Job-Funktionen, die sich mit Softwareentwicklung beschäftigen, so entspricht dieser mit 36,4 Jahren global und 39,4 in Deutschland in etwa dem Altersdurchschnitt der Gesamtbelegschaft von SAP. Der Anteil der über 50-Jährigen in dieser Funktion ist allerdings mit 3% global und 4% in Deutschland deutlich niedriger als der Anteil der über 50-Jährigen an der Gesamtbelegschaft (8% global, 9% Deutsch-

[1039] Vgl. Antworten auf Frage 2.9 und 2.10 im Fragebogen für Innovationsmanager.

[1040] Vgl. Antworten auf Frage 2.9 und 2.10 von IN1, IN3, IN6, IN7, IN9.

[1041] Vgl. Antworten auf Frage 2.9 bis 2.11 von IN1, IN3, IN5, IN7.

land). Im Research ist der Anteil der über 50-Jährigen mit 3% respektive 4% ebenfalls deutlich niedriger als in der Gesamtbelegschaft. Betrachtet man die festangestellten Mitarbeiter in Research, so ist der Altersdurchschnitt mit 36 Jahren ebenfalls ähnlich der Gesamtbelegschaft. Diese machen jedoch nur die Hälfte der in Research Beschäftigten aus. Eine fast gleichgroße Gruppe von Beschäftigten ist die der befristeten Doktoranden (und Diplomanden), sodass unter Berücksichtigung aller Beschäftigten in Research das Durchschnittsalter mit 32,6 global bzw. 32 Jahren in Deutschland deutlich vom Gesamtdurchschnitt abweicht.[1042]

Die Betrachtung des Umfelds der Befragten ist im Hinblick auf das Alter relevant, da man davon ausgehen muss, dass die Äußerungen hinsichtlich der Unabhängigkeit von Alter und Innovationsfähigkeit weniger auf eigener Beobachtung im betrieblichen Umfeld beruhen kann, als vielmehr eine subjektive oder eine sozial erwünschte Einstellung widerspiegeln. Der geringere Anteil an über 50-Jährigen in den Bereichen Softwareentwicklung und Forschung und Entwicklung legt nahe, dass Mitarbeiter in dieser Altersgruppe die Bereiche bereits verlassen haben und andere Aufgaben wahrnehmen.

Insgesamt messen die Manager der Altersstruktur der Belegschaft für den langfristigen Unternehmenserfolg eine hohe Bedeutung zu.[1043] Die Frage „*Wie beurteilen Sie die aktuelle Altersstruktur Ihres Unternehmens im Wettbewerbsumfeld hinsichtlich der Fähigkeit zur Innovation auf einer Skala von 1 „sehr förderlich“, 2= eher förderlich, bis 5 „ sehr hinderlich*“ macht mit einer durchschnittlichen Bewertung von 2,1 deutlich, dass die aktuelle Situation von den Managern als eher förderlich angesehen wird. Grundsätzlich betonen die Manager, dass Alter kein Hinderungsgrund für Innovation aus ihrer Perspektive darstelle, da unternehmerisches Denken und Kreativität nicht altersabhängig seien.[1044]

Dennoch können sie sich Szenarien insbesondere am Standort Deutschland vorstellen, die Innovationen zukünftig erschweren. So führen sie die hohe Altershomogenität der Belegschaft in Deutschland an, die mittelfristig kreativitätshemmend sein könnte, da in den Teams zukünftig möglicherweise zu wenig Altersmischung herrschen wird.[1045] Auch die kontinuierliche Weiterentwicklung der vorhandenen Belegschaft in neuen Themen, wie z. B. Web 2.0 und in neuen Technologien, ist eine Herausforderung, der man durch geeignete Konzepte in der Führungskräfteentwicklung und in den Arbeitsbedingungen Rechnung tragen sollte. So sollte langjährigen Kollegen ausreichend Zeit eingeräumt

[1042] Ca. 46% der 500 (Ende 2009) weltweit in Research beschäftigten Personen befinden sich in befristeten, nicht headcountrelevanten Arbeitsverhältnissen.

[1043] Vgl. Frage 1.9, Bewertung auf einer Skala von (1=sehr wichtig) bis (5=irrelevant) mit durchschnittlich 1,7.

[1044] Vgl. Antworten auf Frage 2.11 von IN4, IN5, IN6.

[1045] Vgl. Antworten auf Frage 2.11 von IN4, IN5, IN6.

werden, um sich in neue Themen einzuarbeiten. Als Beispiele werden Modelle aus anderen Unternehmen angeführt, in denen die Mitarbeiter 20% der Arbeitszeit regelmäßig auf neue Themen verwenden *sollen*. Für eine solche Vorgehensweise sollten nach Auffassung der Manager auch bei SAP Anreize geschaffen werden. Karrieremodelle sollten die horizontale Weiterentwicklung in den Fokus nehmen. Für das Innovationsgeschehen sei es darüber hinaus notwendig, dass Personalentwicklungsprogramme über Funktionsgrenzen (Entwickler, Berater) und über Bereichsgrenzen hinweg etabliert werden.[1046] In der Kommunikation zur „Arbeitswelt von morgen“ sollte verstärkt auf fragmentierte Erwerbsbiografien eingegangen und das Bewusstsein gestärkt werden, dass Gehälter nicht kontinuierlich nach oben klettern und Karriere nicht zwangsläufig mit einer größeren Mitarbeiterverantwortung verbunden ist.[1047] Hier sei auch auf eine verstärkte Wertschätzung von Experten durch attraktive Fachkarrieren und auf entsprechendes Führungskräfte-Feedback zu achten. Den Bereich Human Resource Management sehen die Manager auch in der Verantwortung, „Exit Strategien“ zu entwickeln, die es langjährigen Mitarbeitern ermöglichen, individuell flexibel aus dem Unternehmen auszusteigen. So wird angeführt, dass *„das Rad sich sehr schnell dreht“* und man sich nicht vorstellen kann *„dieses Tempo in der aktuellen Rolle bis zum Ruhestand durchzuhalten“*.[1048] Als mögliche Kompensationsstrategie können sich die Manager vorstellen, dass Innovationen vermehrt aus Zukäufen von Wettbewerbern und Partnern entstehen.[1049]

Ein weiterer Fragenblock beschäftigte sich mit der Wahrnehmung der Manager unterschiedlicher Rollen im Innovationsprozess. Hier sollte erkundet werden, welchen Wert die Manager derzeit langjähriger Erfahrung von Mitarbeitern in unterschiedlichen Phasen des Innovationsprozesses beimessen, wie sie die Rolle von jüngeren Mitarbeitern sehen und ob in Projekten bewusst eine Mischung vorgenommen wird. Dem überwiegenden Teil der Manager fiel es hier schwer, unterschiedliche Rollen nach Altersgruppen zu benennen. So seien nach ihrer Einschätzung nur wenige Mitarbeiter in der Forschung und Entwicklung älter als 50 Jahre, sodass aktuell wenig Erfahrung mit älteren oder langjährigen Kollegen zu berichten sind.[1050] Darüber hinaus spiele bei der Besetzung der Teams das Engagement der Mitarbeiter sowie deren Qualifikation und Kompetenz eine Rolle. Diese sei eher

[1046] Vgl. Antworten auf Frage 2.11 von IN3, IN4, IN5, IN6, IN7, IN8.

[1047] Vgl. Antworten auf Frage 2.11 von IN6, IN7.

[1048] Vgl. hierzu auch die Antworten der HR Manager zu „arbeitsinduziertem Altern“ Kapitel 4.6.2.3.

[1049] Vgl. Antworten auf Frage 2.11 von IN1, IN4, IN6, IN7.

[1050] Vgl. Antworten auf Fragen 3.5 von IN4, IN5.

an die Jobfunktion z. B. „Solution Architect" und nicht an das Alter gebunden.[1051] Die Erfahrung als Mehrwert wurde von zwei Managern thematisiert, die dabei besonders die starke Vernetzung langjähriger Mitarbeiter innerhalb von SAP und das „Gewusst Wer" als wertvoll bezeichneten. Vor allem bei Projektleitern sei derzeit die Fähigkeit, innovative Projekte mit den Kunden und SAP Entwicklergruppen zu synchronisieren mit „langjähriger Erfahrung" verbunden.[1052] Eine Verbindung von einer speziellen Problemlösungskompetenz mit Erfahrung wird nicht angesprochen. Insgesamt betonen die Manager wiederum die Mischung, die für den Teamerfolg erfoglskritisch sei. Die Vernetzung der Mitarbeiter über die Schnittstellen entlang der Wertekette hinweg sei außerdem eine Voraussetzung, um gute Ideen zu Innovationen werden zu lassen.[1053]

4.6.3.4 Zusammenfassung und kritische Würdigung der Ergebnisse aus den Interviews mit Innovationsmanagern

Aus Sicht der Innovationsmanager stellt die zunehmende Alterung und Schrumpfung der Erwerbsbevölkerung in Europa für SAP grundsätzlich kein Risiko hinsichtlich der Innovationsfähigkeit dar. Folgende empirischen Befunde lassen sich festhalten.

Befund 1: Die Ressourcenbasis

Die Ressourcenbasis des Unternehmens, aus der sich die Innovationsfähigkeit herleitet, wurde in Kapitel 4.6.3.1 detailliert dargestellt. Sie umfasst sowohl individuelle Bausteine (sehr hohes Qualifikationsniveau, hohe Loyalität) als auch Bestandteile, die dem Sozial- bzw. Organisationskapitel zuzuschreiben sind. So ist die hohe gelebte Werteorientierung des Unternehmens ein innovationsförderliches Element in der Zusammenarbeit der kulturell heterogen zusammengesetzten Teams. Die Unternehmensführung pflegt einen partizipativen Führungsstil. Die Vernetzung mit Partnern mit dem ausdrücklichen Ziel der gemeinsamen Innovation ist sowohl auf der persönlichen als auch auf der institutionellen Ebene verankert. Die Vernetzung innerhalb des Unternehmens ist ein zentraler Baustein zur erfolgreichen Umsetzung von innovativen Projekten und Produkten. Die Kultur von SAP wird aufgrund der historisch gewachsenen großen Freiräume, die die Mitarbeiter haben, als kreativitätsförderlich wahrgenommen. Die so vorhandenen Handlungsspielräume von Individuen und Teams werden als Voraussetzung für das Entstehen von Inno-

[1051] Vgl. Antworten auf Fragen 3.4 und 3.5 von IN1, IN4, IN6, IN7, IN9.

[1052] Vgl. Antworten auf Fragen 3.3 von IN1, IN3.

[1053] Vgl. Antworten auf Fragen 3.2 von IN1, IN3, IN4, IN5, IN6.

vation geschätzt. Diese Freiräume entstehen sowohl durch die Offenheit in der Unternehmenskultur als auch durch entsprechende Maßnahmen der Arbeitsorganisation.[1054]

Befund 2: Umsetzung von Wissensmanagement

Wissen wird im Unternehmen auf vielfältige Weise aufgenommen, weiterentwickelt und in die organisationale Wissensbasis überführt. Bei der Identifizierung von erfolgskritischem Wissen, welches zum Teil vor allem an einzelne Experten gebunden ist, sehen die Manager eine Unterstützerrolle durch HR-Instrumente (wie z. B. „Talent Reviews").

Der Austausch und die Integration von Wissen bauen grundsätzlich sehr stark auf softwaregestützten Systemen auf (wie z. B. Wikis, Portale). Die Vorteile dieser Entkopplung des Wissens von einzelnen Personen liegen in der flexiblen zeitlichen und räumlichen Verfügbarkeit und der schnellen weltweiten Diffusion. Nachteile entstehen, wenn Motivation und Bereitschaft auf Seiten der Experten gering sind, Wissensbestandteile zu teilen. Ein Nachteil entsteht auch dann, wenn Nutzer aufgrund der Menge und Vielfalt der Information das Material nicht effektiv nutzen können. Neuere Ansätze der Arbeitsgestaltung in der Softwareentwicklung (wie z. B. die Einführung von „Lean" und agilen Methoden) stärken die Weitergabe von Wissen in der unmittelbaren persönlichen Zusammenarbeit.[1055]

Die Annahme, dass Erfahrungswissen durch Zunahme der Komplexität und sich verändernde Prozesse in der Softwareentwicklung an Bedeutung gewinnt, lässt sich aus der Befragung weder belegen noch widerlegen. Vielmehr ist die Bewertung von „Erfahrung" durch die Manager mit Unsicherheiten verbunden. Einerseits bewerten sie Erfahrung grundsätzlich positiv, andererseits sehen sie kein Risiko bei Verlust von erfahrenen Mitarbeitern und geben auch keine Beschreibung des Mehrwerts von Erfahrung an.

Befund 3: Erwartete Handlungsfelder aus dem demografischem Wandel

Die Manager erwarten durch die Schrumpfung der Absolventenzahlen in Europa keine Probleme für die Innovationsfähigkeit des Unternehmens. Gleichwohl erachten sie die Gewinnung von jungen Nachwuchstalenten als Erfolgsfaktor auch für die zukünftige Inno-

[1054] Die Einführung von agilen Methoden in der Softwareentwicklung war mit der Einführung von selbstgesteuerten Teams verbunden. Diese werden abteilungsübergreifend zusammengesetzt und arbeiten für bestimmte Projekte über einen längeren Zeitraum hinweg zusammen. Dabei übernehmen die Teams eigenverantwortlich die Planung und Steuerung ihrer Kapazität, die Aufgabenverteilung und das kontinuierliche Monitoring des Fortgangs des Projekts. Sie arbeiten dabei eng mit internen Kunden zusammen. Führungskräfte aus der Linie, die nicht Kunde des Teams sind, können dabei weder Einfluss auf die Kapazitätsplanung noch auf die Geschwindigkeit des Projekts nehmen. Die Teams entscheiden hierüber eigenverantwortlich.

[1055] Vgl. Ausführungen in Kapitel 4.6.3.2.

vationsfähigkeit. Dabei werden die Talente global durch Netzwerke mit Universitäten frühzeitig kontaktiert und gefördert. Der Nutzung globaler Kanäle zur Rekrutierung von Nachwuchs ist für die Manager erfolgskritisch und stellt auch hinsichtlich des demografischen Wandels in Europa eine Kompensationsstrategie dar.

Ähnlich wie die interviewten HR-Experten sehen auch die Innovationsmanager kein grundsätzliches Risiko für die Innovationsfähigkeit von SAP in der Alterung der Belegschaft in Deutschland. Die Zunahme der Betriebszugehörigkeit erachten sie wie ähnlich wie die HR-Experten als Herausforderung für die Innovationsfähigkeit. In diesem Spannungsfeld spiegelt sich wider, dass hinsichtlich der Alterung von Mitarbeitern und größerer Kohorten keine konkreten Erfahrungen vorliegen, sodass die Manager nur vage Bilder davon im Kopf haben. Darüber hinaus wird auch die Verschiebung der Kohortengewichtung thematisiert, die Herausforderungen für das Human Resource Management im Hinblick auf das Employer Branding, Performance Management, Karrieremanagement, Qualifizierung und das Managen des „Ausstiegs" berge.

5. Schlussbetrachtung: Ausgestaltung eines strategischen Human Resource Management im demografischen Wandel

Der letzte Teil der Arbeit dient der Zusammenfassung der Ergebnisse und enthält Schlussfolgerungen für die Gestaltung eines strategischen Human Resource Management aus diesen Ergebnissen.

In Kapitel 2 wurde ein allgemeiner Bezugsrahmen für Zusammenhänge zwischen demografischem Wandel, Human Resource Management und Innovationsfähigkeit erarbeitet und Anforderungen und Annahmen aus konzeptioneller Sicht erarbeitet. Nach Vorliegen der empirischen Befunde lassen sich diese Anforderungen zu Gestaltungsempfehlungen für ein strategisches Human Resource Management auf einer zentralen strategischen und einer eher dezentralen taktischen Ebene ausformulieren.

5.1 Gestaltungsempfehlungen auf der strategischen Ebene

Um nach *Ridder et al.* „*[…] kritische Engpässe im Strategieplanungsprozess zu antizipieren und als Schlüssel zur Anpassungsfähigkeit zu fungieren*“ [1056] ist für das Human Resource Management die strategische Personalplanung eine Kernaufgabe.[1057] Diese aus der Konzeption abgeleitete Forderung wird auch in der Praxis von HR-Experten bestätigt. Die enge Abstimmung der Personalplanung mit der Wachstums- und Standortstrategie des Unternehmens ist dabei notwendig, um Engpässe in bestimmten Skills und Competencies auf den entsprechenden externen Arbeitsmärkten frühzeitig zu erkennen und geeignete Kompensationsstrategien zu entwickeln. Hinzukommt die Prognose der internen Personalstruktur nach Skills und Competencies sowie nach demografierelevanten Dimensionen wie Alter, Geschlecht, Betriebszugehörigkeit u. a. Diese datenbasierte Vorschau sollte Aufschluss darüber geben, welche Potenziale für zukünftige Aktivitäten vorhanden sind und wo zukünftige Angebotslücken im Humankapital entstehen. Die demografischen Entwicklungen innerhalb des Unternehmens und außerhalb in den unterschiedlichen Regionen der Welt haben Einfluss sowohl auf das verfügbare Arbeitsangebot als auch auf die Kostenstruktur. Sie können somit je nach Aus-

[1056] Vgl. Ridder et al. (2001), S. 39.

[1057] Im Sinne eines unter 2.2 beschriebenen Beschäftigungsmanagement.

prägung Impulse für die Standort- und Wachstumsstrategie darstellen. Dabei gehen die Befragten davon aus, dass für das Innovationsgeschehen kritische Humanressourcen zukünftig nicht nur durch die Einstellung und Weiterentwicklung von Mitarbeitern beschafft werden, sondern auch zunehmend durch den Zukauf anderer Unternehmen erfolgen. Die Strategie eines organischen Wachstums wird dann durch gezielte M&A-Aktivitäten ergänzt, die auch die Innovationsfähigkeit der Organisation nachhaltig stärken sollen.

Entsprechend der von *Ridder/Conrad* skizzierten Aufgaben eines strategischen Human Resource Management ist es auch für die Innovationsfähigkeit eines IT-Unternehmens unabdingbar, *„[...] Ressourcen zu identifizieren, die knapp und wertvoll sind, diese zu beschaffen, zu entwickeln und im strategischen Gesamtzusammenhang zu bündeln.*“[1058] Vor dem Hintergrund der demografischen Entwicklung in Europa und insbesondere in Deutschland ist die kontinuierliche Sicherstellung und Integration von Humankapital in die Organisation dabei eine Herausforderung, die nicht nur auf der operativen Ebene zu lösen ist, sondern vor allem auch Auswirkungen auf der strategischen Ebene hat.

Eine strategische Option stellt in der Praxis die Möglichkeit dar, die globale Beschaffung von jungen Talenten und deren erfolgreiche Integration ins Unternehmen zu forcieren. Im Wettbewerb auf den noch enger werdenden Arbeitsmarkt in Europa gilt es, auf Basis eines weltweit guten Arbeitgeberimages und der Gestaltung von attraktiven Arbeitsbedingungen und beruflichen Perspektiven, weiterhin junge hochqualifizierte Talente für das Unternehmen zu gewinnen und zu halten. Auch die Weiterentwicklung einer unternehmenseigenen Ausbildung auf europäischem und globalem Niveau ist eine bereits in der Implementierung befindliche Kompensationsstrategie. Die strategische Zusammenarbeit mit ausgewählten Universitäten weltweit kann ebenfalls einen Beitrag leisten. Als eine weitere Strategie zur Gestaltung der Personalstruktur ist die gezielte Anwerbung von Frauen und deren Bindung an das Unternehmen zu betrachten. Die in der Literatur als Arbeitsmarktreserve oftmals angeführte Wiederbeschäftigung älterer Arbeitsloser wird derzeit in der Praxis im untersuchten Unternehmen nicht als Alternative gesehen, was angesichts der globalen Aufstellung des Unternehmens nicht überrascht.

Neben der Beschaffung der Talente gewinnt der Prozess der Talentbindung zunehmend an Bedeutung. So werden die in der Konzeption aufgezeigten Risiken mangelnder Entwicklungsmöglichkeiten von nachrückenden Generationen aufgrund noch flacher werdender Hierarchien und der Gruppendominanz älterer Jahrgänge auch in der Praxis gesehen. Hier ist es eine Anforderung an die Strategie des Human Resource Management ein lebensphasenorientiertes Karrierekonzept zu formulieren, das horizontale Entwicklungs-

[1058] Vgl. Ridder et al. (2001), S. 39.

perspektiven nicht nur zulässt, sondern diese aktiv fördert und allen Generationen im Unternehmen gleichberechtigt gleiche Chancen eröffnet. Diese Forderung wird auch durch die empirischen Befunde nachhaltig gestützt.

Über die beschriebene Perspektive der Beschaffung und Integration von Ressourcen hinaus besteht für das strategische Human Resource Management die Herausforderung, die Transformationsprozesse, die sich aus der Umsetzung der Strategie ergeben, zu ermöglichen und zu begleiten.[1059] Während bei der Begleitung der Transformation eher ein Blick auf das Portfolio des HR zu werfen ist (vgl. Kapitel 5.2), geht es bei der Ermöglichung der Transformation um kulturelle Aspekte die vom Top-Management mitgestaltet werden und daher auf der strategischen Ebene angesiedelt sind.[1060] Unter dem Aspekt der Innovationsfähigkeit in der IT-Branche sind die kulturellen Voraussetzungen für selbststeuernde Prozesse der Kompetenzentwicklung zu schaffen bzw. zu erhalten. In der Praxis hat sich bestätigt, dass kulturelle Besonderheiten wie Offenheit, „Kultur der offenen Türen“, Handlungsspielräume und Freiräume für Einzelne als notwendige vertrauensstiftende Bestandteile einer innovationsorientierten Kultur wahrgenommen werden. Dabei erleben die Mitarbeiter oftmals gerade in Transformationsprozessen eine große Verunsicherung, einen Vertrauensverlust und einen Verlust von Handlungsspielräumen. In diesen Umbruchphasen spielen die Führungskräfte eine besondere Rolle als kulturgestaltende und vermittelnde Persönlichkeiten.[1061] Das Human Resource Management steht hier vor allem hinsichtlich der Führungskräfteauswahl und –entwicklung vor einer Herausforderung. So sollten die Führungskräfte in ihrer Ausbildung und –entwicklung ermutigt und befähigt werden, ihre Abhängigkeit von strategischen Planungssystemen zu reduzieren, indem sie die persönliche Kommunikation mit Menschen pflegen, die eine vitale Intelligenz und Expertise besitzen.[1062] Im Rahmen eines gemeinsamen Wertesystems sollten sie ihre Mitarbeiter zur Selbstkontrolle befähigen.[1063] Gerade in der IT-Branche ist diese Selbststeuerung aufgrund der Komplexität und der Dynamik des Umfelds unerlässlich. Die Branche neigt mehr als andere dazu, sehr stark auf virtuelle Kommunikation und nicht-personifizierte Dokumentationssysteme zu setzen und persönliche Kommunikation durch virtuelle zu ersetzen – teils notwendigerweise durch die Arbeitsverteilung im Rahmen der Globalisierung, teils aber auch aufgrund der persönlichen Präferenzen der Mitar-

[1059] Vgl. Kapitel 2.2 dieser Arbeit.

[1060] Vgl. Erpenbeck/Rosenstiel (2003).

[1061] Vgl. Oechsler (2006), S. 158ff.

[1062] Vgl. Bartlett/Goshal (1995b), S. 135 und Kapitel 2.2 dieser Arbeit.

[1063] Vgl. ebenda.

beiter, die insbesondere in der Forschung und Entwicklung sehr technikaffin sind. Hier kommt dem Human Resource Management eine Aufgabe als Gestalter von Kommunikationsprozessen zu, die dem Erhalt einer offenen diskursorientierten Kultur dienen. Eine strategische Option ist hier beispielsweise, Rituale zu inszenieren, in denen sich Mitarbeiter und Führungskräfte persönlich begegnen.[1064] Darüber hinaus gilt es, Szenarien für Führungskräfte zu schaffen, in denen sie gemeinsam Aufgaben und sich verändernde Anforderungen reflektieren. Insbesondere vor dem Hintergrund einer älter werdenden Belegschaft kommen neue Anforderungen auf Führungskräfte zu, die zunehmend altersheterogene Teams mit Mitarbeitern zu führen haben, die ihnen an Lebensalter und Expertise überlegen sein werden. Die Sensibilisierung für den produktiven Umgang mit heterogenen Teams und einer pluralistischen Belegschaft sowie die Befähigung der Führungskräfte, zunehmend heterogenere Teams zu unterstützen, ist ebenfalls eine Herausforderung für das Human Resource Management, die es im Sinne einer kulturgestaltenden Aufgabe zu übernehmen hat.

Hinsichtlich der Gestaltung einer Kultur, die auch im demografischen Wandel innovationsförderlich ist, ist als weiterer Baustein die Gestaltung einer positiven „Lernkultur“ zu nennen. Hier kommt dem Human Resource Management die Aufgabe zu, Führungskräfte zu befähigen und zu ermutigen, die Mitarbeiter in ihrer persönlichen Entwicklung zu begleiten und ihnen auch durch herausfordernde Aufgaben Lernfelder zu eröffnen. Wie die Interviews gezeigt haben, ist es kaum möglich, den zukünftigen Bedarf an Fähigkeiten und Fertigkeiten für einen mittelfristigen Zeitraum in der IT-Branche zu prognostizieren. Daher muss die Transparenz und Förderung vorhandener Mitarbeiterpotenziale im Vordergrund stehen, sodass eine breite Beschäftigungsfähigkeit und eine kontinuierliche Lernfähigkeit der Mitarbeiter sichergestellt werden. Im Umfeld der Softwareentwicklung ist dabei vor allem das Spannungsfeld zu bewältigen zwischen aktuell notwendiger fachlicher Expertise und zukunftsfähigen Schlüsselqualifikationen, die über die fachliche Expertise hinausgehen und eher den Bereichen Methoden- und Sozialkompetenz zuzurechnen sind. Aufgrund der Halbwertzeit des Expertenwissens ist es notwendig, die Mitarbeiter rechtzeitig auch für neue Tätigkeitsfelder zu qualifizieren, in denen sie dann keinen Expertenstatus mehr besitzen und möglicherweise auch zukünftig nicht mehr erreichen werden. Dem Human Resource Management kommt dabei die Aufgabe zu, nicht nur das Erlernen neuer Inhalte zu unterstützen, sondern auch „das Verlernen“ aktiv zu unterstützen.

[1064] Als Beispiel können hier die im Fallstudien-Unternehmen durchgeführten „Coffee Corner Meetings“ mit den oberen Führungskräften des Unternehmens genannt werden. Dabei stellten sich die Führungskräfte dem Dialog mit Mitarbeitern zu einem vorab angekündigten Zeitpunkt in entspannter Atmosphäre zu allen Fragen, die die Mitarbeiter stellen wollten. Außerdem sind zu nennen, die im Rahmen der Lean-Transformation eingeführten täglichen kurzen „Scrum-Meetings“, die persönlich besucht werden „müssen“.

Das stark auf virtuelles Lernen ausgerichtete Qualifizierungsangebot im untersuchten Unternehmen bietet dabei ein umfassendes Angebot für das Erlernen neuer Fähigkeiten. Im Kontext sehr dynamischer Transformationsprozesse sollten diese virtuellen Angebote auch durch „Near the Job"-Maßnahmen ergänzt werden, die den Mitarbeiter neben der kognitiven Befähigung auch bestärken und ermutigen, neues Verhalten auszuprobieren und anzuwenden. Die Fähigkeit und Bereitschaft zum Er- und Verlernen sollte dabei nicht erst im späten Erwerbsalter entwickelt werden. Aus strategischer Sicht gilt es, die Entwicklung von Karrierepfaden und Rollenmodellen lebensphasenorientiert, also das gesamte Erwerbsleben umfassend, anzugehen. Personalentwicklungsmaßnahmen können dabei sowohl einen Beitrag leisten, Orientierungsmuster der Mitarbeiter zu verfestigen oder aber diese zu verändern.[1065]

Die starke, historisch gewachsene Wertorientierung im dargestellten Unternehmen ist ohne Zweifel als Ressource auch für das zukünftige Innovationsgeschehen anzusehen. Eine starke geteilte Wertebasis, auf die die Mitarbeiter auch Vertrauen aufbauen, ist wie in Kapitel 3.4.3 beschrieben eine kritische Voraussetzung für die erfolgreiche Zusammenarbeit in heterogenen Teams. Durch die Auswahl und Entwicklung geeigneter Führungskräfte und Mitarbeiter, die diese Werte umsetzen und vorleben, kann das Human Resource Management dazu beitragen, dass Teams hier auch zukünftig ein innovationsförderliches Umfeld finden.

5.2 Anforderungen an das Portfolio des Human Resource Management zum Erhalt der Innovationsfähigkeit im demografischen Wandel

Die Befunde aus den Interviews haben eine Überprüfung der Instrumente des HR-Portfolios nahegelegt. Dabei werden als Treiber für eine solche Überprüfung sowohl strategische Entscheidungen (Produkt-, Standortstrategie) angeführt als auch die sich verändernden Bedürfnisstrukturen von Mitarbeitern in unterschiedlichen Lebensphasen und die erwartete Verschiebung der Kohortenverhältnisse.[1066]

Auf der strategischen Entscheidungsebene stehen für das Human Resource Management die Bereitstellung von Humankapitel und die Schaffung der kulturellen Voraussetzungen

[1065] Vgl. auch Kapitel 5.2.

[1066] Vgl. Frerichs (2010), S. 46f.

für Transformation und Anpassungsfähigkeit im Vordergrund des Interesses. Auf der operativen dezentralen Ebene geht es nun in erster Linie darum, das Portfolio so auszugestalten, dass die Ressourcen optimal in die Organisation integriert und Prozesse des Kompetenzmanagement auf individueller, Team- und Organisationsebene unterstützt werden. Mögliche Risiken für die Innovationsfähigkeit, die in der Literatur thematisiert werden, sind nach Auffassung der Experten im untersuchten Unternehmen nicht vorhanden oder eher langfristig relevant. Langfristig gesehen könnte dies z. B. ein erwarteter Wissensabfluss, mangelnder Wissenszufluss, mögliche Produktivitätsrisiken aufgrund von Gesundheit oder Dequalifizierung, oder aufgrund einer möglichen Gruppendominanz und Konflikten aus sozialer Heterogenität sein. Die Einschätzung ist, dass sowohl die Branche als auch das untersuchte Unternehmen aufgrund der aktuellen Altersstruktur ausreichend Reaktionszeit hat, um geeignete Strategien und Instrumente zu erproben. Folgende Empfehlungen zur Gestaltung lassen sich dabei für die instrumentelle Ebene ableiten:

Hinsichtlich der Personalplanung und dem Beschäftigungsmanagement sind Instrumente zu entwickeln, die es ermöglichen den Personalbestand mittelfristig auch qualitativ (z. B. aggregiert auf Ebene von Jobfamilien[1067]) pro Region darzustellen. Darüber hinaus sollten auf dem gleichen Aggregationsgrad auch Engpässe an benötigten Skills vorhersagbar sein, die auf externen Arbeitsmärkten zu beschaffen sind. Erst die Verfügbarkeit einer derartigen Datenbasis, in der Bedarf und Nachfrage an Skills und Competencies gegenüber gegenstellt werden, lässt weitere Anpassungsmaßnahmen zu.

Auf der Beschaffungsseite sind die Inhalte der eigenen Ausbildung hinsichtlich der fachlichen Bestandteile aber auch hinsichtlich einer Vermittlung von relevanten Schlüsselqualifikationen kontinuierlich zu überprüfen. Um die Innovationsfähigkeit nachhaltig zu erhalten, sind hier vor allem die Fähigkeiten zu kreativem Arbeiten, zur Teamarbeit, eine ausgeprägte Kommunikationsfähigkeit und der Aufbau von Projektmanagementfähigkeiten zu entwickeln. Gerade in der Ausbildung wird die Generation der „Digital Natives“, die Generation, die mit Internet, Twitter und YouTube aufwächst,[1068] am frühesten in Unternehmen eintreten, sodass in diesem Bereich schon heute eine Auseinandersetzung mit veränderten Fertigkeiten aber auch mit möglicherweise anderen Werten möglich ist und Lernfelder für andere Funktionen im HR existieren.[1069] Damit stellt auch die Wissens- und

[1067] „Jobfamilien sind das Ergebnis der Bündelung von Funktionen, die aufgrund vergleichbarer Anforderungen an Rollenwahrnehmung, Zielsetzung, Wissen und Fähigkeiten, Leistungsindikatoren und Verhaltensweisen über einen ähnlichen Charakter verfügen.“ (nach Hay Group, zitiert nach DDN (2010)).

[1068] Vgl. Hofmann, J. (2009), S. 32ff.

[1069] Für diese Generation ist die Nutzung moderner Kommunikationsmedien und beteiligungsorientierte Kommunikation eine Selbstverständlichkeit.

Erfahrungsweitergabe zwischen Personen und Bereichen innerhalb von HR eine Voraussetzung dar, die Potenziale für die Innovationsfähigkeit des Unternehmens zu entwickeln.

Die Offenheit, mit der neue Mitarbeiter in die Organisation eintreten, ist nachhaltig durch geeignete Maßnahmen der Personalentwicklung zu fördern. Werden den Mitarbeitern in Trainings und Meetings zu Beginn ihrer Tätigkeit Orientierungsmuster für Verhalten vermittelt, so gilt es im Verlaufe der Beschäftigungsdauer, bestimmte Verhaltensmuster auch wieder zu verlernen.[1070] Dieses Verlernen sollte durch Maßnahmen der Personalentwicklung aktiv unterstützt werden. Geeignete Job-Rotationsmodelle können hierzu einen Beitrag leisten.[1071] Während sich klassische E-Learning-Maßnahmen vor allem zur Vermittlung kognitiver Inhalte eignen, kann ein befristeter Aufenthalt in einem anderen Bereich auch die Bereitschaft und Fähigkeit der Mitarbeiter beeinflussen, sich auf veränderte Themen und Teams einzustellen.[1072] Neben dem Erwerb von neuem Knowhow und weiteren Netzwerkkontakten lernt der Mitarbeiter auch, sich in einer neuen Situation zu bewähren. Das Ausklinken aus alltäglichen Abläufen und das Eintauchen in ein anderes Umfeld unterstützen sowohl die Aufnahme neuer Wissenselemente als auch die Möglichkeit, Bestehendes zu hinterfragen und mit Neuem zu kombinieren. Diese Verbindung von Expertenstatus und neuen, möglicherweise außergewöhnlichen Eindrücken ermöglicht dem Experten, Neues mit vorhandener Expertise zu kombinieren und neue Varianten zu erzeugen. Die Selektion sinnvoller und nützlicher Gedanken erfolgt dann oftmals intuitiv.[1073] Für die Innovationsfähigkeit des Einzelnen kann die vorübergehende Übernahme anderer Aufgaben somit eine wertvolle Ressource sein. Organisatorisch oftmals nicht einfach zu bewältigen, können Job Rotationsmodelle aber auch auf Teamebene neue Perspektiven eröffnen. So könnten Teams in der Forschung nach Auffassung der Interviewpartner im Unternehmen sehr stark von den Kenntnissen und den Netzwerken erfahrener älterer Kollegen profitieren.[1074] Damit könnte das Human Resource Management mit der Implementierung von geeigneten Job-Rotationsprogrammen auch hinsichtlich neuer Netzwerkstrukturen eine gestalterische Aufgabe übernehmen und das Sozialkapital des Unternehmens nachhaltig positiv beeinflussen. Die Zusammenarbeit in altersheterogenen Teams bietet darüber hinaus die Chance, den Teamerfolg zu verbessern, da die Ressourcenbasis des Teams heterogener an Erfahrungswerten und Kompetenzen wird. In

[1070] Vgl. Wiskemann/Kleefeld (2007), S. 95ff.

[1071] Vgl. Janszky (2010), S. 23ff.

[1072] Vgl. Kleefeld/Wiskemann (2006), ferner Janszky (2010), S. 24f.

[1073] Vgl. Janszky (2010), S. 22 f.

[1074] Vgl. Ergebnisse der Interviews Kapitel 4.6.3.4.

Anbetracht der längeren Betriebszugehörigkeit und dem damit verbundenen Anstieg des Durchschnittsalters der Belegschaft im untersuchten Unternehmen ist zu berücksichtigen, dass Job-Rotationsmodelle nicht erst im höheren Alter praktiziert werden sollten. Vielmehr sollten Experten aller Alterskohorten durch geeignete Modelle zur dauerhaften oder temporären Übernahme neuer Aufgaben ermutigt werden. Die Praxis hat gezeigt, dass an bestehenden Job-Rotationsprogrammen nur wenige Mitarbeiter teilnehmen, die älter sind als 45 Jahre. In der Regel nehmen eher jüngere Mitarbeiter an den angebotenen Job-Rotationsprogrammen teil. So stellt sich für das Human Resource Management die Herausforderung, durch geeignete Rotationsprogramme und eine entsprechende Kommunikation die Bereitschaft und die Möglichkeit zum Wechsel für alle Altersgruppen, insbesondere aber auch für ältere Mitarbeiter und Experten, attraktiv zu gestalten. Diese Gestaltungsaufgabe betrifft sowohl die Tätigkeiten oder Stellen, die den Mitarbeitern angeboten werden, als auch die Rahmenbedingungen unter denen ein Wechsel stattfinden soll.

Angesichts einer Belegschaft von Hochqualifizierten ist festzuhalten, dass Job-Rotation nicht das Mittel der Wahl zu jeder Zeit und für jeden Mitarbeiter ist. Sie stellt ein mögliches Instrument dar, das bei einer Zunahme der Verweildauer in Jobfunktionen und bei Personen, die einen starken fachlichen Expertenstatus haben, dazubeitragen kann, neue Perpektiven zu vermitteln.[1075] Gerade langjährige Experten könnten durch die Job-Rotation einem potentiellen Dequalifizierungsrisiko entgegenwirken, das aufgrund technologischer Veränderungen für fachliche Experten immanent ist.

Die weitaus größere Gruppe der IT-Beschäftigten unterliegt jedoch weniger dem o. g. Dequalifizierungsrisiko durch Nischentätigkeiten. Vielmehr bringen komplexe und globale Projektorganisationen für viele Mitarbeiter ohnehin ein kontinuierliches „sich bewähren" in wechselnden Projekten mit sich. Das sich Einstellen auf Neues wird zur „permanenten Bewährungsprobe".[1076] Diese Mitarbeiter würden daher weniger von einer Job-Rotation profitieren. Doch auch für diese Mitarbeiter besteht langfristig Bedarf, sie produktiv und innovativ zu halten. Während sich aus den Interviews noch keine konkreten Hinweise auf die Anforderungen an ein zukunftsfähiges Gesundheitsmanagement ergaben, lassen sich aus den Ergebnisse des aktuellen Forschungsprojekts, an dem sich auch das untersuchte Unternehmen beteiligt, Anforderungen ableiten. Die Risiken, die sich für die Gruppe der Multiprojektmitarbeiter ergeben, sind vor allem gesundheitlicher Art, da nachgewiesener Weise, Mehrstellenarbeit oder Multiprojektmanagement mit überdurchschnittlich hohen

[1075] Vgl. Janszky (2010), S. 23: „Angestellte werden Jobnomaden".

[1076] Vgl. Boes et al. (2008c), Boes et al. (2010).

Belastungsmomenten verbunden ist.[1077] So zeigen *Gerlmaier et al.* in einer aktuellen Studie auf, dass es in der Altersgruppe der 40- bis 60-Jährigen vor allem die Mehrstelleninhaber oder die Multiprojektmanager sind, für die sich hohe Burnout-Werte zeigen.[1078] Als mögliche Gestaltungsansätze empfehlen sie die „Defragmentierung" des Arbeitstages z. B. durch Regelungen zur Begrenzung von Parallelprojekteinsätzen oder die Einführung von Pausenritualen mit Teamkollegen zur Gewährleistung von Pausen zur Erholung gerade in Phasen hoher Belastung. Zusätzlich sind die individuelle Nutzung von Entspannungstechniken am Arbeitsplatz oder Ausdauersportarten geeignet, das gesundheitliche Wohlbefinden zu unterstützen. So wurden im untersuchten Unternehmen die Angebote zur Entspannung und Erholung in Arbeitsplatznähe von den Mitarbeitern sehr geschätzt.

Für das Portfolio des Human Resource Management lassen sich die o. g. Fakten wie folgt in Gestaltungsempfehlungen überführen. In erster Linie geht es um die Sensibilisierung der Mitarbeiter und Führungskräfte für die Zusammenhänge zwischen den Belastungsfaktoren, den salutogenen Ressourcen und der Gesundheit, um sie zunächst selbst in die Lage zu versetzen, ihre Ressourcen entsprechend zu nutzen und einzusetzen.[1079] In einem weiteren Schritt hat das Human Resource Management die Herausforderung zu bewältigen, im Dialog mit den verantwortlichen Führungskräften und Mitarbeitern günstige Rahmenbedingungen sowohl für effiziente Teamarbeit und direkte Kommunikation als auch für konzentriertes Arbeiten zu schaffen. Dies stellt hohe Anforderungen an die Gestaltung der Arbeitsplätze von Teams. Doch nicht nur die äußeren Arbeitsbedingungen der Teams sind entsprechend zu gestalten. So stellt vor allem die Teamkultur und die Zusammenarbeit im Team eine Ressource sowohl für die Innovationsfähigkeit des Teams als auch für die Gesundheit der Mitarbeiter dar.[1080] Hier ergänzen sich in idealer Weise die Anforderungen, die in Kapitel 3.4.3 zum Innovationserfolg von Teams abgeleitet wurden, mit den Anforderungen, die sich im Hinblick auf gesundheitsförderliche Teamarbeit ergeben.

[1077] Vgl. Gerlmaier/Kümmerling/Latniak (2010), S. 6.

[1078] Vgl. ebenda, S. 6.

[1079] Vgl. Frerichs (2010), S. 46ff. Der Begriff der „Salutogenese" geht auf Antonovsky zurück (vgl. Antonovsky, 1997) Die Salutogenese beschäftigt sich damit, was Menschen auch unter teils widrigen Bedingungen gesund erhält (vgl. Boes et al. (2008c) und (2010)). Die Annahme dabei ist, dass es nicht nur Belastungen sondern auch Ressourcen gibt, die den Menschen nicht qua Geburt dauerhaft mitgegeben sind, sondern im Lebensverlauf variabel und durch Strukturen beeinflussbar sind. So zeigt sich in neueren Studien (vgl. Hien (2008)), dass der von Antonovosky postulierte „Kohärenzsinn", sich durch persönliche Umstände wie z. B. die Arbeitssituation stark verändern kann, sowohl in eine positive als auch in eine negative Richtung.

[1080] Vgl. Boes et al. (2010).

Dem Human Resource Management kommt hier die Aufgabe zu, durch die Sensibilisierung der Führungskräfte und der Teamleiter für die Zusammenhänge von vertrauensvoller Teamarbeit, Gesundheit und Innovation die Rahmenbedingungen für Teamarbeit mit zu gestalten, die durch Führungskräfte und ihr Verhalten festgelegt werden. Darüber hinaus sollte durch das HR-Portfolio sichergestellt werden, dass die Kompetenzen der Team- und Projektleiter im Hinblick auf Teamentwicklung, Kommunikation, Konfliktmanagement und Projektmanagement so entwickelt werden, dass diese ihre Aufgabe bestmöglich erfüllen können. Auch die Unterstützung der Teamleiter durch Maßnahmen zur Teamentwicklung sollte durch das Human Resource Management sichergestellt werden. Durch die Vermittlung der o. g. Kompetenzen an die Schlüsselpersonen der Teams und durch die bedarfsgerechte Unterstützung der Teams nimmt das Human Resource Management positiv Einfluss auf das Entstehen von innovationsförderlichem Sozialkapital im Unternehmen.

Sowohl arbeitspsychologische und gerontologische Studien als auch die vorliegende empirische Erhebung zeigen, dass von sich verändernden Faktoren für Arbeitsmotivation und Arbeitszufriedenheit im Altersverlauf auszugehen ist.[1081] Dabei konnten in der vorliegenden Erhebung nicht explizit negative Altersbilder bei den befragten Führungskräften gefunden werden, die motivationshemmend wirken könnten.[1082] Vielmehr ist davon auszugehen, dass sich einzelne Facetten der Leistungsmotivation verändern.[1083] So haben ältere Mitarbeiter im Vergleich zu jüngeren ein geringeres Interesse an inner- und außerbetrieblicher Mobilität, Aufstieg und finanziellen Gratifikationen, wohingegen sie vermehrt Anerkennung ihres Erfahrungswissens, größere Handlungsspielräume, Partizipation an Entscheidungsprozessen und die Vereinbarkeit von Familie (sozialem Netzwerk) und Beruf wünschen.[1084] Diese sich verändernden Motive bedingen einen Paradigmenwechsel in der Anreizgestaltung des Unternehmens. Ein an Aufstiegsorientierung und monetären Anreizen ausgerichtetes „Performance Management“ wird den veränderten Kohortenkonstellationen zukünftig nicht mehr Rechnung tragen können. So müssen Konzepte entwickelt werden, die auch dem Bedürfnis nach Wertschätzung von Erfahrung und Work-Life-Balance nachkommen. Dem Human Resource Management kommt damit die Aufgabe zu, neue Modelle zu entwickeln, die sowohl in der Vergütung als auch in der Laufbahngestaltung den veränderten Bedürfnissen gerecht werden und die Motivation und Begeisterungsfähigkeit im Hinblick auf die Innovationsfähigkeit erhalten. Karriere-

[1081] Vgl. Frerichs (2010), S. 46, ferner Roßnagel/Hertel (2006), S. 183ff., Brinkmann (2007), S. 56ff.

[1082] Vgl. Kapitel 3.5.2.3 dieser Arbeit.

[1083] Vgl. Brinkmann (2007), S. 54ff.

[1084] Vgl. ebenda, S. 54ff.

pfade, die die Wertschätzung von Expertise (ohne Mitarbeiterverantwortung) und Erfahrung widerspiegeln und interessante, anregende horizontale Entwicklungen fördern, wurden bereits oben angeführt. Erfolgskritisch für die Motivation von erfahrenen Mitarbeitern ist jedoch nach wissenschaftlichen Erkenntnissen vor allem anderen die gezeigte Wertschätzung durch die Führungskräfte.[1085] Auch hier kommt dem Human Resource Management wieder die Rolle zu, durch Auswahl- und Entwicklung der Führungskräfte ein geeignetes Umfeld zu schaffen, in dem diese Wertschätzung transportiert und die Motivation zu kreativem Arbeiten aufrechterhalten werden kann.

Aufgrund der interindividuell großen Unterschiede in der Entwicklung der Arbeitnehmer werden auch nach Umsetzung aller empfohlenen Maßnahmen Mitarbeiter im Unternehmen beschäftigt sein, die keine Perspektive sehen, bis zum Rentenalter produktiv und innovativ zu arbeiten.[1086] Die Fluktuation von älteren Mitarbeitern wird in der zugrunde liegenden Befragung aktuell nicht negativ bewertet. Der Wissensabfluss wird als kompensierbar eingeschätzt. Erste praktische Erfahrungen und Initiativen zum „Expert Debriefing" liegen im untersuchten Unternehmen vor.[1087] Damit soll sichergestellt werden, dass auch Wissen, das weniger transferierbar ist, in mehreren Stufen explizierbar gemacht wird und somit in die organisationale Wissensbasis überführt werden kann. Das Human Resource Management ist somit in der Lage, auch das Organisationskapital positiv zu beeinflussen. Die Fluktuation Älterer wird derzeit eher als Chance zur Erneuerung gesehen, sodass aus Sicht der Befragten auch zukünftig von HR sichergestellt werden sollte, dass die Möglichkeit eines flexiblen oder vorgezogenen Austritts aus dem Unternehmen existiert. Diese Anforderung richtet sich im Human Resource Management Portfolio sowohl an „Alternative Ausstiegsmodelle" nach Wegfall der Altersteilzeit als auch an Prozesse der Nachfolgeregelungen.[1088] Hinsichtlich alternativer Ausstiegsmodelle werden sowohl in der Literatur als auch im untersuchten Unternehmen vor allem Zeitwertkonten genannt.[1089] Diese bieten die Möglichkeit, die Mitarbeiter langfristig an den Kosten für einen vorzeitigen Austritt vor Eintritt in die Altersrente zu beteiligen. Darüber hinaus bieten Langzeitkonten den Mitarbeitern die Chance, Sabbaticals für Phasen der persönlichen Fortbildung und Entwicklung zu nutzen. Damit sind Zeitwertkonten auch aus motivations- und gesundheitsfördernder Perspektive als sehr wirksam und wertvoll einzuschätzen.

[1085] Vgl. Kapitel 3.5.1, Ilmarinen (2000), Brinkmann (2007).

[1086] Vgl. Buck (2001a).

[1087] Zum Einsatz von Expert Debriefing im Wissensmanagement vgl. Dücker/Hartmann (2009), S. 21ff.

[1088] Vgl. Dücker/Hartmann (2009).

[1089] Vgl. Peuntner (2004), Sp. 1063ff., ferner Wagner (2004).

Die Ausführungen zum HR Portfolio haben gezeigt, dass auch auf der instrumentellen Ebene zahlreiche Gestaltungsoptionen existieren, mit denen ein strategisches Human Resource Management auch im demografischen Wandel dazu beitragen kann, die Innovationsfähigkeit der Organisation zu erhalten und zu fördern. Die nachfolgende Abbildung 24 stellt die empfohlenen Gestaltungsansätze sowohl auf der strategischen als auch auf der instrumentellen Ebene für das Fallunternehmen zusammenfassend dar.

Das empfohlene Bündel an Gestaltungsansätzen zeigt, dass das Modell in Abbildung 9 dazu beiträgt, das Portfolio des Human Resource Management innovationsförderlich auszurichten, um den Herausforderungen des demografischen Wandels Rechnung zu tragen. Die Nutzung von globalen Arbeitsmärkten und Arbeitsmarktreserven setzt voraus, dass eine enge Abstimmung von Unternehmens- und Standortstrategie mit dem Human Resource Management auf einer strategischen Ebene daten- und faktenbasiert erfolgt. Die empfohlenen Maßnahmen auf der operativen Ebene betreffen mithin sämtliche Funktionen des HR Cycle. Die zyklische Abstimmung der Elemente und der Informationsfluss von Daten, Wissen und Erfahrungen mit und über unterschiedliche Generationen zwischen den einzelnen HR Funktionen tragen maßgeblich dazu bei, die Ressourcenbasis innovationsförderlich zu gestalten.

Ressourcen-basis	HK	HK	SK	SK	OK	OK	OK
Einflussfaktoren auf Innovations-fähigkeit, auf die Organisations-demografie wirkt	Wissen - Kontext~ - Erfahrung~ - theoretisches	Motivation, Offenheit für Neues	Netzwerkstruktur (Heterogenität, Lose und feste Kopplungen, Zugang zu interorgani-sationalen Netzwerken)	Interaktion im Netzwerk hohe Kohäsion (geteilte Sprache, geteilte Werte), Kontext (Vision, partizipative Sicherheit, ...)	Handlungsspiel-räume der Akteure	Kognition und Erwartungen der der Führungskräfte	Werte und Einstellungen der Mitarbeiter
Handlungs-felder des Human Resource Management	• quantitative und qualitative Personalplanung • Rekrutierung • Arbeitsgestaltung • Personal-entwicklung	• Arbeitsgestaltung • Personal-entwicklung (Laufbahn-planung)	• quantitative und qualitative Personalplanung • Rekrutierung • Personal-entwicklung	• Diversity-management • Rekrutierung • Personal-entwicklung • Anreizsysteme	• Arbeitsgestaltung • Gesundheits-management • Personal-entwicklung (Laufbahn-planung)	• Führungs-kräfteent-wicklung • Diversity-management • Personal-entwicklung	• Führungskräfte-entwicklung • Diversity-management • Personal-entwicklung
Gestaltungs-empfehlungen aus strategischer Perspektive	Strategische Personalplanung in Abstimmung mit Unternehmens- und Lokationsstrategie, Arbeitgeberimage, Globale Beschaffung, Nutzung von Arbeitsmarktreserven v. a. Frauen, eigene Ausbildung internationalisieren, positive Lernkultur unterstützen (durch Maßnahmen der Personalentwicklung insbes. Laufbahnplanung), Vertrauenskultur fördern, Führungskräfte sensibilisieren und zum produktiven Umgang mit heterogener Belegschaft befähigen						
Gestaltungs-empfehlungen für das HR Portfolio	Arbeitgeberimage, lebensphasen-sensible Karriere-modelle, Job Rotation, erfahrungsadä-quater Einsatz	Führungskräfte-entwicklung, Kommunikation fördern, Modelle intergenerativer Zusammenarbeit fördern, Job Rotation, lebens-phasensensible Karrieremodelle entwickeln und kommunizieren, Gesundheits-management	Arbeitgeberimage, Globale Beschaffung, intensive Förderung von akademischem Nachwuchs, eigene Ausbildung, Nutzung von Arbeitsmarkt-reserven v. a. Frauen	Intergenerative Zusammenarbeit fördern, Führungskräfte-entwicklung, unterstützende Führungskultur fördern, direkte persönliche Kommunikation fördern	Transformations-prozesse nutzen, um Handlungs-spielräume aller Generationen zu erhalten oder zu erweitern, gesundheitliche Belastungen insbesondere im psychomentalen Bereich abbauen bzw. vermeiden	Sensibilisierung der Führungs-kräfte für lebensphasen-orientierte Gestaltung der Arbeitsorgani-sation, Wertschätzung von Erfahrung fördern, Wertschätzung von Vielfalt fördern	Direkte Kommunikation fördern, Reflexionsräume schaffen bzw. inszenieren, Führungskräfte-auswahl und -entwicklung

Abbildung 24: Empfohlene Gestaltungsansätze eines strategischen Human Resource Management im demografischen Wandel, Quelle: Eigene Darstellung

6. Fazit: Kritische Würdigung und Ausblick

Die Alterung und Schrumpfung der Erwerbsbevölkerung in zahlreichen Industrienationen stellt nicht nur Gesellschaften und produzierende Unternehmen sondern auch global aufgestellte Unternehmen der IT-Branche vor neue Herausforderungen. Die Innovationsfähigkeit dieser Unternehmen ist dabei in hohem Maße von der Kompetenz ihrer Mitarbeiter abhängig. Aufgrund des noch jungen Alters der Branche steckt die Beschäftigung mit Auswirkungen des demografischen Wandels bislang noch „in den Kinderschuhen".

Die vorliegende Arbeit hatte zum Ziel, einen Bezugsrahmen für Human Resource Management und die Innovationsfähigkeit in dieser Branche zu entwickeln, der es erlaubt, sowohl auf der Ebene strategischer Entscheidungsprozesse als auch auf einer instrumentellen Ebene Anforderungen an ein innovationsorientiertes Human Resource Management zu formulieren.[1090] Darüber hinaus sollten Wirkungszusammenhänge zwischen demografischem Wandel und Innovationsfähigkeit von Unternehmen erkundet werden, um die konzeptionell entworfenen Annahmen und Anforderungen zu spezifizieren. In einer empirischen Fallstudie wurde gezeigt, dass der in Kapitel 2 erarbeitete Bezugsrahmen die in der Praxis relevanten Aspekte systematisch erfasst. Der ganzheitliche Ansatz des Bezugsrahmens kann vor diesem Hintergrund in der Praxis dazu beitragen, Entwicklungen auf den externen und internen Arbeitsmärkten in ihrer Wechselwirkung mit einzelnen Ressourcen und Prozessen besser zu verstehen und weiter zu analysieren. In den einzelnen Funktionsbereichen des Human Resource Management ist es damit möglich, strategisch fundierte und aufeinander abgestimmte Entscheidungen zu treffen und externe Einflüsse ganz oder teilweise zu kompensieren.

Die empirische Untersuchung weist ferner darauf hin, dass die weltweit unterschiedlichen demografischen Entwicklungen die Kompensationsstrategien der Unternehmen angesichts schrumpfender Arbeitsmärkte in Europa deutlich beeinflussen. Eine fundierte strategische quantitative und qualitative Personalplanung in Abstimmung mit der Geschäftsstrategie wird erfolgskritische Voraussetzung. Dagegen hat die Beschaffung von Human Resources aufgrund der spezifischen Historie in der IT-Branche, sich auf engen Arbeitsmärkten behaupten zu müssen, von jeher einen hohen Stellenwert. Die zu erwartende Verknappung der Arbeitskräfte in Europa und Deutschland fordert diesbzgl. keine grundlegend neuen Strategien. Vielmehr erscheinen die vorhandenen HR Strategien zur globalen Beschaffung, zur Rekrutierung von Frauen und die Internationalisierung einer eige-

[1090] Vgl. Kapitel 1.2.

nen Ausbildung auch für die neuen Herausforderungen zukunftsfähig. Neue Strategieansätze gilt es für das Human Resource Management dagegen im Umgang mit zunehmend älteren und langjährigen Mitarbeitern insbesondere am Standort Deutschland zu formulieren.

Aus wissenschaftlicher Sicht konnte die Frage nach dem Beitrag von Erfahrung am Innovationsgeschehen nicht vollständig beantwortet werden. [1091] Die Janusköpfigkeit von Erfahrung, die die Literaturrecherche aufgedeckt hat, konnte empirisch nicht abschließend geklärt werden. Hierzu war der Anteil sehr erfahrener Mitarbeiter mit einem Alter über 50 Jahren im untersuchten Unternehmen zu gering.[1092] Die Hypothese, dass der Wert der Erfahrung durch veränderte Produktionsprozesse in der Softwareentwicklung zunehmen würde, konnte weder bestätigt noch widerlegt werden. Die Frage nach den Potenzialen und dem Mehrwert der Erfahrung für die Innovationsfähigkeit in der Softwareentwicklung stellt somit weiteren Forschungsbedarf dar.

Demgegenüber wurde in der Praxis vor allem die geeignete „Mischung“ von Erfahrung und neuen Perspektiven angeführt, was die Bedeutung der Zusammensetzung der Belegschaft und einzelner Teams in den Vordergrund der Betrachtung rückt und die Annahme zu innovationsförderlichem Sozialkapital unterstreicht.[1093] Das Aufrechterhalten einer „guten Mischung“ von jungen und erfahrenen, älteren Kollegen bei einer starken, verbindenden Unternehmenskultur erschien in der Praxis eine erfolgskritische Voraussetzung zu sein. Die Verantwortlichen gingen davon aus, dass der Zufluss und die Integration von neuem Wissen für die Innovationsfähigkeit unabdingbar sind und hauptsächlich über die Einstellung von jüngeren Mitarbeitern, deren Netzwerke und ihre Integration in das Unternehmen geschieht. Ein Personalplanungs- und Beschäftigungskonzept, das diesen Anforderungen Rechnung trägt, muss daher die kontinuierliche Kompetenzentwicklung des Individuums ebenso berücksichtigen wie die Notwendigkeit, den Austausch von Wissen zwischen den Bereichen zu unterstützen.[1094] Konzepte der Personalentwicklung und des personalen Wissenstransfers (z. B. durch Job Rotation, Coaching, Mentoring) wie sie in Abschnitt 5.2 beschrieben wurden, gewinnen daher auch in der IT-Branche neben den weit verbreiteten technikunterstützten Systemen des Wissensaustauschs an Bedeutung. Dabei kann die Akzeptanz dieser Maßnahmen in einer sehr stark auf virtueller Kommuni-

[1091] Vgl. Annahme HK1 zur Veränderung im Humankapital in Kapitel 3.4.2.

[1092] Nur 4% der Mitarbeiter in der Softwareentwicklung sind zum Untersuchungszeitpunkt älter als 50 Jahre im untersuchten Unternehmen.

[1093] Vgl. Annahme SK in Kapitel 3.4.3.

[1094] Vgl. den konzeptionellen Ansatz, der sowohl den „Stock“als auch den „Flow“ von Wissen als Bezugsgröße des Human Resource Management postuliert.

kation aufbauenden Unternehmenskultur in einem globalen Umfeld nicht grundsätzlich vorausgesetzt werden.

Sowohl in den konzeptionellen Vorüberlegungen zur Innovationsfähigkeit als auch in der empirischen Erhebung spielt der Handlungsspielraum der Mitarbeiter eine zentrale Rolle.[1095] So werden insbesondere Freiräume und die partnerschaftliche Kultur, aber auch der Zugang zu Ressourcen – in erster Linie der Zugang zu Kunden, aber auch der zu anderen internen Bereichen, zu Führungskräften oder Experten – als Voraussetzung für innovatives Handeln genannt. Diesen Handlungsspielraum zu ermöglichen und zu erhalten, ist im Hinblick auf längere Betriebszugehörigkeiten und ein höheres Durchschnittsalter der Belegschaft eine Kernaufgabe des strategischen Human Resource Management, welche durch Arbeits- und Organisationsgestaltung im Leistungserstellungsprozess nur in enger Abstimmung mit den Führungskräften und Mitarbeitern der Geschäftsbereiche zu bewältigen ist. Dem Human Resource Management kommt hier die Aufgabe zu, den Geschäftsbereichen die Expertise über die Zusammenhänge von Arbeitsgestaltung und Kompetenzentwicklung, von Teamzusammensetzung, Steuerung und Führung von Teams, von Arbeitsgestaltung und Motivation zur Verfügung zu stellen, so dass die Handlungsspielräume der Mitarbeiter entsprechend gestaltet werden können.

Hinsichtlich der empirischen Ergebnisse ist kritisch anzumerken, dass aufgrund der geringen Anzahl älterer Mitarbeiter im Unternehmen, die Aussagen und Empfehlungen der Experten vor allem auf Hypothesen bezüglich einer sich verändernden Ressourcenbasis beruhen und weniger auf Basis vorhandener Erfahrungen reflektiert werden konnten. Da die Hypothesen für die Entscheidungsträger jedoch handlungsleitend sind, ist davon auszugehen, dass die Entwicklungen in der Praxis wie prognostiziert eintreten und die Entscheidungen im Rahmen des Human Resource Management entsprechend beeinflusst werden.[1096]

Die Tiefe der Analyse und das gewählte Untersuchungsdesign eröffneten die Chance, eine fundierte Bewertung der erwarteten Risiken vorzunehmen und sehr konkrete Kompensations- und Gestaltungsmöglichkeiten auszuloten. Die Verbindung von Human Resource Management und Ressourcenbasis konnte detailliert nachvollzogen werden, sodass die Wirkungszusammenhänge, die sich aus dem konzeptionellen Rahmen ergaben, in der Praxis weiter spezifiziert werden konnten. So bestätigten die Befunde zum Sozialkapital die Hypothesen zur Bedeutung von geteilten Werten bei gleichzeitiger Heteroge-

[1095] Vgl. hierzu auch Annahme HK2 in Kapitel 3.4.2.

[1096] Vgl. Annahme OK1 in Kapitel 3.4.3.

nität und die Bedeutung von interorganisationalen Netzwerken für die erfolgreiche Innovation auch im untersuchten Unternehmen. Auch die aus der konzeptionellen Analyse abgeleiteten Anforderungen an die Organisationskultur konnten in der Empirie bestätigt werden, so dass auch hier konkrete Hinweise für das Human Resource Management im Hinblick auf Kompensationsstrategien bei sich verändernden Personalstrukturen gegeben werden konnten.

Aus wissenschaftlicher Sicht stellen die Auswirkungen, die sich durch neue Softwareentwicklungskonzepte auf Rollen, Laufbahnen, Führungskultur und Kompetenzentwicklung ergeben, weiteren Forschungsbedarf dar. Im untersuchten Unternehmen waren zum Zeitpunkt der Erhebung die sich verändernden Prozesse noch nicht etabliert. Aktuell ist jedoch abzusehen, dass die neuen Konzepte auch Auswirkungen auf die Ressourcenbasis haben und somit auch die Innovationsfähigkeit beeinflussen werden. Der vorliegende Bezugsrahmen kann dabei im Hinblick auf die zu untersuchenden Veränderungen Hinweise zur positiven Gestaltung der Innovationsfähigkeit für die Praxis geben.

Für die weitere Forschung ist zu empfehlen, zukünftig verstärkt branchenspezifisch in engem Zusammenwirken mit der Praxis die Auswirkungen des demografischen Wandels auf die IT-Branche zu erkunden. Nicht zuletzt deshalb, weil die Branche bislang wenige „ältere Mitarbeiter“ beschäftigt und auch die durchschnittliche Betriebszugehörigkeit deutlich niedriger ist als in Unternehmen des produzierenden Gewerbes.[1097] So werden auch in der IT-Branche die Herausforderungen für kleine und mittlere Unternehmen, die weniger stark von einer globalen Beschaffung oder einem starken Arbeitgeberimage profitieren können, andere sein, als die in der Arbeit skizzierten Anforderungen in einem global aufgestellten Großunternehmen. Die Komplexität des Themas, die sich aus der regional unterschiedlichen Verfügbarkeit von Humankapital am Arbeitsmarkt, der spezifischen Qualifikations- und Altersstruktur der Unternehmen und den diversen politischen Rahmenbedingungen ergibt, legt eine enge Kooperation von Wissenschaft, Praxis und Politik nahe, um frühzeitig geeignete Kompensationsstrategien für unterschiedliche Akteursgruppen zu erarbeiten.

Einen Beitrag können vor diesem Hintergrund Netzwerke von Unternehmen mit akademischen Partnern und Politikvertretern leisten, die sich gemeinsam um strategische Lösungsansätze auf politischer und ökonomischer Ebene bemühen. Die kooperative Bearbeitung des Themas demografischer Wandel durch die verschiedenen Akteure könnte

[1097] Zu den Annahmen OK 2 und OK 3, die eine sich auf eine langjährige Betriebszugehörigkeit beziehen, kann deshalb keine Aussage hinzugefügt werden.

zukünftige Entscheidungen auf regionalpolitischer oder nationaler Ebene beeinflussen und damit wieder neue strategische Optionen für Unternehmen eröffnen.

Anhang A: Aufbau des Leitfadens aus der Konzeption

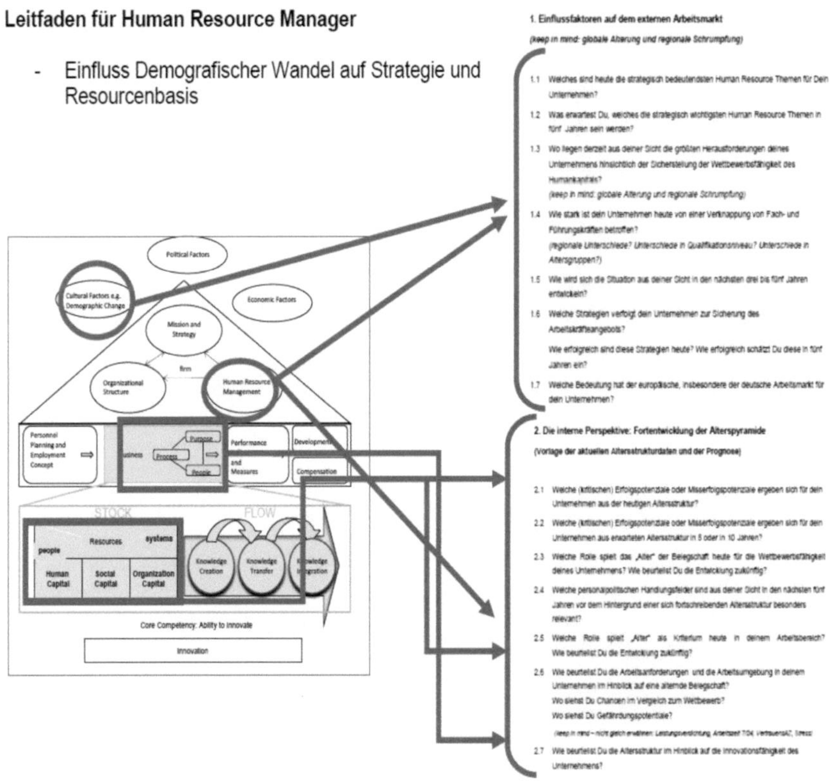

Leitfaden für Innovationsmanager

- Kernkompetenzen
- Wissensmanagementprozesse
- Einfluss Demografischer Wandel und HR
- Ressourcenbasis und Alter

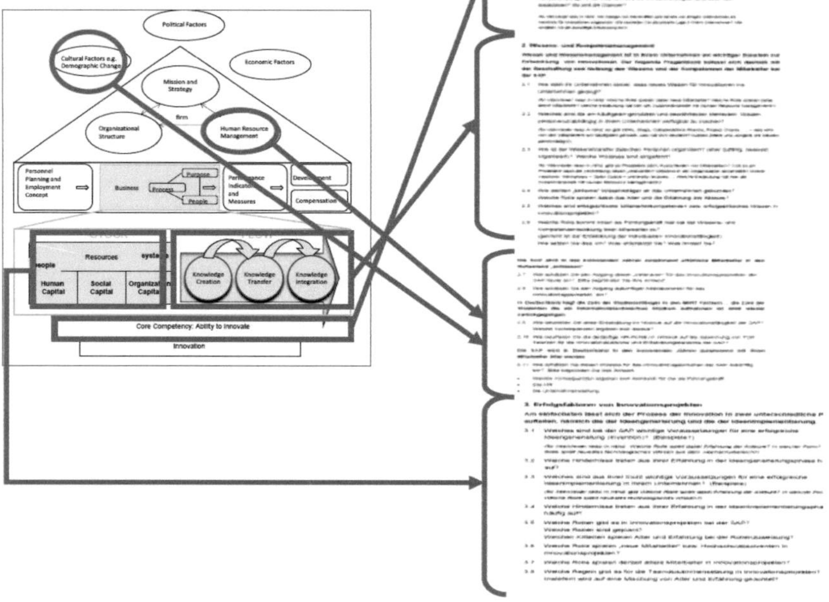

Anhang B: Liste der geführten Interviews

Innovationsmanager

Interview mit IN1 (Bereich Research) am 08. Mai 2009 in Rot

Interview mit IN2 (Bereich Research) am 28. Mai 2009 in Rot

Interview mit IN3 (Bereich Research) am 12. Mai 2009 in Rot

Interview mit IN4 (Bereich Entwicklung) am 08. Mai 2009 in Walldorf

Interview mit IN5 (Bereich Entwicklung) am 26. Mai 2009 in Rot

Interview mit IN6 (COO Bereich) am 14. April 2009 in Walldorf

Interview mit IN7 (COO Bereich) am 12. Mai 2009 in Walldorf

Interview mit IN8 (COO Bereich) am 14. Mai 2009 in Walldorf

Interview mit IN9 (Bereich Entwicklung) am 17. April 2009 in Walldorf

HR Manager / HR Experten

Interview mit H1 (HR CoE) am 24. März 2009 in Walldorf

Interview mit H2 (HR CoE) am 30. März 2009 in Walldorf

Interview mit H3 (HR CoE) am 22. April 2009 in Walldorf

Interview mit H4 (HR CoE) am 17. April 2009 in Walldorf

Interview mit H5 (HR CoE) am 17. April 2009 in Walldorf

Interview mit H6 (HR CoE) am 30. März 2009 in Walldorf

Interview mit H7 (HR CoE) am 27. März 2009 in Walldorf

Interview mit H8 (HR BP) am 07. April 2009 in Walldorf

Interview mit H9 (HR BP) am 12. Mai 2009 in Walldorf

Interview mit H10 (HR BP) am 07. April 2009 in Walldorf

Interview mit H11 (HR BP) am 27. März 2009 in Walldorf

Interview mit H12 (HR BP) am 23. April 2009 in Walldorf

Anhang C: Interviewleitfaden für Innovationsmanager

Warm-up

Bitte beschreibe zu Beginn Deine aktuelle Funktion und Deine Tätigkeitsschwerpunkte im Unternehmen.

1. Unternehmerische Ressourcen und Kernkompetenzen

Als Kernkompetenzen Ihres Unternehmens werden in Strategiepapieren folgende kommuniziert: Innovative Thinking, Business Acumen, Customer Orientation.

1.1. Was sind für Sie wichtige Voraussetzungen (Quellen) für die Entwicklung der Kernkompetenzen „Innovative Thinking" und „Customer Orientation" Ihres Unternehmens?

1.2. Welches sind aus Ihrer Sicht die wesentlichen Stärken Ihres Unternehmens, die zum Hervorbringen von Innovationen beitragen? *(wieder die TOP 3)*

Wie schützen Sie diese Stärken (Kompetenzen) vor dem Zugriff durch die Konkurrenz?

1.3. Welches sind aktuell die größten Hindernisse, Innovationen hervorzubringen und am Markt erfolgreich zu platzieren? *(wieder die TOP 3)*

1.4. Wo liegen aus Ihrer Sicht in den nächsten 5 bis 10 Jahren die größten Risiken bzw. Herausforderungen Ihres Unternehmens die Innovationsfähigkeit zu erhalten bzw. auszubauen? Wo sind die Chancen?

(for Interviewer keep in mind: Der Mangel von Fachkräften wird bereits von einigen Unternehmen als Hemmnis für Innovationen angesehen. Wie beurteilen Sie die aktuelle Lage in Ihrem Unternehmen? Wie schätzen Sie die zukünftige Entwicklung ein?)

1.5 Wie beurteilen Sie Ihr Unternehmen im Wettbewerbsumfeld hinsichtlich der Fähigkeit zur Innovation auf einer Skala von 1 bis 5. (1 = sehr gut, 5= mangelhaft).

1	2	3	4	5

1.6 Wie wichtig ist diese Fähigkeit im Hinblick auf den langfristigen Unternehmenserfolg? (1 = sehr wichtig, 5= unwichtig).

1	2	3	4	5

1.7 Wie beurteilen Sie die aktuelle Altersstruktur Ihres Unternehmens im Wettbewerbsumfeld hinsichtlich der Fähigkeit zur Innovation auf einer Skala von 1 bis 5.

(1 = sehr förderlich, 2= eher förderlich.... ... 5= sehr hinderlich)

1	2	3	4	5

1.8 Wie wichtig ist die Altersstruktur im Hinblick auf den langfristigen Unternehmenserfolg? (1 = sehr wichtig, 5= irrelevant).

1	2	3	4	5

2. Wissens- und Kompetenzmanagement

Wissen und Wissensmanagement ist in Ihrem Unternehmen ein wichtiger Baustein zur Entwicklung von Innovationen. Der folgende Fragenblock befasst sich deshalb mit der Beschaffung und Nutzung des Wissens und der Kompetenzen der Mitarbeiter bei der SAP.

2.1 Wie stellt Ihr Unternehmen sicher, dass neues Wissen für Innovationen ins Unternehmen gelangt?

(for Interviewer: keep in mind: Welche Rolle spielen dabei neue Mitarbeiter? Welche Rolle spielen dabei ältere Mitarbeiter? Welche Bedeutung hat hier die Zusammenarbeit mit Human Resource Management?)

2.2 Welches sind die am häufigsten genutzten und bewährtesten Methoden, Wissen personenunabhängig in ihrem Unternehmen verfügbar zu machen?

(for Interviewer keep in mind: es gibt Wikis, Blogs, Collaborations Rooms, Project Shares….. – was wird von den Mitarbeitern am häufigsten genutzt..was hat sich bewährt? Nutzen Ältere und Jüngere die Medien gleichmäßig?))

2.3 Wie ist der Wissenstransfer zwischen Personen organisiert? (eher zufällig, bewusst organisiert)? Welche Prozesse sind eingeführt?

(for Interviewer keep in mind: gibt es Prozedere beim Ausscheiden von Mitarbeitern? Gibt es ein Prozedere dass die Verbreitung neuen „relevanten" Wissens in der Organisation sicherstellt? Online Sessions- Workshops – Open Space – university lectures…. Welche Bedeutung hat hier die Zusammenarbeit mit Human Resource Management?)

2.4 Wie werden „kritische" Wissensträger an das Unternehmen gebunden? Welche Rolle spielen dabei das Alter und die Erfahrung der Akteure?

2.5 Welches sind erfolgskritische Mitarbeiterkompetenzen bzw. erfolgskritisches Wissen in Innovationsprojekten?

2.6 Welche Rolle kommt Ihnen als Führungskraft hier bei der Wissens- und Kompetenzentwicklung Ihrer Mitarbeiter zu?
(gemeint ist zur Entwicklung der individuellen Innovationsfähigkeit)
Wie setzen Sie dies um? Was unterstützt Sie? Was hindert Sie?

Die SAP wird in den kommenden Jahren zunehmend erfahrene Mitarbeiter in den Ruhestand „entlassen“.

2.7 Wie schätzen Sie den Abgang dieser „Veteranen“ für das Innovationsgeschehen der SAP heute ein? Bitte begründen Sie Ihre Antwort.

2.8 Wie schätzen Sie den Abgang zukünftiger Alterskohorten für das Innovationsgeschehen ein?

In Deutschland geht die Zahl der Studienanfänger in den MINT Fächern seit 2000 zurück. Die Zahl der Studenten, die ein informationstechnisches Studium aufnehmen, ist 2008 ebenfalls wieder zurückgegangen.

2.9 Wie beurteilen Sie diese Entwicklung im Hinblick auf die Innovationsfähigkeit der SAP? Welche Konsequenzen ergeben sich daraus?

2.10 Wie beurteilen Sie die derzeitige HR-Politik im Hinblick auf die Gewinnung von TOP Talenten für die Innovationsbereiche und Entwicklungsbereiche der SAP?

Die SAP wird in Deutschland in den kommenden Jahren zunehmend mit ihren Mitarbeiter älter werden.

2.11 Wie schätzen Sie diesen Prozess für das Innovationsgeschehen der SAP zukünftig ein? Bitte begründen Sie Ihre Antwort.

- Welche Konsequenzen ergeben sich hierdurch für Sie als Führungskraft.
- das HR
- die Unternehmensleitung

2.12 Wie beurteilen Sie die Arbeitssituation Ihrer Mitarbeiter hinsichtlich der Möglichkeit, sich eigenverantwortlich neues Wissen für Innovationen anzueignen?

(auf einer Skala von 1 = sehr förderlich bis 5= sehr hinderlich)

1	*2*	*3*	*4*	*5*

kurze Begründung:

2.13 Wie beurteilen Sie das Human Resource Management in Ihrem Unternehmen unter dem Aspekt der Förderung der innovationsrelevanter Mitarbeiterkompetenzen?

(auf einer Skala von 1 = sehr gut bis 5= mangelhaft)

1	*2*	*3*	*4*	*5*

kurze Begründung:

3. Erfolgsfaktoren von Innovationsprojekten

Am einfachsten lässt sich der Prozess der Innovation in zwei unterschiedliche Phasen aufteilen, nämlich die der Ideengenerierung und die der Ideenimplementierung.

3.1 Welches sind bei der SAP wichtige Voraussetzungen für eine erfolgreiche Ideengenerierung (Invention)? (Beispiele?)

(for Interviewer keep in mind: Welche Rolle spielt dabei Erfahrung der Akteure? In welcher Form? Welche Rolle spielt neuestes technologisches Wissen aus dem Hochschulbereich?)

3.2 Welche Hindernisse treten aus Ihrer Erfahrung in der Ideengenerierungsphase häufig auf?

3.3 Welches sind aus Ihrer Sicht wichtige Voraussetzungen für eine erfolgreiche Ideenimplementierung in Ihrem Unternehmen? (Beispiele)

(for Interviewer keep in mind: gibt Welche Rolle spielt dabei Erfahrung der Akteure? In welcher Form? Welche Rolle spielt neuestes technologisches Wissen?)

3.4 Welche Hindernisse treten aus Ihrer Erfahrung in der Ideenimplementierungsphase häufig auf?

3.5 Welche Rollen gibt es in Innovationsprojekten bei der SAP?
Welche Rollen sind geplant?
Welchen Kriterien spielen Alter und Erfahrung bei der Rollenzuweisung?

3.6 Welche Rolle spielen „neue Mitarbeiter“ bzw. Hochschulabsolventen in Innovationsprojekten?

3.7 Welche Rolle spielen derzeit ältere Mitarbeiter in Innovationsprojekten?

3.8 Welche Regeln gibt es für die Teamzusammensetzung in Innovationsprojekten?
Inwiefern wird auf eine Mischung von Alter und Erfahrung geachtet?

In der Literatur kann man von einem Paradigmenwechsel in der Softwareentwicklung lesen „Vom Technology Push zum Market Pull“. Außerdem wird von einer zunehmenden Standardisierung der Entwicklungsprozesse und einer so genannten „Industrialisierung“ gesprochen.

3.9 Inwiefern treffen diese Trends auch auf die SAP zu?

3.10 Inwiefern verändern Sie Innovationsprozesse der SAP?

3.11 Inwiefern verändern diese die Anforderungen an zukünftige Belegschaften?

(individuell, Zusammenarbeit, Wissensmanagement, Werte/Kultur)

3.12 Wie würden Sie das Innovationsklima in Ihrem Unternehmen auf einer Skala von 1 bis 5 einschätzen? (1= sehr innovationsfreundlich, 5= sehr innovationshinderlich)

1	2	3	4	5

3.13 Wie würden sie das Innovationsklima in dem von Ihnen verantworteten Bereich auf einer Skala von 1 bis 5 einschätzen? (1= sehr innovationsfreundlich, 5= sehr innovationshinderlich)

1	*2*	*3*	*4*	*5*

Kurze Begründung:

3.14 Beurteilen Sie die derzeitige HR-Politik bei der SAP im Hinblick auf eine älter werdende Belegschaft auf einer Skala von 1 bis 5.

(1=bereitet optimal auf zukünftige Herausforderungen vor, 5= in keiner Weise geeignet)

1	**2**	**3**	**4**	**5**

3.15 Wie wichtig ist die heutige HR Politik für den langfristigen Unternehmenserfolg auf einer Skala von 1 bis 5.

(1=sehr wichtig, 5= unwichtig)

1	**2**	**3**	**4**	**5**

Allgemeine Angaben zur Person:

Bereich	
Funktion	
Geschlecht	
Betriebszugehörigkeitsdauer	
Berufserfahrung nach dem Studium	
Alter (freiwillig)	
Alter	25-34 35-44 45-54 55+

Anhang D: Interviewleitfaden für HR-Experten

Warm-up

Bitte beschreibe zu Beginn Deine aktuelle Funktion und Deine Tätigkeitsschwerpunkte im Unternehmen

1. Einflussfaktoren auf dem externen Arbeitsmarkt

(keep in mind: globale Alterung und regionale Schrumpfung)

1.1 Welche sind heute die strategisch bedeutendsten Human Resource Themen für Dein Unternehmen?

1.2 Was erwartest Du, welches die strategisch wichtigsten Human Resource Themen in fünf Jahren sein werden?

1.3 Wo liegen derzeit aus deiner Sicht die größten Herausforderungen deines Unternehmens hinsichtlich der Sicherstellung der Wettbewerbsfähigkeit des Humankapitals?
(keep in mind: globale Alterung und regionale Schrumpfung)

1.4 Wie stark ist dein Unternehmen heute von einer Verknappung von Fach- und Führungskräften betroffen?
(regionale Unterschiede? Unterschiede in Qualifikationsniveau? Unterschiede in Altersgruppen?)

1.5 Wie wird sich die Situation aus deiner Sicht in den nächsten drei bis fünf Jahren entwickeln?

1.6 Welche Strategien verfolgt dein Unternehmen zur Sicherung des Arbeitskräfteangebots?

Wie erfolgreich sind diese Strategien heute? Wie erfolgreich schätzt Du diese in fünf Jahren ein?

1.7 Welche Bedeutung hat der europäische, insbesondere der deutsche Arbeitsmarkt für dein Unternehmen?

1.8 Wie beurteilst Du dein Unternehmen im Wettbewerbsumfeld hinsichtlich der Fähigkeit, gute Mitarbeiter zu gewinnen (auf einer Skala von 1 = sehr gut bis 5= mangelhaft)

1	2	3	4	5

1.9 Wie wichtig ist diese Fähigkeit für den Wettbewerbserfolg deines Unternehmens (auf einer Skala von 1 = sehr wichtig bis 5= unwichtig)?

1	2	3	4	5

2. Die interne Perspektive: Fortentwicklung der Alterspyramide

(Vorlage der aktuellen Altersstrukturdaten und der Prognose)

2.1 Welche (kritischen) Erfolgspotenziale oder Misserfolgspotenziale ergeben sich für dein Unternehmen aus der heutigen Altersstruktur?

2.2 Welche (kritischen) Erfolgspotenziale oder Misserfolgspotenziale ergeben sich für dein Unternehmen aus der erwarteten Altersstruktur in 5 oder in 10 Jahren?

2.3 Welche Rolle spielt das „Alter“ der Belegschaft heute für die Wettbewerbsfähigkeit deines Unternehmens? Wie beurteilst Du die Entwicklung zukünftig?

2.4 Welche personalpolitischen Handlungsfelder sind aus deiner Sicht in den nächsten fünf Jahren vor dem Hintergrund einer sich fortschreibenden Altersstruktur besonders relevant?

2.5 Welche Rolle spielt „Alter“ als Kriterium heute in deinem Arbeitsbereich? Wie beurteilst Du die Entwicklung zukünftig?

2.6 Wie beurteilst Du die Arbeitsanforderungen und die Arbeitsumgebung in deinem Unternehmen im Hinblick auf eine alternde Belegschaft?
Wo siehst Du Chancen im Vergleich zum Wettbewerb?
Wo siehst Du Gefährdungspotenziale?

(keep in mind – nicht gleich erwähnen: Leistungsverdichtung, Arbeitszeit 7/24, VertrauensAZ, Stress)

2.7 Wie beurteilst Du die Altersstruktur im Hinblick auf die Innovationsfähigkeit des Unternehmens?

2.8 Beurteile die derzeitige HR-Politik bei der SAP im Hinblick auf eine älter werdende Belegschaft auf einer Skala von 1 bis 5.

(1=bereitet optimal auf zukünftige Herausforderungen vor, 5= in keiner Weise geeignet)

1	2	3	4	5

2.9 Wie wichtig ist die heutige HR Politik für den langfristigen Unternehmenserfolg auf einer Skala von 1 bis 5.

(1=sehr wichtig, 5= unwichtig)

1	2	3	4	5

Allgemeine Angaben zur Person:

Bereich	
Funktion	
Geschlecht	
Betriebszugehörigkeitsdauer	
Berufserfahrung nach dem Studium	
Alter (freiwillig)	
Alter	25-34 35-44 45-54 55+

Literaturverzeichnis

Adner, R. / Helfat, C. E. (2003): Corporate Effects and Dynamic Managerial Capabilities, in: Strategic Management Journal, Band 24, S. 1011-1025.

Ahrens, D. (2004): Erfahrungsbasiertes Wissen und experimentelles Lernen: Die Macht „unscharfen Wissens“, in: Jennewein, K. / Knauth, P. / Röben, P. / Zülch, G. (Hrsg.): Kompetenzentwicklung in Arbeitsprozessen, Baden-Baden, S. 363-371.

Amabile, T. M. (1996): Creativity in Context, Oxford.

Amit, R. / Schoemaker, P. J. H. (1993): Strategic Assets and Organizational Rent, in: Strategic Management Journal, Band 14, S. 33-46.

Anderson, N. R. / West, M. A. (1998): Measuring Climate for Work Group Innovation: Development and Validation of the Team Climate Inventory, in: Journal of Organizational Behavior, Band 19, Heft 3, S. 235-258.

Andrews, K. R. (1971): The Concept of Corporate Strategy, Homewood.

Antonovsky, A. (1997): Salutogenese. Zur Entmystifizierung von Gesundheit, Tübingen.

Aschenbrücker, K. (2004): Kreativitätspotenziale und deren Förderung, in: Handwörterbuch des Personalwesens, 3. Auflage, Stuttgart, S. 1025-1034.

Astheimer, S. (2010): Haltet die Alten, in: Frankfurter Allgemeine Zeitung, Nr. 197, 26.08.2010, S. 10.

Astheimer, S. (2008): Arbeitsmarkt: Fachkräftemangel kann 4,6 Billionen Euro kosten, in: Online-Dokument, URL http://berufundchance.fazjob.net, Stand Oktober 2008, abgerufen am: 16.10.2008.

Astor, M. / Fröhner, K.-D. / Nawroth, K. / Reindl, J. (2000): Das Alter der Innovateure: Ein Handlungsfeld des Innovationsmanagements, in: Köchling, A. / Astor, M. / Fröhner, K.-D. / Hartmann, E. A. / Hitzblech, T. / Jasper, G. / Reindl, J. (Hrsg.): Innovation und Leistung mit älterwerdenden Belegschaften, München / Mering, S. 214-220.

Athey, R. (2004): It´s 2008. Do You Know Where Your Talent Is? Why Acquisition and Retention Strategies Don’t Work, A Deloitte Research Study, Schweiz.

Atteslander, P. (2003): Methoden der empirischen Sozialforschung, 10. Auflage, Berlin.

Ax, C. (2000): Handwerk: Zukunft in einer alternden Gesellschaft – Einblicke und Ausblicke, in: Rothkirch, C. (Hrsg.): Altern und Arbeit: Herausforderungen für Wirtschaft und Gesellschaft. Beiträge, Diskussionen und Ergebnisse eines Kongresses mit internationaler Beteiligung, Berlin, S. 148-166.

Backes-Gellner, U. (2009): Ergebnisse und Schlussfolgerungen, in: Nova Acta Leopoldina NF 101, Nr. 365, Halle (Saale), S. 145-157.

Backes-Gellner, U. / Freund, W. / Kay, R. / Kranzusch, P. (2000): Wettbewerbsfaktor Fachkräfte. Rekrutierungschancen und -probleme von kleinen und mittleren Unternehmen, Wiesbaden.

Badura, B. / Schellschmidt, H. / Vetter, C. (Hrsg.) (2003): Fehlzeiten-Report 2002. Zahlen, Daten, Analysen aus allen Branchen der Wirtschaft. Demographischer Wandel: Herausforderungen für die betriebliche Personal- und Gesundheitspolitik, Berlin et al..

Barney, J. (1991): Firm Resources and Sustained Competitive Advantage, in: Journal of Management, Band 17, S. 99-120.

Barney, J. / Zajac, E. J. (1994): Competitive Organizational Behavior: Toward an Organizationally-Based Theory of Competitive Advantage, in: Strategic Management Journal, Band 15, S. 5-9.

Barney, J. (2001): Resource-Based Theories of Competitive Advantage: A Ten Year Retrospective on the Resource-Based View, in: Journal of Management, Band 27, S. 643-650.

Barney, J. / Wright, M. / Ketchen, D. (2001): The Resource-Based View of the Firm: Ten Years after 1991, in: Journal of Management, Band 27, S. 625-641.

Barth, H. J. / Heimer, A. / Pfeiffer, I. (2006): Von Vorbildern lernen - „Best Practice"-Strategien und Initiativen aus zehn Ländern, in: Bertelsmann-Stiftung (Hrsg.): Älter werden – aktiv bleiben. Beschäftigung in Wirtschaft und Gesellschaft, Gütersloh, S. 153-228.

Bartlett, C. / Ghoshal, S. (1994): Changing the Role of Top Management: Beyond Strategy to Purpose, in: Harvard Business Review, S. 79-88.

Bartlett, C. / Ghoshal, S. (1995a): Changing the Role of Top Management: Beyond Structure to Processes, in: Harvard Business Review, S. 86-96.

Bartlett, C. / Ghoshal, S. (1995b): Changing the Role of Top Management: Beyond Systems to People, in: Harvard Business Review, S. 132-142.

Bartscher, T. (2006): Durchwursteln gilt nicht mehr: Was Firmen und Mitarbeiter tun können, damit die Arbeitsbeziehung bis zur Rente funktioniert, in: Computerwoche Heft 18, S. 31.

Bea, F. X. / Haas, J. (2005): Strategisches Management, 4. Auflage, Stuttgart.

Beck, M. (2002): Grundsätze der Personalplanung, Wiesbaden (zugl. Diss., Universität Mannheim 2002).

Beck, U. (1997): Was ist Globalisierung? Frankfurt a. M.

Beck, U. (1998): Risikogesellschaft, 14. Auflage, Frankfurt a. M.

Becker, G. (1964): Human Capital, New York.

Becker, A. / Brauner, E. / Duschek, S. (2006): Transaktives Wissen, Kompetenzen und Wettbewerbsvorteile: Der Akteur als strategischer Faktor. Kompetenzentwicklung für eine dynamische Umwelt, in: Schreyögg, G. / Conrad, P. (Hrsg.): Management von Kompetenz, Wiesbaden, S. 201-230.

Becker, F. G. / Martin, A. (Hrsg.) (1993): Empirische Personalforschung: Methoden und Beispiele, München.

Becker, F. G. / Bobrichtchev, R. / Henseler, N. (2004): Ältere Arbeitnehmer und alternde Belegschaften: eine empirische Studie bei den 100 größten deutschen Unternehmen, Diskussionspapier Nr. 256 der Fakultät für Wirtschaftswissenschaften, Bielefeld.

Becker, M. (1998): Kompetenzentwicklung für eine dynamische Umwelt, in: Schulz, M. / Stange, B. / Tielker, W. / Weiß, R. / Zimmer, G. (Hrsg.): Wege zur Ganzheit – Profilbildung einer Pädagogik für das 21. Jahrhundert, Weinheim.

Becker, M. (2003): Personalentwicklung. Bildung, Förderung und Organisationsentwicklung in Theorie und Praxis, 3. Auflage, Stuttgart.

Becker, M. / Schwarz, V. / Schwertner, A. (Hrsg.) (2002): Theorie und Praxis der Personalentwicklung. Aktuelle Beiträge aus Wissenschaft und Praxis, 2. Auflage, München / Mering.

Becker, M. / Schwertner, A. (Hrsg.) (2002): Personalentwicklung als Kompetenzentwicklung, München / Mering.

Behrend, C. (2001): Erwerbsarbeit im Wandel, Beschäftigungsstrukturen älterer Arbeitnehmer und Übergänge in den Ruhestand, in: Deutsches Zentrum für Altersfragen (Hrsg.): Expertisen zum dritten Altenbericht der Bundesregierung, Band 2, Opladen, S. 11-129.

Behrend, C. (Hrsg.) (2002a): Chancen für die Erwerbsarbeit im Alter. Betriebliche Personalpolitik und ältere Erwerbstätige, Opladen.

Behrend, C. (2002b): Erwerbsarbeit Älterer im Wandel – demografische Herausforderungen und Veränderungen der Arbeitsgesellschaft, in: Behrend, C. (Hrsg.): Chancen für die Erwerbsarbeit im Alter. Betriebliche Personalpolitik und ältere Erwerbstätige, Opladen, S.11-30.

Behrends, T. (2001): Organisationskultur und Innovativität. Eine kulturtheoretische Analyse des Zusammenhangs zwischen Handlungsgrammatik und innovativem Organisationsverhalten, München / Mering.

Behrends, T. (2003): Organisationskultur, in: Martin, A. (Hrsg.): Organizational Behaviour – Verhalten in Organisationen, Stuttgart, S. 241-262.

Behrens, J. (2000): Was Demographie mit Kinder kriegen zu tun hat und was uns vorzeitig alt aussehen lässt – Illusionen im Trendmodell der Erwerbszeit, in: Rothkirch, C. von : Altern und Arbeit: Herausforderungen für Wirtschaft und Gesellschaft. Beiträge, Diskussionen und Ergebnisse eines Kongresses mit internationaler Beteiligung, Berlin, S. 228-259.

Behrens, J. (2001): Was uns vorzeitig „alt aussehen“ lässt. Arbeits- und Laufbahngestaltung – Voraussetzung für eine länger andauernde Erwerbstätigkeit, in: Politik und Zeitgeschichte, Band 3-4, S. 14-22.

Behringer, F. (1999): Beteiligung an beruflicher Weiterbildung. Humankapitaltheoretische und handlungstheoretische Erklärung und empirische Evidenz, Opladen.

Behringer, F. (2002): Weiterbildungsbeteiligung älterer Arbeitnehmer, in: Behrend, C. (Hrsg.): Chancen für die Erwerbsarbeit im Alter. Betriebliche Personalpolitik und ältere Erwerbstätige, Opladen, S. 33-46.

Bellmann, K. / Freiling, J. / Hammann, P. / Mildenberger, U. (Hrsg.) (2002): Aktionsfelder des Kompetenz-Managements, Wiesbaden.

Bergmann, B. (1998): Tätigkeitsanforderungen im Verlauf der Berufsbiografie, in: Zeitschrift für Arbeits- und Organisationspsychologie, Heft 1, S. 1-14.

Bergmann, B. (2000): Arbeitsimmanente Kompetenzentwicklung, in: Arbeitsgemeinschaft für betriebliche Weiterbildungsforschung e.V. (Hrsg.): Kompetenzentwicklung und Berufsarbeit, Münster, S. 11-40.

Bergmann, B. (2001): Innovationsfähigkeit älterer Arbeitnehmer, in: Arbeitsgemeinschaft für betriebliche Weiterbildungsforschung e.V. (Hrsg.): Kompetenzentwicklung 2001: Tätigsein – Lernen – Innovation, Münster, S. 13-52.

Bergmann, G. / Daub, J. (2006): Systemisches Innovations- und Kompetenzmanagement: Grundlagen – Prozesse – Perspektiven, Wiesbaden.

Berndes, S. / Kornwachs, K. / Lünstroth. U. (2002): Softwareentwicklung – Erfahrung und Innovation, Berlin, Heidelberg.

Bertelsmann Stiftung (Hrsg.) (2001): Leitfaden Systematisches Beschäftigungs-Management. Hilfestellung für ein modernes Personalmanagement, Gütersloh.

Bertelsmann Stiftung / Bundesvereinigung der Deutschen Arbeitgeberverbände (Hrsg.) (2003): Erfolgreich mit älteren Arbeitnehmern, Bielefeld.

Beyer, M. / Stephan, M. (2006): Kompetenzbasierte Diversifikationsstrategien in das industrielle Servicegeschäft, in: Burmann, C. / Freiling, J. / Hülsmann, M. (Hrsg.): Neue Perspektiven des Strategischen Kompetenz-Managements, Wiesbaden, S. 185-219.

Birg, H. (2005): Strategic Options for a Migration and Family Oriented Demographic Policy in Germany and Europe, in: Caesar, R. / Lammers, K. / Scharrer, H. E. (Hrsg.): Europa auf dem Weg zum wettbewerbsfähigsten und dynamischsten Wirtschaftsraum der Welt? Eine Zwischenbilanz der Lissabon Strategie, Baden-Baden, S. 97-136.

BITKOM (Hrsg.) (2008): Frauen meiden technische Ausbildungen und Studiengänge, Online-Dokument, URL: http://www.bitkom.org/de/presse/56204_52785.aspx, Stand Juni 2008, abgerufen am: 01.02.2010.

BITKOM (Hrsg.) (2007a): Standortnachteil Fachkräftemangel: Fakten und Lösungsansätze. Wie Politik, Wirtschaft und Wissenschaft den Hightech-Standort Deutschland nachhaltig stärken könnten, Berlin.

BITKOM (Hrsg.) (2007b): Daten zur Informationsgesellschaft – Status Quo und Perspektiven Deutschlands im internationalen Vergleich, Berlin.

BITKOM (2007c): Interesse am Informatikstudium in Deutschland sinkt weiter, Online Dokument, URL: http:// www.bitkom.org.de/presse/49914_42907.aspx, Stand Oktober 2007, abgerufen am: 18.11.2008.

BITKOM (Hrsg.) (2007d): Standpunkte zur Zuwanderung hochqualifizierter Arbeitskräfte. Den Wettbewerb um die besten Köpfe gewinnen, Berlin.

Bläsche, A. (2006): Betriebliche Handlungsorientierungen in modernen Dienstleistungsfeldern am Beispiel neugegründeter Betriebe der Software und Multimediaindustrie, München / Mering.

BMBF– Bundesministerium für Bildung und Forschung (Hrsg.) (2001): Telearbeit. Leitfaden für flexibles Arbeiten in der Praxis, in: pdf-Dokument, URL: http://www.bmbf.de/pub/telearbeit.pdf, Stand: Februar 2001, abgerufen am: 14. Juli 2004.

BMBF–Bundesministerium für Bildung und Forschung (Hrsg.) (2003): Informationsgesellschaft Deutschland, in: pdf-Dokument, URL: http://www.bmbf.de/pub/informationsgesellschaft_deutschland.pdf, Stand: Februar 2002, abgerufen am: 20.02.2003.

BMBF–Bundesministerium für Bildung und Forschung (Hrsg.) (2005): Zur technologischen Leistungsfähigkeit Deutschlands 2005, Berlin.

BMBF–Bundesministerium für Bildung und Forschung (Hrsg.) (2009): Forschung und Innovation für Deutschland, Bilanz und Perspektive, Berlin.

BMFSFJ–Bundesministerium für Familie, Senioren, Frauen und Jugend (Hrsg.) (2006): Frauenmachenkarriere.de, in: Online-Dokument, URL: http://www.frauenmachenkarriere.de/Home/, abgerufen am: 03.02.2010.

BMWi–Bundesministerium für Wirtschaft und Technologie (2008): Demografische Entwicklung und wirtschaftspolitische Herausforderungen, Thesenpapier vom 04. Juni, Berlin.

Boeddrich, H.-J. (2005): Ideas in the Workplace – A new Approach to Organise the Fuzzy Front End of the Innovation Process, in: Jöstingmeier, B. / Boeddrich, H.-J. (Hrsg.), Cross Cultural Innovation, Results of the 8th European Conference on Creativity and Innovation, Wiesbaden, S. 3-19.

Böhle, F. / Bolte, A. / Dunkel, W. / Pfeiffer, S. / Porschen, S. / Sevsay-Tegethoff, N. (2004): Der gesellschaftliche Umgang mit Erfahrungswissen: Von der Ausgrenzung zur neuen Grenzziehungen, in: Beck, U, / Lau, C. (Hrsg.): Entgrenzung und

Entscheidung: Was ist neu an der Theorie reflexiver Modernisierung? Frankfurt a. M., S. 95-122.

Böhne, A. / Wagner, D. (2002): Managing Age im Rahmen von Managing Diversity, in: Behrend, C. (Hrsg.): Chancen für die Erwerbsarbeit im Alter. Betriebliche Personalpolitik und ältere Erwerbstätige, Opladen, S. 33-46.

Börsch-Supan, A. / Düzgün, I. / Weiss, M. (2006): Altern und Produktivität: Zum Stand der Forschung, MEA Diskussionspapier Nr. 148-06, Mannheim.

Börsch-Supan, A. (2009): Gesamtwirtschaftliche Folgen des demographischen Wandels in: Nova Acta Leopoldina, NF 102, Nr. 366, Halle (Saale). S. 21-41.

Börsch-Supan, A. / Düzgün, I. / Weiss, M. (2009): Alter und Produktivität – eine neue Sichtweise, in: Nova Acta Leopoldina, NF 102, Nr. 366, Halle (Saale). S. 53-62.

Börsch-Supan, A. / Erlinghagen, M. / Jürges, H. / Hank, K. / Wagner, G. G. (2009): Produktivität, Wettbewerbsfähigkeit und Humanvermögen in alternden Gesellschaften, in: Nova Acta Leopoldina, NF 102, Nr. 366, Halle (Saale), S. 9-19.

Börsch-Supan, A. / Wilke, C. B. (2007): Szenarien zur mittel- und langfristigen Entwicklung der Anzahl der Erwerbspersonen und der Erwerbstätigen in Deutschland, MEA Diskussionspapier Nr. 153-07, Mannheim.

Boes, A. / Baukrowitz A. (2002): Arbeitsbeziehungen in der IT-Industrie, Berlin.

Boes, A. / Kämpf, T. / Marrs, K. / Trinks, K. (2008a): Nicht kopieren - innovieren! Erfolgsfaktoren nachhaltiger Internationalisierungskonzepte im globalen Wettbewerb, in: pdf- Dokument, URL: http://www.isf-muenchen.de/pdf/080311_ExportIT_AP4.pdf, Stand: 08.02.2008, abgerufen am: 15.02.2010.

Boes, A. / Bultemeier, A. / Kämpf, T. / Marrs, K. / Trinks, K. (2008b): Gesundheit am seidenen Faden. Innenansichten zu den Herausforderungen der Gesundheitsförderung in der IT Industrie, in: pdf-Dokument, URL: http://www.isf-muenchen.de/pdf/arbeitspapier_02_v3.pdf, Stand: 25.11.2008, abgerufen am: 15.02.2010.

Boes, A. / Bultemeier, A. / Kämpf, T. / Marrs, K. / Trinks, K. (2008c): Gesundheitliche Belastungen in der IT-Industrie. Von der Zeitenwende zu einer neuen Belastungskonstellation, in: pdf-Dokument, URL: http://www.isf-muenchen.de/pdf/arbeitspapier_01_v5.pdf, Stand: 07.02.2008, abgerufen am: 15.02.2010.

Boes, A. / Kämpf, T. / Trinks, K. (2010): Handle, bevor dein Körper für dich handelt, in: pdf-Dokument, URL: http://www.diwa-it.de/img/content/100505_isf_abschluss konferenz_diwa_final.pdf, Stand: 18.05.2010, abgerufen am: 15.07.2010.

Boes, A. / Trinks, K. (2006): „Theoretisch bin ich frei!" Interessenhandeln und Mitbestimmung in der IT-Industrie, Berlin.

Bolino, M. C. / Turnley, W. H. / Bloodgood, J. M. (2002): Citizenship Behavior and the Creation of Social Capital in Organizations, in: Academy of Management Review, Band 27, S. 505-532.

Bonn, G. (2002): Personalmanagement und Kreativität von Unternehmen. Der Einfluss von personalpolitischen Maßnahmen auf die Innovationsfähigkeit, Wiesbaden.

Boockmann, B. / Zwick, T. (2004a): Beschäftigung älterer Arbeitnehmer: Fakten zählen mehr als Einschätzungen, in: ZEW news, S. 1-2.

Boockmann, B. / Zwick, T. (2004b): Determinanten der Beschäftigung älterer Arbeitnehmer, in: Zeitschrift für Arbeitsmarktforschung, Heft 1, S. 53-63.

Boos, M. (1993): Die Fallstudienmethodik, in: Becker, F. / Martin , A. (Hrsg.): Empirische Personalforschung – Methoden und Beispiele, München / Mering, S. 33-46.

Bortz, J. / Döring, N. (2002): Forschungsmethoden und Evaluation für Human- und Sozialwissenschaftler, 3. Auflage, Heidelberg.

Boxall, P. F. (1996): The Strategic Human Resource Management Debate and the Resource-Based View of the Firm, in: Human Resource Management Journal, Heft 3, S. 59-75.

Bresser, R. K. F. (2004): Ressourcenbasierter Ansatz, in: Schreyögg, G. / Werder, A. v. (Hrsg.): Handwörterbuch Unternehmensführung und Organisation, 4. Auflage, Stuttgart, Sp. 1269-1278.

Brinkmann, R. (2007): Berufsbezogene Leistungsmotivation und Leistungsorientierung älterer Arbeitnehmer. Ergebnisse eines explorativen Forschungsprojekts zur kontroversen Diskussion um die Leistungsmotivation und Leistungsorientierung älterer Arbeitnehmer, in: pdf-Dokument, URL: http://www.boeckler.de/pdf_fof/S-2004-620-3-1.pdf, abgerufen am: 16. Juli 2010.

Broedel, R. / Kreimeyer, J. (Hrsg.) (2004): Lebensbegleitendes Lernen als Kompetenzentwicklung. Analysen – Konzeptionen – Handlungsfelder, Bielefeld.

Brunner, K. (2000): Organisationstheorie im Zeitalter der Globalisierung. Individuum und Struktur in der Organisationstheorie der (Post-)Moderne, München.

Buchhorn, E. / Müller, H. / Werle, K. (2004): Unsere bewegte Zukunft, in: manager magazin, Heft 6, S. 171-179.

Buck, H. (2003): Alterung der Gesellschaft – Dilemma und Herausforderung, in: Badura, B. / Schellschmidt, H. / Vetter, C. (Hrsg.): Fehlzeiten-Report 2002. Zahlen, Daten, Analysen aus allen Branchen der Wirtschaft. Demographischer Wandel: Herausforderungen für die betriebliche Personal- und Gesundheitspolitik, Berlin et al., S. 5-13.

Buck, H. / Dworschak, B. (Hrsg.) (2003): Ageing and Work in Europe – Strategies at Company Level and Public Policies in Selected European Countries, Stuttgart.

Buck, H. / Kistler, E. / Mendius, H.-G. (2002): Demographischer Wandel in der Arbeitswelt. Chancen für eine innovative Arbeitsgestaltung, Stuttgart.

Buck, H. / Schletz, A. (Hrsg.) (2001a): Wege aus dem demographischen Dilemma durch Sensibilisierung, Beratung und Gestaltung, Broschürenreihe: Demographie und Erwerbsarbeit, Stuttgart.

Buck, H. / Schletz, A. (2001b): Forschungstransfer in Verbände und Unternehmen – Ergebnisse und Erfahrungen, in: Buck, H. / Schletz, A. (Hrsg.): Wege aus dem demographischen Dilemma durch Sensibilisierung, Beratung und Gestaltung, Broschürenreihe: Demographie und Erwerbsarbeit, Stuttgart, S. 10-18.

Buck, H. / Schletz, A. (Hrsg.) (2004a): Ergebnisse des Transferprojektes Demotrans, Stuttgart.

Buck, H. / Schletz, A. (2004b): Ergebnisse des Transferprojekts „Öffentlichkeits- und Marketingstrategie demographischer Wandel“, in: Buck, H. / Schletz, A. (Hrsg.): Ergebnisse des Transferprojektes Demotrans, Stuttgart, S. 7-28.

Buck-Emden, R. (1999): Die Technologie des SAP /R3 Systems, 4. Auflage, Bonn.

Bühner, R. / Träger, T. (2002): Kompetenzorientierte Entlohnung, in: Albach, H. / Kaluza, B. / Kersten, W. (Hrsg.): Wertschöpfungsmanagement als Kernkompetenz, Wiesbaden, S. 468-491.

Büssing, A. / Drodofsky, A / Hegendörfer, K. (2003): Telearbeit und Qualität des Arbeitslebens, Göttingen et al.

Bürkle, T. (2004): Beschäftigungssicherheit als konstituierendes Element interner Arbeitsmärkte, München / Mering.

Bullinger, H.-J. (Hrsg.) (2001): Zukunft der Arbeit in einer alternden Gesellschaft, Stuttgart.

Bullinger, H.-J. / Buck, H. (2007): Demografie betrifft alle – Handlungsoptionen für älter werdende Unternehmen, in: Happe, G. (Hrsg.): Demografischer Wandel in der unternehmerischen Praxis. Mit Best-Practice-Berichten, Wiesbaden, S. 15-28.

Bullinger, H.-J. / Buck, H. / Schmidt, S. (2003): Die Arbeitswelt von morgen – Alternde Belegschaften und Wissensintensivierung, in: DSWR, Heft 4, S. 98-100.

Bullinger, H.-J. / Cebulla, T. / Hauß, E. / Potienecke, T. (2001): Kooperative, virtuelle Produktentwicklung, in: wt Werkstatttechnik, Heft 2, S. 63-67.

Bullinger, H.-J. / Zinser, S. (1997): Die Notwendigkeit von Innovationen, in: Grosskopf, W. / Herdzina, K. / Blessin, B. / Würthner, M. (Hrsg.): Innovation im Mittelstand, Stuttgart, S. 13–25.

Bundesinstitut für Bevölkerungsforschung und Statistisches Bundesamt (Hrsg.) (2008): Bevölkerung. Daten, Fakten, Trends zum demographischen Wandel in Deutschland, Wiesbaden.

Bundesregierung Deutschland (Hrsg.) (2010): Ideen zünden. Hightech-Strategie für Deutschland, in: Online Dokument, URL: http://www.hightech-strategie.de/, abgerufen am: 09.02.2010.

Burmann, C. (2001): Strategische Flexibilität und Strategiewechsel in turbulenten Märkten, in: Die Betriebswirtschaft, Heft 2, S. 169-188.

Burmann, C. / Freiling, J. / Hülsmann, M. (Hrsg.) (2006): Neue Perspektiven des Strategischen Kompetenz-Managements, Wiesbaden.

Burns, T. / Stalker, G. M. (1961): The Management of Innovation, London.

Brewster, C. / Mayne, L. / Tregaskis, O. (1997): Flexible Working in Europe: A Review of the Evidence, in: Wolf, J. (Gast-Editor), International Human Resource and Cross Cultural Management, Management International Review, Special Issue 1, S. 85-103.

Brodbeck, F. C. (2001): Communication and Performance in Software Development Projects, in: European Journal of Work and Organizational Psychology, Band 10, Heft 1, S. 73-94.

Broy, M. (2002): Zur strategischen Bedeutung von Software in der Wirtschaft, in: Albach, H. / Kaluza, B. / Kersten, W. (Hrsg.): Wertschöpfungsmanagement als Kernkompetenz, Wiesbaden, S. 385-394.

Cernavin, O. / Thießen, F. (2003): Von der Industrie- zur Wissensökonomie – Arbeit und Arbeitsorganisation im Zeitalter der Wissensgesellschaft, in: Moldaschl, M. / Thießen, F. (Hrsg.): Neue Ökonomie der Arbeit, Marburg, S. 175-198.

CLC Human Resources (2010): Employee engagement and retention, in: online-Dokument, URL: https://clc.executiveboard.com/members/solutions/engagement/ default.aspx, abgerufen am: 01. August 2010.

Cmehil, C. (2008): SAP: Der Aufbau von Communities im Unternehmen, in: Buhse, W., Stamer, S. (Hrsg.): Enterprise 2.0 – Die Kunst, loszulassen, Berlin, S. 181-192.

Coenenberg, A. G. / Salfeld, R. (2007): Wertorientierte Unternehmensführung. Vom Strategieentwurf zur Implementierung, 2. Auflage, Stuttgart.

Colbert, B. A. (2004): The Complex Resource-Based View: Implications for Theory and Practice in Strategic Human Resource Management, in: The Academy of Management Review, Band 29, Heft 3, S. 341-358.

Coleman, J. S. (1988): Social Capital in the Creation of Human Capital, in: American Journal of Sociology, Band 94, S. 95-120.

Conner, K. R. / Prahalad, C. K. (1996): A Resource-Based Theory of the Firm: Knowledge versus Opportunism, in: Organization Science, Band 7, S. 477-501.

Coomans, G. (2001): Die Alterung der arbeitenden Bevölkerung in Europa: Fragen und Prioritäten, in: Bullinger, H.-J. (Hrsg.): Zukunft der Arbeit in einer alternden Gesellschaft, Stuttgart, S. 48-62.

Cooper, R. C. / Kleinschmidt, E. J. (1990): New Products – The Key Factors in Success, American Marketing Association, Chicago.

Council of the European Union (2009): Council Directive on the Conditions of Entry and Residence of Third-Country Nationals for the Purposes of Highly Qualified Employment, in: pdf-Dokument, URL: http://register.consilium.europa.eu/pdf/en/08/ st17/st17426.en08.pdf, abgerufen am: 01.02.2010.

Cranach, M. v. / Schneider, H.-D. / Ulich, E. (2004): Ältere Menschen im Unternehmen. Chancen, Risiken, Modelle, Bern.

Cullen, K. / Kordey, N. / Schmidt, L. / Gaboardie, E. (2003): Work and Family in the eWork Era, Amsterdam.

Davidow, W. H., Malone, M. S. (1992): The Virtual Corporation. Structuring and Revitalizing the Corporation for the 21st Century. New York.

DDN (Hrsg.) (2009): Das Demographie-Netzwerk - Mitglieder, in: Online-Dokument, URL: http://www.demographie-netzwerk.de/wer-ist-ddn/mitglieder/, abgerufen am: 16.06.2009.

DDN (Hrsg.) (2010): Strategische Personalplanung, Ergebnisse aus dem Arbeitskreis, in: pdf-Dokument, in Abstimmung, Veröffentlichung geplant.

De Bono, E. (2002): De Bonos neue Denkschule: kreativer denken, effektiver arbeiten, mehr erreichen, München.

De Beauvoir, S. (1972): Das Alter, Hamburg.

De Hoog, A. / Platman, K. / Taylor, P. / Vogel, A. (2004): Workforce Ageing and Information Technology Employment in Germany, the Netherlands and the United Kingdom, WANE International Report No. 4, in: pdf-Dokument, URL: http://www.wane.ca/PDF/IR4.pdf, Stand September 2004, abgerufen am: 30.05.2008.

Decker, C. / Van der Velden, R. (2006): Desinvestition von Unternehmensanteilen aus der Sicht des Ressourcen- und Kompetenzansatzes, in: Burmann, C. / Freiling, J. / Hülsmann, M. (Hrsg.): Neue Perspektiven des Strategischen Kompetenz-Managements, Wiesbaden, S. 221-242.

Degen, C. / Geschonke, C. (2004): Demographischer Wandel und alternsgerechte Arbeitsbedingungen: (Sozial-) politische und betriebliche Anforderungen aus frauenpolitischer Sicht, in: Busch, R. (Hrsg.): Alternsmanagement im Betrieb. Ältere Arbeitnehmer – zwischen Frühverrentung und Verlängerung der Lebensarbeitszeit, München / Mering, S. 89-110.

DeLong, D. W. (2004): Lost Knowledge. Confronting the Threat of an Aging Workforce, Oxford.

Deutsches Zentrum für Altersfragen (Hrsg.) (2001): Expertisen zum dritten Altenbericht der Bundesregierung, Band 2, Opladen.

Deutscher Bundestag (Hrsg.) (1998): Zweiter Zwischenbericht der Enquete Kommission „Demographischer Wandel – Herausforderungen unserer älter werdenden Gesellschaft an den einzelnen und an die Politik". Bundestagsdrucksache 13/11460, Bonn.

Dierickx, I. / Cool, K. (1989): Assets Stock Accumulation and Sustainability of Competitive Advantage, in: Management Science, Heft 12, S. 1504-1511.

Dilk, A. / Littger, H. (2008): Die Vernachlässigten, in: Computerwoche, Heft 50, S. 44-46.

Dittmann-Kohli, F. / Sowarka, D. / Timmer, E. (1997): Beruf und Alltag: Leistungsprobleme und Lernaufgaben im mittleren und höheren Erwachsenenalter, in: Enzyklopädie der Psychologie, Psychologie der Erwachsenenbildung, Pädagogische Psychologie 4, Göttingen, S. 179-235.

DIWA-IT (Hrsg.) (2010): Projektbeschreibung, in: Online-Dokument, URL: http://www.diwa-it.de/projektbeschreibung.php, abgerufen am: 31.03.2010.

Dostal, W. (2001): Demografie und Arbeitsmarkt 2020 – Perspektiven einer dynamischen Erwerbsgesellschaft, in: Bullinger, H.-J. (Hrsg.): Zukunft der Arbeit in einer alternden Gesellschaft, Stuttgart, S. 32-47.

Dostal, W. (2006): Berufsgenese. Ein Forschungsfeld der Berufsforschung erläutert am Beispiel der Computerberufe, in: Beiträge zur Arbeitsmarkt – und Berufsforschung, Nürnberg.

Drucker, P. (1997): Looking Ahead: Implications of the Present, in: Harvard Business Review, Band 75, Heft 5, S. 18-32.

Duschek, S. (2004): Kompetenzen, organisationale, in: Schreyögg, G. / Werder, A. v. (Hrsg.): Handwörterbuch Unternehmensführung und Organisation, 4 Auflage, Stuttgart, Sp. 612-618.

Dückert, S. / Hartmann, K. (2009): Wissenstransfer und organisationales Lernen mit Expert Debriefing und Wikis, Schritte zu einer kontinuierlichen Dokumentation und Kommunikation von Wissen, in: Zeitschrift für Personalführung, Heft 12, S. 21-29.

Düzgün. I. (2008): Alter, Erfolg und Innovation in Arbeitsgruppen. Eine empirische Untersuchung in der Fließbandproduktion, Lohmar (zugl. Diss., Universität Mannheim 2007).

Eckardstein, D. v. (2003): Nicht ohne die Alten. Die drohende Überalterung der Belegschaften als unternehmerische Herausforderung, in: Frankfurter Allgemeine Zeitung, Nr. 208, 08.09.2003, S. 20.

Eckardstein, D. v. (2004): Demographische Verschiebungen und ihre Bedeutung für das Personalmanagement, in: Zeitschrift Führung und Organisation, Heft 3, S. 128-135.

Eckardstein, D. v. / Elsik, W. / Nachbagauer, A. (1997): Formen und Effekte von Karriereplateaus. Eine theoretische und empirische Analyse, München / Mering.

Economist Intelligence Unit (2004): A new series of reports from the Economist Intelligence Unit, in: Online-Dokument, URL: http://www.eiu.com/site_info.asp?info_name=eiu_SAP_business2010, abgerufen am: 08.03.2005.

Economist Intelligence Unit (2008): Talent Wars. The Struggle for Tomorrow´s Workforce, London / New York.

Eisenhardt, K. M. (1989): Building Theories from Case Study Research, in: Academy of Management Review, Band 14, Heft 4, S. 532-550.

Eisenhardt, K. M. / Martin, J. A. (2000): Dynamic Capabilities: What Are They? in: Strategic Management Journal, Band 21, S. 1105-1121.

Eisenhardt, K. M. / Tabrizi, .B. N. (1995): Accelerating Adaptive Processes: Product Innovation in the Global Computer Industry. In: Administrative Science Quarterly, Band 40, Heft 1, S. 84-110.

Eisner, S. P. (2005): Managing Generation Y, in: Advanced Management Journal, Band 70, S. 4-15.

Ekvall, G. (1996): Organizational Climate for Creativity and Innovation, in: European Journal of Work and Organizational Psychology, Band 5, S. 105-123.

Energy Factory (2008): Unternehmensumfrage über das Arbeitsumfeld älterer Menschen, Eine Studie der energy factory St. Gallen AG in Zusammenarbeit mit dem Institut für Führung und Personalmanagement der Universität St. Gallen, St. Gallen.

Engardio, P. / Matlack, C. (2005): Global Aging, in: Business Week, S. 36-47.

Ernst, H. (2001): Erfolgsfaktoren neuer Produkte: Grundlagen für eine valide empirische Forschung, Deutscher Universitäts-Verlag, Wiesbaden.

Erpenbeck, J. / Rosenstiel, L. v. (2003): Einführung, in: Handbuch Kompetenzmessung. Erkennen, verstehen und bewerten von Kompetenzen in der betrieblichen, pädagogischen und psychologischen Praxis, Stuttgart, S.IX-XL.

Erpenbeck, J. (2005): Vorbemerkung, in: Arbeitsgemeinschaft für betriebliche Weiterbildungsforschung e.V. (Hrsg.): Kompetenzmessung im Unternehmen. Lernkulturen und Kompetenzanalysen im betrieblichen Umfeld, Münster, S. 11-18.

Esche, A. / Genz, M. / Rothen, H. J. (2006): „Altenrepublik Deutschland?" – Ausmaß und Entwicklung der demographischen Alterung, in: Bertelsmann-Stiftung (Hrsg.): Älter werden – aktiv bleiben. Beschäftigung in Wirtschaft und Gesellschaft, Gütersloh, S. 15-29.

Europäische Kommission (2000): Richtlinie 2000/78/EG des Rates zur Festlegung eines allgemeinen Rahmens für die Verwirklichung der Gleichbehandlung in Beschäftigung und Beruf, in: html_Dokument, URL: http://eur-lex.europa.eu/LexUriServ/LexUriServ.do?uri=CELEX:32000L0078:de:HTML, Stand: 27.11.2000, abgerufen am: 15.07.2007.

Europäische Kommission (2005): Geschäftsnutzen von Vielfalt – Bewährte Verfahren am Arbeitsplatz, Luxemburg.

Europäische Kommission (2008a): Europa in Zahlen, Eurostat Jahrbuch 2008, in: pdf-Dokument, URL: http://epp.eurostat.ec.europa.eu/cache/ITY_OFFPUB/KS-CD-07-001/DE/KS-CD-07-001-DE.PDF, abgerufen am: 10.07.2009.

Europäische Kommission (2008b): Zweites Europäisches Demografieforum, in: Online-Dikument, URL: http://ec.europa.eu/social/main.jsp?catId=502&langId=de&eventsId=121&furtherEvents=yes, Stand: November 2008, abgerufen am: 10.07.2009.

Europäische Kommission (2009): Beschäftigungsquote älterer Erwerbstätiger nach Geschlecht, in: Online-Dokument, URL: http://epp.eurostat.ec.europa.eu/tgm/table.do?tab=table&init=1&plugin=1&language=de&pcode=tsiem020, Stand: April 2009, abgerufen am: 02.10.2009.

Europäische Union (2003): Amtsblatt der Europäischen Union, Beschluss des Rates vom 22.07.2003 über die Leitlinien für beschäftigungspolitische Maßnahmen der Mitgliedstaaten (2003/578/EG), L197/13-21.

Eurostat (2009): Pressemitteilung: Europäische Demografie, in: pdf-Dokument, URL: http://epp.eurostat.ec.europa.eu/cache/ITY_PUBLIC/3-03082009-AP/DE/3-03082009-AP-DE.PDF, Stand August 2009, abgerufen am: 02.10.2009.

Evans, P. / Doz, Y. (1992): Dualities. A Paradigm for Human Resource and Organizational Development in Complex Multinationals, in: Pucik, V. / Tichy, N.M. / Barnet, C.K. (Hrsg.): Globalizing Management, New York et al., S. 85-106.

Fahrenschon, G. / Hildmann, P. W. (Hrsg.) (2006): Globalisierung und demografischer Wandel. Fakten und Konsequenzen zweier Megatrends, München.

Feldhoff, E. (2005): Strategisches Management humaner Wissensressourcen, Wiesbaden (zugl. Diss., Universität Mannheim 2004).

Flick, U. (2005): Qualitative Sozialforschung, 3. Auflage, Hamburg.

Floyd, S. W. / Lane, P. J. (2000): Strategizing throughout the Organization: Managing Role Conflict in Strategic Renewal, in: Academy of Management Review, Band 25 Heft 1, S. 154-177.

Fombrun, C. J. / Tichy, N. M. / Devanna, M. A. (Hrsg.) (1984): Strategic Human Resource Management, New York et al.

Freeman, E. (1984): Strategic Management: A Stakeholder Approach, Boston.

Freiling, J. (2000): Entwicklungslinien und Perspektiven des Strategischen Kompetenzmanagements, in: Hammann, P. / Freiling, J. (Hrsg.): Die Ressourcen- und Kompetenzperspektive des Strategischen Managements, Wiesbaden, S. 13-46.

Freiling, J. (2001a): Ressourcenorientierte Reorganisationen. Problemanalyse und Change Management auf der Basis des Resource-Based View, Wiesbaden.

Freiling, J. (2001b): Resource-Based View und ökonomische Theorie – Grundlagen und Positionierung des Ressourcenansatzes, Wiesbaden.

Freiling, J. (2002): Terminologische Grundlagen des RBV, in: Bellmann, K. / Freiling, J. / Hammann, P. / Mildenberger, U. (Hrsg.): Aktionsfelder des Kompetenz-Managements, Wiesbaden, S. 3-28.

Freiling, J. / Gersch, M. / Goeke, C. (2006): Notwendige Basisentscheidungen auf dem Weg zu einer Competence-Based Theory of the Firm, in: Burmann, C. / Freiling, J. / Hülsmann, M. (Hrsg.): Neue Perspektiven des Strategischen Kompetenz-Managements, Wiesbaden, S. 3-34.

Frerichs, F. (1998): Älterwerden im Betrieb – Beschäftigungschancen und -risiken im demographischen Wandel, Opladen / Wiesbaden.

Frerichs, F. (2002): Zur betrieblichen Beschäftigungssituation älterer Arbeitnehmer. Eine lebenslagen- und produktionsregimespezifische Problemanalyse, in: Behrend, C.

(Hrsg.): Chancen für die Erwerbsarbeit im Alter. Betriebliche Personalpolitik und ältere Erwerbstätige, Opladen, S. 47-62.

Frerichs, F. (2010): Zertifizierung der Personalpolitik für alternden Belegschaften, das Qualitätssiegel AGE CERT, in: Zeitschrift für Personalführung, Heft 2, S. 40-49.

Friedel-Howe, H. (1994): Neue Organisationskonzepte, in: Rosenstiel, L. v. / Hockel, C. M. / Molt, W. (Hrsg.): Handbuch der Angewandten Psychologie. Grundlagen – Methoden – Praxis, Landsberg, S. 1-20.

Friedli, V. (2002): Die betriebliche Karriereplanung: konzeptionelle Grundlagen und empirische Studien aus der Unternehmensperspektive, Bern.

Fröhner, K.-D. / Nawroth, K. (2000): Im Zentrum der Innovation: Jüngere und ältere Innovierer in Produktentwicklung und Konstruktion, in: Köchling, A. / Astor, M. / Fröhner, K.-D. / Hartmann, E. A. / Hitzblech, T. / Jasper, G. / Reindl, J. (Hrsg.): Innovation und Leistung mit älterwerdenden Belegschaften, München / Mering, S. 221-264.

Frosch, K. / Tivig, T. (2009): Age, Human Capital and the Geography of Innovation, in: Kuhn, M. / Ochsen, C. (Hrsg.): Labour Markets and Demographic Change, Wiesbaden, S. 137-145.

Fuchs, J. / Thon, M. (2001): Wie viel Potential steckt in den heimischen Personalreserven, IAB Kurzbericht Nr. 15 in: Online-Dokument, URL: http://www.iab.de/194/section.aspx/Publikation/k010917n01, Stand 27.08.2001, abgerufen am: 10.07.2007.

Gaitanides, M. (2005): Mythos Innovation, in: ZfO, Heft 4, S. 189.

Gaitanides, M. / Wicher, H. (1986): Strategien und Strukturen innovationsfähiger Organisationen, in: ZfB, Heft 4/5, S. 385-403.

Gareis, K. (2007): Presentation on the 12th International Workshop on Telework, Lillehammer.

Gareis, K. / Hanhike, T. / Ylöstalo, P. (2007): Paper for the 12th International Workshop on Telework (ITA 2007), Lillehammer.

Garz, H., Volk / C., Lüschow, V. (2007): Demografie und Humankapital. Unterschätztes Risiko für die Wettbewerbsfähigkeit, in: West LB, Extra-Financial Research, Düsseldorf.

Gassmann, O. / Enkel, E. (2006): Open Innovation. Die Öffnung des Innovationsprozesses erhöht das Innovationspotenzial, in: ZfO, Heft 3, S. 132-138.

Gaugler, E. / Oechsler, W. A., / Weber, W. (2004): Personalwesen, in: Gaugler, E. / Oechsler, W. A. / Weber, W. (Hrsg.): Handwörterbuch des Personalwesens, 3. Auflage, Stuttgart, Sp. 1653-1663.

Gebert, D. (2004): Innovation durch Teamarbeit. Eine kritische Bestandsaufnahme, Stuttgart.

Gebert, D. (2002): Führung und Innovation, Stuttgart.

Gebert, D. / von Rosenstiel, L. (2002): Organisationspsychologie, Stuttgart.

Geighardt, C. (2005): Personalblitzlicht: Befragungsergebnisse der DGFP e.V. zum Thema „Aging Workforce", in: Praxis Papiere 6, DGFP e.V. (Hrsg.), Düsseldorf, S. 1-11.

Gelshorn, T. / Michallik, S. / Staehle, W. (1991): Die Innovationsorientierung Mittelständischer Unternehmen, Stuttgart.

Genderdax (Hrsg.) (2010): Top Unternehmen für hochqualifizierte Frauen, in: Online-Dokument, URL: http://www.genderdax.de/index.php?cid=home, abgerufen am: 27.04.2010.

Gerbert, P. A. (2004): Dienstleistungen ohne Menschen, in: Online-Dokument, URL: http://www.handelsblatt.com/archiv/dienstleistungen-ohne-menschen;727145, Stand April 2004, abgerufen am: 14.05.2004.

Gerpott, T. J. (2005): Strategisches Technologie- und Innovationsmanagement, 2. Auflage, Stuttgart.

Gemünden, H.-G. / Salomo, S. (2004): Innovationsmanagement, in: Schreyögg, G. / Werder, A. v. (Hrsg.): Handwörterbuch Unternehmensführung und Organisation, 4 Auflage, Stuttgart, Sp. 505-514.

Gläser, J. / Laudel, G. (2009): Experteninterviews und qualitative Inhaltsanalyse als Instrumente rekonstruierender Untersuchungen, 3. Auflage, Wiesbaden.

Gerlmaier, A./ Kuemmerling, A. / Latniak, E. (2010): Gesund altern in High-Tech-Branchen? Im Spannungsfeld von Innovation und Intensivierung, IAQ-Report 2010-04.

Gerlmaier, A. / Latniak, E. (2011): Gesund arbeiten, gesund bleiben in der IT-Wirtschaft: Das Vorhaben „Demographischer Wandel und Prävention in der IT-Wirtschaft", in:

Gerlmaier A. / Latniak, E. (Hrsg.): Burnout in der IT-Branche. Ursachen und betriebliche Prävention, Kröning, S. 7-16.

Gerlmaier, A./ Latniak, E. (2006): Zwischen Innovation und alltäglichem Kleinkrieg, Zur Belastungssituation von IT-Beschäftigten, IAT-Report, Heft 4.

Giddens, A. (1997): Die Konstitution der Gesellschaft: Grundzüge der Theorie der Strukturierung, 3. Auflage, Frankfurt a. M. / New York.

Goedicke A. / Brose, H-G. / Diewald, M. (2006): Herausforderungen des demografischen Wandels für die betriebliche Beschäftigungspolitik, in: Nienhüser, W. (Hrsg.): Beschäftigungspolitik von Unternehmen. Theoretische Erklärungsansätze und empirische Erkenntnisse, München / Mering, S. 151-174.

Giarini, O. / Liedtke, P. (1998): Wie wir arbeiten werden. The Employment Dilemma and the Future of Work, Hamburg.

Grant, R. M. (1991): A Resource Based Theory of Competitive Advantage: Implications for Strategy Formulation, in: California Management Review, Band 33, Heft 3, S. 114-135.

Grant, R. M. (1996): Toward a Knowledge-Based Theory of the Firm, in: Strategic Management Journal, Band 17, Winter Special Issue, S. 109-122.

Grant, R. M. (1998): Contemporary Strategic Analysis, 3. Auflage, Oxford.

Grewer, H. G./ Matthäi, I. / Reindl, J. (2007): Der innovative Ältere. Warum die Entwickleruhr länger als sieben Jahre tickt, München und Mering.

Grün, O. (2005): Risiken und Erfolgsfaktoren von Großprojekten: Lehren für das Innovationsmanagement, in: ZfO, Heft 4, S. 207-210.

Grunwald, R. / Kieser, A. (2007): Learning to Reduce Interorganizational Learning: An Analysis of Product Innovation in Strategic Alliances, in: Journal for Product Innovation Management, Band 24, Heft 4, S. 369-391.

Güttel, W. H. (2003): Die Identifikation strategischer immaterieller Vermögenswerte im Post-Merger-Integrationsprozess. Ressourcen- und Wissensmanagement bei Mergers-and-Acquisitions, München / Mering.

Güttel, W. H. (2006): Methoden der Identifikation organisationaler Kompetenzen: Mapping vs. Interpretation, in: Burmann, C. / Freiling, J. / Hülsmann, M. (Hrsg.): Neue

Perspektiven des Strategischen Kompetenz-Managements, Wiesbaden, S. 411-435.

Gulati, R. (1999): Network Location and Learning: The Influence of Network Resources and Firm Capabilities on Alliance Formation, in: Strategic Management Journal, Band 20, S. 397-420.

Gulati, R. / Nohria, N. / Zaheer, A. (2000): Strategic Networks, in: Strategic Management Journal, Band 21, S. 203-215.

Guldin, A. (2006): Förderung von Innovationen, in: Schuler, H. (Hrsg.): Lehrbuch der Personalpsychologie, 2. Auflage, Göttingen, S. 305-330.

Gupta, A. K. / Govindarajan, V. (2000): Knowledge Flows within Multinational Corporations, in: Strategic Management Journal, Band 21, S. 473-496.

Gussone, M. / Huber, A. / Morschhäuser, A. / Petrenz, J. (1999): Ältere Arbeitnehmer: Altern und Erwerbsarbeit in rechtlicher arbeits- und sozialwissenschaftlicher Sicht, Frankfurt.

Gutenberg, E. (1951): Grundlagen der Betriebswirtschaftslehre, Band 1: Die Produktion, Berlin et al.

Haarbeck, S. (Hrsg.) (2000): Deutschland 2010 – Szenarien der Arbeitswelt von morgen, Köln.

Habich, J. (2006): Kompetenzmanagement – Eine kritisch-rationale Analyse, München / Mering.

Hacker, W. (1996): Erwerbsarbeit der Zukunft – Zukunft der Erwerbsarbeit: Zusammenfassende arbeitswissenschaftliche Aspekte und weiterführende Aufgaben, in: Hacker W. (Hrsg.): Erwerbsarbeit der Zukunft auch für Ältere? Zürich, S. 175-208.

Hacker, W. (1998): Allgemeine Arbeitspsychologie. Psychische Regulation von Arbeitstätigkeiten, Bern.

Hacker, W. / Looks, P. / Jahn, F. (2005): Leistungsfähig bis zur Rente, in: Personalwirtschaft 6, S. 16-18.

Hackman J. R. / Oldham G. R. (1976): Motivation through the design of work: Test of a theory, in: Organizational Behavior and Human Performance, Jg. 16, Heft 2, S. 250-279.

Häfliger, G. E. / Meier, J. D. (2000): Aktuelle Tendenzen im Innovationsmanagement, Festschrift für Werner Popp zum 65. Geburtstag, Heidelberg.

Hall, R. (1992): The strategic analysis of intangible resources, in: Strategic Management Journal, Band 13, Heft 2, S. 135-144.

Hammann, P. / Freiling, J. (Hrsg.) (2000): Die Ressourcen- und Kompetenzperspektive des Strategischen Managements, Wiesbaden.

Hansen, G. S. / Wernerfeldt, B. (1989): Determinants of Firm Performance. The Relative Importance of Economic and Organizational Factors, in: Strategic Management Journal, Band 10, S. 399-411.

Hansen, M. T. (1999): The Search-Transfer Problem: The Role of weak ties in sharing Knowledge across Organization subunits, in: Administrative Science Quarterly, Band 44, Heft 19, S. 82-111

Happe, G. (2007): Einleitung, in: Happe, G. (Hrsg.): Demografischer Wandel in der unternehmerischen Praxis. Mit Best-Practice-Berichten, Wiesbaden, S. 9-11.

Hartlapp, M. / Schmid, G. (2009): Employment Risks and Opportunities for an Ageing Workforce in the EU, in: Nova Acta Leopoldina NF 101, Heft 365, Halle (Saale), S. 89-110.

Hartmann, E. A. (2000): Zum qualitativen Forschungsansatz, in: Köchling, A. / Astor, M. / Fröhner, K.-D. / Hartmann, E. A. / Hitzblech, T. / Jasper, G. / Reindl, J. (Hrsg.): Innovation und Leistung mit älter werdenden Belegschaften, München / Mering, S. 22-30.

Hauschildt, J. (2002): Zwischenbilanz: Prozesse, Strukturen und Schlüsselpersonen des Innovationsmanagements – Ergebnisse empirischer Studien des Kieler Graduiertenkollegs „Betriebswirtschaftslehre für Technologie und Innovation", in: Schreyögg, G. / Conrad, P. (Hrsg.): Theorien des Managements, Wiesbaden, S. 1-34.

Hauschildt, J. (2004): Innovationsmanagement, 3. Auflage, München.

Hauschildt, J. (2006): Innovationsmanagement – Wo liegen die Schwachstellen? In: ZfO, Heft 3, S. 177-178.

Hauschildt, J. / Gemünden, H. G. (1999): Promotoren. Champions der Innovation, 2. Auflage, Wiesbaden.

Hauschildt, J. / Salomo, S. (2005): Je innovativer, umso erfolgreicher? Eine kritische Analyse des Zusammenhangs zwischen Innovationsgrad und Innovationserfolg, in: Journal für Betriebswirtschaft, S. 3-20.

Harryson, S. J. (2000): Managing Know-Who based Companies. A Multinetworked Approach to Knowledge and Innovation Management, Cheltenham / Northampton.

Haunschild, A. (2004): Humanvermögensrechnung, in: Gaugler, E. / Oechsler, W. A. / Weber, W. (Hrsg.): Handwörterbuch des Personalwesens, 3. Auflage, Stuttgart, Sp. 887-896.

Heeg, F. J. / Schwarz, G. / Sperga, M. (2004): Management von Innovationen in Zeiten von Dynamik und Instabilität, in: Jennewein, K. / Knauth, P. / Röben, P. / Zülch, G. (2004): Kompetenzentwicklung in Arbeitsprozessen, Baden-Baden, S. 313-327.

Heideloff, F. / Radel, T. (Hrsg.) (1997): Organisation von Innovation. Strukturen, Prozesse, Interventionen, München / Mering.

Heideloff, F. / Radel, T. (Hrsg.) (1998): Organisation von Innovation. Strukturen, Prozesse, Interventionen, 2. Auflage, München / Mering 1998.

Heilmann, J. / Martin Troyano, N. (2002): Teilzeitarbeit aus rechtlicher und personalpolitischer Perspektive, in: Martin, A. / Nienhüser, W. (Hrsg.): Neue Formen der Beschäftigung – neue Personalpolitik, München / Mering, S. 153-206.

Heinrich, L. J. / Heinzl, A. / Riedl, R. (2011): Wirtschaftsinformatik. Einführung und Grundlegung, 4. überarbeitete und erweiterte Auflage, Berlin.

Hempel, V. / Kordey, N. / Maaß, H. / Wiskemann, G. (2006): active@work: Zukunftsfähig durch Innovation, Produktivität und Flexibilität – Älterwerden in Beschäftigung bei SAP, Deutsche Bank und Continentale, in: Personalführung, Heft 3, S. 28-37.

Henning, E. (2006): Frührente senkt Leistung und Motivation, in: Computerwoche 18, S. 33.

Henseke, G. / Tivig, T. (2007): Wer erfindet, Jung oder Alt? In: Tivig, T. / Hetze, P. (Hrsg.): Deutschland im demografischen Wandel, Rostock, S. 82-83.

Henseke, G. / Tivig, T. (2009): Demographic Change and Industry-specific Innovation Patterns in Germany, in: Kuhn, M. / Ochsen, C. (Hrsg.): Labour Markets and Demographic Change, Wiesbaden, S. 122-136.

Herstatt, C. / Verworn, B. (Hrsg.) (2003): Management der frühen Innovationsphasen. Grundlagen –Methoden – Neue Ansätze, Wiesbaden.

Hien, W. (2008): „Irgendwann geht es nicht mehr“ Älterwerden und Gesundheit im IT-Beruf, Hamburg.

Hipp, C. (2000): Innovationsprozesse im Dienstleistungssektor. Eine theoretisch und empirisch basierte Innovationstypologie, Heidelberg.

Hippel, E. v. (1986): Lead Users: A Source of Novel Product Concepts, in: Management Science, Band 32, Heft 7, S. 791-805.

Hippel, E. v. (1988): The Sources of Innovation, Oxford.

Hippner, H. (2001): Wissensmanagement in der Langfristprognostik, Köln.

Hirschheim, R. / Heinzl, A. / Dibbern, J. (2009): Information Systems Outsourcing: Enduring Themes, Global Challenges, and Process Opportunities, 3. Aufl., Berlin.

Högl, M. / Gemünden, H. G. (2001): Determinanten und Wirkungen der Teamarbeit in innovativen Projekten: Eine theoretische und empirische Analyse, in: Gemünden, H. G. / Högl, M. (Hrsg.): Management von Teams, Theoretische Konzepte und empirische Befunde, Wiesbaden, S. 33-66.

Hölz, H. M. (2006): Die demografische Herausforderung bewältigen, in: pdf-Dokument, URL: http://www.econsense.de/_PUBLIKATIONEN/_ECONSENSE_PUBLIK/images/Arbeitsdokument_Demographie.pdf, Stand: November 2006, abgerufen am: 10.07.2007.

Hoffmann, E. / Walwei, U. (1998): Längerfristige Entwicklung von Erwerbsformen in Westdeutschland, IAB-Kurzbericht 2, S. 4-6.

Hofmann, J. (2009): Gestaltung produktiver Wissensarbeit. Wissensmanagement und die Führung von Wissensarbeitern, in: Zeitschrift für Personalführung, Heft 12, S. 30-35.

Holtgrewe, U. (2000): „Wer das Problem hat, hat die Lösung.“ Strukturierung und pragmatische Handlungstheorie am Fall von Organisationswandel, in: Soziale Welt 02, S. 173-200.

Hompp, C. (2000): Aufbau von Kernkompetenzen: Ablauf und Vorgehen, in: Hammann, P. / Freiling, J. (Hrsg.) Die Ressourcen- und Kompetenzperspektive des Strategischen Managements, Wiesbaden, S. 167-190.

Hough, D. / Woo, L. (2007): Millennials and the Multi-Generational Workforce, Design-Led Innovation and HR, the Co-innovation Imperative, Vortrag auf einem CHO-Meeting “Workforce of the Future” in Genf.

Hübner, H. (2002): Integratives Innovationsmanagement. Nachhaltigkeit als Herausforderung für ganzheitliche Erneuerungsprozesse, Berlin.

Hülskamp, N. / Krey, K. (2006): Innovation aus Sicht der Unternehmen, in: Institut der deutschen Wirtschaft Köln (Hrsg.): Wachstumsfaktor Innovation. Eine Analyse aus betriebs-, regional- und volkswirtschaftlicher Sicht, Köln, S. 97-116.

Hülskamp, N. / Röhl, K.-H. (2006): Was die Unternehmen tun können, in: Institut der deutschen Wirtschaft Köln (Hrsg.): Wachstumsfaktor Innovation. Eine Analyse aus betriebs-, regional- und volkswirtschaftlicher Sicht, Köln, S. 117-140.

Hüther, M. (2006): Wachstumsfaktor Innovation, in: Institut der deutschen Wirtschaft Köln (Hrsg.): Wachstumsfaktor Innovation. Eine Analyse aus betriebs-, regional- und volkswirtschaftlicher Sicht, Köln, S. 8-9.

Huber, A. (2000): Demographischer Wandel, Belegschaftsstrukturen und betriebliche Alterungsprozesse, in: George, R. / Struck, O. (Hrsg.): Generationenaustausch im Unternehmen, München / Mering, S. 71- 82.

Huffstadt, K. (2004): Personal und Arbeit im CRM-Geschäftsmodell, Lohmar (zugl. Diss., Universität Mannheim 2004).

IG Metall Vorstand (Hrsg.) (2010): IT 50plus. Lernen Ältere anders? Potenziale erfahrener MitarbeiterInnen entdecken und fördern, in: pdf-Dokument, URL: http://www.it-50plus.org/fix/files/doc/it_50_plus_aeltere_lernen.pdf, abgerufen am: 10. Oktober 2010.

Ilmarinen, J. (2000): Die Arbeitsfähigkeit kann mit dem Alter steigen, in: Rothkirch, C. von: Altern und Arbeit: Herausforderungen für Wirtschaft und Gesellschaft. Beiträge, Diskussionen und Ergebnisse eines Kongresses mit internationaler Beteiligung, Berlin, S. 88-98.

Ilmarinen, J. / Tuomi, K. (1993): Work Ability Index for Aging Workers, in: Ilmarinen, J. (Hrsg.), Aging and Work, Proceedings 4, Helsinki, S. 142- 151.

Informationsdienst des Instituts der deutschen Wirtschaft Köln (Hrsg.) (2008): iwd Informationen Nr. 26: Ingenieure verzweifelt gesucht, in: Online-Dokument, URL: http://www.iwkoeln.de/tabID/2264/ItemID/22289/language/de-DE/Default.aspx, Stand: 26.06.2008, abgerufen am: 18.11.2008.

Initiative Neue Qualität der Arbeit (2010): inQa.de, in: Online-Dokument, URL: http://www.inqa.de/Inqa/Navigation/Gute-Praxis/datenbank-gute-praxis,eDid=6509.html, abgerufen am: 03.05.2010.

Institut der deutschen Wirtschaft Köln (Hrsg.) (2006): Wachstumsfaktor Innovation. Eine Analyse aus betriebs-, regional- und volkswirtschaftlicher Sicht, Köln.

Jackson, S. E. / Brett, J. F. / Sessa, V. I. / Cooper, D. M. / Julin, J. A. / Peyronnin, K. (1991): Some Differences Make a Difference: Individual Dissimilarity and Group Heterogeneity as Correlates of Recruitment, Promotions, and Turnover, in: Journal of Applied Psychology, Band 76, Heft 5, S. 675-689.

Jans, M (2003): Diversität als Ressource? Ergebnisse und Erkenntnis der Organisationsdemografieforschung, in: Martin, A. (Hrsg.): Personal als Ressource, München / Mering, S. 53 - 78.

Janszky, S. G. (2010): Zukunft der Arbeitswelt im Jahr 2020. Value Worker, Patchwork-Identität und HR Management in fluiden Unternehmen, in: Zeitschrift für Personalführung, 2/2010, S. 18-26.

Jasper, G. (2002): Wachsende Innovativität mit allen und für alle Altersgruppen – Beratung von KMU zur Gestaltung eines innovationsförderlichen Arbeitsumfeldes, in: Projektverbund Öffentlichkeits- und Marketingstrategie demographischer Wandel (Hrsg.): Handlungsanleitungen für eine alternsgerechte Arbeits- und Personalpolitik – Ergebnisse aus dem Transferprojekt, Berlin, S. 26-29.

Jasper, G. (2004): Unterschiedliche Potenziale jüngerer und älterer Arbeitnehmer erkennen und nutzen: Erfahrungen aus der Praxis, in: Busch, R. (Hrsg.): Alternsmanagement im Betrieb. Ältere Arbeitnehmer – zwischen Frühverrentung und Verlängerung der Lebensarbeitszeit, München / Mering, S. 219-238.

Jasper, G. / Fitzner, S. (2000): Innovatives Verhalten Jüngerer und Älterer: Einfluss von Arbeitsumfeld und Erfahrungswissen, in: Köchling, A. / Astor, M. / Fröhner, K.-D. / Hartmann, E. A. / Hitzblech, T. / Jasper, G. / Reindl, J. (Hrsg.): Innovation und Leistung mit älterwerdenden Belegschaften, München / Mering, S. 221-264.

Jehn, K. A. / Northcraft, G. B. / Neale, M. A. (1999): Why Differences Make a Difference: A Field Study of Diversity, Conflict and Performance in Work Groups, in: Administrative Science Quarterly, Band 44, S. 741-763.

Jent, N. H. (2002): Learning from Diversity: Die Überwindung der Gleichsetzung von Gleichartigkeit und Gleichwertigkeit durch heterogen zusammengesetzte Arbeits-Partnerschaften, Bamberg.

Jenner, T. (1999): Determinanten des Unternehmenserfolges, Stuttgart.

Jöstingmeier, B. (2005): Global Strategic Guidelines for Innovation Management, in: Jöstingmeier, B. / Boeddrich, H.-J. (Hrsg.): Cross Cultural Innovation, Results of the 8th European Conference on Creativity and Innovation, Wiesbaden, S. 173-183.

Jokisch, S. (2007): Herausforderungen des demographischen Wandels: Diskussion der Reformoptionen, in: ZEW Wachstums- und Konjunkturanalysen, Band 1, Mannheim 2007, S. 173-183.

Kagermann, H. / Oesterle, H. (2006): Geschäftsmodelle 2010. Wie CEOs Unternehmen transformieren, Frankfurt am Main.

Kammerer, C. / Schmidt, A. M. (Hrsg.) (2002): Zukunft der Wirtschaft – Neue Ökonomie. Von der Revolution zur Evolution, Bonn.

Kämpf, T. (2008): Die neue Unsicherheit. Folgen der Globalisierung für hochqualifizierte Arbeitnehmer, Frankfurt a. M.

Katz, R. (1982): The Effects of Group Longevity on Project Communication and Performance, in: Administrative Science Quarterly, Band 27, S. 81-104.

Kauffeld, S. / Jonas, E. / Grote, S. / Frey, D. / Frieling, E. (2004): Innovationsklima – Konstruktion und erste psychometrische Überprüfung eine Messinstrumentes, in: Diagnostica, Band 50, Heft 3, S. 153-164.

Kayser, F. / Uepping, H. (Hrsg.) (1997): Kompetenz der Erfahrung. Personalmanagement im Zeichen des demographischen Wandels, Neuwied et al.

Keese, M. (2006): Die alternde Erwerbsbevölkerung und Beschäftigungsstrategien im OECD-Raum – Die Herausforderungen der Zukunft, in: Bertelsmann-Stiftung (Hrsg.): Älter werden – aktiv bleiben. Beschäftigung in Wirtschaft und Gesellschaft, Gütersloh, S. 105-120.

Kersten, W. / Koppenhagen. F. / Meyer, C. M. (2004): Strategisches Komplexitätsmanagement durch Modularisierung in der Produktentwicklung, in: Spath, D. (Hrsg.): Forschungs- und Technologiemanagement, München, Wien, S. 211-217.

Kieser, A. (Hrsg.) (2006): Organisationstheorien, 6. Auflage, Stuttgart.

Kinkel, S. / Lay, G. / Wengel, J. (2004): Innovation. Mehr als Forschung und Entwicklung. Wachstumschancen auf anderen Innovationspfaden. Mitteilungen aus der Produktionsinnovationserhebung Nr. 33., Fraunhofer ISI, Karlsruhe.

Kirner, E. / Wengel, J. / Kinkel, S. / Armbruster, H. (2005): Keine Innovation ohne Kompetenzträger, in: QUEM-Bulletin 3, S. 13-18.

Kirchhöfer, D. (2001): Lernen im sozialen Umfeld, in: Arbeitsgemeinschaft für betriebliche Weiterbildungsforschung e.V. (Hrsg.): Kompetenzentwicklung 2001: Tätigsein – Lernen – Innovation, Münster, S. 95-145.

Kistler, E. (2006): Die Methusalem-Lüge. Wie mit demographischen Mythen Politik gemacht wird, München, Wien.

Klage, D. (2005): Serviceorientierte Architekturen industrialisieren Entwicklungsprozesse. Präzisionsarbeit, in: Manage it, Heft 7-8, S. 48-52.

Kleefeld, H. (2008a): Leistungsfähig in der IT bis zur Rente? Herausforderungen an das HR Management und die Mitarbeiter, Präsentation anlässlich der Bonner Fachtagung „Pro50 – Arbeit mit Zukunft", März 2008.

Kleefeld, H. (2008b): Demografischer Wandel und Kompetenz zur Innovation in der IT-Branche, in: Eisenkopf, A. / Opitz, C. / Proff, H. (Hrsg.): Strategisches Kompetenzmanagement in der Betriebswirtschaftslehre – Eine Standortbestimmung, Wiesbaden, S. 101-128.

Kleefeld, H. (2010): DIWA@SAP, Präsentation anlässlich der Abschlusstagung DIWA-IT am 18./19.05.2010 in Dortmund, in: pdf-Dokument, URL: http://www.diwa-it.de/img/content/100518_kleefeld.pdf, abgerufen am 22.06.2010.

Kleefeld, H. / Wiskemann, G. (2006): Active@work – Abschlussbericht der SAP-Projektgruppe, SAP internes Dokument, Walldorf.

Kleinhenz, G. D. (2002): Zukunft der Wirtschaft aus Sicht der Arbeitsmarkt- und Berufsforschung, in: Schmidt, A. M. (Hrsg.): Zukunft der Wirtschaft – Neue Ökonomie. Von der Revolution zur Evolution, Bonn, S. 75-76.

Knuth, M. / Erlinghagen, M. (2006): Flexible Unternehmen – stabile Beschäftigung? in: Nienhüser, W. (Hrsg.): Beschäftigungspolitik von Unternehmen. Theoretische Erklärungsansätze und empirische Erkenntnisse, München / Mering, S. 11-38.

Knyphausen-Aufseß, D. zu (1997): Auf dem Weg zu einem ressourcenorientierten Paradigma? Resource-Dependence-Theorie und Resource-based View des Strategischen Managements im Vergleich, in: Ortmann, G. / Sydow, J. / Türk, K. (Hrsg.): Theorien der Organisation: die Rückkehr der Gesellschaft, Opladen, S. 452-480.

Knyphausen-Aufseß, D. zu (2004): Strategisches Management, in: Schreyögg, G. / Werder, A. v. (Hrsg.): Handwörterbuch Unternehmensführung und Organisation, 4., Stuttgart, Sp. 1383-1392.

Köchling, A. (2000): Altersstrukturen und Personalpolitik unter den Bedingungen des demographischen Wandels, in: Köchling, A. / Astor, M. / Fröhner, K.-D. / Hartmann, E. A. / Hitzblech, T. / Jasper, G. / Reindl, J. (Hrsg.): Innovation und Leistung mit älterwerdenden Belegschaften, München / Mering, S. 43-93.

Köchling, A. (2004): Leitfaden zur Selbstanalyse altersstruktureller Probleme im Unternehmen, Dortmund.

Köhne, M. (2004): Die Bedeutung von intraorganisationalen Netzwerken für den Wissenstransfer in Unternehmen, Bamberg (zugl. Diss., Universität St. Gallen 2004).

Kogut, B. / Zander, U. (1993): Knowledge of the Firm and Evolutionary Theory of Multinational Corporation, in: Journal of International Business Studies, Band 4, S. 625-645.

Kogut, B. / Zander, U. (1996): What Firms Do? Coordination, Identity, and Learning, in: Organization Science, Band 7, S. 383-397.

Koller, B. / Plath, H.-E. (2000): Qualifikation und Qualifizierung älterer Arbeitnehmer, in: Mitteilungen aus der Arbeitsmarkt- und Berufsforschung, Heft 1.

Kommission der Europäischen Gemeinschaften (2007a): Europas demografische Zukunft: Fakten und Zahlen, Arbeitspapier der Kommissionsdienststellen, Brüssel.

Kommission der Europäischen Gemeinschaften (2007b): Promoting Solidarity Between the Generations, Brüssel.

Konradt, U. / Köppel, P. (2008): Erfolgsfaktoren virtueller Kooperationen, in: Bertelsmann Stiftung (Hrsg.), Publikation aus dem Projekt „Unternehmenskulturen in globaler Interaktion“, Gütersloh.

Kossbiel, H. (2004): Personalstruktur, in: Gaugler, E. / Oechsler, W. A. / Weber, W. (Hrsg.): Handwörterbuch des Personalwesens, 3. Auflage, Stuttgart, Sp. 1640-1652.

Kotz, H.-H. (2005): The Lisbon Agenda: On Getting Europe Back on Track, in: Caesar, R. / Lammers, K. / Scharrer (Hrsg.): Europa auf dem Weg zum wettbewerbsfähigsten und dynamischsten Wirtschaftsraum der Welt? Eine Zwischenbilanz der Lissabon Strategie, Baden-Baden, S. 13-29.

Kornwachs, K. (2000): Innovation bei veränderten Altersstrukturen (INVAS) – Fallstudien aus der Softwareentwicklung, in: Rothkirch, C. von: Altern und Arbeit: Herausforderungen für Wirtschaft und Gesellschaft. Beiträge, Diskussionen und Ergebnisse eines Kongresses mit internationaler Beteiligung, Berlin, S. 198 - 211.

Kornwachs, K. (2004): Ethik, Management und praktische Vernunft, in: Spath, D. (Hrsg.): Forschungs- und Technologiemanagement, München, Wien, S. 179-187.

Kozminski, A. K. (1996): Looking Ahead: Skills and Competencies in the New Europe, in: Sattelberger, T. (Hrsg.): Human Resource Management im Umbruch: Positionierung, Potentiale, Perspektiven, Wiesbaden, S. 349-362.

Kramer, M. (2007): Vergütungspolitik unter den Vorzeichen des demografischen Wandels, in: Happe, G. (Hrsg.): Demografischer Wandel in der unternehmerischen Praxis. Mit Best-Practice-Berichten, Wiesbaden, S. 33-44.

Kratzer, N. / Boes, A. / Döhl, V. / Marrs, K. / Sauer, D. (2004): Entgrenzung von Unternehmen und Arbeit – Grenzen der Entgrenzung, in: Beck, U / Lau, C. (Hrsg.): Entgrenzung und Entscheidung: Was ist neu an der Theorie reflexiver Modernisierung? Frankfurt a. M., S. 329-359.

Kreyenfeld, M. / Geisler, E. (2006): Müttererwerbstätigkeit in Ost- und Westdeutschland: Eine Analyse mit den Mikrozensen 1991-2002, in: Zeitschrift für Familienforschung, S. 333-357.

Kreyenfeld, M. / Konietzka, D. (2007): Kinderlosigkeit in Deutschland, in: Tivig, T. / Hetze, P. (Hrsg.): Deutschland im demografischen Wandel, Rostock, S. 22-23.

Krogh, G. v. / Venzin, M. (1995): Anhaltende Wettbewerbsvorteile durch Wissensmanagement, in: Die Unternehmung, Heft 6, S. 417-436.

Krogh, G. v. / Grand, S. (2004): Wissensmanagement, in: Schreyögg, G. / Werder, A. v. (Hrsg.): Handwörterbuch Unternehmensführung und Organisation, 4. Auflage, Stuttgart, Sp. 1647-1656.

Krubasik, E. (2002): Wertsteigerung von Unternehmen, in: Albach, H., / Kaluza, B. / Kersten, W. (Hrsg.): Wertschöpfungsmanagement als Kernkompetenz, Wiesbaden, S. 53-64.

Krulis-Randa, J. (1995): Strategisches Denken im Personalbereich, in: Scholz, C. / Djarrahzadeh, M. (Hrsg.): Strategisches Personalmanagement. Konzeptionen und Realisationen, Stuttgart, S. 19-34.

Kruse, A. (2000): Psychologische Beiträge zur Leistungsfähigkeit im mittleren und höheren Erwachsenenalter – eine ressourcenorientierte Perspektive, in: Rothkirch, C. von: Altern und Arbeit: Herausforderungen für Wirtschaft und Gesellschaft. Beiträge, Diskussionen und Ergebnisse eines Kongresses mit internationaler Beteiligung, Berlin, S. 72-96.

Kruse, A. / Packbusch, R. (2006): Alternsgerechte Arbeitsgestaltung, in: Zimolong, B, / Konradt, U. (Hrsg.): Enzyklopädie der Psychologie – Ingenieurpsychologie, Göttingen, S. 425-458.

Kuhn, M. / Ochsen, C. (Hrsg.) (2009): Labour Markets and Demographic Change, Wiesbaden.

Kühn, R. / Jenner, T. (2000): Bedeutung und Umsetzung der Kundenorientierung im Rahmen des Innovationsmanagements, in: Häfliger, G. E. / Meier, J. D. (2000): Aktuelle Tendenzen im Innovationsmanagement. Festschrift für Werner Popp zum 65. Geburtstag, Heidelberg, S. 103-118.

Kulik, C. T. / Oldham, G. R. (2004): Work Design (Arbeitsstrukturierungsmodelle), in: Gaugler, E. / Oechsler, W. A. / Weber, W. (Hrsg.): Handwörterbuch des Personalwesens, 3. Auflage, Stuttgart, Sp. 2043-2052.

Laboratory Demographic Change (2009): Jointly Tackling Demographic Change in Europe, in: pdf-Dokument, URL: http://www.demographicchange.info/images/ Strategietext_english.pdf, Stand: November 2009, abgerufen am: 03.01.2010.

Laboratory Demographic Change (2006): Successfully tackling demographic challenges, in: pdf-Dokument, URL: http://www.econsense.de/_ENGLISH/_ publications/images/WorkingDoc_Demography.pdf, Stand: November 2006, abgerufen am: 20.07.2008.

Lado, A. A. / Wilson, M. C. (1994): Human Resource Systems and Sustained Competitive Advantage: A Competency-Base Perspective, in: Academy of Management Review, Band 19, S. 699-727.

Lamnek, S. (2005): Qualitative Sozialforschung, 4. Auflage, Weinheim/Basel.

Laske, S. / Habich, J. (2004): Kompetenz und Kompetenzmanagement, in: Gaugler, E. / Oechsler, W. A. / Weber, W. (Hrsg.): Handwörterbuch des Personalwesens, 3. Auflage, Stuttgart, Sp. 1006-1014.

Lavenex, S. (2009): Focus Migration. Länderprofil 17: Europäische Union, Hamburgisches Weltwirtschaftsinstitut (Hrsg.):, in: pdf-Dokument, URL: http://www.focus-migration.de/uploads/tx_wilpubdb/LP_17_EU.pdf, Stand: März 2009, abgerufen am: 29.06.2009.

Lawo, M. (2000): Ist Altern in einer jungen Branche wie der Informationstechnologie wirklich ein Problem? in: Rothkirch, C. von: Altern und Arbeit: Herausforderungen für Wirtschaft und Gesellschaft. Beiträge, Diskussionen und Ergebnisse eines Kongresses mit internationaler Beteiligung, Berlin, S. 212-221.

Lawrence, B. S. (1997): The Black Box of Organizational Demography, in: Organization Science, Band 8, S. 1-22.

Leana, C. R. / van Buren, H. J. (1999): Organizational Social Capital and Employment Practices, in: Academy of Management Review, Band 24, S. 538-555.

Leblebici, H. (1992): Organisationsdemographie, in: Gaugler, E. / Weber, W. (Hrsg.): Handwörterbuch des Personalwesens, 2. Auflage, Stuttgart, Sp. 1468-1476.

Leendertse, J. (2006): Auf dem Radar. Die Belegschaften werden internationaler und älter, in: Wirtschaftswoche, Nr. 24, 2006, S. 141-143.

Lehr, U. (2007): Psychologie des Alterns, 11. Auflage, Heidelberg.

Lehr, U. / Wilbers, J. (1992): Arbeitnehmer, ältere, in: Gaugler, E. / Oechsler, W. A. / Weber, W. (Hrsg.): Handwörterbuch des Personalwesens, 2. Auflage, Stuttgart, Sp. 203-212.

Leibold, M. / Voelpel, S. (2006): Managing the Aging Workforce, Challenges and solutions, Erlangen.

Leonard, D. / Straus, S. (1999): Im Widerstreit der Ideen zur Innovation, in: Ulrich, D (Hrsg.): Strategisches Human Resource Management, München / Wien, S. 307-324.

Leonard-Barton, D. (1992): Core Capabilities and Core Rigidities: A Paradox in Managing New Product Development, in: Strategic Management Journal, S. 111-125.

Leonard-Barton, D. (1995): The Wellsprings of Knowledge – Building and Sustaining Sources of Innovation, Boston.

Lepak, D. P. / Snell, S. A. (1999): The Human Resource Architecture Toward a Theory of Human Capital Allocation and Development, in: Academy of Management Review, Band 24, Heft 1, S. 31-48.

Lesser, E. / Hausmann, C. / Feuerpeil, S. (2005): Addressing the Challenges of an Aging Workforce. A Human Capital Perspective for Companies Operating in Europe, in: IBM Business Consulting Services, in: pdf-Dokument, URL: http://www-1.ibm.com/services/us/bcs/pdf/ge510-4017-aging-workforce.pdf, abgerufen am: 01.11. 2005.

Lev, B. (2001): Intangibles: Management, Measurement, and Reporting, Washington D.C.

Licht, G. / Hipp, C. / Kukuk, M. / Münt, G. (1997): Innovationen im Dienstleistungssektor. Empirischer Befund und wirtschaftspolitische Konsequenzen, Baden-Baden.

Licht, G. / Steiner, V. / Bertschek, I. / Falk, M. / Fryges, H. (2002): IKT-Fachkräftemangel und Qualifikationsbedarf, Baden-Baden.

Liebel, H. J. / Oechsler, W. A. (1994): Handbuch Human Resource Management, Wiesbaden.

Lierow, M. A. (2006): Competence-Building und Internationalisierungserfolg. Theoretische und empirische Betrachtung deutscher Unternehmen, Wiesbaden.

Lierow, M. A. / Freiling, J. (2006): Determinanten der Bildung von Kompetenzen und ihr Einfluss auf den Internationalisierungserfolg, in: Burmann, C. / Freiling, J. / Hülsmann, M. (Hrsg.): Neue Perspektiven des Strategischen Kompetenz-Managements, Wiesbaden, S. 123-148.

Lotzmann, N. / Klein-Magar, M. / Kleefeld, H. (2011): DIWA-IT – ein maßgeschneidertes Projekt im Rahmen des strategischen Gesundheitsmanagements bei SAP, in: Gerlmaier A. / Latniak, E. (Hrsg.): Burnout in der IT-Branche. Ursachen und betriebliche Prävention, Kröning, S. 347-362.

Lotzmann, N. (2007): Diversity Management bei der SAP AG, in: Holz, M. / Da-Cruz, P. (Hrsg.): Demografischer Wandel in Unternehmen. Herausforderungen für die Personalplanung, Wiesbaden, S. 69-88.

Lünstroth, U. (2001): Der erfahrene, über 40-Jährige Softwareentwickler. Konzepte, Handlungsanleitungen, Checklisten für Software-Unternehmen und Softwareentwickler, Cottbus.

Lüthje, B. (2001): Standort Silicon Valley – Ökonomie und Politik der vernetzten Massenproduktion, Frankfurt.

Lüthje, C. (2000): Kundenorientierung im Innovationsprozess – eine Untersuchung der Kunden-Hersteller-Interaktion in Konsumgütermärkten, Wiesbaden.

Luhmann, N. (1992): Beobachtungen der Moderne, Opladen.

Luther, K. (2003): Foreword, in: Buck, H. / Dworschak, B. (Hrsg.): Ageing and Work in Europe – Strategies at Company Level and Public Policies in Selected European Countries, Stuttgart, S. 7-8.

Maidique, M. A. / Zirger, B. J. (1994): A Study of Sucess and Failure in Product Innovation, in: IEEE Transactions on Engineering Management, Band 31, Heft 4, S. 192-203.

Makadok, R. (2001): Towards a Synthesis of the Resource-Based and Dynamic Capability Views of Rent, in: Strategic Management Journal, Band 22, S. 387-401.

Malone, T. W. (2004): Future of Work. How the New Order of Business Will Shape your Organization, your Management Style, and your Life, Boston.

Mandl, H. / Reinmann-Rothmaier, G. (2000): Wissensmanagement, Informationszuwachs – Wissensschwund? Die strategische Bedeutung des Wissensmanagements, München et al.

Martin, A. (1993): Personalstrukturen und betriebliche Anreizpolitik, in: Weber, W. (Hrsg.): Entgeltsysteme. Lohn, Mitarbeiterbeteiligung und Zusatzleistungen, Stuttgart, S. 105-129.

Martin, A. (1994): Personalforschung, 2. Auflage, Oldenburg.

Martin, A. (2003a): Vorwort, in: Martin, A. (Hrsg.): Organizational Behaviour – Verhalten in Organisationen, Stuttgart, S. 5-6.

Martin, A. (2003b): Arbeitszufriedenheit, in: Martin, A. (Hrsg.): Organizational Behaviour – Verhalten in Organisationen, Stuttgart, S. 11-34.

Martin, A. / Behrends, T. (1999): Die Innovative Organisation aus kulturtheoretischer Perspektive, Schriften aus dem Institut für Mittelstandsforschung, Heft 10, Lüneburg.

Martin, A. / Mayrhofer, W. / Nienhüser, W. (Hrsg.) (1999): Die Bildungsgesellschaft im Unternehmen? Festschrift für Wolfgang Weber, München / Mering.

Martin, A. / Nienhüser, W. (2002): Neue Formen der Beschäftigung – personalpolitische Voraussetzungen und Effekte, in: Martin, A. / Nienhüser, W. (Hrsg.): Neue Formen der Beschäftigung – neue Personalpolitik, München / Mering, S. 1-16.

Maurer, I. (2003): Soziales Kapital als Erfolgsfaktor junger Unternehmen, Wiesbaden.

Mayrhofer, W. (1993): Nonreaktive Methoden, in: Becker, F. / Martin , A. (Hrsg.): Empirische Personalforschung –Methoden und Beispiele, München / Mering, S. 11-32.

Mayrhofer, W. / Meyer, M. (2002): „No more shall we part“: Neue Selbständige und neue Formen der Kopplung zwischen Organisationen und ihrem Personal, in: Zeitschrift für Personalforschung, S. 599-614.

Mayring, P. (2002): Einführung in die qualitative Sozialforschung, München.

Mayring, P. (2008): Qualitative Inhaltsanalyse. Grundlagen und Techniken, 10., neu ausgestattete Auflage, Weinheim / Basel.

McClelland, D. C. (1973): Testing for Competence Rather than for Intelligence, in: American Psychologist, S. 1-14.

McKelvey, M. / Holmen, M. (2006): Introduction, in: McKelvey, M. / Holmen, M. (Hrsg.) Flexibility and Stability in the Innovating Economy, Oxford.

McKenzie, J. / Van Winkelen C. (2004): Understanding the Knowledgeable Organization. Nurturing Knowledge Competence, London.

McNeil, K. / Thompson, J. D. (1971): The Regeneration of Social Organizations, in: American Sociological Review, Band 36, S. 624-637.

MEA (Hrsg.) (2008): Der demographische Wandel. Konsequenzen für die deutsche Volkswirtschaft, Policy Brief No. 4, 03/2008, Mannheim.

Meier, H. / Schindler, U. (2004): Laufbahn- und Nachfolgeplanung von Fach- und Führungskräften, in: Gaugler, E. / Oechsler, W. A. / Weber, W. (Hrsg.): Handwörterbuch des Personalwesens, 3. Auflage, Stuttgart, Sp. 1053-1063.

Menges, U. (2000): Ältere Mitarbeiter als betriebliches Erfolgspotential, Köln (zugl. Diss., Universität Düsseldorf 2000).

Mendius, H.-G. (2000): Umweltorientierte Arbeitsplätze – eine Zukunftsperspektive für das Handwerk und seine Beteiligten, in: Rothkirch, C. von: Altern und Arbeit: Herausforderungen für Wirtschaft und Gesellschaft. Beiträge, Diskussionen und Ergebnisse eines Kongresses mit internationaler Beteiligung, Berlin, S. 167-185.

Meyers, D. E. / Scully, M. A. (1995): Tempered Radicalism and the Politics of Ambivalence and Change, in: Organization Science, Band 6/5, S. 585-600.

Meyers, R. (2009): Mitarbeiter im neuen Millennium – Kommunikation zwischen den Generationen (übersetzt von N. Lehmann-Willenbrock), in: Richter, G. (Hrsg.): Generationen gemeinsam im Betrieb. Individuelle Flexibilität durch anspruchsvolle Regulierung, Bielefeld, S. 201-220.

Milliken, F. J. / Martins, L. L. (1996): Searching for Common Threads: Understanding the Multiple Effects of Diversity in Organizational Groups, in: Academy of Management Review, Band 21, S. 402-433.

Mirow, M. / Linz, C. (2000): Planung und Organisation von Innovationen aus systemtheoretischer Perspektive, in: Häfliger, G. E. / Meier, J. D. (2000): Aktuelle Tendenzen im Innovationsmanagement. Festschrift für Werner Popp zum 65. Geburtstag, Heidelberg, S. 250-268.

Modrow-Thiel, B. (1993): Qualitative Interviews – Vorgehen und Probleme, in: Becker, F. / Martin , A. (Hrsg.): Empirische Personalforschung –Methoden und Beispiele, München / Mering, S. 129-146.

Moldaschl, M. (2006): Innovationsfähigkeit, Zukunftsfähigkeit, Dynamic Capabilities. Moderne Fähigkeitsmystik und eine Alternative, in: Schreyögg, G. / Conrad, P. (Hrsg.): Management von Kompetenz, Wiesbaden, S. 1-36.

Morgan (1989): Creative Organization Theory. A Resourcebook. London.

Morschhäuser, M. (Hrsg.) (2002a): Gesund bis zur Rente. Konzepte gesundheits- und alternsgerechter Arbeits- und Personalpolitik, Stuttgart.

Morschhäuser, M. (2002b): Betriebliche Gesundheitsförderung angesichts des demographischen Wandels, in: Morschhäuser, M. (Hrsg.): Gesund bis zur Rente. Konzepte gesundheits- und alternsgerechter Arbeits- und Personalpolitik, Stuttgart, S. 10-21.

Morschhäuser, M. (2004): Von der Frühverrentung zu einer alternsgerechten Arbeits- und Personalpolitik?, in: Busch, R. (Hrsg.): Alternsmanagement im Betrieb. Ältere Arbeitnehmer - zwischen Frühverrentung und Verlängerung der Lebensarbeitszeit, München / Mering, S. 73-88.

Mosdorf, S. (2002): New Economy und neue Gesellschaft, in: Schmidt, A. M. (Hrsg.): Zukunft der Wirtschaft – Neue Ökonomie. Von der Revolution zur Evolution, Bonn, S. 83-84.

Milling, P. / Maier, F. (1996): Invention, Innovation und Diffusion: eine Situationsanalyse des Managements neuer Produkte, Abhandlungen aus dem Industrieseminar der Universität Mannheim, Heft 48, Berlin.

Müller, G. (2008): Mit 50 ab zum alten Eisen? Die demografische Entwicklung zwingt eine junge Branche, sich dem Thema Alter zu stellen, in: Computerwoche Nr. 22, S. 26-27.

Naegele, G. / Tews, H.-P. (Hrsg.) (1993): Lebenslagen im Strukturwandel des Alters: alternde Gesellschaft – Folgen für die Politik, Opladen.

Naegele, G. (2000): Trends und Herausforderungen – Einführung in den Kongress „Altern und Arbeit“, in: Rothkirch, C. von: Altern und Arbeit: Herausforderungen für Wirtschaft und Gesellschaft. Beiträge, Diskussionen und Ergebnisse eines Kongresses mit internationaler Beteiligung, Berlin, S. 23-26.

Naegele, G. / Frerichs, F. (2004): Arbeitnehmer, ältere, in: Gaugler, E. / Oechsler, W. A. / Weber, W. (Hrsg.): Handwörterbuch des Personalwesens, 3. Auflage, Stuttgart, Sp. 82-93.

Nahapiet, J. / Ghoshal, S. (1998): Social Capital, Intellectual Capital and the Organizational Advantage, in: Academy of Management Review, Band 23, S. 242-266.

Nelson, R. R. (1991): Why Do Firms Differ, and How Does it Matter? in: Strategic Management Journal, Band 12, S. 61-74.

Nelson, R. R. / Winter, S. G. (1982): An Evolutionary Theory of Economic Change, Cambridge.

Neubauer, G. (2001): Forschung zu den Auswirkungen des Demographischen Wandels auf Unternehmen und Arbeitsmarkt, in: Buck, H. / Schletz, A. (Hrsg.): Wege aus dem demographischen Dilemma durch Sensibilisierung, Beratung und Gestaltung, Broschürenreihe: Demographie und Erwerbsarbeit, Stuttgart, S. 7-9.

Neuweg, G. H. (1999): Könnerschaft und implizites Wissen, Münster.

Neyer, G. / Andersson, G. / Hoem, J. (2007): Erwerbsbezogene Familienpolitik: Der nordische Weg zu mehr Geburten, in: Tivig, T. / Hetze, P. (Hrsg.): Deutschland im demografischen Wandel, Rostock, S. 26-27.

Nienaber, C. (2007): Die Bedeutung des Kompetenzmanagements für die strategische Personalarbeit, in: Jochmann, W. / Gechter, S. (Hrsg.): Strategisches Kompetenzmanagement Berlin et al., S. 25-46.

Nienhüser, W. (1991): Organisationale Demographie - Darstellung und Kritik eines Forschungsansatzes, in: Die Betriebswirtschaft, 56(6), S. 763-780.

Nienhüser, W. (1992a): Wirkungsanalyse und Gestaltung betrieblicher Personalstrukturen – am Beispiel der Altersstruktur, in: Zeitschrift für Personalforschung, Heft 1, S. 75-96.

Nienhüser, W. (1992b): Minoritäten im Betrieb, in. Gaugler, E. / Weber, W. (Hrsg.): Handwörterbuch des Personalwesens, 2. Auflage, Stuttgart, Sp. 1365-1375.

Nienhüser, W. (1998): Ursachen und Wirkungen betrieblicher Personalstrukturen, Stuttgart.

Nienhüser, W. (2002): Alternde Belegschaften – betriebliche Ressource oder Belastung? Betriebliche Probleme und Problemhandhabungen in unterschiedlichen Human-Resource-Mangement-Systemen, in: Behrend, C. (Hrsg.): Chancen für die Erwerbsarbeit im Alter. Betriebliche Personalpolitik und ältere Erwerbstätige, Opladen, S. 63-85.

Nienhüser, W. (2006) (Hrsg.): Beschäftigungspolitik von Unternehmen. Theoretische Erklärungsansätze und empirische Erkenntnisse, München / Mering.

Nienhüser, W. / Krins (2005): Betriebliche Personalforschung. Eine problemorientierte Einführung, München / Mering.

Nonaka, I. / Byosiere, P. / Borucki, C. C. / Konno, N. (1994): Organizational Knowledge Creation Theory: A first Comprehensive Test, in: International Business Review, Heft 3-4, S. 337-351.

Nonaka, I. / Takeuchi, H. (1995): The Knowledge-Creating Company, Oxford.

Nonaka, I. / Krogh, G. v. / Voelpel, S. (2006): Organizational Knowledge Creation Theory: Evolutionary Paths and Future Advances, in: Organization Studies, Band 27, S. 1179-1208.

Nordheim, F. v. (2003): EU Policies in Support of Member State Efforts to Retain, Reinforce and Re-Integrate Older Workers in Employment, in: Buck, H. / Dworschak, B. (Hrsg.): Ageing and Work in Europe. Strategies at Company Level and Public Policies in Selected European Countries, Stuttgart, S. 9-26.

North, K. (2002): Wissensorientierte Unternehmensführung. Wertschöpfung durch Wissen, 3. Auflage, Wiesbaden.

North, K. / Friedrich, P / Brahtz, M. (2005): Innovationskompetenz. Bestandsaufnahme, Modell, Ebenen, in: Arbeitsgemeinschaft Betriebliche Weiterbildungsforschung e.

V. (Hrsg.): Kompetenzentwicklung 2005. Kompetente Menschen – Voraussetzung für Innovationen, Münster, S. 69-122.

North, K. / Reinhardt, K. (2005): Kompetenzmanagement in der Praxis. Mitarbeiterkompetenzen systematisch identifizieren, nutzen und entwickeln, Wiesbaden.

Noss, C. (2002): Innovationsmanagement – Quo Vadis? in: Schreyögg, G. / Conrad, P. (Hrsg.): Theorien des Managements, Wiesbaden, S. 35-48.

Nuorluoto, E.-R. (2008): Globalisierte Arbeitswelt zwischen individuellen Handlungsmöglichkeiten und institutionellen Strukturen. Eine empirische Analyse von arbeitsweltlichen Veränderungen und Anforderungen anhand des Beispiels der Personalabteilung eines internationalen IT-Unternehmens, Diplomarbeit, Heidelberg.

OECD (Hrsg.) (1997): Proposed Standard Practice for Collecting and Interpreting Technological Innovation Data - Oslo Manual, Paris.

OECD (Hrsg.) (2006): Ageing and Employment Policies: Live longer, work longer, Paris.

OECD (Hrsg.) (2009a): Bildung auf einen Blick 2009, OECD Indikatoren – Zusammenfassung, in: pdf-Dokument, URL: http://www.oecd.org/dataoecd/41/61/43638066.pdf, abgerufen am: 11.09.2009.

OECD (Hrsg.) (2009b): OECD Employment outlook, in: online-Dokument, URL: http://www.oecd.org/document/2/0,3343,en_2649_39023495_43219330_1_1_1_1,00.html, letzte Aktualisierung 02.10.2009, abgerufen am: 20.06.2010.

OECD (Hrsg.) (2009c): Factbook 2009: Economic, Environmental and Social Statistics, in: html-Dokument, URL: http://oberon.sourceoecd.org/vl=494866/cl=34/nw=1/rpsv/factbook2009/09/01/01/index.htm, abgerufen am: 02.10.2009.

Oechsler, W. A. (1993): Industrial Relations Systems in Europe – Implications for Trans-Cultural Management – Course Units 1-5, Master of European Management Program, Bamberg / Hagen.

Oechsler, W. A. (1999a): Personalentwicklung als strategischer Erfolgsfaktor, in BAVC (Hrsg.), Perspektiven – 50 Jahre Tarif- und Sozialpolitik in der Chemie, Heidelberg, S. 87-103.

Oechsler, W. A. (1999b): Global Management and Local Systems of Employment Relations, in: Engelhard, J. / Oechsler, W. A. (Hrsg.): International Management, Wiesbaden, S. 93-113.

Oechsler, W. A. (2000a): Strategisches HRM in einer Zeit flexibler Beschäftigung, in: Personalführung, Heft 12, S. 42-49.

Oechsler, W. A. (2000b): Strategic HRM in an Age of Flexible Employment, Beitrag zum 15. Workshop zu strategischem Human Resource Management bei INSEAD in Fontainebleau.

Oechsler, W. A. (2000c): Workplace and workforce 2000+ - The Future of our Work Environment, in: International Archives of Occupational and Environmental Health, Band 73, S. 28-32.

Oechsler, W. A. (2004): Personal als Managementfunktion, in: Schreyögg, G. / Werder, A. v. (Hrsg.): Handwörterbuch Unternehmensführung und Organisation, 4. Auflage, Stuttgart, Sp. 1123-1134.

Oechsler, W. A. (2005): Corporate Governance und Mitbestimmung - Herausforderungen im Rahmen des internationalen Wettbewerbs, in: Oesterle, M.-J. / Wolf, J. (Hrsg.): Internationalisierung und Institution, Wiesbaden, S. 545-562.

Oechsler, W. A. (2006): Personal und Arbeit. Grundlagen des Human Resource Management und der Arbeitgeber-Arbeitnehmer-Beziehungen, 8. Auflage, München / Wien.

Oelsnitz, D. v. d. (2005): Internal Stickiness: Probleme des internen Wissenstransfers, in: ZfO, Heft 4, S. 200-206.

Oesterle, M. (2005): Informations- und Kommunikationstechnik als Einflussfaktor der Internationalisierung, in: Oesterle, M.-J. / Wolf, J. (Hrsg.): Internationalisierung und Institution, Wiesbaden, S. 191-219.

Özcan, V. (2007): Länderprofil Deutschland, in: Hamburgisches Weltwirtschaftsinstitut (Hrsg.): Focus Migration, Länderprofile Nr. 1, (aufgerufen unter www.focus-migration.de am 29.06.2009).

Olbrich, J. (1997): Kompetenz im Alter, in: Zeitschrift für Gerontologie, S 319-330.

Opaschowski, H. W. (2001): Deutschland 2010, Hamburg.

Opaschowski, H. W. (2004): Deutschland 2020, Hamburg.

Opaschowski, H. W. (2004): Der Generationenpakt. Das soziale Netz der Zukunft, Darmstadt.

Ortmann, G. (2003): Regeln und Ausnahme. Paradoxien sozialer Ordnung, Frankfurt am Main.

Ortmann, G. / Sydow, J. / Türk, K. (Hrsg.) (1997): Theorien der Organisation: die Rückkehr der Gesellschaft, Opladen.

Osterloh, M. (2004): Demographie und Chancengleichheit, in: Zeitschrift Führung und Organisation, Band 3, S. 125.

Osterloh, M. / Frost, J. / Wartburg, I. v. (2001): Kernkompetenzen durch Wissens- und Motivationsmanagement, in: Thom, N. / Zaugg, R. J. (Hrsg.): Excellence durch Personal- und Organisationskompetenz, Bern et al., S. 201-222.

Otter, C. (2005): Ideenwerkstatt mit Partnern und Kunden, in SAP World, Heft 5, Walldorf, S. 48-49.

O. V. (2005): Evaluation der Maßnahmen zu Umsetzung der Vorschläge der Hartz- Kommission, Arbeitspaket 1: Wirksamkeit der Instrumente, Modul 1d: Eingliederungszuschüsse und Entgeltsicherung, Bericht 2005 durch den Forschungsverbund Zentrum für Europäische Wirtschaftsforschung (ZEW), Institut für Arbeitsmarkt und Berufsforschung (IAB), Institut Arbeit und Technik (IAT), Nürnberg / Gelsenkirchen / Mannheim.

O. V. (2006): Mythen der Innovation, in: Frankfurter Allgemeine Zeitung, 29.01.2006, S. 25.

O. V. (2009a): Mitarbeiter wollen zu Hause arbeiten, in: Computerwoche 1/2 vom 9.01.2009, S. 45.

O. V. (2009b): OECD, Deutschland muss mehr in Bildung investieren, in: html-Dokument, URL: http://www.spiegel.de/unispiegel/studium/0,1518,druck-647636,00.html, Stand: 8. 09.2009, abgerufen am: 11.09.2009.

O. V. (2010): Charta der Vielfalt, in: Online-Dokument, URL: http://www.charta-der-vielfalt.de/index.php?site=start, abgerufen am: 27.04.2010.

Pack, J. / Buck, H. / Kistler, E. / Mendius, H. G. / Morschhäuser, M. / Wolff, H. (2000): Zukunftsreport demographischer Wandel. Innovationsfähigkeit in einer alternden Gesellschaft, Bonn.

Packebusch, L. (2000): Berufslaufbahnen im Handwerk – Ansätze für eine alternsgerechte Gestaltung, in: Rothkirch, C. von: Altern und Arbeit: Herausforderungen für Wirtschaft und Gesellschaft. Beiträge, Diskussionen und Ergebnisse eines Kongresses mit internationaler Beteiligung, Berlin, S. 260-270.

Packebusch, L. / Weber, B. (2002): Laufbahngestaltung in Kleinbetrieben, in: Projektverbund Öffentlichkeits- und Marketingstrategie demographischer Wandel (Hrsg.):

Handlungsanleitungen für eine alternsgerechte Arbeits- und Personalpolitik – Ergebnisse aus dem Transferprojekt, Berlin, S. 41-43.

Pawlowsky, P. (2009): Führung im Wandel, in: Gatermann, I. / Fleck, M. (Hrsg.): Innovationsfähigkeit sichert Zukunft, Beiträge zum 2. Zukunftsforum der Innovationsfähigkeit des BMBF, Berlin, S. 289-297.

Pawlowsky, P. / Neubauer, K. (2004): Organisationales Lernen, in: Gaugler, E. / Oechsler, W. A. / Weber, W. (Hrsg.): Handwörterbuch des Personalwesens, 3. Auflage, Stuttgart, Sp. 1279-1293.

Pawlowsky, P. / Menzel, D. / Geithner, S. (2003): Erfassung und Management immaterieller Ressourcen – eine Aufgabe für das Personalmanagement, in: Moldaschl, M. / Thießen, F. (Hrsg.): Neue Ökonomie der Arbeit, Marburg, S. 123-148.

Pawlowsky, P. / Menzel, D. / Wilkens, U. (2005): Wissens- und Kompetenzerfassung in Organisationen, in: Arbeitsgemeinschaft für betriebliche Weiterbildungsforschung e.V. (Hrsg.): Kompetenzmessung im Unternehmen. Lernkulturen und Kompetenzanalysen im betrieblichen Umfeld, Münster, S. 341-451.

Pelled, L. H. / Eisenhardt, K. M. / Xin, K. R. (1999): Exploring the Black Box: An Analysis of Work Group Diversity, Conflict, and Performance, in: Administrative Science Quarterly, Band 44, S. 1-28.

Penrose, E. (1959): The Theory of the Growth of the Firm, New York.

Penrose, E. (1995): The Theory of the Growth of the Firm, 3. Ausgabe, Oxford.

Peteraf, M. (1993): The Cornerstones of Competitive Advantage: A Resource-Based View, in: Strategic Management Journal, Band 14, S. 179-191.

Peuntner, T. (2002): Einfluss des Arbeitsrechts auf die Beschäftigungsentscheidungen, Köln (zugl. Diss, Universität Mannheim 2001 u. d. T. Kontextsteuerung von Entscheidungen? Analyse des Einflusses arbeitsrechtlicher Veränderungen auf Beschäftigungsentscheidungen)

Peuntner, T. (2004): Lebensarbeitszeitmodelle, flexible, in: Gaugler, E. / Oechsler, W. A. / Weber, W. (Hrsg.): Handwörterbuch des Personalwesens, 3. Auflage, Stuttgart, Sp. 1063-1069.

Pfeffer, J. (1983): Organizational Demography, in: Cummings, L.L. / Staw, B.M. (Hrsg.): Research in Organizational Behavior, Band 5, London, S. 299-357.

Pfeffer, J. (1985): Organizational Demography, Implications for Management, in: California Management Review, Band 28, Heft 1, S. 67-81.

Pfeffer, J. / Salancik, G. S. (1978): The External Control of Organizations: A Resource Dependence Perspective, New York.

Pfeifer, C. (2006): Warum beschäftigen Firmen befristete Arbeitnehmer und Leiharbeitskräfte? Eine theoretische und empirische Analyse mit Daten aus dem Hannoveraner Firmenpanel, in: Nienhüser, W. (Hrsg.): Beschäftigungspolitik von Unternehmen. Theoretische Erklärungsansätze und empirische Erkenntnisse, München / Mering, S. 197-224.

Pfeiffer, U. / Simons, H. / Braun, R. (2005): Länger arbeiten im Alter. Möglichkeiten und Grenzen, Deutsches Institut für Altersvorsorge (Hrsg.), Köln.

Picot, A. / Reichwald, R., / Wigand, R. T. (2003): Die grenzenlose Unternehmung. Information, Organisation und Management, 5. Auflage, Wiesbaden.

Plattner, H. / Meinel, C. / Weinberg, U. (2009): Design Thinking. Innovation lernen – Ideenwelten öffnen, München.

Polanyi, M. (1958): The Tacit Dimension, London.

Poppendieck, M. / Poppendieck T. (2003): Lean Software Development: An Agile Toolkit for Software Development Managers, Amsterdam.

Porter, M. E. (1991): Towards a Dynamic Theory of Strategy, in: Strategic Management Journal, Band 12, Winter Special Issue, S. 95-118.

Porter, M E. (1999): Nur Strategie sichert auf Dauer hohe Erträge, in: Ulrich, D (Hrsg.): Strategisches Human Resource Management, München / Wien, S. 97-123.

Poech, A. (2003): Erfolgsfaktor Unternehmenskultur – Eine empirische Analyse zur Diagnose kultureller Einflussfaktoren auf die betrieblichen Prozesse, München (zugl. Diss., Universität München 2002).

Prahalad, C. K. / Hamel, G. (1990): The Core Competence of the Corporation, in: Harvard Business Review, Heft 3, S. 79-91.

Prahalad, C. K. / Hamel, G. (1999): Nur Kernkompetenzen sicher das Überleben, in: Ulrich, D (Hrsg.): Strategisches Human Resource Management, München / Wien, S. 52-73.

Prager, J. U. / Schoof, U. (2006): Aktives Altern in werteschaffender Beschäftigung: Strategien zur Umsetzung eines positiven Leitbilds, in: Bertelsmann-Stiftung

(Hrsg.): Älter werden – aktiv bleiben. Beschäftigung in Wirtschaft und Gesellschaft, Gütersloh, S. 141-152.

Priem, R. / Butler, J. (2001): Is the Resource-Based "View" a useful Perspective for Strategic Management Research? in: Academy of Management Review, Band 26, Heft 1, S. 22-40.

Probst, G. / Deussen, A. / Eppler, M. / Raub, S. (2000): Kompetenz-Management. Wie Individuen und Organisationen Kompetenz entwickeln, Wiesbaden.

Probst, G. / Knaese, B. (1998): Wie Banken sich vor Wissensverlusten schützen, Wiesbaden.

Probst, G. / Raub, S. / Romhardt, K. (2003): Wissen managen. Wie Unternehmen ihre wertvollste Ressource optimal nutzen, 4. Auflage, Wiesbaden.

Proff, H. (2000): Ableitung ressourcenbedingter Wettbewerbsvorteile und –strategien aus einem „Modell der Ressourcenveredelung", in: Hammann, P. / Freiling, J. (Hrsg.): Die Ressourcen- und Kompetenzperspektive des Strategischen Managements, Wiesbaden, S. 137-166.

Projektverbund Öffentlichkeits- und Marketingstrategie demographischer Wandel (Hrsg.) (2002): Handlungsanleitungen für eine alternsgerechte Arbeits- und Personalpolitik – Ergebnisse aus dem Transferprojekt, Berlin.

Prskawetz, A. / Mahlberg, B. / Skirbekk, V. et al. (2005): The Impact of Population Ageing on Innovation and Productivity Growth in Europe. Report for DG Employment and Social Affairs VT/ 2004/454, Brüssel.

Raether, C. (2004): Innovationsfördernde Softwarewerkzeuge, in: Spath, D. (Hrsg.): Forschungs- und Technologiemanagement, München / Wien, S. 101-106.

Rammer, C. (2002): Innovationsverhalten der Unternehmen. Studien zum deutschen Innovationssystem Nr. 12-2003, in: pdf-Dokument, URL: http://www.bmbf.de/pub/sdi-12-05.pdf, Stand: November 2004, abgerufen am: 15.01.2005.

Rammer, C. / Peters, B. / Schmidt, T. / Doherr, T. (2004): Innovationsverhalten der deutschen Wirtschaft. Indikatorenbericht zur Innovationserhebung 2003, Mannheim.

Rammer, C. / Peters, B. / Schmidt, T. / Aschhoff, B. / Doherr, T. / Niggemann, H. (2005): Innovationen in Deutschland, Ergebnisse der Innovationserhebung 2003 in der deutschen Wirtschaft, Mannheim.

Rasche, C. (1994): Wettbewerbsvorteile durch Kernkompetenzen – ein ressourcenbasierter Ansatz, Wiesbaden.

Rastetter, D. (2004): Methoden der Personalforschung, qualitative, in: Gaugler, E. / Oechsler, W. A. / Weber, W. (Hrsg.): Handwörterbuch des Personalwesens, 3. Auflage, Stuttgart, Sp. 1177-1186.

Reagans, R. / Zuckerman, E. W. (2001): Networks, Diversity, and Productivity: The social capital of corporate R&D Teams, in: Organization Science, Band 12, Heft 4, S. 502-517.

Reed, R. / DeFillipi, R. J. (1990): Causal Ambiguity, Barriers to Imitation, and Sustainable Competitive Advantage, in: Academy of Management Review, Band 15, S. 88-102.

Redford, M. / Zipf, M. (2005a): „Themen vorspuren“, in: SAP World, Nummer 5, Walldorf, S. 44-45.

Redford, M. / Zipf, M. (2005b): „Das Lösungsangebot signifikant beeinflussen“, in: SAP World, Nummer 5, Walldorf, S. 38-39.

Reichwald, R. / Seifert, S. / Walcher, D. (2004): Kundenintegration in Innovationsprozesse, in: Spath, D. (Hrsg.): Forschungs- und Technologiemanagement, München / Wien, S. 73-77.

Reil-Held, A. (2010): Die Auswirkungen des demografischen Wandels auf die Betriebe und die betriebliche Altersversorgung, Fachvortrag auf einer DDN Fachveranstaltung „Betriebliche Vorsorge im demografischen Wandel“, St. Leon-Rot, 08. Oktober 2010.

Reindl, J. (2000a): Betriebliche Innovationsmilieus und das Alter(n) der technischen Intelligenz, in: Köchling, A. / Astor, M. / Fröhner, K.-D. / Hartmann, E. A. / Hitzblech, T. / Jasper, G. / Reindl, J. (Hrsg.): Innovation und Leistung mit älterwerdenden Belegschaften, München / Mering, S. 265-316.

Reindl, J. (2000b): Innovationsmilieus und Altern – empirische Befunde aus innovativen Unternehmen, in: Rothkirch, C. von: Altern und Arbeit: Herausforderungen für Wirtschaft und Gesellschaft. Beiträge, Diskussionen und Ergebnisse eines Kongresses mit internationaler Beteiligung, Berlin, S. 192-197.

Reindl, J. / Astor, M. / Fröhner, K.-D. / Hartmann, E. A. / Hitzblech, T. / Jasper, G. / Köchling, A. (2000): Warum qualitative Forschung, in: Köchling, A. / Astor, M. / Fröhner, K.-D. / Hartmann, E. A. / Hitzblech, T. / Jasper, G. / Reindl, J. (Hrsg.): Innovation und Leistung mit älterwerdenden Belegschaften, München / Mering, S. 19-21.

Reinhardt, K. (2004): Studie Betriebliches Kompetenzmanagement – Chancen und Herausforderungen für die Praxis, Magdeburg.

Reinhardt, R. (2002): Wissen als Ressource: theoretische Grundlagen, Methoden und Instrumente zur Erfassung von Wissen, Frankfurt a. M. et al.

Reinmann-Rothmeier, G. (2003): Didaktische Innovation durch Blended Learning, Bern.

Reinmann-Rothmeier, G. (2004): Kompetenzentwicklung und Wissensmanagement: „Nur Trottel teilen" - und wie sieht es in Zukunft aus? in: Broedel, R. / Kreimeyer, J. (Hrsg.): Lebensbegleitendes Lernen als Kompetenzentwicklung. Analysen – Konzeptionen – Handlungsfelder, Bielefeld, S. 307-329.

Reinmoeller, P. / Van Baardwijk, N. (2005): The Link between Diversity and Resilience, in: MIT Sloan Management Review, S. 61-65.

Richter, G. (2009): Flexibilität durch lebenslagenorientierte Personalpolitik, in: Richter, G. (Hrsg.): Generationen gemeinsam im Betrieb. Individuelle Flexibilität durch anspruchsvolle Regulierungen, Bielefeld, S. 11-34.

Ridder, H.-G. (2002): Vom Faktoransatz zum Human Resource Management, in: Schreyögg, G. / Conrad, P. (Hrsg.): Theorien des Managements, Wiesbaden, S. 211-240.

Ridder, H.-G. / Bruns, H.-J. (2002): Strategische Personalentwicklung und nachhaltige Wettbewerbsvorteile – Kompetenzmanagement aus ressourcenorientierter Sicht, in: Becker, M. / Schwertner, A. (Hrsg.): Personalentwicklung als Kompetenzentwicklung, München / Mering, S. 97-121.

Ridder, H.-G. / Bruns, H.-J. / Hoon, C. (2005): Innovation, Innovationsbereitschaft und Innovationskompetenz. Entwicklungslinien, Forschungsfelder und ein Prozessmodell, in: Arbeitsgemeinschaft Betriebliche Weiterbildungsforschung e. V. (Hrsg.): Kompetenzentwicklung 2005. Kompetente Menschen – Voraussetzung für Innovationen, Münster, S. 13-68.

Ridder, H.-G. / Conrad, P. (2004): Ressourcenorientierte Ansätze des Personalmanagements, in: Gaugler, E. / Oechsler, W. A. / Weber, W. (Hrsg.): Handwörterbuch des Personalwesens, 3. Auflage, Stuttgart, Sp. 1705-1716.

Ridder, H.-G. / Conrad, P. / Schirmer, F. / Bruns, H.-J. (2001): Strategisches Personalmanagement. Mitarbeiterführung, Integration und Wandel aus ressourcenorientierter Perspektive, Landsberg / Lech.

Ridder, H.-G. / Jensen, T. (2002): Telearbeit und Führung Grundprobleme und Forschungsperspektiven, in: Martin, A. / Nienhüser, W. (Hrsg.): Neue Formen der Beschäftigung – neue Personalpolitik, München / Mering, S. 207-246.

Rieck, D. (2009): Nur Kind und Küche? Rollenklischee hat ausgedient. Ökonomische Situation für Kinderwunsch entscheidend, in: Demografische Forschung aus erster Hand, Heft 2, S. 1-2.

Riekhof, H.-C. (Hrsg.) (2002): Strategien der Personalentwicklung, 5. Auflage, Wiesbaden.

Röben, P. (2004): Kompetenzentwicklung durch Arbeitsprozesswissen, in: Jennewein, K. / Knauth, P. / Röben, P. / Zülch, G. (2004): Kompetenzentwicklung in Arbeitsprozessen, Baden-Baden, S. 11-34.

Rohleder, B. (2007): Standpunkt: Der Fachkräftemangel bremst Innovation und Wachstum in Deutschland, in: BITKOM (Hrsg.): Standpunkte zur Zuwanderung hochqualifizierter Arbeitskräfte. Den Wettbewerb um die besten Köpfe gewinnen, Berlin.

Romhardt, K. (1998): Die Organisation aus der Wissensperspektive. Möglichkeiten und Grenzen der Intervention, Wiesbaden (zugl. Diss., Universität Genf 1998).

Rosenstiel, L. v. (2003): Grundlagen der Organisationspsychologie, 5. Auflage, Stuttgart.

Rosenstiel, L. v. / Bögel, R. (2004): Betriebs- und Organisationsklima, in: Gaugler, E. / Oechsler, W. A. / Weber, W. (Hrsg.): Handwörterbuch des Personalwesens, 3. Auflage, Stuttgart, Sp. 531-544.

Rosenstiel, L. v. / Gasteiger, R. M. (2005): Internationalisierung als strategische Herausforderung für die Personalarbeit, in: Oesterle, M.-J. / Wolf, J. (Hrsg.): Internationalisierung und Institution, Wiesbaden, S. 353-382.

Rosenstiel, L. v. / Wastian, M. (2001): Wenn Weiterbildung zum Innovationshemmnis wird: Lernkultur und Innovation, in: Arbeitsgemeinschaft für betriebliche Weiterbildungsforschung e.V. (Hrsg.): Kompetenzentwicklung 2001: Tätigsein – Lernen – Innovation, Münster, S. 203-246.

Roßnagel, C. / Hertel, G. (2006): Altersbedingte Unterschiede in Inhalten und im Zustandekommen von Arbeitsmotivation und Arbeitszufriedenheit, in: Zeitschrift für Arbeitswissenschaft, 60 (3), S. 181-186.

Rothkirsch, C. von (Hrsg.) (2000): Altern und Arbeit: Herausforderungen für Wirtschaft und Gesellschaft. Beiträge, Diskussionen und Ergebnisse eines Kongresses mit internationaler Beteiligung, Berlin.

Rössel, G. / Schäfer, R. / Wahse, J. (1999): Alterspyramide und Arbeitsmarkt. Zum Alterungsprozess der Erwerbstätigen in Deutschland, Frankfurt / New York.

Rouse, M. J. / Daellenbach, U. S. (1999): Rethinking Research Methods for the Resource-Based Perspective: Isolating Sources of Sustainable Competitive Advantage, in: Strategic Management Journal, Band 20, 1999, S. 487-494.

Rumelt, R. P. (1991): How Much Does Industry Matter? in: Strategic Management Journal, Band 12, S. 167-185.

Sadowski, D. (2002): Was das Human Resource Management aus der Unternehmenstheorie lernen könnte, in: Schreyögg, G. / Conrad, P. (Hrsg.): Theorien des Managements, Wiesbaden, S. 241-244.

Sanchez R. / Heene, A. (1996): A Systems View of the Firm in Competence-Based Competition, in: Sanchez, R. / Heene, A. / Thomas, H. (Hrsg.): Dynamics of Competence-Based Competition, Oxford, S. 39-62.

Sanchez R. / Heene, A. (1997): A Competence Perspective on Strategic Learning and Knowledge management, in: Sanchez, R., Heene, A. (Hrsg.): Strategic Learning and Knowledge Management, New York, S. 3-18.

SAP AG (Hrsg.) (2003): SAP Innovation Report 2003 „SAP makes Innovation happen", Walldorf.

SAP AG (Hrsg.)(2005): SAP Mitarbeiterbericht „Gemeinsam die Zukunft gestalten", in: pdf-Dokument, URL: http://www.sap.com/germany/about/press/df/Emp_Rep_2005_D.pdf, abgerufen am: 30.06.2009.

SAP AG (Hrsg.) (2008): Workforce Sustainability, in: Online-Dokument, URL: http://www.sapsustainabilityreport.com/priorities/worldClassPeople.html?sct=view, abgerufen am: 01.02.2010.

SAP AG Corporate Fact Book (2008): SAP Corporate Fact Book Q4/2008, internes Dokument, Global Communication, Walldorf.

SAP AG (Hrsg.) (2009a): Diversity. The Essence of our Success, in: Online-Dokument, URL: http://www.sap.com/about/company/people/diversity/factsandfigures.epx, Stand Juni 2009, abgerufen am: 27.04.2010.

SAP AG (Hrsg.) (2009b): Geschäftsbericht 2008, in: Online-Dokument, URL: http://www.sap.com/germany/about/investor/reports/gb2008/de/unsere-ergebnisse/mitarbeiter.html, abgerufen am: 01.02.2010.

SAP AG (Hrsg.) (2009c): SAP als Arbeitgeber, in: Online-Dokument, URL: http://www.sap.com/germany/about/karriere/sap_arbeitgeber/index.epx, abgerufen am: 01.02.2010.

SAP AG (Hrsg.) (2009d): SAP als Arbeitgeber – Internationale Auszeichnungen, in: Online-Dokument, URL: http://www.sap.com/germany/about/company/people/employerawards.epx, abgerufen am: 30.06.2009.

SAP AG (Hrsg.) (2009e): SAP als Arbeitgeber – Was wir bieten, in: Online-Dokument, URL: http://www.sap.com/germany/about/karriere/sap_arbeitgeber/waswirbieten.epx, abgerufen am: 01.02.2010.

SAP AG (Hrsg.) (2009f): SAP als Arbeitgeber – Zusatzleistungen, in: Online-Dokument, URL: http://www.sap.com/germany/about/karriere/sap_arbeitgeber/zusatzleistungen.epx, abgerufen am: 01.02.2010.

SAP AG (Hrsg.) (2009g): SAP Investor Info, in: pdf-Dokument, URL: http://www.sap.com/germany/about/investor/pdf/sap-investor-auf-einen-blick.pdf, Stand April 2009, abgerufen am: 30.06.2009.

SAP AG (Hrsg.) (2009h): SAP Research. Discover your opportunities at SAP research, in: Online-Dokument, URL: http://www.sap.com/about/company/research/jobs/index.epx, abgerufen am: 24.3.2010.

SAP AG (Hrsg.) (2009i): SAP Research. Innovation through Research, Co-Innovation, and Entrepreneurship, in: Online-Dokument, URL: http://www.sap.com/about/company/research/index.epx, abgerufen am: 30.06.2009.

SAP AG (Hrsg.) (2009j): SAP – Von Walldorf an die Wallstreet. Eine Erfolgsgeschichte, in: Online-Dokument, URL: http://www.sap.com/germany/about/company/index.epx, abgerufen am: 30.06.2009.

SAP AG (Hrsg.) (2009k): Sustainability Report - Diversity, in: Online-Dokument, URL: http://www.sapsustainabilityreport.com/performance/people.html?sct=diversity, abgerufen am: 01.02.2010.

SAP AG (Hrsg.) (2009l): Sustainability Report - Environment, in: Online-Dokument, URL: http://www.sapsustainabilityreport.com/performance/index.html, abgerufen am: 01.02.2010.

SAP AG (Hrsg.) (2010a): Diversity Works @ SAP, in: Online-Dokument, URL: http://www.sap.com/germany/about/karriere/diversityworks/index.epx, abgerufen am: 27.04.2010.

SAP AG (Hrsg.) (2010b): Geschichte der SAP. Mehr als 37 Jahre im Business mit dem E-Business, in: Online-Dokument, URL: http://www.sap.com/germany/about/company/geschichte/index.epx, abgerufen am: 01.02.2010.

SAP AG (Hrsg.) (2010c): SAP Community Network, in: Online Dokument, URL: http://www.sdn.sap.com/irj/scn/, abgerufen am: 12.07.2010.

SAP AG (Hrsg.) (2010d): SAP Research Report 2009/2010, in: pdf-Dokument, URL: http://www.sap.com/germany/about/company/research/pdf/SAP_Research_Report.pdf, abgerufen am: 10.05.2010.

SAP AG (Hrsg.) (2010e): Unser Diversity Kodex, Werte und Wertschätzung, in: Online-Dokument, URL: http://www.sap.com/germany/about/company/people/diversity/policyandvalues.epx, abgerufen am: 27.04.2010.

Sarges, W. (2002): Competencies statt Anforderungen – nur alter Wein in neuen Schläuchen? in: Riekhof, H.-C. (Hrsg.): Strategien der Personalentwicklung, 5. Auflage, Wiesbaden, S. 285-300.

Sattelberger, T. (1996a): 10 Thesen zu Human Ressourcen in virtueller werdenden Organisationen, in: Personalführung, Heft 11, S. 974-984.

Sattelberger, T. (1996b) (Hrsg.): Human Resource Management im Umbruch: Positionierung, Potentiale, Perspektiven, Wiesbaden.

Schaible, S. / Kaul, A. / Lührmann, M. / Wiest, B. / Breuer, P. (2007): Wirtschaftsmotor Alter, Studie im Auftrag des Bundesministeriums für Familie, Senioren, Frauen und Jugend, Berlin.

Schertler, W. (2004): Strategische Umweltanalyse, in: Schreyögg, G. / Werder, A. v. (Hrsg.): Handwörterbuch Unternehmensführung und Organisation, 4. Auflage, Stuttgart, Sp. 1475 – 1481.

Schinkel, J. R. (2004): Aufmerksamkeit für die Zukunft, in: Personalwirtschaft 11. S. 3.

Schlicksupp, H. (1999): Innovation, Kreativität und Ideenfindung, 5. Auflage, Würzburg.

Schmidt, M. (2008): Initiativen IT 50 plus – Strategien für die Personalentwicklung, Vortrag auf der Messe „Systems“ in München, in: pdf-Dokument, URL: http://www.bitkom.org/files/documents/Innovationsforum_Vortrag_2410_1430_Schmidt.pdf, abgerufen am 20.06.2010.

Schmidt, J. H. (2005): Structural Reforms and Growth Strategies: Some EU Sucess Stories, in: Caesar, R. / Lammers, K. / Scharrer, H.-E. (Hrsg.): Europa auf dem Weg zum wettbewerbsfähigsten und dynamischsten Wirtschaftsraum der Welt? Eine Zwischenbilanz der Lissabon Strategie , Baden-Baden, S. 73-95.

Schmidt-Rathjens, C. / Stegmaier, R. (2005): Kompetenzmanagement und Lernkultur zur Förderung der Nichtimitierbarkeit individueller und organisationaler Ressourcen, in: QUEM-Bulletin Nr. 3, S. 2-6.

Scholz, C. / Stein, V. / Müller, S. (2008): Humankapitalisten und Humankapitalvernichter. Das Humankapital der DAX30-Unternehmen im Vergleich der Jahre 2005 und 2006, Institut für Managementkompetenz (imk), Saarbrücken.

Schuler, H. (Hrsg.) (1995): Lehrbuch Organisationspsychologie, 2. Auflage, Bern.

Schuler, H. / Görlich, Y. (2007): Kreativität, Ursachen, Messung, Förderung und Umsetzung in Innovation, Göttingen et al.

Schuler, R. W. (2006): Strategic Human Resource Management, London.

Schuler, R. W. / McMillan, I. (1984): Gaining Competitive Advantage with Human Resource Management Pratices, in: Human Resource Management, Band 23, S. 241-256.

Schuler, R. W. / Jackson, S. E. (2006): Human Resource Management, An international Perspective, London.

Schütte, M. / Schlauch, R. (2004): Welche Rolle spielt Erfahrung in IT-Berufen? in: Jennewein, K. / Knauth, P. / Röben, P. / Zülch, G. (2004): Kompetenzentwicklung in Arbeitsprozessen, Baden-Baden, S: 273 -283.

Schumpeter, J. A. (1987): Theorie der wirtschaftlichen Entwicklung, 7. Auflage, Berlin.

Schnell, R. / Hill, P. B. / Esser, E. (2005): Methoden der empirischen Sozialforschung, 7. Auflage, München / Wien.

Schnur, P. / Zika, G. (2007): Arbeitskräftebedarf 2025, Die Grenzen der Expansion, in: IAB Kurzbericht, Heft 26, S. 1-8.

Schreyer, F. / Gebhardt, M. (2003): Green Card und Arbeitslosigkeit. Wenn nützliche Ausländer unnütz werden, in: IAB Materialien, Heft 1, S. 9-10.

Schreyögg, G. (1997): Theorien organisatorischer Ressourcen, in: Ortmann, G. / Sydow, J. / Türk, K. (Hrsg.): Theorien der Organisation: die Rückkehr der Gesellschaft, Opladen, S. 481-486.

Schreyögg, G. / Conrad, P. (Hrsg.) (2002): Theorien des Managements, Wiesbaden.

Schreyögg, G / Oechsler, W. A. / Wächter, H. (1995): Managing in a European Context, Wiesbaden.

Schweizer, M. (2007): Weiterbildung: Über 40 geht noch was, in: Computerwoche 23, S. 34-35.

Selznick, P. (1957): Leadership in Administration, in: Foss, N. J. (Hrsg.): Resources, Firms, and Strategies, Oxford.

Sebald, H. / Enneking, A. / Denison, K. / Richter, T. (2007): Towers Perrin Global Workforce Study 2007-2008, Was Mitarbeiter bewegt zum Unternehmenserfolg beizutragen – Mythos und Realität, Frankfurt.

Severing, E. (2001): Entberuflichung der Erwerbsarbeit – Folgerungen für die betriebliche Bildung, in: Arbeitsgemeinschaft für betriebliche Weiterbildungsforschung e.V. (Hrsg.): Kompetenzentwicklung 2001: Tätigsein – Lernen – Innovation, Münster, S. 247-280.

Shapiro, C. / Varian, H. R. (1999): Information Rules: A Strategic Guide to Network Economy, Boston (Mass.).

Shipton, H. / Fay, D. / West, M. / Patterson, M. / Birdi, K. (2005): Managing People to Promote Innovation, in: Creativity and Innovation, Band 14, Heft 2, S. 118-128.

Shipton, H. / West, M. / Dawson, J. / Patterson, M. / Birdi, K. (2006): HRM as a Predictor of Innovation, in: Human Resource Management Journal, Band 16 Heft 1, S. 3-27.

Sibom, F. (2005): Wissensträger Mensch – Bedeutung für die Innovationsfähigkeit und Wettbewerbsfähigkeit der Unternehmen, in: Arbeitsgemeinschaft Betriebliche Weiterbildungsforschung e. V. (Hrsg.): Kompetenzentwicklung 2005. Kompetente Menschen – Voraussetzung für Innovationen, Münster, S. 123-162.

Siegele, L. / Zepelin, J. (2009): Matrix der Welt, SAP und der neue globale Kapitalismus, Frankfurt a. M.

Siehoff, J. (2008): Magdeburg wird alt aussehen, in: Frankfurter Allgemeine Sonntags-zeitung, Nr. 22, 1.06.2008, S. 56.

Sinn, H.-W. (2005): Das demographische Defizit, in: Birg, H. (Hrsg.): Auswirkungen der demographischen Alterung und der Bevölkerungsentwicklung auf Wirtschaft, Staat und Gesellschaft, Münster, S. 53-90.

Skirbekk, V. (2004): Age and Individual Productivity: A Literature Survey, in: Feichtinger. G. (Hrsg.) Vienna Yearbook of Population Research, Wien.

Skirbekk, V. (2006): Leistungsfähigkeit im Alter, in: Personalführung Heft 4, S. 6-7.

Slappendel, C. (1996): Perspectives on Innovation in Organizations, in: Organization Studies, Band 17, Nr. 1, S. 107-129.

Sonntag, K. (Hrsg.) (1999): Personalentwicklung in Organisationen, 2. Auflage, Göttingen.

Sonntag, K. (2004): Kompetenz- das neue Mantra der Personalentwickler, in: Personalführung 10, S. 1-2.

Sonntag, K. / Schaper, N. (1999): Förderung beruflicher Handlungskompetenz, in: Sonntag, K. (Hrsg.): Personalentwicklung in Organisationen, 2. Auflage, Göttingen, S. 211-260.

Sonntag, K. / Schaper, N. / Friebe J. (2005): Erfassung und Bewertung von Merkmalen unternehmensbezogener Lernkulturen, in: Arbeitsgemeinschaft für betriebliche Weiterbildungsforschung e.V. (Hrsg.): Kompetenzmessung im Unternehmen. Lernkulturen und Kompetenzanalysen im betrieblichen Umfeld, Münster, S. 19-340.

Sonntag, K. / Schmidt- Rathjens, C. (2004): Kompetenzmodelle – Erfolgsfaktoren im HR-Management? Ein strategie- und evidenzbasierter Ansatz der Kompetenzmodellierung, in: Personalführung 10, S. 18-26.

Sonntag, K. / Stegmaier, R. (2005): Lernkulturen verstehen, gestalten und messen, in: Personalführung 1, S. 22-29.

Sparrow, P. / Brewster, C. / Harris, H. (2004): Globalizing Human Resource Management, London.

Spath, D. (Hrsg.) (2004): Forschungs- und Technologiemanagement. Potenziale nutzen – Zukunft gestalten, München / Wien.

Späth, L. (2002): Die Zukunft der Wirtschaft hat bereits begonnen, in: Schmidt, A. M. (Hrsg.): Zukunft der Wirtschaft – Neue Ökonomie. Von der Revolution zur Evolution, Bonn, S. 12-13.

Spender, J.-C. (1996): Making Knowledge the Basis of a Dynamic Theory of the Firm, in: Strategic Management Journal, Band 17, S. 45-62.

Spieß, E. / Geldermann, B. / Hofmann, H. / Woschée, R. M. (2004): Unterschiede zwischen Lernkulturen in Unternehmen – erste Ergebnis einer empirischen Studie zu neuen Lernkulturen in Unternehmen, in: Jennewein, K. / Knauth, P. / Röben, P. / Zülch, G. (2004): Kompetenzentwicklung in Arbeitsprozessen, Baden-Baden, S: 339-362.

Spitz, A. (2004): Dienstleister der Informationsgesellschaft – Befristete Verträge immer beliebter, in: Online-Dokument, URL: http://www.zew.de/de/topthemen/meldung_show.php?LFDNR=399&KATEGORIE=2, Stand: 21.10.2004, abgerufen am: 26.10.2004.

Staff, J. (2009): Demographischer Wandel aus Unternehmensperspektive – Personalpolitische Handlungsfelder im Rahmen der demographieorientierten Personalstrategie des SAP Konzerns, in: Kreklau, C. /Siegers, J. (Hrsg.): Handbuch der Aus- und Weiterbildung, Deutscher Wirtschaftsdienst (Wolters Kluwer Deutschland), Köln, 198. Erg.-Lfg., Beitrag Nr. 2603, S. 1-14.

Staff, J. / Voigtländer, C. / Huber, M. / Braden, M. (2010): Driving Career Success@SAP: A Glance at E-Learning Supported Skills on Demand, in : Breitner, M.H. / Lehner, F. / Staff, J. / Winand, U. (Hrsg.): E-Learning 2010, Aspekte der Betriebswirtschaftslehre und Informatik, Heidelberg et al., S. 125-136.

Statistisches Bundesamt (Hrsg.) (2003): Bevölkerung Deutschlands bis 2050, Wiesbaden.

Statistisches Bundesamt (Hrsg.) (2007): Geburten in Deutschland, Wiesbaden.

Statistisches Bundesamt (Hrsg.) (2009): 12. Koordinierte Bevölkerungsvorausberechnung, Annahmen und Ergebnisse, in: pdf-Dokumente, URL:

http://www.destatis.de/jetspeed/portal/cms/Sites/destatis/Internet/DE/Presse/pk/2009/Bevoelkerung/pressebroschuere__bevoelkerungsentwicklung2009,property=file.pdf, abgerufen am: 15. Juli 2010, Wiesbaden.

Staudt, E. / Kailer, N. / Kottmann, M. / Kriegesmann, B. / Meier, A. J. / Muschik, C. / Stephan, H. / Ziegler, A. (2002): Kompetenzentwicklung und Innovation. Die Rolle der Kompetenz bei Organisations-, Unternehmens- und Regionalentwicklung, Münster.

Staudt, E. / Kriegesmann, B. (2002): Zusammenhang von Kompetenz, Kompetenzentwicklung und Innovation, in: Staudt, E. u. a.: Kompetenzentwicklung und Innovation. Die Rolle der Kompetenz bei Organisations-, Unternehmens- und Regionalentwicklung, Münster, S. 15-70.

Staudt, E. / Kriegesmann, B. / Muschik, C. (2002): Systemkompetenz und Innovation, in: Staudt, E. et al. (Hrsg.): Kompetenzentwicklung und Innovation. Die Rolle der Kompetenz bei Organisations-, Unternehmens- und Regionalentwicklung, Münster, S. 237-320.

Struß, N. (2004): Höhere Risikotransparenz durch strategische Planung, in: Personalführung 11, S. 11-12.

Szulanski, G. (1996): Exploring Internal Stickiness: Impediments to the transfer of best practice within the firm, in: Strategic Management Journal, Band 17, Winter Special Issue, S. 27-43.

Teece, D. / Pisano, G. / Shuen, A. (1997): Dynamic Capabilities and Strategic Management, in: Strategic Management Journal, Band 18, S 509-533.

The Economist (2009): A special report on ageing populations, A slow-burning fuse, in: Online-Dokument, URL: http://www.economist.com/specialreports/displaystory.cfm?story_id=E1_TPRRRDQV, Stand: 25.06.2009, abgerufen am: 07.07.2009.

Thom, N. / Etienne, M. (2000): Organisation und personelle Ansatzpunkte zur Förderung eines Innovationsklimas im Unternehmen, in: Häfliger, G. E. / Meier, J. D. (Hrsg.): Aktuelle Tendenzen im Innovationsmanagement. Festschrift für Werner Popp zum 65. Geburtstag, Heidelberg, S. 269-281.

Tichy, N. M. / Fombrun, C. J. / Devanna, M. A. (1982): Strategic Human Resource Management, in: Sloan Management Review, S. 47-60.

Tivig, T. / Hetze, P. (Hrsg.) (2007): Deutschland im demografischen Wandel, Rostock.

Tivig, T. / Frosch, K. / Kühntopf, S. (2008): Laboratory Demographic Change: Mapping Regional Demographic Change and Regional Demographic Location Risk in Europe, in: econsense – Forum für Nachhaltige Entwicklung der dt. Wirtschaft e.V., Rostock Center for the Study of Demographic Change (Hrsg.): Schriftenreihe zu Nachhaltigkeit und CSR, Band 2, Berlin / Rostock.

Tivig, T. (2009): Demographic Risk Atlas, Vortrag im Rahmen eines internationalen Labmeetings in Berlin, Oktober.

Tivig, T. / Kühntopf, S. (2009): Laboratory Demographic Change: Demographic Risk Atlas, in: econsense – Forum für Nachhaltige Entwicklung der dt. Wirtschaft e.V., Rostock Center for the Study of Demographic Change (Hrsg.): Schriftenreihe zu Nachhaltigkeit und CSR, Band 3, Berlin / Rostock.

Ulich, E. / Groskurth, P. / Bruggemann, A. (1973): Neue Formen der Arbeitsgestaltung, Frankfurt.

Ulrich, D. (1997): Human Resource Champions. The Next Agenda for Adding Value Delivering Results, Boston.

Ulrich, D. (1999): Das neue Personalwesen: Mitgestalter der Unternehmenszukunft, in: Ulrich, D (Hrsg.): Strategisches Human Resource Management, München / Wien, S. 33-51.

Ulrich, D. / Brockbank, W. (2005): The HR Value Proposition, Boston.

United Nations (2009): World Population Prospects: The 2008 Revision Population Database, in: Online-Dokument, URL: http://esa.un.org/unpp/, Stand 11.02.2009, abgerufen am: 07.07.2009.

Vahs, D. / Burmester, R. (2005): Innovationsmanagement. Von der Produktidee zur erfolgreichen Vermarktung, 3., Auflage, Stuttgart.

Vaupel, J. W. / Oeppen, J. / Kistowski, K. G. v. (2007): Anstieg der Lebenserwartung hält weiter an, in: Tivig, T. / Hetze, P. (Hrsg.): Deutschland im demografischen Wandel, Rostock, S. 34-35.

Van de Ven, J. (1993): Central Problems in the Management of Innovation, in: Management Science, Band 32, Heft 5, S. 590-607.

Veith, H. (2003): Kompetenzen und Lernkulturen. Zur historischen Rekonstruktion moderner Bildungsleitsemantiken, herausgegeben von der Arbeitsgemeinschaft für betriebliche Weiterbildungsforschung e.V., Münster.

Verworn, B. / Hipp, C. / Schwarz, D. (2007): Gefährden alternde Belegschaften die Innovationsfähigkeit deutscher Unternehmen? Ergebnisse einer ersten kritischen Analyse, Working Paper Heft 4, edited by the chair of organization, Human Resource und General Management Technischen Universität Brandenburg, Cottbus.

Vock, R. / Balschun, B. / Salman, Y. (2007): Betriebliche Beschäftigung von IT-Fachkräften: Tätigkeiten, Rekrutierung, Personalentwicklung und Weiterbildung, herausgegeben vom Bundesinstitut für Berufsbildung in der Reihe wissenschaftliche Diskussionspapiere, Heft 92, Bonn.

Volkholz, V. / Köchling, A. (2001): Lernen und Arbeiten, in: Arbeitsgemeinschaft für betriebliche Weiterbildungsforschung e.V. (Hrsg.): Kompetenzentwicklung 2001: Tätigsein – Lernen – Innovation, Münster, S. 375-415.

Volkholz, V. / Köchling, A. (2002): Strukturwandel in die Zukunft, in: Online-Dokument, URL: http://www.gfah.de/index.php?li=3&fl=297&ml=202&si=210&lang=de&css=standard, Stand: 2002, abgerufen am: 15. Juli 2005.

Völker, R. / Sauer, S. / Simon, M. (2007): Wissensmanagement im Innovationsprozess, Heidelberg.

Voelpel, S. / Leibold, M. / Früchtenicht, J.-D. (2007): Herausforderung 50 plus, Konzepte zum Management der Aging Workforce: Die Antwort auf das demographische Dilemma, Erlangen.

Voß, G.G. / Pongratz, H. J (1998): Der Arbeitskraftunternehmer. Eine neue Grundform der „Ware Arbeitskraft"? in: Kölner Zeitschrift für Soziologie und Sozialpsychologie, S. 131-158.

Vries, M. de (1997): Die Paradoxie der Innovation, in: Heideloff, F., Radel, T.: Organisation von Innovation, München / Mering, S. 45-58.

Wagner, P. (2000): Mit Älteren gegen Fachkräftemangel und Innovationsschwäche, in: IAB Materialien, Heft 4, S. 4-5.

Wagner, D. (2004): Cafeteria-Systeme, in: Gaugler, E. / Oechsler, W. A. / Weber, W. (Hrsg.): Handwörterbuch des Personalwesens, 3. Auflage, Stuttgart, Sp. 631-639.

Wahren, H.-K. (2004): Erfolgsfaktor Innovation. Ideen systematisch generieren, bewerten und umsetzen, Berlin et al.

Walger, G. (2004): Karriereplanung, individuelle, in: Gaugler, E. / Oechsler, W. A. / Weber, W. (Hrsg.): Handwörterbuch des Personalwesens, 3. Auflage, Stuttgart, Sp. 989-996.

Walter-Busch, E. (1996): Organisationstheorien von Weber bis Weick, Amsterdam.

Wang, C. L. / Ahmed, P. K. (2007): Dynamic Capabilities: a review and research agenda, in: International Journal of Management Reviews, Band 9, Heft 1, S. 31-51.

Warnecke, H.-J. (2004): Professor Hans-Jörg Bullinger – 35 Jahre Karriere in Lehre und Forschung, in: Spath, D. (Hrsg.): Forschungs- und Technologiemanagement, München, Wien, S. XIII-XVII.

Warschat, J. / Auernhammer, K. / Schumacher, O. (2004): Beschleunigungsstrategien für wissensintensive Innovationsprozesse, in: Spath, D. (Hrsg.): Forschungs- und Technologiemanagement, München / Wien, S. 141-147.

Weber, W. (2004): Theoretische Fundierung des Personalmanagements, in: Gaugler, E., Oechsler, W. A., Weber, W. (Hrsg.): Handwörterbuch des Personalwesens, 3. Auflage, Stuttgart, Sp. 1909-1919.

Weber, W. (2005): Institutionalisierung des Personalmanagements - Deutschland im internationalen Vergleich, in: Oesterle, M.-J., Wolf, J. (Hrsg.): Internationalisierung und Institution, Wiesbaden, S. 413-427.

Wehner, T. / Waibel, M. C. (1997): Erfahrungsbegebenheiten und Wissensaustausch als Innovationspotential des Handelns. Die Analyse betrieblicher Verbesserungsvorschläge, in: Udris. I. (Hrsg.): Arbeitspsychologie morgen: Herausforderungen und Perspektiven, Heidelberg, S. 72- 90.

Weidner, I. (2009): Wenn Arbeit krank macht, in: Computerwoche 1/2 vom 9.01.2009, S. 40-42.

Weimer, S. / Mendius, H.-G. / Kistler, E. (2001): Demographischer Wandel und Zukunft der Erwerbsarbeit am Standort Deutschland, in: Bullinger, H.-J. (Hrsg.): Zukunft der Arbeit in einer alternden Gesellschaft, Stuttgart, S. 25-31.

Weinert, F. E. (1994): Altern in psychologischer Perspektive, in: Baltes, P.B. / Mittelstrass, J. / Staudinger, U. M. (Hrsg.) Alter und Altern, Berlin et al., S. 180-203.

Weisbecker, A. (2004): Software-Management, in: Spath, D. (Hrsg.): Forschungs- und Technologiemanagement, München / Wien, S. 201-208.

Weiss, M. (2009): Absenteeism in Age-Diverse Work Teams, in: Kuhn, M. / Ochsen, C. (Hrsg.): Labour Markets and Demographic Change, Wiesbaden, S. 40-57.

Weissenberger-Eibl, M. (2004): Unternehmensentwicklung und Nachhaltigkeit, 2. Auflage, Rosenheim (zugl. Habil.-Schrift, Technische Universität München 2003).

Weissenberger-Eibl, M. / Kölbl, S. (2006): Strategisches Kompetenzmanagement als Aufgabe des Human Resource Management, in: Burmann, C. / Freiling, J. / Hülsmann, M. (Hrsg.): Neue Perspektiven des Strategischen Kompetenz-Managements, Wiesbaden, S. 351-372.

Weltgesundheitsorganisation (WHO) (2002): Active Ageing. A Policy Framework, Genf.

Wernerfeldt, B. (1984): A Resource-Based View of the Firm, in: Strategic Management Journal, Heft 1, S. 171-180.

Werthschütz, R. / Siemen, C. (2008): HR Strategie und Organisation, Kienbaum Studie 2008/2009, Strategie und Organisation des Human Resource Management im deutschsprachigen Raum, Berlin.

West, M. A. / Farr, J. L. (1990): Innovation at work, in: West, M. A. / Farr, J. L. (Hrsg.), Innovation and creativity at work: Psychological and organizational strategies, Chichester, S. 3-13.

West, M. / Hirst, G. / Richter, A. / Shipton, H. (2004): Twelve Steps to Heaven: Successfully Managing Change through Developing Innovative Teams, in: European Journal of Work and Organizational Psychology, Band 13, Heft 2, S. 269-299.

Wiese, S. B. (Hrsg.) (2004): Individuelle Steuerung beruflicher Entwicklung. Kernkompetenzen in der modernen Arbeitswelt, Frankfurt a. M.

Wikipedia (2010a): Wiki, in: Online-Dokument, URL: http://de.wikipedia.org./wiki/Wiki, aktualisiert am: 02.06.2010, abgerufen am: 24.06.2010.

Wikipedia (2010b): Portal (Informatik), in: Online-Dokument, URL: http://de.wikipedia.org./wiki/Portal_(Informatik), Stand: 25.04.2010, abgerufen am: 24.06.2010.

Wikipedia (2010c): Virtueller Projektraum, in: Online-Dokument, URL: http://de.wikipedia.org./wiki/Virtueller_Projektraum, Stand: 31.03.2010, abgerufen am: 24.06.2010.

Wikipedia (2010d): Netzwerke, in: Online-Dokument, URL: http://de.wikipedia.org/wiki/Netzwerk, Stand: 05.07.2010, abgerufen am: 12.07.2010.

Wikipedia (2010e): Cloud Computing, in: Online-Dokument, URL: http://de.wikipedia.org/wiki/Cloud_Computing, Stand: 01.08.2010, abgerufen am: 04.08.2010.

Wildemann, H. (1993): Optimierung von Entwicklungszeiten – Just in Time in F&E und Konstruktion, München.

Wilkens, U. (2006): Der psychologische Vertrag hochqualifizierter Arbeitskraftunternehmer als Herausforderung für die Personalpolitik wissensintensiver Unternehmen, in: Nienhüser, W. (Hrsg.): Beschäftigungspolitik von Unternehmen. Theoretische Erklärungsansätze und empirische Erkenntnisse, München / Mering, S. 115-149.

Wilkens, U. / Keller, H. / Schmette, M. (2006): Wirkungsbeziehungen zwischen Ebenen individueller und kollektiver Kompetenz. Theoriezugänge und Modellbildung, in Schreyögg, G. / Conrad, P. (Hrsg.): Managementforschung 16, Management von Kompetenz, Wiesbaden, S. 121-161.

Willke, H. (2004): Einführung in das systemische Wissensmanagement, Heidelberg.

Winter, S. G. (2003): Understanding Dynamic Capabilities, in: Strategic Management Journal, Band 24, S. 991-995.

Wiskemann, G. (2000): Strategisches Human Resource Management und Arbeitsmarkt. Personalplanung als Grundlage eines systematischen Beschäftigungsmanagement, Baden-Baden (zugl. Diss., Universität Mannheim 1999).

Wiskemann, G. / Kleefeld, H. (2007): Demografischer Wandel in der Knowledge Economy, in: ZfO, 02, S. 92-99.

Wolf, J. (2004a): Strategieorientierte Ansätze des Personalmanagements, in: Gaugler, E. / Oechsler, W. A. / Weber, W. (Hrsg.): Handwörterbuch des Personalwesens, 3. Auflage, Stuttgart, Sp. 1826-1837.

Wolf, J. (2004b): Strategie und Organisationsstruktur, in: Schreyögg, G. / Werder, A. v. (Hrsg.): Handwörterbuch Unternehmensführung und Organisation, 4. Auflage, Stuttgart, Sp. 1374-1382.

Wolfe, R. A. (1994): Organisational Innovation: Review, Critique and Suggested Research Directions, in: Journal of Management Studies, 31, S. 405-431.

Wolff, H. / Spieß, K. / Mohr, H. (2001): Arbeit – Altern – Innovation, Wiesbaden.

Wolff, H. (2000): Ergebnisse des Forschungsschwerpunkts „Demographischer Wandel und die Zukunft der Erwerbsarbeit“, in: Rothkirch, C. von: Altern und Arbeit: Herausforderungen für Wirtschaft und Gesellschaft. Beiträge, Diskussionen und Ergebnisse eines Kongresses mit internationaler Beteiligung, Berlin, S. 27-43.

Wollert, A. (1997): Jeder will alt werden, keiner will alt sein, in. Kayser, F., Uepping, H. (Hrsg.): Kompetenz der Erfahrung. Personalmanagement im Zeichen des demographischen Wandels, Neuwied et al., S. 6-14.

Wright, P. M. / McMahan, G. C. (1992): Theoretical Perspectives on Strategic Human Resource Management, in: Journal of Management, Band 18, S. 295-320.

Wright, P. M. / Dunford, B. B. / Snell, S. A. (2001): Human Resources and the Resource-Based View of the Firm, in: Journal of Management, Band 27, S. 701-721.

Wright, P. M. / Gardner, T. M. (2004): Strategic Human Resource Management, in: Gaugler, E. / Oechsler, W. A. / Weber, W. (Hrsg.): Handwörterbuch des Personalwesens, 3. Auflage, Stuttgart, Sp. 1818-1826.

Yin, R. K. (1989): Case Study Research, Design and Methods, Applied Social Research Methods Series, Band 5, Newbury Park.

Yin, R. K. (1994): A Case Study Research. Design and Methods, Beverly Hills.

Zahn, E. (1998): Innovation, Wachstum, Ertragskraft – Wege zur nachhaltigen Unternehmensentwicklung, in: Zahn, E. / Foschiani, S. (Hrsg.): Innovation, Wachstum, Ertragskraft – Wege zur nachhaltigen Unternehmensentwicklung, Stuttgart, S. 1-23.

Zahn, E. (1991): Innovation und Wettbewerb, in: Müller-Böling, D. / Seibt, D. / Winand, U.: Innovations- und Technologiemanagement, Stuttgart, S. 115-133.

Zahn, E. / Foschiani, S. / Tilebain, M. (2000): Wissen und Strategiekompetenz als Basis für die Wettbewerbsfähigkeit von Unternehmen, in: Hammann, P. / Freiling, J. (Hrsg.) Die Ressourcen- und Kompetenzperspektive des Strategischen Managements, Wiesbaden, S. 47-68.

Zboralski, K. (2007): Wissensmanagement durch Communities of Pratice. Eine empirische Untersuchung von Wissensnetzwerken, Wiesbaden.

Zernott, C. (2004): Kundenintegration in die Produktentwicklung, München.

ZEW (2008): Innovationen Branchenreport: Ergebnisse der deutschen Innovationserhebung 2007, in: pdf-Dokument, URL: ftp://ftp.zew.de/pub/zew-docs/mip/07/mip_2007.pdf, Stand: Januar 2008, abgerufen am: 04. August 2009.

Zollo, M. / Winter, S. G. (2002): Deliberate Learning and the Evolution of Dynamic Capabilities, in: Organization Science, Band 13, Heft 3, S. 339-351.

LEBENSLAUF

Name	Heidrun Kleefeld

BERUFLICHE TÄTIGKEITEN

2004 bis heute	Mitarbeiterin der SAP AG
2000 - 2002	Wissenschaftliche Mitarbeiterin an der Universität Mannheim, Lehrstuhl für ABWL, Personalwesen und Arbeitswissenschaft, Prof. Walter A. Oechsler
1993 - 1999	Leiterin der Aus- und Weiterbildung in einem Unternehmen der chemischen Industrie

HOCHSCHULAUSBILDUNG

1986 - 1992	Studium der Betriebswirtschaftslehre an der Universität Mannheim
1988 - 1989	Auslandsstudienaufenthalt am University College of Wales, Swansea

Mannheim, im März 2011

PERSONAL, ORGANISATION UND ARBEITSBEZIEHUNGEN

Herausgegeben von Prof. Dr. Fred G. Becker, Bielefeld, und Prof. Dr. Walter A. Oechsler, Mannheim

Band 46
Angelika E. K. Günther
Projektleiter als Erfolgsdeterminante von Projekten – Eine empirische Analyse in der IT-Dienstleistungsbranche
Lohmar – Köln 2008 • 384 S. • € 65,- (D) • ISBN 978-3-89936-738-6

Band 47
Marion Mortcsacker
Die Interkulturelle Kompetenz im Internationalen Human Resource Management – Eine konfirmatorische Evaluation
Lohmar – Köln 2010 • 400 S. • € 66,- (D) • ISBN 978-3-89936-938-0

Band 48
Nicolas Rohde
Disliked Practices – An Empirical Study on the Reverse Side of Organizational Practices
Lohmar – Köln 2010 • 268 S. • € 57,- (D) • ISBN 978-3-8441-0003-7

Band 49
Ekkehard Hermsdorf
Integrationsconsulting bei Unternehmenszusammenschlüssen unter Berücksichtigung des psychologischen Vertrages
Lohmar – Köln 2011 • 312 S. • € 62,- (D) • ISBN 978-3-8441-0026-6

Band 50
Christopher Paul
Personalrisikomanagement aus ressourcentheoretischer Perspektive
Lohmar – Köln 2011 • 316 S. • € 62,- (D) • ISBN 978-3-8441-0032-7

Band 51
Heidrun Kleefeld
Demografischer Wandel und Innovationsfähigkeit in der IT-Branche – Anforderungen an ein strategisches Human Resource Management
Lohmar – Köln 2011 • 344 S. • € 63,- (D) • ISBN 978-3-8441-0045-7

JOSEF EUL VERLAG